西北内陆盐湖盆地水文地球化学及地下水风险预警理论与实践

主　　编　高瑞忠　卢俊平

副 主 编　黄　磊　杜丹丹　田雅楠　贾永芹

参　　编　贾德彬　张　生　吕志远　房丽晶　秦子元　张阿龙
　　　　　艳　艳　张　旭　童　辉　谢龙梅　王银龙　岳　昌
　　　　　苑林枫

资助项目　内蒙古科技计划攻关项目（2019GG141）
　　　　　国家自然科学基金（52169004、51969022、52260029）
　　　　　内蒙古自治区科技重大专项（2019ZD001）

中国海洋大学出版社

·青岛·

图书在版编目(CIP)数据

西北内陆盐湖盆地水文地球化学及地下水风险预警理论与实践 / 高瑞忠，卢俊平主编. — 青岛 : 中国海洋大学出版社，2023.9

ISBN 978-7-5670-3632-1

Ⅰ. ①西… Ⅱ. ①高… ②卢… Ⅲ. ①盐湖－盆地－水文地球化学－西北地区②盐湖－盆地－地下水污染－风险管理－西北地区 Ⅳ. ①P641.13②X523

中国国家版本馆 CIP 数据核字(2023)第 182435 号

XIBEI NEILU YANHU PENDI SHUIWEN DIQIU HUAXUE JI DIXIASHUI FENGXIAN YUJING LILUN YU SHIJIAN

西北内陆盐湖盆地水文地球化学及地下水风险预警理论与实践

出版发行 中国海洋大学出版社

社　　址 青岛市香港东路 23 号　　邮政编码 266071

出 版 人 刘文菁

网　　址 http://pub.ouc.edu.cn

电子信箱 1193406329@qq.com

订购电话 0532-82032573(传真)

责任编辑 孙宇菲　刘　琳　　电　　话 0532-85902349

装帧设计 青岛汇英栋梁文化传媒有限公司

印　　制 青岛国彩印刷股份有限公司

版　　次 2023 年 9 月第 1 版

印　　次 2023 年 9 月第 1 次印刷

成品尺寸 185 mm×260 mm

印　　张 15.75

字　　数 403 千

印　　数 1～1 000

定　　价 66.00 元

审 图 号 GS 鲁(2023)0176 号

前言

Preface

近30年来我国西北内陆地区受人类对地下水资源过度开发利用和对地表水长期大规模拦蓄等活动的影响，同时受蒸发强烈、降水稀少的自然条件的限制，地下水位下降，引发了一系列水环境问题和土壤—植被等诸多生态环境问题，这与以往仅偏重地下水的资源功能而对生态功能和地质环境功能及其互作互馈关系的认识不足密切相关。以内蒙古阿拉善盟东南部的吉兰泰盐湖盆地为例，它是我国重要的盐生产基地，但地处西北旱区荒漠边缘地带，生态环境脆弱，地下水是当地居民生活、生产的主要供水水源。近年来吉兰泰盐湖盆地出现地下水储量减少、水质恶化、植被退化、土壤沙化、污染物种类与来源复杂化等系列问题，成为众多学者开展科学研究的热点。

本书基于作者对吉兰泰盐湖盆地的研究工作撰写，通过气象、地质、地下水化学等监测、勘察及采样分析，应用数理统计、数值模拟、人工智能等技术，深入了解流域土壤质地及化学组分风险、流域植被与景观风险时空分布及演化、地下水量质分布规律，明晰其主控因素，进行地下水风险物溯源、量质耦合模拟、水污染事故预警，构建量质风险评价、预警及防范技术体系，实现地下水量质风险评估，提出量质风险防范措施，为合理开发利用盐湖资源和深入开展地下水、土壤保护以及优化地区生态环境安全措施提供理论支持。

本书共有11章，主要内容包括研究区概况与地下水特征、流域土壤质地及化学组分风险评价、流域植被与景观风险时空分布及演化特征、流域地下水化学类别及特征、流域地下水环境质量与健康风险特征、流域地下水重金属污染物风险溯源、流域地下水重金属风险评价、流域地下水环境风险驱动因素解析、流域六价铬成因及环境风险性分析和流域地下水量质风险评价与健康风险特征。本书对于西北内陆盐湖盆地水文地球化学及地下水风险预警研究具有重要的理论和实践价值。

本书由高瑞忠、卢俊平任主编，黄磊、杜丹丹、田雅楠和贾永芹任副主编。主要分工如下：前言由高瑞忠编写，第1章由高瑞忠、卢俊平编写，第2章由黄磊编写，第3章由杜丹丹、高瑞忠编写，第4章由田雅楠编写，第5章由田雅楠、高瑞忠编写，第6章由卢俊平、贾永芹编写，第7章由高瑞忠、卢俊平编写，第8章由高瑞忠编写，第9章由贾永芹、杜丹丹编写，第10章由黄磊编写，第11章由卢俊平编写。贾德彬、张生、吕志远、房丽晶、秦子元、张阿龙、艳艳、张旭、童辉、谢龙梅、王银龙、岳昌、苑林枫等人员参加了部分内容的整理编写，并提出宝贵建议，在此表示诚挚感谢。本书在撰写过程中引用了部分科研人员成果，一并予以真诚感谢。

本书由内蒙古科技计划攻关项目(2019GG141)、国家自然科学基金(52169004、51969022、52260029)、内蒙古自治区科技重大专项(2019ZD001)等科研项目资助完成。

鉴于作者水平有限，书中难免存在不足，请读者批评指正。

编者

2023 年 3 月

目录

Contents

第1章 引 言

水是生命之源，生产之要，生态之基[1]。地下水是水循环的重要组成部分[2]，是一种宝贵的淡水资源[3]，因其分布均匀、水量稳定、季节变异性低、水质优等特点[4]，成为人类生产、生活中必不可少的优质水源之一[5]。由于受气候条件、水文地质条件等影响，我国各地地下水资源量相差悬殊，呈现出“南多北少”的格局[6]。地下水自净过程缓慢，即使交替迅速的浅层地下水的自我更新周期也要数年，一旦被污染，短期内的修复和治理基本难以实现[7]。

随着地下水环境质量问题日趋严重，合理开发利用和保护水资源愈加重要[8]。地下水质量的优劣不仅影响着社会经济的可持续发展，更威胁到人体健康和水环境系统的稳定[9]。因此，基于气候、土壤、植被和人类活动分析，进行地下水化学特征、地下水质量特征、地下水化学组分来源等方面的剖析，开展流域水文地球化学及地下水风险预警技术研究，是确保水质安全，切实有效地进行地下水污染防控的必要手段[10]。地下水化学特征是水文地球化学研究的重要内容之一，与周围环境关系密切，通常基于地下水化学组分分析地下水的形成与分布规律，解析自然因素和人为因素对水环境的影响[11]；通过地下水质量评价可以对水质现状进行优劣判断，明确典型污染物[12]；地下水化学组分来源分析是定性分析与定量分析的结合，据此可以有针对性地阻断污染来源，提出治理方案[13]；植被是影响流域下垫面及水资源分布的重要因素，植被覆盖度(Fractional Vegetation Cover，FVC)作为生态系统中最重要的因素，是评定区域内土地荒漠化的重要指标，它是水、土壤、大气联系的纽带，在全球环境变化过程中起到了指示作用[14]。

阿拉善盟地处我国西北内陆区域，位于内蒙古自治区西部，总面积为268 400 km^2，呈现降雨量少、地形复杂、气候干旱、温差大的自然环境特点[15]。吉兰泰盐湖为我国典型的西北内陆盐湖，盐湖盆地在阿拉善盟阿拉善左旗中部，东南与贺兰山脉接壤，东北侧靠近乌兰布和沙漠，西北侧到达巴音乌拉山。吉兰泰盐湖位于吉兰泰镇正西方向，面积为120 km^2，是我国重要产盐基地[16]。由于草场放牧、水资源开发利用不合理和水质变差，再加上恶劣的自然条件，吉兰泰盐湖及周边环境显著退化[17]，近些年当地政府为改善生态环境投入大量专项基金，采取大力发展水利、引黄灌溉、建设人工绿洲等措施，取得了一定的效果[18]，但是对于地下水资源功能、生态功能和地质环境功能及其互作互馈关系的认识不足，有关水环境、土壤、植被等生态环境问题依然存在，成为众多学者开展科学研究的热点[19,20]。

本研究通过气象、地质、地下水化学等监测、勘察及采样分析，应用数理统计、数值模拟、人工智能等技术，深入了解流域土壤质地及化学组分风险、流域植被与景观风险时空分布及演化、地下水量质分布规律，明晰其主控因素，进行地下水风险物溯源、量质耦合模拟、水污染事故预警，构建量质风险评价、预警及防范技术体系，实现地下水量质风险评估，提出量质风险防范措施，为合理开发利用盐湖资源，深入开展地下水、土壤健康保护以及优化地区生态环境安全措施提供理论支持及。

参考文献

[1] 高瑞忠，秦子元，张生，等. 吉兰泰盐湖盆地地下水 Cr^{6+}、As、Hg 健康风险评价[J]. 中

国环境科学,2018,38(6):2353-2362.
[2] 杨彦,于云江,王宗庆,等. 区域地下水污染风险评价方法研究[J]. 环境科学,2013,34(2):653-661.
[3] Zhang Q Q,Sun J C,Liu J T,et al. Driving mechanism and sources of groundwater nitrate contamination in the rapidly urbanized region of south China[J]. Journal of Contaminant Hydrology,2015,182:221-230.
[4] Zhang J J,Zeng L Z,Chen C C,et al. Efficient Bayesian experimental design for contaminant source identification[J]. Water Resources Research,2015,51(1):576-598.
[5] 钟佐燊. 地下水防污性能评价方法探讨[J]. 地学前缘,2005,12(s1):3-13.
[6] 廉新颖,杨昱,席北斗,等. 地下水污染修复技术验证评价方法研究[J]. 环境科学研究,2018,31(10):1743-1750.
[7] Neshat A,Pradhan B,Dadras M. Groundwater vulnerability assessment using an improved DRASTIC method in GIS[J]. Resources Conservation & Recycling,2014,86(5):74-86.
[8] Adams S,Titus R,Pietersen K,et al. Hydrochemical characteristics of aquifers near Sutherland in the Western Karoo,South Africa[J]. Journal of Hydrology,2001,241(1):91-103.
[9] 胡汝骥,樊自立,王亚俊,等. 中国西北干旱区的地下水资源及其特征[J]. 自然资源学报,2002,17(3):321-326.
[10] Chenini I,Khemiri S. Evaluation of ground water quality using multiple linear regression and structural equation modeling[J]. International Journal of Environmental Science & Technology,2009,6(3):509-519.
[11] 廖资生,林学钰. 松嫩盆地的地下水化学特征及水质变化规律[J]. 地球科学,2004,29(1):96-102.
[12] 郑倩玉,刘硕,万鲁河,等. 松花江哈尔滨段水环境质量评价及污染源解析[J]. 环境科学研究,2018,31(3):507-513.
[13] 赵洁,徐宗学,刘星才,等. 辽河河流水体污染源解析[J]. 中国环境科学,2013,33(5):838-842.
[14] 崔云蕾. 荒漠化区域植被覆盖度遥感反演[D]. 长沙:中南林业科技大学,2019.
[15] 朱国胜,李埃新. 阿拉善盟自然资源开发与生态环境改善[J]. 内蒙古林业科技,1995(2):10-11.
[16] 耿侃,胡春元. 吉兰泰盐湖环境退化及其综合治理途径[J]. 地域研究与开发,1990(S2):49-51,20.
[17] 敖腾岱,包根晓,桑国海,等. 阿拉善左旗天然草地退化、沙化原因及治理思路[J]. 内蒙古草业,2007,(3):61-63.
[18] 陈瑞清. 加快内蒙古阿拉善地区生态环境的综合治理[J]. 前进论坛,1999(3):9-10.
[19] 庞西磊,胡东生. 近 22 ka 以来吉兰泰盐湖的环境变化及成盐过程[J]. 中国沙漠,2009,29(2):193-199.
[20] 李鸿娟. 吉兰泰盆地地下水化学特征及氟污染风险评价[D]. 西安:长安大学,2013.

第 2 章　研究区概况与地下水特征

2.1　自然地理

2.1.1　地理位置

吉兰泰盐湖盆地(38°50′～40°40′N,104°55′～106°40′E),位于内蒙古阿拉善盟东部,东南临贺兰山北麓,东北侧与乌兰布和沙漠相接,西南以腾格里沙漠的东北缘低山台地为界,西北侧到达巴音乌拉山,流域面积为 20 025 km²,地面高程为 1 013～3 159 m(图 2-1),平均高程为 1 020 m。

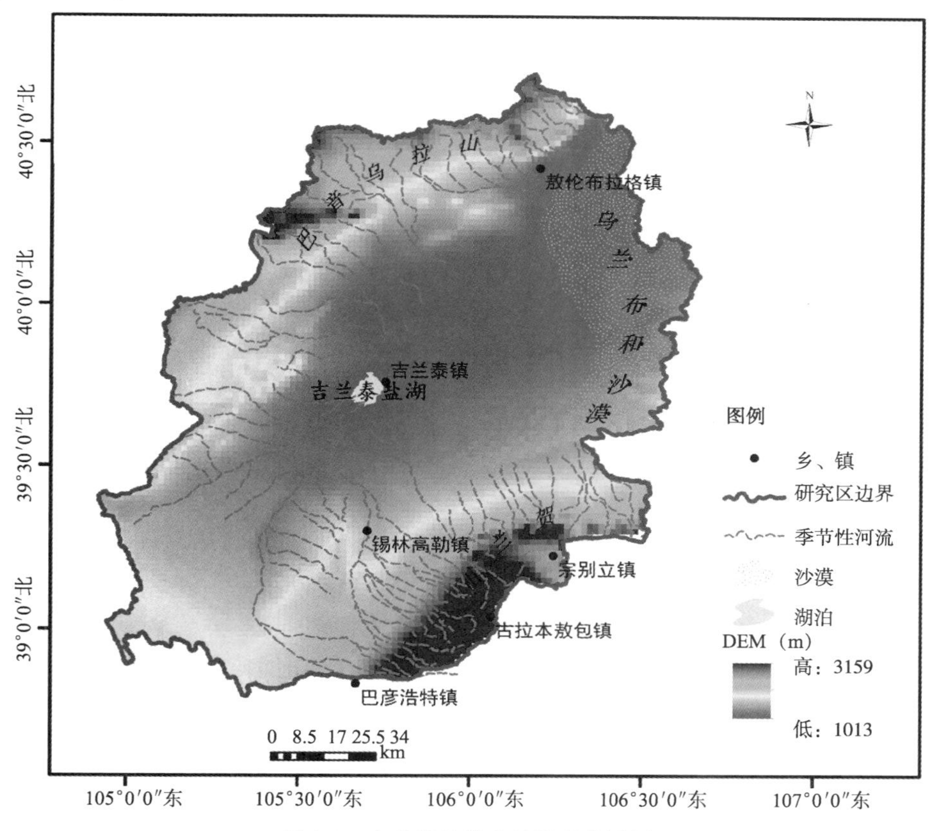

图 2-1　吉兰泰盐湖盆地地理位置图

Fig. 2-1　Location map of Jilantai Salt Lake Basin

区内主要有 15 个行政区域(图 2-2),包括吉兰泰镇、乌斯太镇、敖伦布拉格苏木、敖伦布拉格镇、罕乌拉苏木、锡林高勒苏木、洪格日鄂楞苏木、通古勒格淖尔苏木、布古图苏木、古拉本敖包镇、豪斯布尔都苏木、巴彦诺日公苏木、图克木苏木、巴彦木仁苏木、滨河街道。交通情况良好,京兰铁路、110 国道、甘武线从境内通过,乌巴、巴吉、达银 3 条路线组成了交通运输大动脉,其中乌海至巴彦浩特、银川至巴彦浩特公路为一级公路[1]。

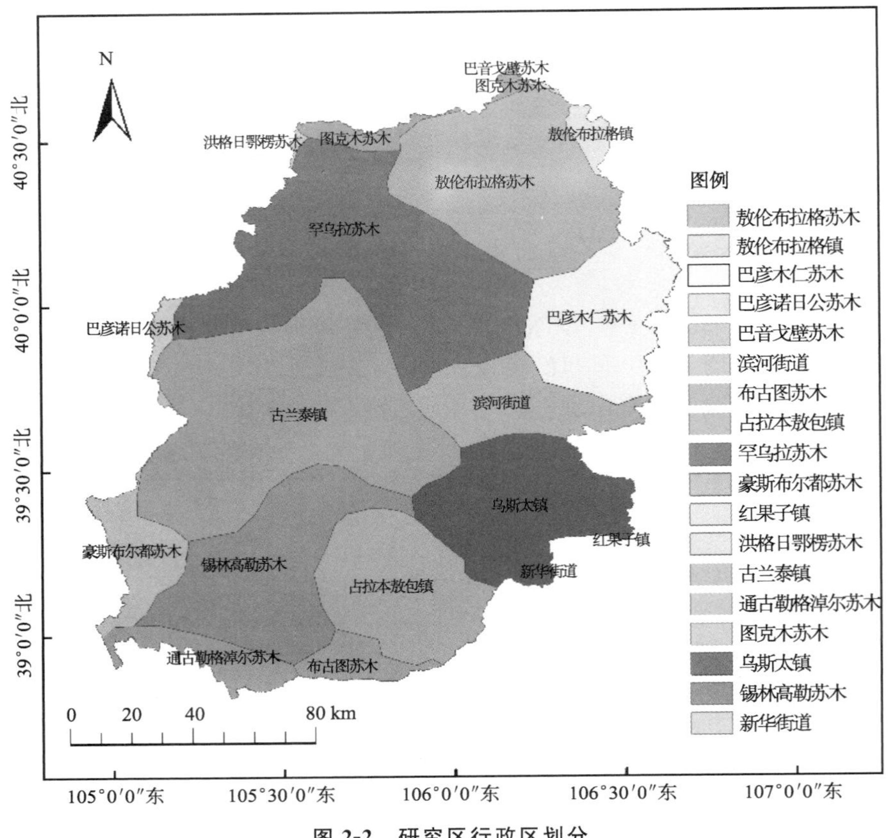

图 2-2　研究区行政区划分

Fig. 2-2　Administrative division of the study area

2.1.2　地形地貌

吉兰泰盐湖盆地为 NE～SW 走向的第四纪更新统湖积物堆积的椭圆形盆地，属于内蒙古高原的一部分。盐湖和盆地的走向基本一致，为 NE 36°方位角，地面高程为 1 022.5 m。地貌包括基岩山地、山前倾斜平原、台地、沙地和盆地等(图 2-3)。吉兰泰盐湖盆地东南部部分边界由贺兰山基岩山地构成，最高处海拔 3 159 m，贺兰山山前洪冲积平原地面标高在 1 150 m以上。盐湖盆地西南靠近腾格里沙漠，是海拔较高的低山台地。盐湖盆地西北的巴音乌拉山为狼山山系，属阴山余脉，海拔 1 510～1 995 m。盐湖盆地中心最低处位于吉兰泰镇的东北，海拔 1 013 m。盐湖盆地东北被乌兰布和沙漠覆盖，存在沙丘、沙山、沙垄等典型的沙漠地貌。吉兰泰盐湖盆地地处西北荒漠区，受风沙影响较大，研究区内共存在侵蚀地形地貌、剥蚀地形地貌、堆积地形地貌、风成地形地貌、其他微地形地貌五大地貌单元。吉兰泰盐湖盆地的地貌规律性明显，巴音乌拉山和贺兰山到盐湖盆地中心的地貌类型依次为：山前洪冲积平原、湖积平原、盐湖盐沼平原、盐湖。此外，吉兰泰盐湖的化学沉积物、盆地内部的湖积物和风积物、山前洪冲积物的分布规律虽有所差异，但都呈现出同心圆的环带结构。这与旱区盐湖盆地地貌和沉积物分布的规律一致。

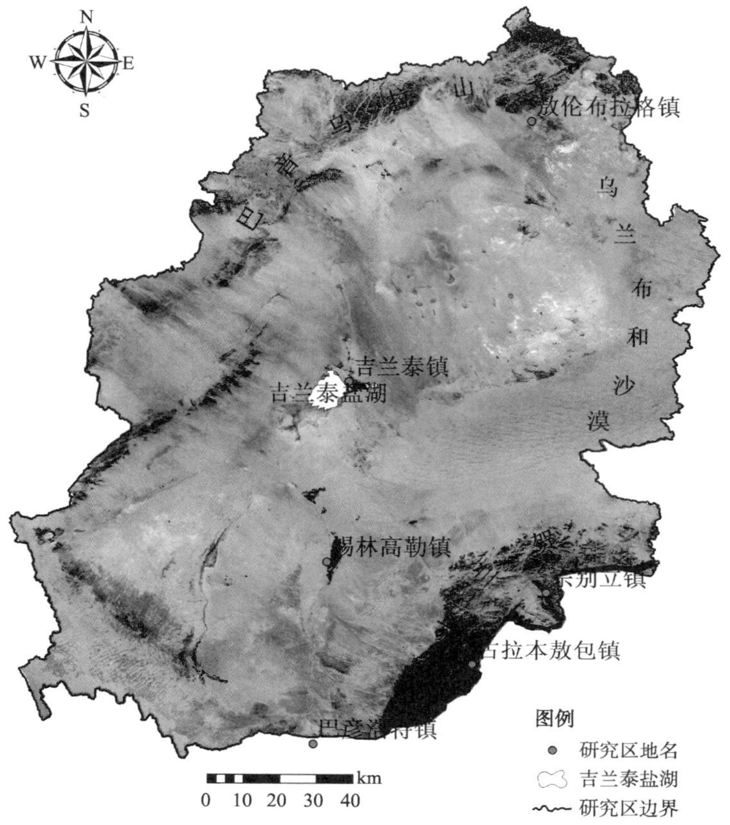

图 2-3　吉兰泰盐湖盆地地貌图

Fig. 2-3　Geomorphology map of the Jilantai Salt Lake Basin

2.1.3　水文气象

研究区属于典型的温带大陆性气候，夏季炎热，冬季寒冷，干旱少雨，蒸发剧烈。多年平均气温 8.6℃，最高气温达 41.5℃，最低温度为零下 31.6℃，多年平均湿度为 35%。昼夜温差为 10℃～20℃。霜冻期一般从 10 月持续到第 2 年的 5 月，冻土深度为 0.24～1.78 m[1]。吉兰泰盐湖盆地水系均为内陆水系，受融雪径流和大气降水补给影响。巴音乌拉山和贺兰山是盐湖盆地内的天然分水岭，绝大部分河流发源于此，且均为季节性河流。

根据吉兰泰气象站观测数据(图 2-4)，1958～2017 年多年平均降水量为 107.2 mm，年降水量变化较大，降水量呈现减少趋势，最大月降水量一般出现在 7 月或 8 月。年降水量最大值出现在 1961 年，为 227.4 mm；年降水量最小值出现在 1965 年，为 48.8 mm；极值比为 4.7。1958～2017 年多年平均水面蒸发量为 1 810.6 mm，年际变化相对较小，5～8 月蒸发量较大，月均蒸发量贡献率分别为 11.1%、11.8%、11.9%、10.1%，4 个月的蒸发量占全年蒸发量的 45%。年蒸发量最大值出现在 2012 年，为 2 088.8 mm；年蒸发量最小值出现在 2016 年，为 1 463.3 mm。主要自然灾害有沙暴、干旱、低温冷冻等，旱灾发生率高达 96%，沙暴天气一般发生在每年的 4～5 月，低温冷冻天气每年发生 1 次，在 1 月或 2 月[2]。

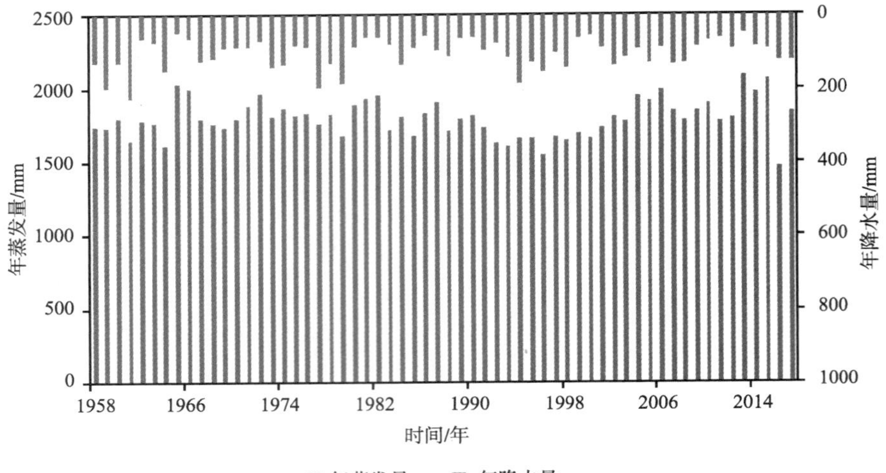

图 2-4　吉兰泰气象站年降水量和年蒸发量

Fig. 2-4　Annual precipitation and annual evaporation of Jilantai meteorological station

2.2　区域地质

2.2.1　地　层

研究区所在区域范围内，地质年代和岩性类型主要有前新生代的前震旦系变质岩系、石炭-二叠系火山岩系、侏罗-白垩系碎屑岩系、侵入岩系，以及新生代的渐新统-上新统碎屑岩系、第四系松散堆积物等[3]。

前新生代地层有前震旦系哈乌拉下亚组（AnZh）和布达尔干组（AnZbd）；石炭-二叠系，侏罗系下统哈格尔汉组（J_1h），白垩系下统固阳组（K_1g）及各时代的侵入岩。根据古生物岩性等资料确定吉兰泰地区白垩系只发育下白垩统，固阳组直接与渐新统临河组接触[4]。岩性大体分为 4 套岩系：变质岩系，主要为前震旦系的片麻岩，出露于巴音乌拉山一带；侵入岩系，主要为各时期的花岗岩，出露于巴音诺尔公梁和巴音乌拉山一带；火山岩系，属石炭一二叠系，出露于西北角；碎屑岩系，为侏罗系和白垩系陆相红色砾岩、砂岩夹页岩，主要出露于西北部，巴音乌拉山两侧也有零星出露。

新生代地层有老第三系渐新统、新第三系上新统和第四系松散堆积层。岩性分为两套：碎屑岩系，为渐新统和上新统红色陆相的泥质砂岩、砂质泥岩、砂岩、砂砾岩及砾岩等，主要分布在吉兰泰沉降带中，有一部分分布在巴音乌拉山间的洼地中；第四系松散堆积物，有湖积、洪积和风积层，主要分布于吉兰泰第四纪盆地和贺兰山山前，其余地区有零星分布。

研究区内基岩隆起带由前震旦系和早第三系渐新统两套岩系构成，前震旦系主要分布于贺兰山北麓，早第三系渐新统分布于巴音乌拉山一带。吉兰泰凹陷带主要由第四系松散堆积层构成，根据沉积物形成时期及不同分布特征，第四系地层可以分为：下更新统湖积层，中、上更新统冲湖积层，上更新统吉兰泰组，全新统。临河坳陷南部的吉兰泰凹陷中生代不是简单的坳陷，自侏罗世晚期贺兰山挤压隆升以来，开始了独立演化的过程[5]。

2.2.2　区域构造

研究区构造带位置特殊，改造强烈，地层剥蚀严重[6]。在区域构造上，研究区位于阿拉善吉兰泰凹陷，属于吉兰泰—河套凹陷带的一部分[7]，形成于侏罗纪晚期。吉兰泰盆地在巴音乌拉山构造隆升带和贺兰山构造隆升带之间，地质构造大体呈 NE～SW 走向，并向东北方向延伸，盆地内为新生代地层，厚度为 2～3 km。研究区在区域构造上主要表现为升降运动，受构造运动影响，区内地层多呈现河湖相沉积特点，整体具有北高南低、西高东低以及地层产状南北陡、东西缓的结构特征[7]。河套盆地平面上呈向西北突出的弧形，从西向东由 5 个构造单元组成，分布有 3 个沉积坳陷与两个隆起，具有“三坳两隆”的构造格局，坳陷总体呈现北厚南薄形态，受边界断层控制明显[8]。

2.3　区域水文地质条件

研究区所在区域范围内，地下水主要包括第四系孔隙潜水和承压水、中生界-新第三系孔隙裂隙潜水、新第三系上新统孔隙层间水和变质岩系裂隙水等。

2.3.1　第四系孔隙潜水、承压水

松散岩类孔隙水广泛赋存于区内第四系砂砾卵石层中，一般属孔隙潜水，但在河谷盆地内受粉土、粉质黏土组成的相对隔水层（顶、底板）影响，使下部的孔隙水具微承压性而成为孔隙承压水[9]。承压水含水层稳定，连续性好，含水层岩性较均一，补给充足[10]。

（1）第四系孔隙潜水

第四系松散层孔隙潜水，在研究区所在范围内就其含水层的成因类型和含水层与隔水层的结构来说都比较复杂，如在巴音乌拉山以西的低洼地带和巴音乌拉山以东以及吉兰泰盐湖以南分布的下更新统洪积层和全新统风积层，这些松散层大部分直接覆盖在新老第三系红色砂岩、泥岩、泥质砂岩、砂质泥岩之上，少部分地区覆盖在白垩系及各时代花岗岩之上，与下部基岩中孔隙裂隙潜水有着一定的水力联系，而在吉兰泰第四纪盆地范围内，为上更新统湖积层和上覆的全新统风积层中的潜水。含水层厚度一般不大，多在 10 m 以内，水位埋深 2～3 m，水量最大不超过 100 m^3/d，一般为＜10 m^3/d。水位随季节性变化明显，变幅为 0.3 m 左右[11,12]。

① 洪积层潜水。

洪积层中的孔隙潜水主要分布在吉兰泰第四纪盆地以南的图格力至乌兰沟头一带，下伏新第三系上新统红色砂岩、泥质砂岩、砂质泥岩及少量的砂砾岩。覆盖层为下更新统洪积层，厚度为 7～15 m。含水层岩性由下至上为砂、混粒砂和黏质砂土夹碎石，性质较为松散，颗粒由南西向北东逐渐由粗变细，渗透系数为 4～6 m/d，水位埋深一般为 2～4 m，最大埋深可达 9 m，水量为 1～10 m^3/d，仅在西南角的札尕呼都格一带很小面积上水量＜1 m^3/d。地下水主要接受大气降水的补给，其次接受巴音乌拉山山前沟谷潜流及南部较远的潜水侧向补给，主要排泄于西南部的包尔布拉格高勒盐沟及北东部的盐沟内。水化学特征为沿上述两个排泄地下水的沟谷形成了矿化度大于 4 g/L 或 5 g/L 的两条高矿化带，这两条高矿化

带在古腊布嘎顺、道劳阿勒达处合并，高矿化带的出现是潜水滞流或排泄出地表受到强烈蒸发浓缩作用的结果，一般水化学类型为 Cl·SO_4-NaCl·SO_4-Na 型水。

② 上更新统湖积层孔隙潜水。

该类型的潜水主要分布在吉兰泰第四纪盆地范围内，含水层隔水底板为上更新统湖积的淤泥层，其埋深一般为 6～10 m，最深达 15 m，含水层岩性为上更新统湖积的灰黄色黏质砂土夹粉细砂，有的砂层中含有小砾石，总厚约 15 m。含水层厚 2～8 m，渗透系数 6～12 m/d，水位埋深一般为 2～3 m，最大可达 6 m，北部最浅仅 0.2 m。水位在低洼处接近地表者，由于蒸发浓缩作用多盐渍化或形成盐沼，民井涌水量 1～10 m^3/d。近代盐湖中和局部洼地形成全新统盐沼沉积，厚 10 m 左右，水位埋深＜1 m，渗透系数 2 m/d，单井涌水量＜10 m^3/d。其主要靠大气降水的垂直渗透补给，以及东南部乌兰布和沙漠中潜水的侧向补给。该处总的水化学特征是以吉兰泰盐湖为中心，南西-北东呈条带状分布有一条高矿化带，该高矿化带与南部下更新统洪积层及全新统风成砂潜水高矿化带相连，其中心矿化度接近10 g/L。吉兰泰盐湖矿化度更高，据盐矿床勘探资料，盐湖中地下水矿化度超过 30 g/L。高矿化度仍是潜水滞流，或排泄出地表受到强烈蒸发浓缩的结果。一般水化学类型为 Cl·SO_4-Na 型水，而盐湖由于大量盐分的累积，故形成 Cl-Na 型水。

③ 风成沙潜水。

研究区内风成沙分布普遍，所表现的外表形态可分垅状沙山、蜂窝状沙丘和平盖沙 3 种，其厚度各地不一，且覆盖在不同的地层岩性之上，故所构成的水文地质条件也各不相同，往往与下伏地层构成统一含水层。在吉兰泰镇以东，大面积分布的风成沙，主要为蜂窝状沙丘和垅状沙丘，前者分布在吉兰泰盐湖的东侧，后者分布在吉兰泰盐湖的东南面，虽然其形态不同，但就其水文地质条件来说，都是丘间洼地潜水，水位埋深一般为 0.2～0.3 m，最深 1 m左右。民井涌水量一般为＜10 t/d。地下水为矿化度小于 1～2 g/L 的HCO_3·Cl·SO_4-Na·Mg 型水或 HCO_3·Cl-Na·Mg 型水，Cl·SO_4·HCO_3-Na·Mg 型水，Cl·HCO_3·SO_4-Na·Mg 型水或 Cl·HCO_3-Na·Mg 型水。

在西北角的低洼处、山谷及山麓阻风地带形成一些沙丘和平盖沙层中的潜水，含水层岩性为中细砂和粉细砂，主要成分为石英、长石。分选较好，具有一定的分布面积，其下伏地层为燕山期花岗岩，起相对隔水作用，使之形成潜水系统，风成沙厚 3～5 m，含水层厚一般＞1.5 m，水位埋深 0.3～2.5 m，民井涌水量小于 10 m^3/d。该潜水主要靠大气降水的垂直渗透补给，在基底低洼处汇集，排泄于南东方向，补给渐新统红色岩层的孔隙裂隙潜水。

在吉兰泰第四纪盆地以南的图格力至乌兰沟头一带下更新统洪积层之上多覆盖有全新统风成沙，并多以平盖沙为主，其中有互不连续的沙丘分布，厚度 2～5 m，岩性为细、中、粗砂，分选较好。从平面分布来说，西北部较东南部粗；从沙丘本身来说，迎风坡较背风坡粗，下部较上部粗。水位埋深 1～4m，单井涌水量 5～10 m^3/d，渗透系数＜10 m/d。

在吉兰泰第四纪盆地范围内，下部是上更新统湖积层，上部不连续分布着全新统风成沙，多以平盖沙为主，局部呈沙丘和沙垅，沙垅多集中在近代湖盆的边缘，平盖沙和沙丘多分布在盆地中心。沙垅多为中粗砂。北部和西部的平盖沙多为粉细砂，其水量、水质情况与湖积层潜水基本一致。

④ 贺兰山前洪积扇深埋潜水。

该潜水赋存于巨厚的更新统洪积层中。洪积扇前缘被乌兰布和沙漠所覆盖，含水层岩性分 3 段:114 m 以上主要为砂砾石层和砾石层,砾石磨圆不好,分选也差,砾石成分以灰岩为主,其次为片麻岩。砾石多与黏质砂土和砂质黏土混杂在一起。114～237 m 多为粉细砂、含砾石中粗砂等,砾石直径大小不一,0.2～6 cm 不等。237 m 以下主要为土黄色黏质砂土,含砾石,具层理,结构较致密。砾石多呈棱角状,洪积层厚度大于 250 m,水位由南向北逐渐变浅。但该区有贺兰山区充沛水源补给,估计在区域地下水位以下,应该有较丰富的地下水埋藏,推测单井涌水量可在 500～1 000 m^3/d,或大于 1 000 m^3/d,且补给盆地内 3 个承压含水组。该段地下水为矿化度<1g/L 的 $Cl \cdot SO_4 \cdot HCO_3$-$Ca \cdot Mg \cdot Na$ 型水或 $HCO_3 \cdot Cl \cdot SO_4$-$Ca \cdot Mg \cdot Na$ 型水。

(2) 第四系孔隙承压水

第四系孔隙承压水主要埋藏在吉兰泰第四纪盆地内。该盆地受北东向构造控制,是基于沉降带之上发育的第四纪盆地,面积约 2 380 km^2,向南东埋没于乌兰布和沙漠之下。由于湖盆长期处于下降趋势,所以在该范围内接受了 Q_1-Q_4 巨厚层沉积,最大厚度可超过 400 m,由黏质砂土、砂质黏土、砂层等相间沉积,构成了多个含水层组,加之补给源水量充沛,在盆地内形成良好的承压条件,水量丰富,水质较好。

含水层可划分为 3 个含水组。

① 中、上更新统第一孔隙承压含水组。

由上更新统下部和中更新统上部组成,含水组的埋藏深度,顶板 15～52 m,底板 65～105 m,含水组厚 30～50 m。含水层岩性主要为粗砂、中粗砂、细砂等,其岩相在水平方向变化规律为由南东往北西,粒度由粗变细,即由粗砂、中粗砂、中细砂渐变为中粗砂、细砂,再往北呈细砂、粉细砂,厚度由南东向北西逐渐变薄,即由 53 m→40 m→30 m。砂层厚度由南东向北西变化为48 m→28 m→23 m→12 m。水量也表现为从南向北由大变小,单井涌水量大多在 100～500 m^3/d。盆地巨厚层堆积物来源于贺兰山方面,地下水靠贺兰山前洪积扇中深埋潜水的补给,为矿化度<1 g/L 的 $HCO_3 \cdot Cl \cdot SO_4$-Na 型水。由于该含水层有大面积水量充沛的水源补给,含水层也较为稳定连续,底板埋深一般在 100 m 以上,水质尚好。

② 中更新统第二孔隙承压含水组。

含水层岩性主要为以中细砂、粉细砂、细砂。由南东向北西呈由粗变细的趋势,南东部以中细砂为主,向北西渐变为以细砂和粉细砂为主。含水组厚度为 34～56 m,砂层厚度为 18～54 m,含水层底板埋深一般在 100～150 m。第二孔隙承压含水组的分布范围要小于第一孔隙水压含水组的范围,其亦主要靠贺兰山前洪积扇中深埋孔隙潜水的补给,涌水量为 150 m^3/d 左右。

③ 下更新统第三孔隙承压含水组。

含水层岩性主要为粉细砂和中细砂。含水层连续性好,较集中,岩性在水平方向上变化不大,在垂直方向上略显上细下粗。含水组底板为第三系砂质泥岩,埋深为 250 m 左右,其厚度由南向北逐渐变薄,顶板分布范围小于第一、二孔隙承压含水组,含水层顶板埋深 180～250 m。补给来源为贺兰山前洪积扇中深埋潜水补给。

2.3.2 中生界-新第三系孔隙裂隙潜水

中生界-新第三系孔隙裂隙潜水主要分布在吉兰泰沉降带,在巴音乌拉山及东侧尚有白垩系及新老第三系含水甚微的碎屑岩分布。

（1）水量较富集的孔隙、裂隙潜水

渐新统孔隙裂隙潜水：含水层由红色砂岩、砾岩及页岩组成，主要为泥质胶结，胶结形式为孔隙式，孔隙内有次生石膏晶粒，孔隙不发育。局部有石膏层覆盖，并有石膏岩溶。岩层产状近于水平，从沉降带边缘以5°～10°角向中心倾斜，由于含水层受构造运动的影响，裂隙不发育，又以扭裂为主，增加了岩石的孔隙性，为降水的渗入和地下水的储存创造了一定条件。

红色岩系的含水性不随岩石的粒度而变化，而是随深度的增加而减弱，这是构造裂隙的发育程度随深度增加而减弱的结果。含水层底板坡度变化较大，水力坡度随地形变化而变化，因为岩性本身是以泥质胶结为主，裂隙发育又较弱，所以水量并不富集，属于水量贫乏地段。

（2）水量贫乏的孔隙裂隙潜水

这些含水量甚微的岩层主要分布在巴音乌拉山及其东侧山前。水量甚微的新、老第三系的碎屑岩，分布在巴音乌拉山东侧与吉兰泰第四纪盆地之间，呈南西-北东向带状分布。其可分成两种类型，即上新统下部有承压水而上部潜水甚微，渐新统地层既不含承压水且上部潜水甚微，前者称为潜水甚微地段，后者则为水量甚微地段。

2.3.3 新第三系上新统孔隙层间水

上新统近水陆相红色碎屑岩中孔隙层间水，分布在吉兰泰第四纪盆地的南部及西部边缘，由河流相和湖滨相红色砂岩、砂砾岩、砂质泥岩、泥岩等构成。据埋藏条件，岩相变化及水力联系可分为上下两个承压含水组，即上新统上部孔隙层间含水组和上新统下部孔隙层间含水组。含水组最大埋深不超过120 m，后者在南部水质较好，而北部水质较差。上部孔隙层间含水组由于隔水顶板的破坏，有上升泉出露，甚至有的已变成了潜水。

（1）上新统上部孔隙层间含水组

本含水组分布在吉兰泰第四纪盆地边缘以南，即于嘴陶、来灵巴里格及乌兰沟头一带。含水层岩性为轻度胶结和未胶结的含砾中粗砂岩、中粗砂岩、中细砂岩和细砂岩等。胶结类型属接触式，岩性松散，多孔隙性。隔水顶板由含砾中粗砂岩、中粗砂岩、中细砂岩及砂质泥岩所组成，胶结完好。隔水底板岩性由胶结完好的含砾中粗砂岩、中粗砂岩、中细砂岩及泥质砂岩组成。含水组的岩性从粒度来讲，具有相变的规律，即由南和南东向北和北西呈现由粗变细的趋势。南部和东北部以含砾中粗砂岩和中粗砂岩为主，北部和北西部以中细砂岩和泥质砂岩为主。

含水层厚度与粒度有相符合的变化规律，即南和南东向北和北西变薄，而变化由渐变转为突变。厚度一般为40～50 m，突然变薄为3 m左右，而后尖灭。隔水底板厚度变化较大，一般为15～25 m，最大厚度为35 m。隔水底板顶面标高为1 040 m左右。隔水顶板厚度变化也较大，为0～56 m。隔水顶板底部标高由南向北由1 120 m变为1 115 m，而后突变为1 063 m。

（2）上新统下部孔隙层间含水组

本含水组与前者大不相同，前者属于湖积、洪积成因类型，而该含水组属于河流相，因而在分布上呈弯曲的条带状，含水组各单层之间的水力联系途径也比较远。本组分布于吉兰泰第四纪盆地的西部和南部，在南部呈南东-北西向分布，在西部呈南西-北东向分布。南部平均宽度为 9 km，北部宽度为 5～6 km。含水层岩性为含砾石中粗砂、粗砂、中砂、中细砂及粉细砂等。岩性松散，少数呈半胶结状态，胶结形式为接触式，就含水层粒度总体变化规律来看，由南向北逐渐变细，但局部地区在平面分布上，有的变粗，有的变细，这种现象是河曲造成的。隔水顶板在南部为含砾中、粗砂岩及少量泥质砂岩，北部以泥质砂岩为主，砂岩次之，胶结较好；含水层底板为泥质砂岩和泥岩。隔水层岩性粒度变化也符合从南向北由粗变细的规律。

含水层在垂向上南部连续性较好，单层厚度为 18～35 m，总厚度为 50 m 左右。北部连续性较差，含水层之间被 3～12 m 厚的胶结较好的砂岩、泥质砂岩隔水层所分开，含水层单层厚度为 3～20 m，总厚度为 35～50 m。随着地下水的流向变化，含盐量逐渐增高，而溶解能力减弱，因而南部含水层在垂向上联系较好，北部较差。隔水顶板各处厚度不一致，厚者达 30 m，薄者 4～5 m，该隔水层底部标高由南向北为 1 058～1 010 m，隔水底板厚度在吉兰泰第四纪盆地南部为 60～110 m，在吉兰泰第四纪盆地西部由南向北逐渐变薄，一般为5～20 m。隔水底板顶面标高变化不大，一般为 930～950 m。

地下水的水头、流向和水力坡度的变化与含水层由南向北的分布相一致，但由于局部在第四纪盆地边缘有越流补给第四系承压含水组，因而向东部有水头变化和流向偏东的现象。地下水流在发生越流补给以前，一般高出地面 4～25 m，水位标高为 1 091～1 136.1 m。流向为南东-北西向，水力坡度为 0.001 8～0.002 8。发生越流补给以后，水位埋深为 0.2～25.49 m，标高为 1 024.11～1 066.15 m。水力坡度变缓为 0.001 3～0.000 9。本含水组的渗透性较好，单孔涌水量较大，一般为 180～1 800 m^3/d。水化学特征：南部为矿化度＜2 g/L的 Cl-Na 型水，中部为矿化度＜5 g/L 的 Cl・SO_4-Na 型水，再往北则呈矿化度＞5 g/L的 Cl・SO_4-Na・Ca 型水。此规律反映了该含水层中的水由南部经溶滤作用所携带的盐分往北部逐渐累积。

2.3.4　变质岩系裂隙水

在研究区内包括前震旦系哈乌拉组片麻岩和各时代花岗岩中的裂隙水，主要分布在巴音乌拉山—华北地台及天山地槽褶皱系的交会部位，构造环境复杂，又为古生代四大板块构造陆—陆碰撞的结合部[13]，这些地层均属于局部微含水，无多大供水意义。

(1) 微含水的变质岩系裂隙潜水

变质岩是组成巴音乌拉山的主要地层。在变质岩分布地带未发现地下水露头，而且水井极少，仅在汇水条件好的低洼处或沟谷处有个别水井，水量也甚微，同时变质岩分布区部分沟谷切割深度已超过渐新统红色陆相地层，而渐新统红层含有微弱的孔隙裂隙潜水，但与其相接触的变质岩构成的地形较高，如果有裂隙潜水存在，显然应该有泉水出露。而泉水出露于第四系与基岩界面。该区受地质构造、地形和气候的影响，地层属于局部微含水。

就地质构造来说，巴音乌拉山区所残留的前震旦系片麻岩基本上是单斜岩层，而断裂构造又多平行于山脊，与地表水排泄方向垂直或斜交，这样断裂带本身不便于汇集地表水流。巴音乌拉山前震旦系片麻岩虽受过多次构造运动的影响，却以狼山帚状构造为主，是受力偶作用扭裂为主的构造体系，因而其张开程度较差。地表所见张开裂隙颇多，一般张开宽度为1～2 mm，大者为7～8 mm，透水性较好。但这种裂隙张开主要是受物理风化作用的结果。这种以物理风化作用为主的风化壳厚度并不大，再加上后期本区处于上升阶段，剥蚀作用比较强烈，所以这种风化壳的保留厚度更有限，如有的沟是沿东西向裂隙发育的，陡壁顶部风化壳厚度不足 1 m，而下部未风化岩石的裂隙都是闭合的。

从地形条件来说，巴音乌拉山长度只有50 km，宽度不超过10 km，而局部地区又分平行的两支，支宽为1～2 km，这样短而窄的山区受水面积确实太小了。就微地形看，巴音乌拉山虽然以后期的剥蚀作用为主，但早期发育的沟谷比较多，加之新构造运动的影响，沟谷发育，山脊连续性不强，这就为地表水的排泄创造了有利条件，但不利于地表水的下渗。

从气候条件来说，地质构造和地形条件直接关系到地下水的渗入和储存，但气候条件也是不可忽略的因素，这里的气候特征是干旱、少雨，多年平均降水量约为110 mm。南部巴音浩特和贺兰山一带降水量超过200 mm，且多以暴雨集中于7～8 月份，此季恰是地面温度最高的时候，降雨后利于地表水的蒸发和径流，而不利于下渗，所以即便是雨季也少见有地下水渗出地表，即是变质岩中含水微弱的原因所在。

(2) 含水微弱的花岗岩系裂隙潜水

花岗岩系分布在巴音乌拉山南端和研究区的西北角，主要由燕山期花岗岩组成。在研究区范围内的花岗岩区所含裂隙潜水是微弱的。至于脉状裂隙水，仅在沙尔呼勒斯附近的花岗岩断裂带中有水量很小的泉水出露。本区所有的断层倾角皆大于60°，无构成承压脉状裂隙水的可能性。

2.4 盐湖流域含水层系统特征

2.4.1 地下水补给、径流及排泄

研究区内水文地质条件复杂，地下水就埋藏条件来说可分为潜水和承压水两大类型。承压水包括第四系孔隙承压水和新第三系上新统孔隙层间水；潜水包括第四系孔隙潜水和中生界-新第三系孔隙裂隙潜水，以及变质岩、火成岩分布地区局部微含水的裂隙潜水(图2-5)。孔隙裂隙潜水和承压水主要分布在吉兰泰第四纪盆地及其西南-东北部。承压水含水层稳定，连续性好，含水层岩性较均一，补给源远流长，多源自巴音乌拉山和贺兰山前洪积扇中潜水，水源地水量充沛，故该类型地下水水量较大，排泄方式主要是溢流成泉和人工开采。总的说来，潜水含水层厚度有限，水平分布各地不一，除第四系孔潜水含水层岩性较均一外，孔隙裂隙潜水含水层因受岩性和地貌条件控制，水平方向变化较大，补给主要靠大气降水的垂直渗透，水量较为贫乏，排泄方式主要为蒸散发、侧向补给承压含水层及人工开采等。区域地下水水流主要由研究区边界向吉兰泰盆地汇集，区域地下水水位为1 016～1 377 m(图2-6)。

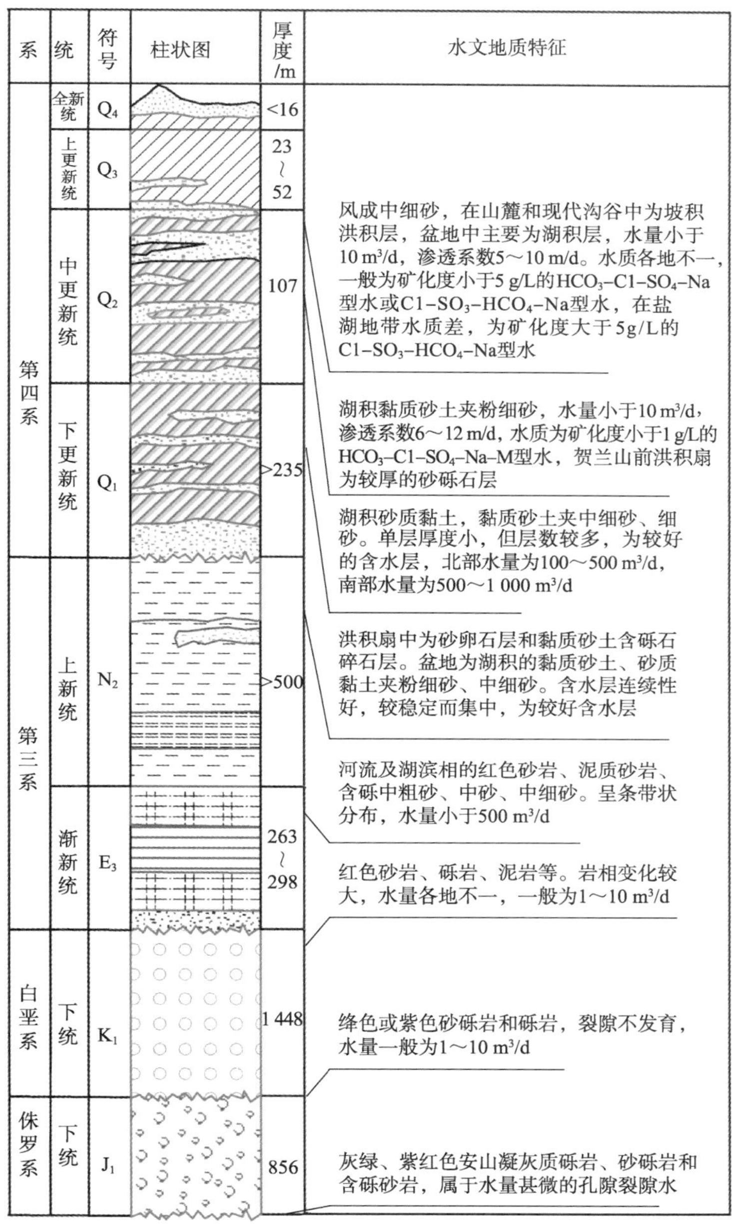
系
统
符号
柱状图
厚度/m
水文地质特征
第四系
全新统
Q_4
<16
上更新统
Q_3
23～52
中更新统
Q_2
107
下更新统
Q_1
>235
第三系
上新统
N_2
>500
渐新统
E_3
263～298
白垩系
下统
K_1
1 448
侏罗系
下统
J_1
856
风成中细砂，在山麓和现代沟谷中为坡积洪积层，盆地中主要为湖积层，水量小于10 m³/d，渗透系数5～10 m/d。水质各地不一，一般为矿化度小于5 g/L的HCO_3-C1-SO_4-Na型水或C1-SO_3-HCO_4-Na型水，在盐湖地带水质差，为矿化度大于5g/L的C1-SO_3-HCO_4-Na型水
湖积黏质砂土夹粉细砂，水量小于10 m³/d，渗透系数6～12 m/d，水质为矿化度小于1 g/L的HCO_3-C1-SO_4-Na-M型水，贺兰山前洪积扇为较厚的砂砾石层
湖积砂质黏土，黏质砂土夹中细砂、细砂。单层厚度小，但层数较多，为较好的含水层，北部水量为100～500 m³/d，南部水量为500～1 000 m³/d
洪积扇中为砂卵石层和黏质砂土含砾石碎石层。盆地为湖积的黏质砂土、砂质黏土夹粉细砂、中细砂。含水层连续性好，较稳定而集中，为较好含水层
河流及湖滨相的红色砂岩、泥质砂岩、含砾中粗砂、中砂、中细砂。呈条带状分布，水量小于500 m³/d
红色砂岩、砾岩、泥岩等。岩相变化较大，水量各地不一，一般为1～10 m³/d
绛色或紫色砂砾岩和砾岩，裂隙不发育，水量一般为1～10 m³/d
灰绿、紫红色安山凝灰质砾岩、砂砾岩和含砾砂岩，属于水量甚微的孔隙裂隙水

图 2-5　研究区综合水文地质柱状图

Fig. 2-5　Comprehensive hydrogeological histogram of the study area

2.4.2　含水层的富水性特征

由于气候条件、地质及水文地质等条件的影响，研究区潜水和承压水呈现不同的分布规律。研究区潜水富水性分布规律如图 2-7 所示，在西南和东北区域由第四系松散岩类构成的孔隙潜水富水性较好，大部分区域涌水量为 500～1 000 m^3/d，局部区域涌水量为 100～500 m^3/d，少部分区域最大可以超过 1 000 m^3/d；在西北巴音乌拉山和东南贺兰山区域主要

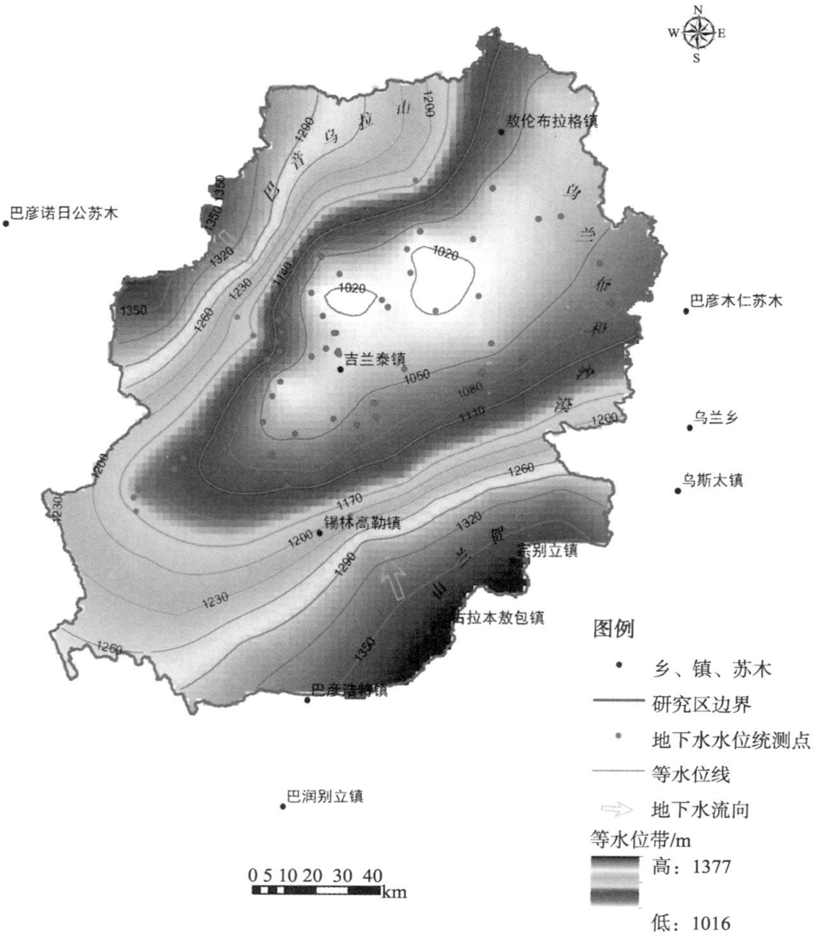

图 2-6 研究区潜水含水层地下水等水位线图

Fig. 2-6 Contour map of groundwater in unconfined aquifers in the study area

为基岩和第三系碎屑岩构成的裂隙潜水，以及局部第四系松散岩类构成的孔隙潜水，涌水量较小，均低于 100 m^3/d；研究区南部存在局部区域潜水，涌水量很小，为潜水缺乏区。研究区承压水富水性分布规律如图 2-8 所示，在东北的吉兰泰盆地和乌兰布和沙漠区域由第四系松散岩类构成的孔隙承压水，以及在西南区域由第三系碎屑岩类构成的裂隙承压水的富水性较好，大部分区域涌水量为 500～1 000 m^3/d，局部区域涌水量较小，低于 100 m^3/d；西北巴音乌拉山和东南贺兰山区域为研究区地下水的主要补给源区，所以基本不存在承压含水层。

2.4.3 水文地质勘查

（1）水文地质钻探试验

吉兰泰盆地浅层地下水含水层中，存在分布不稳定、厚度差异较大的若透水层，形成潜水含水层和局地承压含水层。在对整个吉兰泰盆地地下水中六价铬分布情况调查的基础上，为了进一步明确浅层地下水不同含水层的地下水水质和水量情况，寻找水质条件较好的

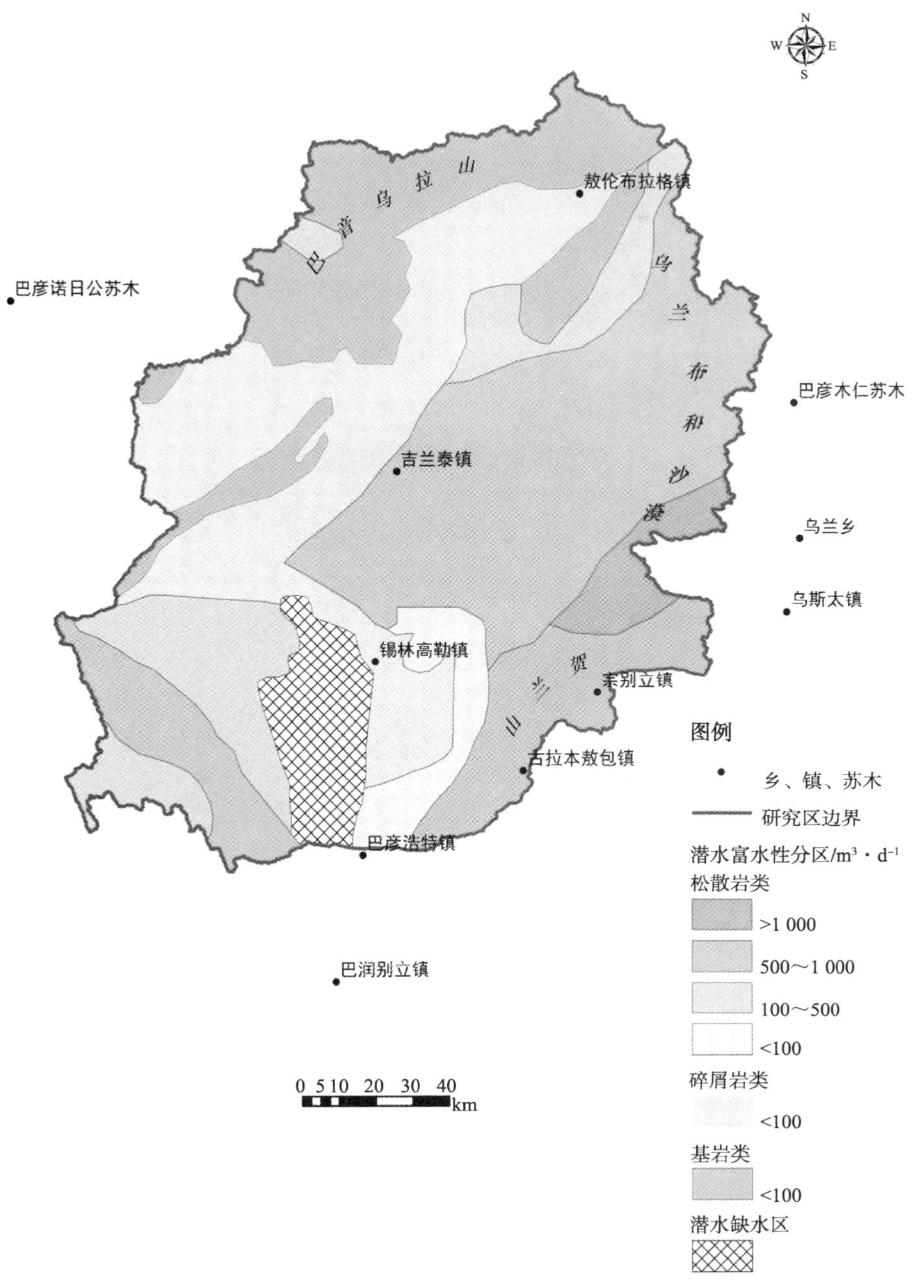

图 2-7　研究区潜水富水性分区图

Fig. 2-7　Subdivision map of phreatic water abundance in the study area

供水含水层，根据《供水水文地质勘察规范》(GB 50027—2001)、《供水管井技术规范》(GB 50296—99)要求，采用小型旋转钻机，选择重点研究区(六价铬超标集中区域)内的典型地段，采用钻探方法，探明浅层(25 m 以上)含水层的垂向分布，在典型地段的同一位置，布设了5个设计深度分别为5 m、10 m、15 m、20 m 和 25 m 的勘探孔，勘探孔相对位置见图2-9，各勘探孔深度及距4# 钻孔的距离见表 2-1，水文地质钻孔的柱状图见图 2-10。

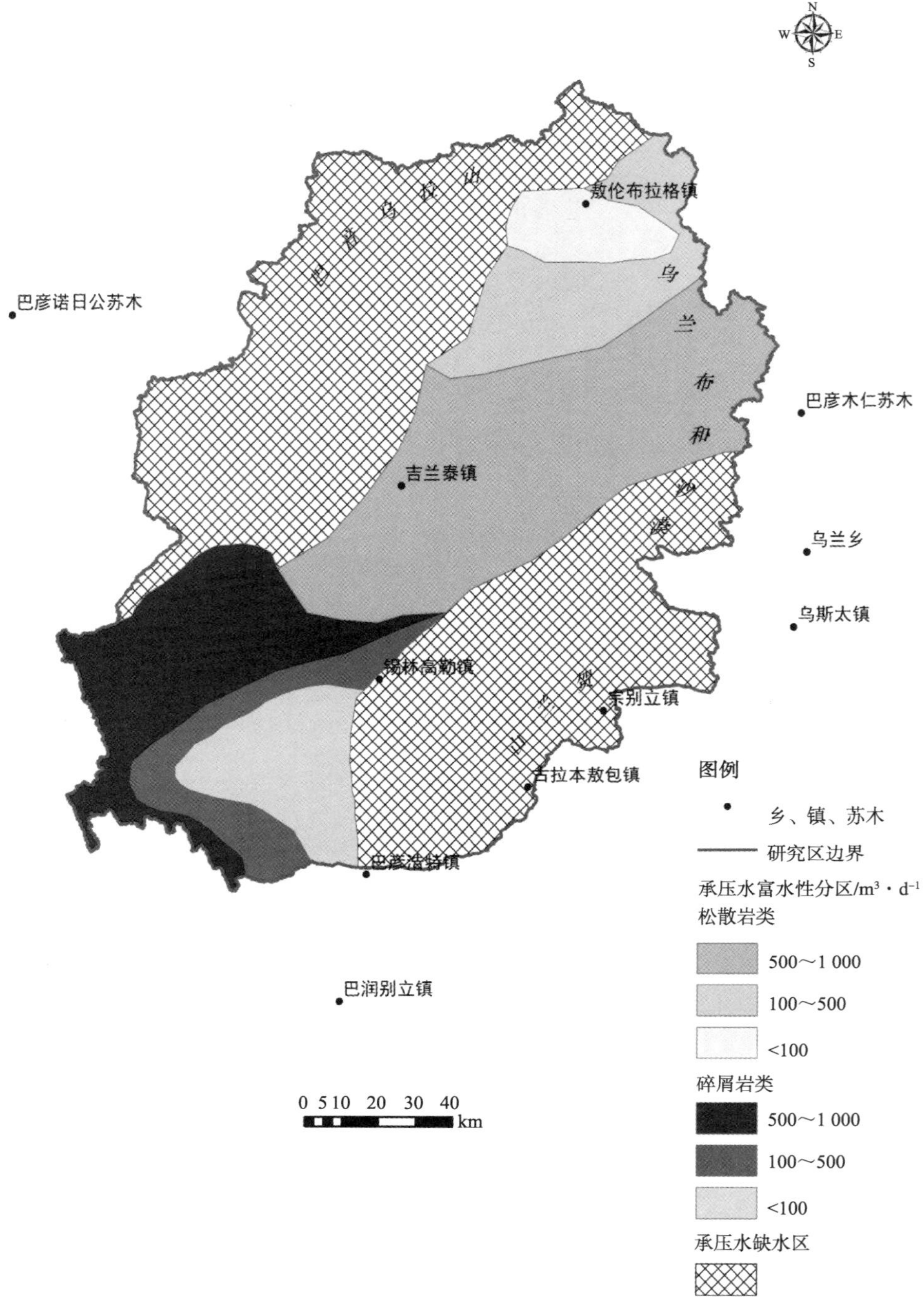

图 2-8　研究区承压水富水性分区图

Fig. 2-8　Confined water enrichment zoning map in the study area

表 2-1　各钻孔深度及距 4＃钻孔的距离

Tab.2-1　The depth of each drilling hole and the distance from the 4＃ drilling hole

钻孔编号	1＃	2＃	3＃	4＃	5＃
钻孔深度/m	5	10	15	20	23
距离/m	18.23	14.16	6.77	0	41.7

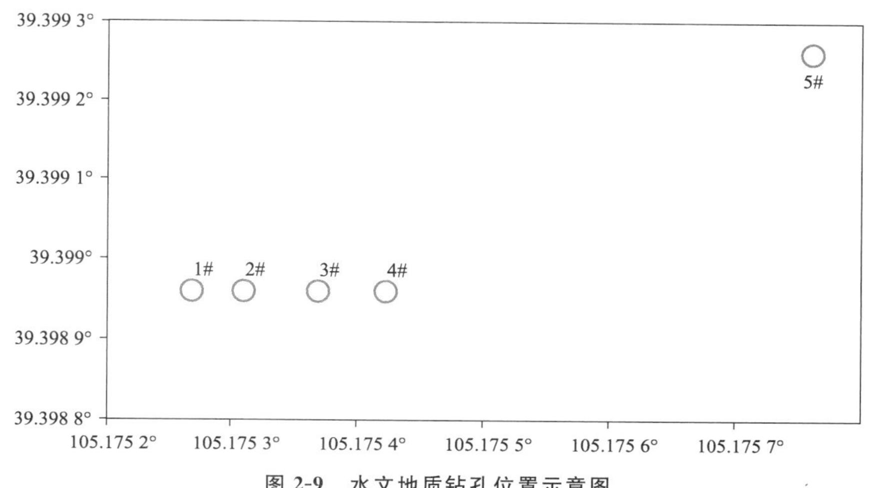

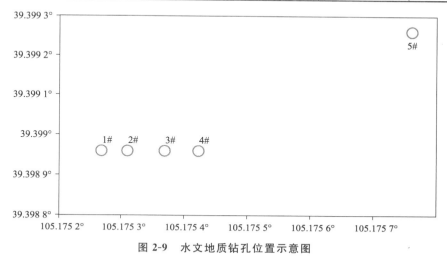

图 2-9　水文地质钻孔位置示意图

Fig. 2-9　Schematic diagram of hydrogeological drilling location

为了取得不同深度地下水水样以达到分层取水目的，在成井时在不同层位含水层间的相对隔水层处进行了封堵，地下水埋深为 3.0 m。1＃钻孔取的是地表以下 5.5 m 相对隔水层以上 3.5～4.45 m 处的地下水。2# 钻孔取的是地表以下 8～12 m 含水层中 8.8～9.6 m 处的地下水。3＃钻孔取的是地表以下 13.5～15 m 含水层中 13.8～14.8 m 处的地下水，4＃钻孔取的是地表以下 13.5～21.5 m 含水层中 16.5～19.5 m 处的地下水。原计划 5# 钻孔钻到 23 m 处，但在 21.5 m 处遇到厚度较大的砂质黏土胶结层，因钻探设备所限而无法继续钻进，因此该钻孔取的是地表以下 18～21.5 m 含水层中的地下水，与 4# 钻孔取水含水层有重叠。

5 个钻孔都采用分层封堵成井，并对各钻孔水质进行了监测，并以 5# 井作为抽水井，1#、2#、3# 和 4# 井作为观测孔，进行了抽水试验。检测水样化验结果显示，不同深度地下水水质差异很大且表层地下水 1# 井中水质不稳定，在抽水试验结束时 1#、2# 井水样六价铬超标，含量为 0.08～0.13 mg/L，4# 和 5# 井水样六价铬含量处于超标临界值 0.05 mg/ L。抽水结束时隔 1 个月后，再次采集 1# 和 5# 井水样，采用《生活饮用水标准》(GB/T 5749－2006)和《生活饮用水标准检验方法》(GB/T 5750－2006)进行了试样分析，结果显示，1# 井水样六价铬和 5# 井的六价铬均未超标，分别为 0.008 mg/L 和0.034 mg/L，但 1# 井水样耐热大肠菌群、菌落总数、氯化物、硫酸盐、溶解性总固体、总硬度、硝酸盐、色度、浑浊度、臭和味、耗氧量、氨氮指标不合格，属于苦咸水，5# 井除了耐热大肠菌群、菌落总数外各项指标均符合生活饮用水标准。分析其原因，1# 井水样六价铬含量显著降低很可能是降雨入渗稀释的结果，5# 井水样的耐热大肠菌群、菌落总数不合格是水样采集过程中被污染所致。

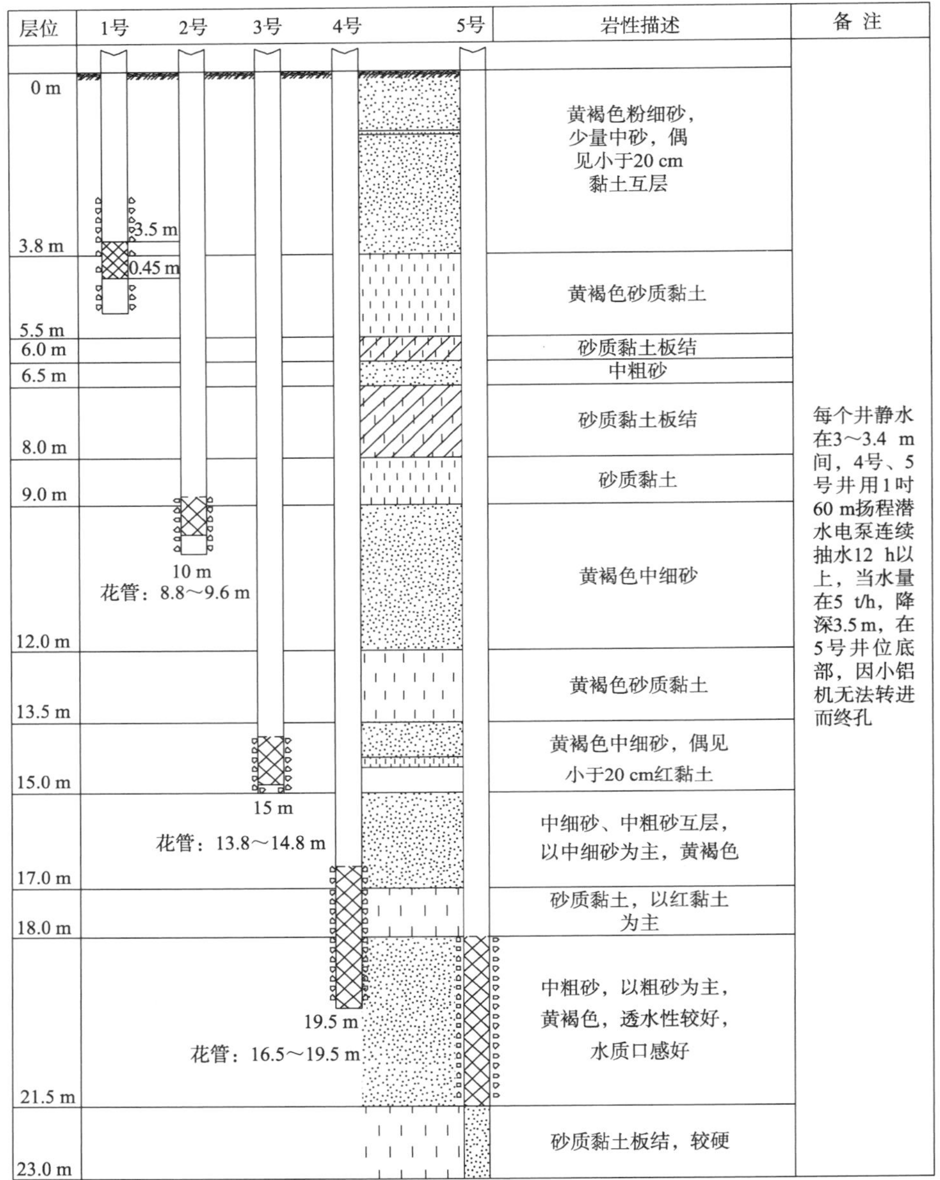

图 2-10 水文地质钻孔的柱状图

Fig. 2-10 Histogram of hydrogeological boreholes

（2）抽水试验

以 5# 井作为抽水井，1#、2#、3# 和 4# 井作为观测孔，进行了抽水试验，于 2016 年 8 月 5 日 15 时 35 分开泵抽水，在 8 月 6 日 6 时 35 分停泵，抽水量为 14.6 m^3/h，抽水历时 14 h。在抽水过程中 4# 井中地下水水位变幅较大，其余 3 个观测孔的水位变幅不大，主孔累积降深为 14.38 m，4# 井的累积降深为 0.682 m，1#、2#、3# 井的累积降深分别为 0.31 m、0.184 m、0.15 m。这说明虽然在不同深度上存在厚度不一的相对隔水层，如 3.8～6.0 m 的砂质黏土和砂质黏土板结层，不同含水层之间有弱不透水层。

抽水试验及分层水样化验结果表明，在重点研究区的典型地段，表层含水层中表层地下水水质差，属苦咸水，多项指标不符合生活饮用水标准，六价铬含量不稳定，时有超标现象出现。在地表以下 18～21 m 有一层厚度为 3 m、岩性以中粗砂、粗砂为主、透水性较好、符合生活饮用水标准的若承压含水层，含水层顶板为 1.0 m 厚的砂质黏土，底板为半胶结状砂质泥岩，厚度不详，钻探 1.5 m 未揭穿，构成该含水层的相对弱透水隔水层，在抽水量为每小时 14.6 m^3/L，抽水孔中水位降深为 14.36 m，同时上覆含水层观测孔中水位也有 0.65 m 的小幅下降，说明含水层间有一定的水力联系。水质监测结果显示，其基本符合生活饮用水标准，六价铬含量在抽水试验结束时为 0.05 mg/L，是生活饮用水标准的临界值，抽水试验结束 1 个月后为 0.034 mg/L，符合生活饮用水标准。所以这一弱层压含水层地下水可以作为小量开采的人畜饮用水优质水源，不宜大量开采利用。

2.5 地下水开发利用

吉兰泰盆地水文地质单元为第四系地下潜水和承压水的径流排泄区，在地下水径流过程中，第四系承压水部分以越流的形式补给上层的潜水含水层。含水层的岩性为粉细砂、细砂夹亚黏土透镜体。目前该区域已形成吉兰泰镇区集中开采水源地，地下水水位年变幅 4.0～6.2 m，地下水动态特征属开采型动态。上覆薄层第四系松散堆积物，层内有少量潜水，多为甚咸水，矿化度大于 5 g/L。新第三系地层中赋存有空隙层间水，富水性相对较好，单井涌水量多大于 100 m^3/d，矿化度小于 1 g/L。

依据内蒙古水文总局编制的《阿拉善盟吉兰泰地区水资源评价报告》及地下水均衡模型，经计算吉兰泰集中开采区的地下水可开采资源量为 1.5×10^7 m^2，年可开采量 1.36×10^7 m^2，经实际调查吉兰泰集中开采区现状开采量为 1.04×10^7 m^3/a，在吉兰泰盆地内用水主要来自人畜生活用水、工业用水和农区灌溉用水，在吉兰泰地区工业主要有盐厂、碱厂和石材加工厂。城镇生活用水和农区生活用水主要采用水源地集中供水的方式进行，而工业生产用水和生活用水是由企业自备井供水。牧区居民的人畜饮水采用分散供水方式[14]。

2.6 社会经济

吉兰泰盐湖盆地主要行政区划为吉兰泰镇，该区以吉兰泰盐湖盐业及副产品工业为主，包括少量农业、畜牧业和商业等共存的多元化经济结构。吉兰泰盐湖是我国重要的盐业生产基地，在全国盐业生产工业中具有举足轻重的地位。吉兰泰盐化集团是我国目前机械化程度最高、产量最大的湖盐生产企业，是世界规模最大的钠生产企业[15,16]。吉兰泰镇下辖的大察哈尔滩和小察哈尔滩是研究区内主要的农业灌区，农作物以玉米、西瓜、葵花、小麦、蔬菜等为主。

目前，吉兰泰镇总面积 4 618.4 km^2，镇所在地面积 17 km^2，常住人口 14 484 人，流动人口每年在 7 000 人左右，绝大多数集中在吉兰泰镇。2021 年末，总人口 19 649 人，其中城镇常住人口 15 471 人，城镇化率 78.73%，另有流动人口 4 414 人。总人口中，以汉族为主，达 14 740 人，占 75%，有蒙古族、回族、藏族等 10 个少数民族，共 4 909 人，占 24.9%，超过千人的少数民族为蒙古族，共 3 930 人，占少数民族人口的 80%。2021 年，人口出生率 4.9‰，人口死亡率 4.2‰，人口自然增长率 0.7‰。人口密度为 0.63 人/平方千米。

境内物产丰富，已发现矿产 61 种，矿产地 333 处，探明储量的矿产 35 种 119 处，开发利用的矿产资源 27 种。煤、盐、硝、石膏、石灰岩、铁、铜、金、石墨、大理石、膨润土、白云岩、花岗岩等储量可观，开发潜力巨大，其中被称为“两白一黑”的湖盐、芒硝、煤炭是该旗最具有优势和地方特色的矿种，煤炭保有储量 35.5 亿吨，湖盐储量达 1.3 亿吨，芒硝总储量约 0.6 亿吨。

吉兰泰盐湖工业为主要经济来源，少量农业经济及畜牧业。吉兰泰盐湖是我国主要盐业生产基地，同时也是主要的盐碱生产基地，2021 年工业生产总值为 28.68 亿元，商业网点 367 个，工业企业 54 个，实现工业、农业、畜牧业、商业协同发展的多元经济体产业。

地处干旱地区的吉兰泰镇，地下水几乎是唯一的可开发利用水资源，地下水与人们的生活、农牧业、工业企业和社会经济发展息息相关，地下水合理开发利用、地下水污染控制对于保障当地居民生活饮水安全和身体健康、区域社会稳定和经济发展有着十分重要的意义[16]。

参考文献

[1] 吉兰泰地区六价铬分布调查及环境风险性分析研究成果报告[R]. 内蒙古农业大学，2017，12.

[2] 刘滨莹，张宏伟，王芳，等. 河套盆地吉兰泰构造带狼山分支断层活动特征及其控藏作用[J/OL]. 地质科技通报：1-11[2022-11-17].

[3] 刘炳文. 河套盆地吉兰泰凹陷白垩系—古近系储层沉积—成岩相研究[D]. 徐州：中国矿业大学，2022.

[4] 王飞，马占荣，蒲仁海，张才利. 河套盆地吉兰泰地区白垩系地层划分及地质特征[J]. 西安科技大学学报，2019，39(4)：656-664.

[5] 杨德相，屈争辉，陈树光，等. 河套盆地吉兰泰凹陷中生代构造层划分及意义[J]. 高校地质学报，2020，26(6)：691-703.

[6] 陈树光，朱庆忠，张锐锋，等. 河套盆地吉兰泰构造带形成演化及控藏作用[J]. 成都理工大学学报(自然科学版)，2022，49(5)：533-541.

[7] 孙六一，蒲仁海，马占荣，王飞. 河套盆地吉兰泰凹陷烃源岩展布与勘探潜力[J]. 地球科学与环境学报，2018，40(5)：612-626.

[8] 王飞. 河套盆地吉兰泰地区地震地层划分及地震相研究[D]. 西安：西北大学，2018.

[9] 袁伟，阚艳伶，乔海涛. 越西盆地第四系孔隙水赋存特征研究[J]. 资源环境与工程，2022，36(2)：210-217.

[10] 胡超，张旭，蔺飞阳. 内蒙古阿拉善吉兰泰地区孔隙承压水的研究[J]. 西部资源，2017(3)：94-95.

[11] 黄磊，高瑞忠，卢俊平，等. 吉兰泰盐湖盆地水文地质特征与补给机制的源解译[J]. 内蒙古农业大学学报(自然科学版)，2021，42(1)：73-76.

[12] 李鸿娟. 吉兰泰盆地地下水化学特征及氟污染风险评价[D]. 西安：长安大学，2013.

[13] 黄光辉. 巴音戈壁盆地巴隆乌拉地区下白垩统巴音戈壁组地球化学特征及地质意义[D]. 上海：东华理工大学，2021.

[14] 江进. 我国地下水开发利用现状与保护对策初探[J]. 科技风，2021(14)：111-112.

[15] 秦子元，高瑞忠，张生，等. 西北旱区盐湖盆地地下水化学组分源解析[J]. 环境科学研究，2019，32(11)：1790-1799.

[16] 高瑞忠，秦子元，张生，等. 吉兰泰盐湖盆地地下水 Cr^{6+}、As、Hg 健康风险评价[J]. 中国环境科学，2018，38(6)：2353-2362.

第3章 流域土壤质地及化学组分风险评价

3.1 流域土壤质地分类

土壤由母质风化而成，土壤的颗粒组成继承了母质的许多特征，土壤颗粒分布特征不仅影响土壤的水力状况和肥力特征，而且与土壤侵蚀和退化状况直接相关[1-3]。土壤特性在空间分布上的非均一性，称为土壤特性的空间变异性。空间变异性是土壤的基本属性，进而产生了其结构功能上的差异。这种差异是自然因素和人为因素综合作用的结果。对土壤属性空间特性的充分了解，是管理好土壤养分和合理施肥的基础，同时也为土壤质量的恢复和改良、生态环境的修复提供了理论依据[4-7]。

土壤包气带是岩土颗粒、空气和水三项共同存在的一个复杂系统。包气带可分成三个带：在接近地面的区段形成毛细管悬着水带，这个带和外在环境有强烈的水分交换，在垂直方向上土壤含水量随时间而改变，外界的降水、蒸发和植物的散发都与之相关；向下是毛细管支持水带，它因毛细管水上升而形成，在这一带中土壤的含水量在下部较多，其深度与地下水位密切相关；处于两者之间的是中间包气带，其存在与该地区地下水位的深浅密切相关。包气带是一个多介质、多组分、开放性的生物环境系统，其典型的非均匀性、非饱和性、强烈的动态性使其研究具有复杂性。包气带可以贮存和传输污染物至地下水，同时也是污染物质发生复杂的物理、化学作用的地质空间。

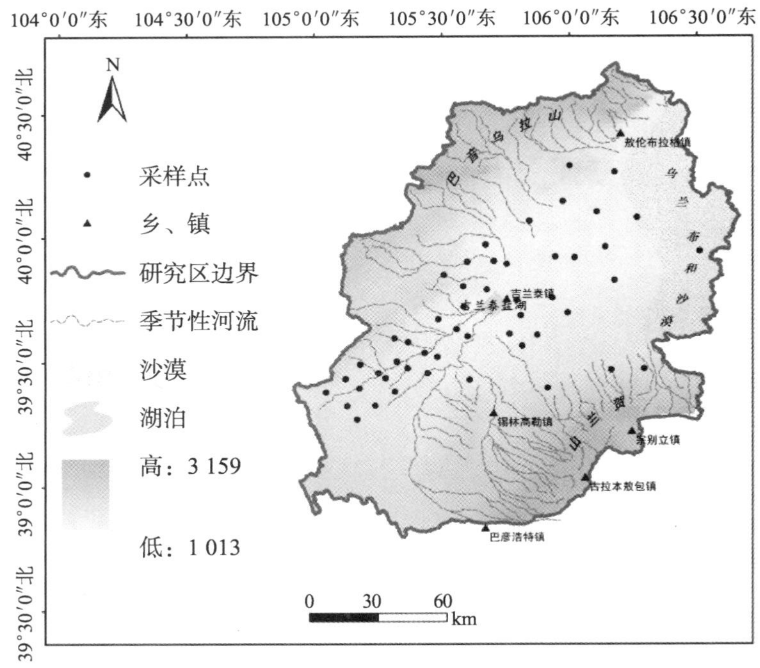

图 3-1 研究区地理位置及土壤采样点图

Fig. 3-1 Geographic location and soil sampling points in the study area

随着环境气候的演变，吉兰泰盐湖流域干旱状况不断加剧，在人类经济活动的过度干预下，流域草原生态整体退化，荒漠化日益严重，需要对区域内土壤环境质量性特征及其影响因素充分认知，对区域土壤环境演变规律进行研究，以制定可持续发展的工农牧业政策，针对性地提出环境治理方案和防护盐湖沙害治理措施。以吉兰泰盆地流域界限为边界进行全流域普查，研究区总面积为 20 025 km^2，确保采集样品具有代表性，设置典型断面布点。共布设了 57 个土壤采样点，剔除特异值点和重复采样点，选取 50 个土壤采样点数据作为样本数据(图 3-1)。每个采样点分 3 层采样，分别记为 0 cm、50 cm、100 cm 土层。每个样品取 3 个平行样。利用 GPS 野外定点，记录每个采样点坐标。

土壤粒径分布分析采用德国 SYMPATEC RODOS 激光粒度仪测定；依据土壤检测 NY/T 1121－2006 标准进行分析及质量控制。土壤样品的测试在内蒙古农业大学水利与土木工程测试中心完成。

3.1.1　土壤包气带粒度组成分析

研究区包气带 0～100 cm 间土壤粒级分布特征如表 3-1 所示。对比分析数据可知，0 cm(表层)、50 cm、100 cm 土层深度的土壤粒级结构相似，各级颗粒含量比例范围近似一致。其中，细砂含量最高，0 cm(表层)、50 cm、100 cm 土层平均值分别为 47.32%、40.29%、41.51%；其次是粉粒、粗砂、极细砂和中砂，颗粒含量的均值范围分别为 12.53%～18.80%、10.84%～14.77%、10.58%～12.62%和 9.86%～12.43%。黏粒和砾石含量最低，平均值范围分别为 2.72%～3.89%和 1.53%～2.07%。整个研究区的土壤粒级分布从平面来说，西北部较东南部粗；从沙丘本身来说，迎风坡较背风坡粗，下部较上部粗[8-10]。

表 3-1　土壤粒级分布统计/%

Tab. 3-1　Statistics of soil particle size distribution/%

层位/cm	统计项目	粒度分布/mm(美国农业部 USDA 制)						
		砾石	粗砂	中砂	细砂	极细砂	粉粒	黏粒
		＞2	2～0.5	0.5～0.25	0.25～0.1	0.1～0.05	0.05～0.002	＜0.002
表层	最大值	12.21	51.36	37.85	69.65	25.85	30.95	8.80
	最小值	0.00	0.18	0.71	23.15	1.82	1.34	0.01
	平均值	1.53	10.84	12.43	47.32	12.62	12.53	2.72
50	最大值	20.93	71.91	41.19	78.83	27.41	63.25	17.18
	最小值	0.00	0.29	0.00	0.00	0.00	0.54	0.00
	平均值	1.98	13.12	9.86	40.29	12.08	18.80	3.89
100	最大值	17.14	56.93	52.30	72.03	26.63	80.80	19.52
	最小值	0.00	0.00	0.00	0.00	0.00	0.29	0.00
	平均值	2.07	14.77	11.76	41.51	10.58	15.74	3.57

研究区土壤主要由粒径分级范围为 0～0.002 mm、0.002～0.05 mm、0.05～0.1 mm、0.1～0.25 mm、0.25～0.5 mm 和 0.5～1.0 mm 的土壤颗粒组成。其中，土壤颗粒组分中以粒径分级范围为 0.10～0.25 mm 的颗粒为主，占总颗粒组成百分比为 53.60%，0.002～

0.05 mm 粒径范围的颗粒占 17.21%，0.05～0.1 mm 粒径范围的颗粒占 13.79%，0.25～0.5 mm 粒径范围的颗粒占 13.43%，0～0.002 mm 粒径范围的颗粒占 1.95%，0.5～1.0 mm粒径范围的颗粒占 0.01%。研究区采样点表层土壤粒径组成分析如图 3-2 所示。

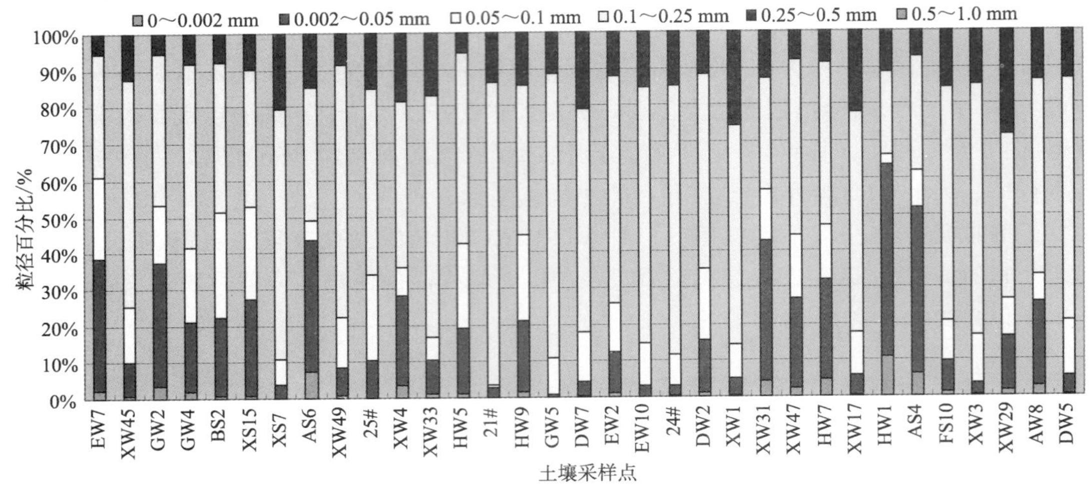

图 3-2　研究区采样点表层土壤粒径组成分析

Fig. 3-2　Analysis of particle size composition of soil in the study area

3.1.2　研究区土壤的质地分类

基于研究区 50 个采样点 0 cm(表层)、50 cm、100 cm 土层深度的土壤颗粒实验数据，按照美国土壤质地分类制砂粒（2～0.05 mm）、粉粒（0.05～0.002 mm）和黏粒（<0.002 mm），确定土壤质地分类(图 3-3)[11]。如图 3-3 可知，各层土壤样本点都集中在砂土、壤砂土、砂壤土 3 种土壤质地类型区域，只有极少数样本点在黏壤土、粉质黏壤土土壤质地类型区。0 cm(表层)、50 cm、100 cm 土层土壤质地类型所占比重如图 3-4 所示，其中表层土壤质地属于砂土、壤砂土、砂壤土和粉质黏壤土的样本所占百分比分别为 48%、30%、20%、2%；50 cm 层土壤属于砂土、壤砂土、砂壤土、粉质黏壤土、黏壤土的样本占比分别为 36%、28%、30%、4%、2%；100 cm层土壤属于砂土、壤砂土、砂壤土、粉质黏壤土的样本比例分别为 52%、22%、22%、4%。总体分析可知，研究区 0～100 cm 土壤质地以砂土、壤砂土为主，不同土层深度土壤质地基本一致。其主要成因是研究区内风成沙大面积分布，并多以平盖沙为主，其中有互不连续的沙丘分布，厚度 2～5 m，岩性为细、中、粗砂，分选较好[12－15]。

研究区土壤颗粒主要分布在 0.1～0.25 和 0.25～0.5 mm 范围内，<0.002 mm 和 >2 mm的颗粒比重很小。吉兰泰盐湖盆地流域 0～100 cm 土壤质地类型以砂土、壤砂土为主，且土壤质地类型砂土、壤砂土占比 72%，分析原因在于研究区属干旱荒漠气候，植被稀疏，土壤以风成沙土和流动沙丘为主[16]。同时从土壤颗粒分布来看，表层粉粒（0.05～0.002 mm）和黏粒（<0.002 mm）均小于深层土层，说明表层土壤颗粒受风蚀作用明显，土壤质地较深层土壤具有粗粒化现象[17－33]。

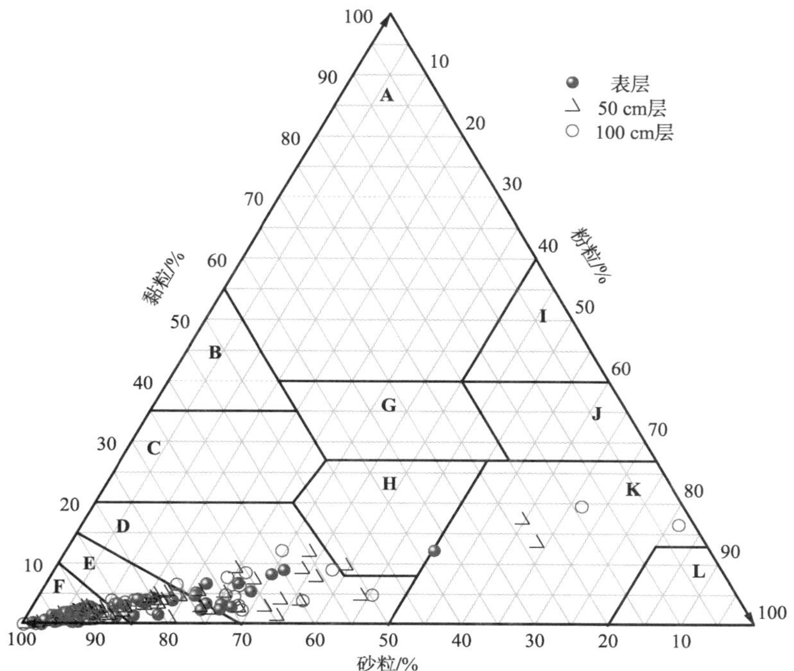

A. 重黏土　B. 砂黏土　C. 砂黏壤土　D. 砂质壤土　E. 壤砂土　F. 砂土
G. 轻黏土　H. 黏壤土　I. 壤土　J. 粉黏土　K. 粉质黏壤土　L. 粉壤土

图 3-3　研究区土壤质地分类图

Fig. 3-3　Texture classification of the soil in the study area

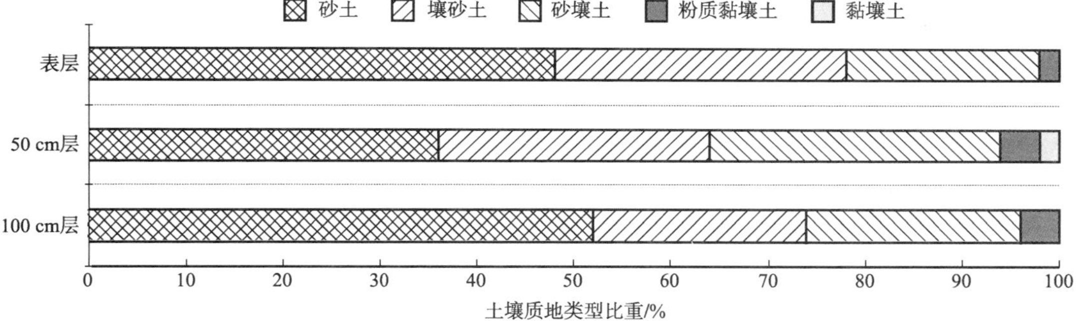

图 3-4　研究区土壤质地类型比重

Fig. 3-4　Proportion of soil texture types in the study area

3.2　土壤重金属空间变异及对土壤理化因子的响应

盐湖盆地形成及演变过程中因独特地质条件和气候环境因素的影响，使盐湖盆地流域土壤成为记录区域环境变化的重要载体。随着地方经济的发展及盐业持续开发利用，盐湖盆地土壤成为污染物的重要汇集地。重金属是一种典型的土壤污染物，具有隐蔽性、难降解性、较差的移动性和易被富集性等特点[34－38]。其不仅影响土壤环境质量，且通过食物链影响人类健康[39－42]。在城市化、工业化进程及人类活动形成的各种环境理化因素的交互作用下,土壤重金属的形态会发生变化,进而影响土壤重金属的迁移与转化[43]。因此,探究盐湖盆地土壤重金属在其理化因素影响下的分布特征及呈现的分异规律,对盐湖流域周边农牧业的发展和地区生态安全措施的完善具有重要的意义。

重金属在土壤环境中的行为取决于重金属自身的化学行为和土壤的化学条件[44]。土壤物理化学性状的改变会直接影响重金属土壤环境中的行为,即重金属在土壤环境中的行为受土壤理化性质的制约[44]。近年来,国内外学者对于重金属与土壤理化性质的相关性研究在不同环境土壤中展开,如新疆天山中部森林土壤[40]、田头山自然保护区林地土壤[45]、连霍高速公路旁土壤[46]、遵义正安县喀斯特地貌土壤[47]等;均在基于理化特征分析的土壤环境演化研究基础上,分析了土壤理化性质对重金属行为的影响,阐述了各种因素对重金属迁移转化的作用,并提出了对土壤中重金属行为的新研究方向[40,45—48]。目前,鲜有对旱区盐湖盆地土壤重金属环境行为影响因素的分析,以及土壤理化性质制约土壤重金属环境驱动演变的深入研究。

因此,根据吉兰泰盐湖盆地流域土壤情况制定研究目标,野外取样,实验室检测获取数据,利用地统计学分析、多元统计分析等方法,研究盐湖盆地流域土壤重金属的分布特征,运用冗余分析方法探究重金属对土壤理化因子的响应,旨在揭示重金属在环境中的迁移转化规律,为合理开发利用盐湖工业、深入开展土壤健康保护以及优化地区生态环境安全措施提供理论支持。

3.2.1 材料与方法

3.2.1.1 采样与检测方法

在研究区内根据吉兰泰流域地下水汇流方向,结合吉兰泰流域的地貌特征和土壤类型,共布设 50 个土壤采样点(图 3-5)。同一采样点按照纵深方向分 3 层采样,即 0 cm(表层)、50 cm、100 cm,土壤采样点的布设按照《土壤环境监测技术规范》(HJ/T 166—2004)要求进行。根据吉兰泰当地条件,利用交通图、行政区划图和 GPS 进行野外定点,记录每个采样点坐标,并客观地记录、描述样品及采样地点周边环境,遇到公路、村庄、工厂等详细记录位置,用以确定采样区在地图中的位置。根据评价目的不同,土壤样品的采集方法有所区别。土壤样品的采集,按照一定的采集路线进行,采集点的分布要尽量做到均匀。每个采样点取 3 个平行样,每个样品重约 1 kg,同时做好采样记录。

土壤样品的测试在内蒙古农业大学水利与土木工程测试中心完成。总铬(Cr)采用日立 Z-2700 原子吸收分光光度法测定;汞(Hg)、砷(As)采用吉天 AFS—933 原子荧光法测定;全氮(TN)采用 K9840 海能凯氏定氮仪测定;pH 采用赛多利斯 PB-21 标准型 pH 计测定(土水质量比 1∶5 浸提液);溶解性总固体(TDS)采用 105℃ 重量法测定(土水质量比 1∶5 浸提液);土壤粒径分布分析采用德国 SYMPATEC RODOS/激光粒度仪测定;土壤含水率(θ)采用 105±2℃ 烘干法测定。测试结果均依据土壤检测 NY/T 1121—2006 标准进行分析及质量控制。

3.2.1.2 数据分析方法

依据王国梁等[48]推导的土壤分形模型,计算土壤分形维数 D。公式如下:

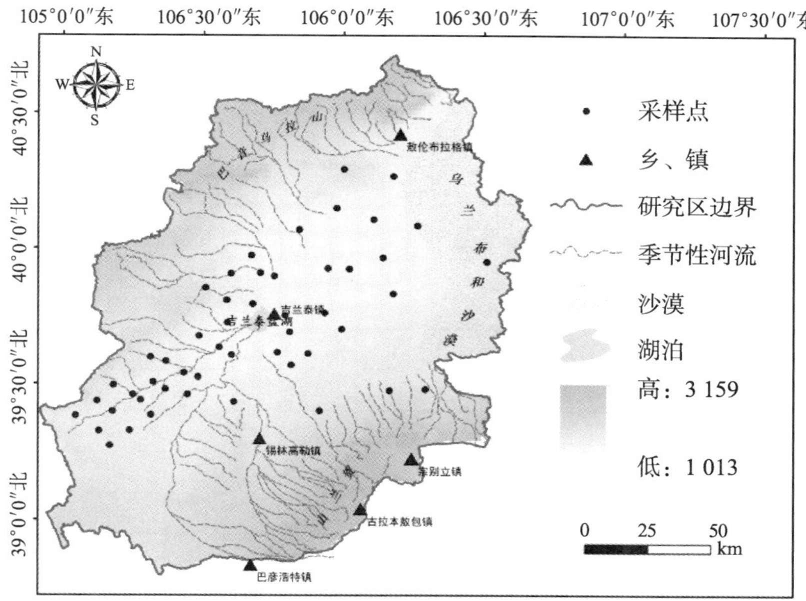

图 3-5　研究区地理位置及土壤采样点图

Fig. 3-5　Geographic location and soil sampling points in the study area

$$\frac{V(r<R)}{V_T}=\left(\frac{R}{\lambda_V}\right)^{3-D} \tag{3-1}$$

式中，$V(r<R)$为所有小于 R 的土粒的粒径体积之和；V_T 为土壤颗粒的总体积；R 为某一粒径的特征尺度；λ_V 为土壤粒径分级中最大的粒级值；D 为土壤颗粒的体积分形维数。

统计学特征分析、相关性分析和 K-S 检验分析采用 SPSS 软件完成，半变异函数分析通过 GS^+ 9.0 软件完成，RDA 采用 Canoco 5.0 软件分析完成。利用 ArcGIS 10.5 进行插值分析，利用 Origin 进行绘图。

3.2.2　结果与分析

3.2.2.1　吉兰泰盐湖盆地土壤理化指标分析

不同深度土层土壤理化指标的基本特征参数见表 3-2，土壤理化指标箱型分布如图 3-6 所示。数据分析表明，土壤分形维数 D、pH 在不同深度土层中无显著差异，研究区分形维数 D 介于 1.67～2.79 之间，平均值小于 2.5，变化范围较大。研究区土壤质地类型为风成沙土，颗粒较粗，因此分形维数 D 值偏小。土壤 pH 变化范围介于 7.58～10.44 之间，研究区巴音乌拉山北部与东南贺兰山的低山丘陵地带土壤 pH 明显高于吉兰泰盐湖东部和西部区域。土壤 TDS 值的范围在 112.50～29 375.00 mg/kg 之间，变化区间较大，且吉兰泰盐湖周边 TDS 明显高于其他地区。盐湖周边及紧邻盐湖的东侧和北侧采样点附近存在 TDS 严重超标点和超标区域。土壤总氮的变化范围为 33.6～642.71 mg/kg，随土层深度加深逐渐减小。土壤含水率介于 0.11～25.55%之间，随土层垂向加深含水率明显增加。从总体分布特征上分析，研究区各层(0 cm、50 cm、100 cm)土壤中各理化指标分布规律无明显差异。

表 3-2　不同深度土壤理化指标统计特征

Tab. 3-2　Statistical characteristics of soil physical and chemical indicators at different depths

层位/cm	统计项目	分形维数 D	pH	溶解性总固体 TDS/mg·kg^{-1}	总氮 TN /mg·kg^{-1}	含水率 θ /%
表层	最小值	1.67	7.58	142.00	33.6	0.11
	最大值	2.72	10.44	23 981.25	642.71	13.66
	平均值	2.42	9.35	4 106.56	214.46	4.64
50	最小值	2.01	7.81	112.50	42.51	0.73
	最大值	2.77	10.25	29 250.00	636.11	25.55
	平均值	2.48	9.31	3 702.31	208.12	7.79
100	最小值	1.96	7.73	159.50	44.70	0.78
	最大值	2.79	10.14	29 375.00	529.75	23.95
	平均值	2.44	9.24	4 256.73	177.48	8.22

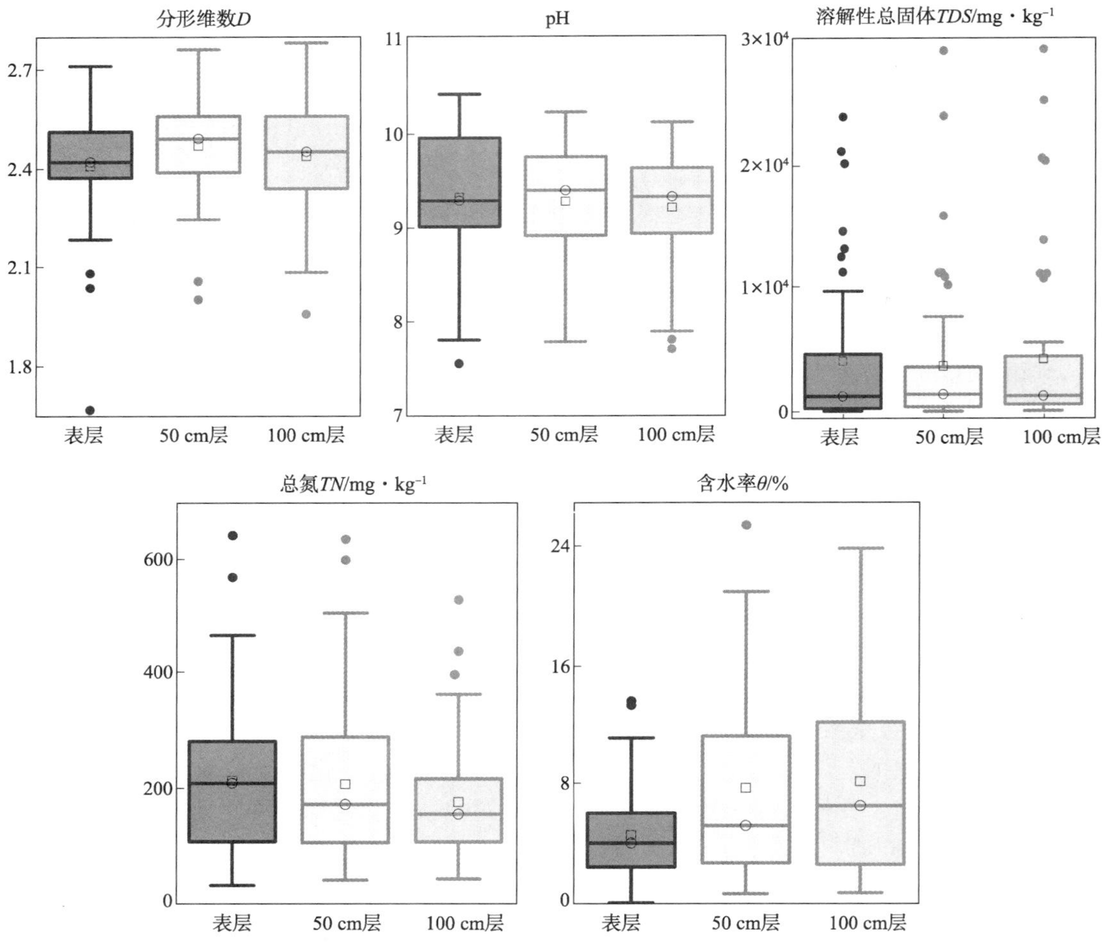

图 3-6　土壤理化指标箱型分布图

Fig. 3-6　Box type distribution map of soil physical and chemical indicators

3.2.2.2 土壤重金属统计特征分析

基于研究区 50 个采样点 0 cm(表层)、50 cm、100 cm 土层深度的土壤重金属含量数据，应用 SPSS 软件进行统计分析，得到不同深度土壤重金属统计学特征(表 3-3)。土壤重金属 Cr 浓度最大值出现在 100 cm，为 63.53 mg/kg，最小值出现在 0 cm，为 2.90 mg/kg，数据区间较大。土壤重金属 Cr 含量的偏度为 0.413～0.533，数据呈现均值右侧分散。峰度为 0.411～1.466，表明数据分布不均衡，出现极值。土壤重金属 As 浓度介于 0.02～21.87 $mg \cdot kg^{-1}$之间，变幅较大，最大值、最小值均出现在 100 cm 层。依据偏度、峰度分析，土壤重金属 As 数据呈现均值左侧偏移且分布不均衡。土壤重金属 Hg 在各土层的含量分布特征基本相同，呈现右偏不均匀分布。各层最大值、最小值范围及均值近似一致，数值介于 0.002～0.602 mg/kg 之间。0 cm(表层)、50 cm 的 Cr 与各土层 Hg、As 变异系数均大于 36%，样本数据呈现离散状态[49-51]。整体上看，内蒙古地区背景值[52]均在各层 Cr、Hg、As 的最大值和最小值之内，说明研究区存在 Cr、Hg、As 的超标点或局部超标区域。研究区范围内的土地利用类型主要为牧草地，土壤 pH 变化范围为 7.58～10.25(大于 7.5)，均为旱地，对比国家农用地土壤污染风险管控标准值[53]，研究区各层土壤的 Cr、Hg、As 浓度均满足国家土壤污染风险管控标准。

表 3-3 不同深度土壤重金属统计学特征

Tab. 3-3 Statistical characteristics of heavy metals in soils at different depths

重金属	层位/cm	样本数/个	最小值/$mg \cdot kg^{-1}$	最大值/$mg \cdot kg^{-1}$	平均值/$mg \cdot kg^{-1}$	峰度	偏度	CV/%	背景值/$mg \cdot kg^{-1}$	农用地土壤污染风险筛选值/$mg \cdot kg^{-1}$
Cr	0	50	2.90	55.21	27.30	1.359	0.496	34.46	41.40	250
	50	50	8.13	58.59	28.79	1.466	0.533	31.56	41.40	250
	100	50	4.03	63.53	29.97	0.411	0.413	42.13	41.40	250
Hg	0	50	0.002	0.602	0.174	−0.485	0.823	92.33	0.04	3.4
	50	50	0.003	0.545	0.170	−0.638	0.689	87.70	0.04	3.4
	100	50	0.006	0.569	0.174	0.028	0.983	93.94	0.04	3.4
As	0	50	0.41	21.74	12.14	−0.825	−0.167	46.84	7.50	25
	50	50	0.45	20.49	12.87	−0.821	−0.301	38.79	7.50	25
	100	50	0.02	21.87	13.08	−0.360	−0.300	38.51	7.50	25

3.2.2.3 土壤重金属空间变异及分布特征分析

本文运用半方差函数研究土壤重金属空间分布及相关特征。依据统计学特征研究区各层土壤重金属 Cr、Hg、As 数据的偏度在区间[−1,1]内[54]，呈正态或接近正态分布。将不符合正态分布的原始数据进行对数转换，应用 K-S 检验，结果显示经对数转换后各层土壤数据均服从正态分布。

应用 GS^+ 9.0 对研究区各层土壤 Cr、Hg、As 数据进行半方差函数分析计算，结果见表 3-4。不同土层重金属 Cr 的最佳拟合模型不同，表层、50 cm 层的拟合模型是球状模型，

100 cm层的拟合模型是高斯模型。重金属 Hg 在表层、50 cm 层的最佳拟合模型是高斯模型，100 cm 层的拟合模型是指数模型。重金属 As 各土层的最佳拟合模型均为高斯模型。3 种重金属各层模型拟合度均大于 0.8，范围为 0.804～0.998，表明所选择模型均能反映分析样本的空间分布特征。

由表 3-4 可知，Cr 和 Hg 两种金属各土层的块基比数值变化介于 0.063%～14.865%之间，均在<25%的范围之内，表明 Cr 和 Hg 具有强烈的空间自相关性[47,55]，说明土壤母质、气候环境等自然因素在土壤 Cr 和 Hg 含量形成过程中是主要影响因素。As 元素的表层、50 cm 层块基比分别为 25.872%、32.483%，位于 25%～75%范围之内，属于中等程度的空间自相关；而 As 的 100 cm 层块基比为 0.042%，属于显著的空间自相关。总体来分析，As 元素的表层和 50 cm 层空间变异影响因素是自然因素和随机因素的协同作用，而 100 cm 层的空间变异则由自然因素起主导作用，同时也说明人类农牧业活动对较深层土壤影响较小。

表 3-4　不同深度土壤重金属含量的半方差函数模型与参数

Tab. 3-4　Semi variance function model and parameters of heavy metal content in soil at different depths

重金属	层位/cm	拟合模型	块金值 C0	基台值 C0+C	块基比 C0/C0+C/%	变程/km	拟合度 R^2
Cr	0	球状模型	0.10	76.05	0.131	15.90	0.991
	50	球状模型	0.10	69.84	0.143	9.70	0.804
	100	高斯模型	0.10	159.90	0.063	10.05	0.880
Hg	0	高斯模型	0.011	0.074	14.865	16.78	0.820
	50	高斯模型	8.8E-03	0.160	5.500	24.53	0.886
	100	指数模型	2.6E-04	0.024	1.083	23.70	0.849
As	0	高斯模型	13.50	52.18	25.872	74.82	0.929
	50	高斯模型	12.09	37.22	32.483	84.35	0.998
	100	高斯模型	0.01	23.76	0.042	10.39	0.856

依据半方差函数拟合模型，利用 ArcGIS 10.5 采用反距离权重法，绘制了研究区不同深度土壤重金属空间分布图(图 3-7)。

从空间分布特征上分析，研究区各土层重金属 Cr、Hg 含量分布规律基本一致。各层重金属 Cr 的高值区主要在吉兰泰盐湖盆地西北部的沟谷台地、乌兰布和沙漠北部和图格力高勒沟谷地区；尚特高勒西南和贺兰山地区是 Cr 含量的低值区。由不同层位对比分析可知，3 层土壤 Hg 含量具有相似的空间分布特征，其高值区主要分布于图格力高勒沟谷下游台地以及锡林高勒镇西南部地区。西北部的巴音乌拉山、乌兰布和沙漠地区均为低值区，其中 50 cm、100 cm 土层，在吉兰泰盐湖北部和乌兰布和沙漠中部区域，有零星分布的块状高值区。表层土壤 As 从巴音乌拉山到贺兰山呈现带状分布的高值区，盐湖以西、锡林高勒镇西南以及乌兰布沙漠西南部地区含量较低。50 cm 土层由吉兰泰盐湖周边区域东到乌兰布和沙漠、南到贺兰山地区 As 含量较高，巴音乌拉山为 As 的中值区，盐湖以西及锡林高勒镇西南地区为低值区。100 cm 土层盐湖西部及贺兰山北部为 As 的低值区，盐湖周边、乌兰布和沙漠西部和图格力高勒沟谷台地呈现斑块状高值区。

吉兰泰盐湖西北部的沟谷台地、图格力高勒沟谷及尚特高勒西南低山台地地区，地下水

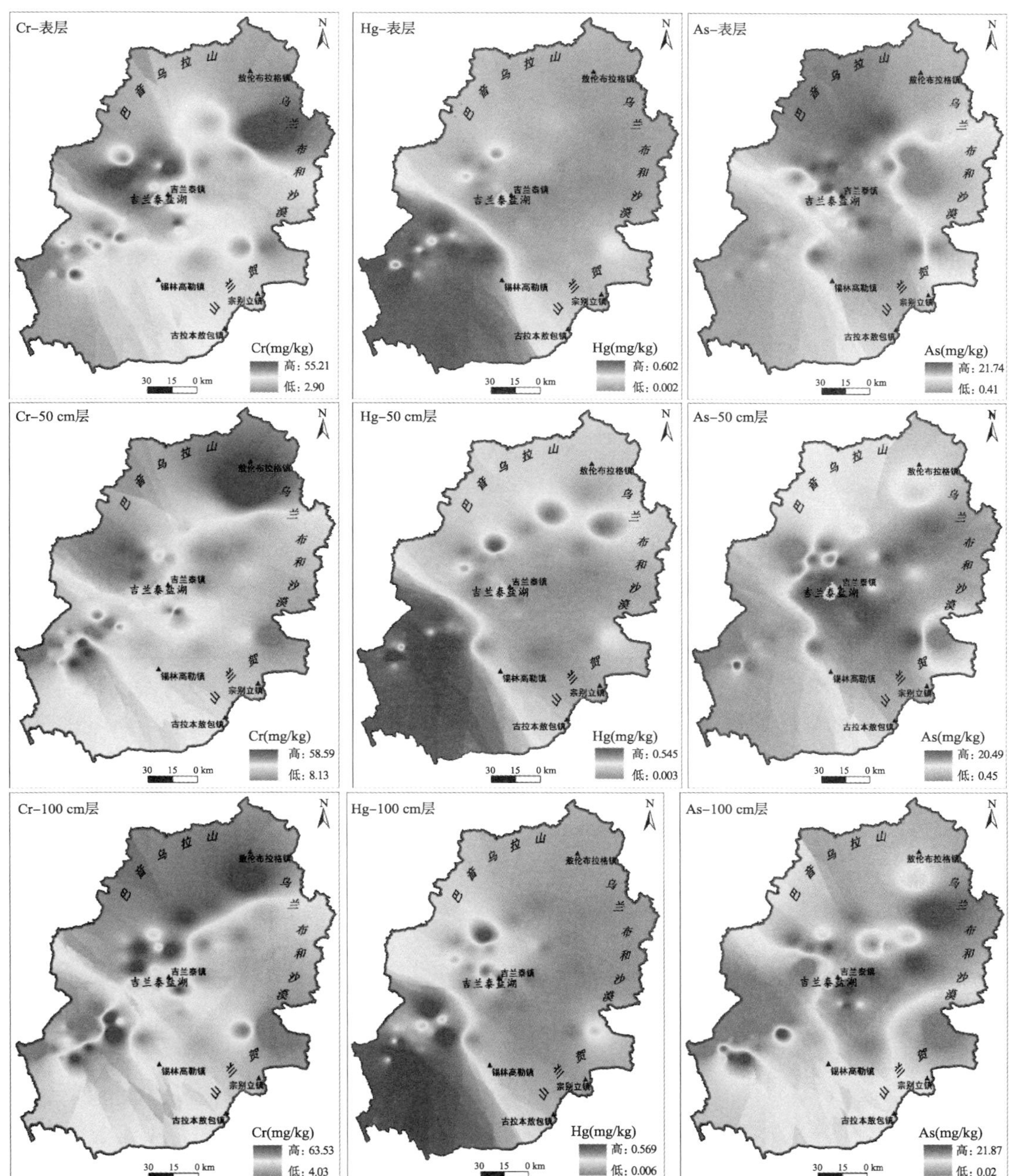

图 3-7　不同深度土壤重金属空间分布图

Fig. 3-7　Spatial distribution map of heavy metals in soil at different depths

水力坡度小，径流较弱，地下水埋深在 2 m 左右，蒸发强烈，致使局部地区土壤重金属富集，明显高于内蒙古地区背景值。图格力高勒沟谷是东南侧台地和西北侧山前冲洪积扇的地貌分界线，西北侧巴音乌拉山山前冲洪积平原地形高差较大，地势较高的上游地区存在含重金属的矿物，被雨水冲刷到下游低山台地累积。

在区域成壤环境中，土壤元素的空间分布特征取决于成土母岩的组成及环境演变的驱动[56]。研究区各元素不同层位浓度空间分布特征基本相似，重金属由深度至地表含量无明显升高，未呈现出“表聚性”特征，说明农牧业活动、工业活动等人为因素对土壤重金属的环境演变影响较小，其主要受到成土母质、水文地质、气候、地形等自然因素驱动。

3.2.2.4 Cr、Hg、As与土壤理化指标的相关性

对研究区3层土壤Cr、Hg、As数据与相应采样点的土壤基本理化指标（分形维数 D 值、pH、溶解性总固体 TDS、总氮 TN、含水率 θ 指标），应用SPSS 24.0进行典型相关性分析，逐对提取相关系数（表3-5）。

表3-5 不同深度土壤重金属与土壤理化指标相关系数

Tab. 3-5 Correlation coefficient between soil heavy metals and soil physical and chemical indicators at different depths

土壤理化指标	表层			50 cm层			100 cm层		
	Cr	Hg	As	Cr	Hg	As	Cr	Hg	As
分形维数	0.549**	−0.382**	0.288*	0.512**	−0.379**	0.604**	0.465**	−0.376**	0.501**
pH	−0.165	0.355**	−0.134	−0.098	0.385**	−0.329*	−0.131	0.385**	−0.224
TDS	0.434**	−0.135	−0.126	0.388**	−0.184	0.346*	0.444**	−0.149	0.406**
总氮 TN	0.019	0.291*	−0.033	0.121	0.028	−0.01	0.185	−0.071	−0.156
含水率 θ	0.457**	−0.099	0.097	0.23	−0.104	0.096	0.216	−0.119	0.062

注：** $P<0.01$ 显著水平，* $P<0.05$ 显著水平。

结果表明，3层土壤中Cr与土壤分形维数、TDS 呈现极显著正相关（$P<0.01$ 显著水平），相关系数分别为0.549、0.512、0.465和0.434、0.388、0.444；与表层含水率表现为极显著正相关（$P<0.01$ 显著水平），相关系数为0.457；与50 cm，100 cm层含水率以及3个土层pH和总氮均没有显著相关性。Hg与分形维数为极显著负相关（$P<0.01$ 显著水平），相关系数分别为−0.382、−0.379、−0.376；与pH为极显著正相关（$P<0.01$ 显著水平），相关系数分别为0.355、0.385、0.385；与表层总氮为显著正相关（$P<0.05$ 显著水平），相关系数为0.291；与50 cm，100 cm层总氮以及3土层 TDS 和含水率没有显著相关性。As与50 cm，100 cm层分形维数表现为极显著正相关（$P<0.01$ 显著水平），相关系数分别为0.604、0.501；在表层与分形维数为显著正相关（$P<0.05$ 显著水平），相关系数为0.288；As与pH表现为负相关，但只在50 cm层具有显著性（$P<0.05$ 显著水平），相关系数为−0.329；As在50 cm、100 cm层与 TDS 相关系数分别为0.346（$P<0.05$ 显著水平）、0.406（$P<0.01$ 显著水平），在表层与TDS没有显著相关性；As与总氮和含水率在3土层均没有显著相关性。

3.2.2.5 土壤重金属与理化指标的冗余分析

为进一步了解土壤理化性质对重金属的影响，本研究应用CANOCO 5.0软件进行这两类因子相关性的冗余分析。表层、50 cm层和100 cm层各采样点土壤重金属Cr、Hg、As作为3个3×50维矩阵species，土壤理化指标分形维数 D、pH、TDS、总氮 TN、含水率 θ 作为3个5×50维矩阵environment。原始数据首先进行对数转化的归一化处理，经过499次Mont Carlo检验排序轴特征值的显著性检验，RDA分析获得土壤理化指标对各重金属元素变异贡献率排名，获得如图3-8、表3-6的分析结果。

表 3-6 RDA 土壤理化指标贡献率排序

Tab. 3-6 Ranking of contribution rate of soil physical and chemical indicators of RDA

土壤理化指标	表层				50 cm 层				100 cm 层			
	解释量	贡献率/%	pseudo-F	*P*	解释量	贡献率/%	pseudo-F	*P*	解释量	贡献率/%	pseudo-F	*P*
D	31.3	56.2	10.2	0.002	45.5	68.8	15.9	0.002	36.5	56.8	11.6	0.002
pH	8.2	14.8	2.8	0.030	7.6	11.5	2.9	0.030	10.5	16.4	3.5	0.014
TDS	7.9	14.2	2.8	0.032	6.1	9.2	2.7	0.036	10.5	16.4	3.7	0.024
TN	5.3	9.5	1.9	0.156	5.1	7.7	1.9	0.160	5.8	9.1	2.1	0.090
θ	2.9	5.2	1.1	0.356	1.9	2.8	0.7	0.522	0.8	1.3	0.3	0.818

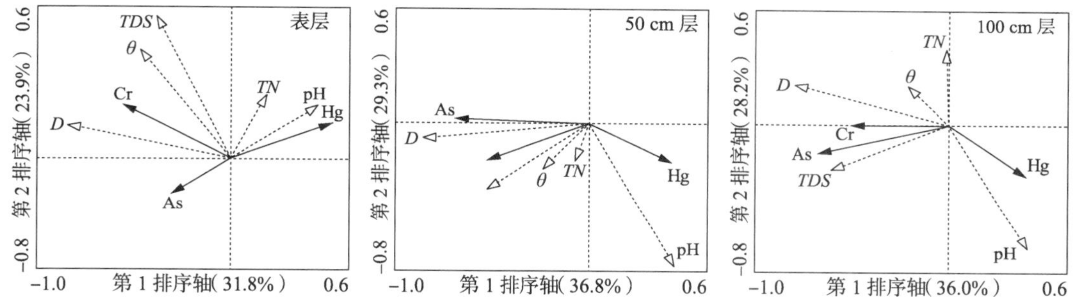

图 3-8 土壤重金属与理化指标的冗余分析 RDA 排序图

Fig. 3-8 Ordination gram of RDA in redundancy analysis of soil heavy metals and physical and chemical indicators

RDA 分析可得出土壤理化因子对重金属 Cr、Hg、As 变异特征的解释量。表层土壤第一轴、第二轴的解释率分别为 31.8%、23.9%，累计解释率为 55.7%，经 *P* 值校正，得到前两个排序轴的 *P* 值均为 0.002($P<0.05$)的显著水平。按贡献率对 5 项理化因子进行筛选，分形维数($P=0.002$)、pH($P=0.030$)和 *TDS*($P=0.032$)对表层各采样点土壤重金属的影响为显著水平($P<0.05$)，而总氮、含水率为非显著水平($P>0.05$)，说明分形维数、pH 和 *TDS* 是影响土壤重金属变异的关键理化因子。50 cm 层土壤第一、二个排序轴解释率分别为 36.8%、29.3%，累计解释率为 66.1%。100 cm 层土壤的前两个排序轴的解释率为 36.0%、28.2%，累计 64.2%；且 50 cm 层和 100 cm 前两个排序轴的 *P* 值均为 0.002($P<0.05$)的显著水平。由图 3-8、表 3-6 可知，表层、50 cm 层和 100 cm 层土壤重金属变异对各理化指标的响应具有相同的规律，即分形维数、pH 和 *TDS* 是影响土壤重金属变异的主要理化指标，贡献率排序为分形维数>pH>*TDS*>总氮>含水率。在所有土层中分形维数 *D* 对重金属 Cr、As 产生正向影响，对重金属 Hg 产生负向影响，且相关性均达到极显著水平 0.002($P<0.01$)。所有土层中土壤 pH 对土壤重金属 Cr、As 产生负向影响，对重金属 Hg 产生显著正向影响。*TDS* 在 3 层土壤中均与重金属 Cr 具有显著正向影响，在 50 cm、100 cm 土层中与重金属 As 具有显著正向影响。土壤总氮与重金属 Cr 呈现正向影响，与 As 呈现负向影响。土壤含水率对重金属 Cr、As 产生正向影响，对重金属 Hg 产生负向影响。不同土层深度重金属及理化因子的分布很好地展示在 RDA 排序图中，结合典型相关性分析结果(表 3-5)可以明显看出，研究区土壤分形维数 *D* 对土壤 3 种重金属的影响均起主导性作用。

3.2.3 讨论与结论

3.2.3.1 讨 论

土壤重金属形态、含量特征受土壤理化性质的影响，其在土壤中的残留、迁移及转化与土壤环境密切相关[57]。综合分析可知，研究区土壤分形维数对土壤中重金属在生态系统的生物有效性影响最大，这是因为土壤分形维数反映的是土壤组成、黏粒含量等土壤自然固相结构。吉兰泰盐湖地区是阿拉善左旗以盐业和石材加工业为主的重点工业区，在西北部的巴音乌拉山中也有零星分布的采矿业。人口2万余人，但工业、企业和人口主要集中在吉兰泰镇所在地，在广阔的吉兰泰盆地平原区荒漠草原中，人烟稀少，人类活动主要以放牧业为主，不具备重金属污染源条件，即使偶见小型工业企业，影响范围也十分有限。吉兰泰地区土壤中普遍有Cr、Hg、As存在，其浓度大小具有空间分布变异性，是区域成岩矿物在典型干热气候风化和水文地球化学过程中，经水化学过程、水文过程、蒸发浓缩过程等综合作用下形成于土壤中，符合旱区盆地物理化学特征天然形成规律。

由于吉兰泰地区土壤包气带呈弱碱性氧化环境，当降水或地表水在土壤中渗透时有利于重金属的迁移，上层土壤中的重金属溶解并逐渐聚集到含水层中，在水土共存相中富集[58−61]。通过对吉兰泰地区水体、土壤的检测数据可知，水体和土壤中存在大量的氯离子、碳酸根离子、碳酸氢根离子和硫酸根离子，这些离子恰好是Cr、Hg、As的配位体，可与其结合成络合离子存在于土壤中[57,59]。大量的氯离子、碳酸根离子、碳酸氢根离子和硫酸根离子的存在正是吉兰泰地区*TDS*含量普遍偏高的原因。

一般情况下，土壤pH对重金属在土壤中的存在形态有着重要影响。随着pH的变化，土壤中水合氧化物和有机质表面的负电荷量改变，随之改变对重金属离子的吸附力；并且碳酸盐结合态重金属在土壤pH足够低时，因为碳酸盐溶解会释放进入环境继而产生潜在危害[56,62]。随着土壤pH的升高，土壤中存在的有机物——重金属络合物会逐渐稳定。研究区土壤pH整体较高，介于7.58～10.44之间，可以推测研究区有机结合态重金属含量较多。由于研究区土壤Cr、Hg、As与土壤总氮和含水率未表现出显著响应规律，所以可以认为土壤重金属受其影响较小。

3.2.3.2 结 论

吉兰泰盐湖盆地流域土壤重金属Cr、As含量分别介于2.90～63.53 mg/kg和0.02～21.87 mg/kg之间，变幅较大。土壤重金属Hg在各土层的含量分布特征基本相同，数值介于0.002～0.602 mg/kg之间。研究区Cr、Hg、As均存在超内蒙古地区背景值的点或局部区域，但满足国家土壤污染风险管控标准。

吉兰泰盐湖盆地流域土壤母质、气候环境等自然因素是土壤Cr和Hg含量的主要影响因素。As元素的表层和50 cm层空间变异影响因素是自然因素和随机因素的协同作用，而100 cm层则由自然因素起主导作用。

吉兰泰盐湖盆地流域表层、50 cm层和100 cm层土壤重金属变异对各理化指标的响应具有相同的规律。在所有土层中分形维数D对重金属Cr、As产生显著正向影响，对重金属Hg产生显著负向影响。分形维数D对重金属的影响起主导性作用，pH、*TDS*次之，总氮和含水率影响最小。

3.3　土壤重金属空间分布特征及潜在生态风险评价

土壤既是各种化学离子的归宿，又是这些离子向水体、大气和生物传播的媒介，其中重金属离子在土壤中具有隐蔽、累积、滞后和不可逆等性质[63-76]，并会抑制植物与微生物的生长和活动，通过食物链不断累积和传输而进入人体，威胁人类健康[77]，且重金属污染极难治理，因此，关于重金属的形成、运动和污染防治成为近年来国内外研究的热点。大部分学者[78-85]对土壤重金属空间分布和生态风险评价的研究集中在工业区或植被覆盖度较好的湿润区，侧重于利用传统的统计方法对表层土壤进行数值上的计算与评价，缺乏对旱区沙地为主的盐湖盆地区的研究，对区域土壤重金属污染空间异质性、同源性与垂向分布特征的研究鲜有报道。

西北旱区的土壤质量与地下水为主的供水水源安全密切相关，鉴于此，以吉兰泰盐湖盆地为研究对象，揭示西北旱区盐湖盆地土壤中 Cr、Hg、As 的富集特征与空间分布规律，采用单因子评价法、内梅罗综合指数评价法和潜在生态风险评价法进行盐湖盆地主要重金属成分的评价，并利用统计相关和主成分分析辨析土壤中重金属的来源及与其他离子成分的同源性，旨在为西北旱区盐湖盆地流域社会经济发展中土壤环境保护、土壤污染治理、土壤环境风险预警、土壤资源合理利用和地下水水源安全开采利用等提供参考依据。

3.3.1　材料与方法

3.3.1.1　数据来源与处理

(1) 采样点布设

按照《土壤环境监测技术规范》(HJ/T 166—2004) 的随机布点要求，结合盆地的地貌特征和土壤类型，考虑盆地地下水的主要汇流方向，以吉兰泰盐湖为中心向四周呈放射状均匀布设土壤采样点，共 40 个(图 3-9)。

(2) 样品采集与测定

对于每个采样点采用手持 GPS 定位，分 3 层采样，共采集 120 个代表性样品。每个采样点的分层采集深度为表层、−50 cm 和 −100 cm，每个样品重量约为 1.0 kg，装入聚乙烯塑料袋。所有样品在内蒙古自治区“水资源保护与利用”重点实验室进行测定，将研磨过筛的土壤重金属样品采用王水-高氯酸(HNO_3-HCl-$HClO_4$) 开放式消煮法进行消解，空白和标准样品(GSB 04-1742-2004，国家有色金属及电子材料分析测试中心) 同时消解，以确保消解及分析测定的准确度并用于回收率的计算。分析过程中所用试剂均为优级纯，Hg 和 As 通过北京普析通用 PF6-2 型双道全自动原子荧光光度计测定，检出限分别为 10^{-5} mg/kg、10^{-5} mg/kg，精密度<1.0%，测试线性范围>10^3；Cr 通过日立 Z-2700 型石墨炉原子吸收分光光度计测定，检出限为 0.004 mg/kg，精密度≤1.0%，样品残留≤10^{-5}。回收率均在国家标准参比物质的允许范围内，为保证分析的准确性，重金属含量测定全程做空白样，每个样品均采用 3 组平行实验，取均值作为样品测定最终量。

土壤六价铬离子的测定分析，先将土壤通过碱性消解技术消解，空白和标准样品同时消解，采用分光光度法，检出限 0.001 mg/kg；土壤 pH、电导率与离子分析，选取研磨风干土壤

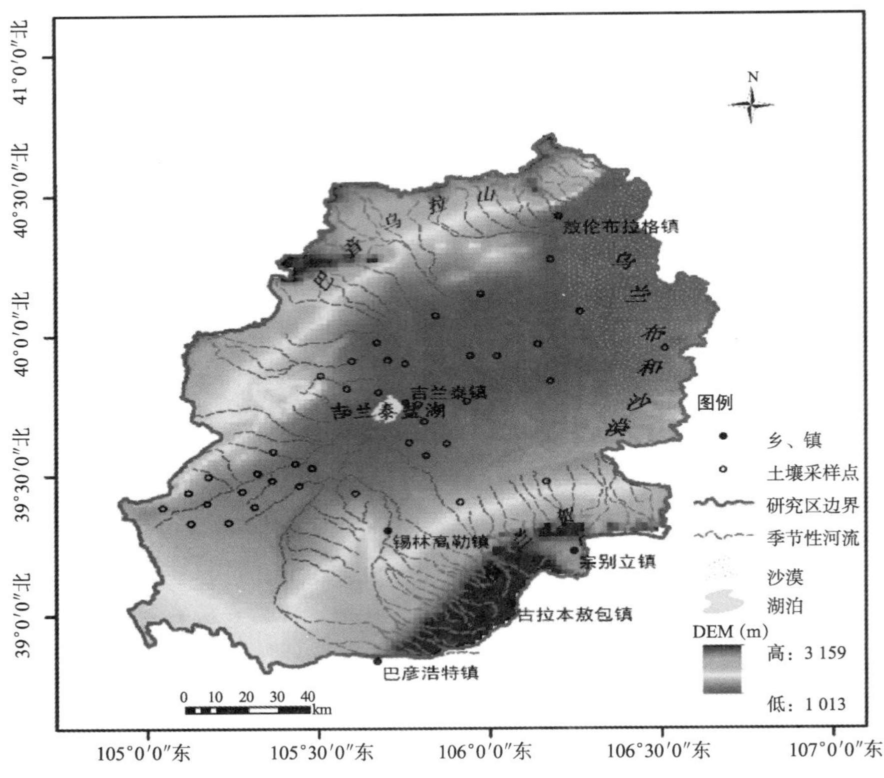

图 3-9 研究区地理位置及土壤采样点图

Fig. 3-9 Geographic location and soil sampling points in the study area

样品用蒸馏水按 1∶5 的比例进行溶解，经过恒温 20℃±1℃震荡，将溶液静置进行离心分离，在温度为 25℃±1℃的条件下，采用标定好的 pH 计、电导率仪对静置后溶液的上层清液进行测定，将离心分离后的溶液用两层滤纸真空抽滤，再经 0.45 μm 微孔膜抽滤，滤液进行离子色谱测定或稀释后测定。

(3) 数据处理

常规数理统计分析采用 Excel 2010 软件完成，主成分分析和统计相关检验分析采用 DPS 15.1 数据处理系统[86]完成，空间分布图通过 ArcGIS 10.1 软件制作。

利用土壤重金属之间以及与土壤中其他主要离子成分的统计相关性来判断它们是否具有同样的来源[87−90]。当重金属成分与某离子成分相关系数 $r<|r_0|_{\min}$时，可接受重金属成分与该离子成分为独立的这一假设，排除该离子成分与重金属成分具有同源性；而当 $r>|r_0|_{\min}$时，表明重金属成分与该离子成分为相关序列的假设，它们具有相同或相似的来源，其中：

$$|r_0|_{\min}=\frac{t_p}{\sqrt{t_p^2+n-2}} \tag{3-2}$$

式中，$|r_0|_{\min}$为重金属成分与某离子成分之间显著相关系数的最低值，p 为显著性水平，t_p 为分布双侧检验的临界值，n 为数据个数。

主成分分析是将原变量重新组合成一组新的互相独立的几个综合变量，这些变量可以尽可能多地反映原变量的信息，以实现高维数据到低维数据的转化，进而简化数据分析的过程[91]。这里通过主成分分析来探究解释不同土壤层不同重金属元素的同源性。

3.3.1.2 研究方法

(1) 单因子污染指数法

单因子污染指数法是对土壤中的某一种污染物的污染程度进行评价,是国内外普遍选用的评价方法之一,计算公式为[92]

$$P_i=\frac{C_i}{S_i} \tag{3-3}$$

式中,P_i是第 i 种土壤污染物的环境质量指数;C_i是第 i 种土壤污染物的实测值,单位为 mg/kg;S_i是第 i 种土壤污染物的评价标准值,单位为 mg/kg,这里选用内蒙古地区土壤重金属元素的平均背景值[93]和国家二级土壤标准值[94]。P_i值越大,表示土壤污染越严重,以 P_i将土壤污染分为未污染($P_i \leqslant 1$)、轻微污染($1<P_i \leqslant 2$)、中度污染($2<P_i \leqslant 3$)和重度污染($P_i \geqslant 3$)4 个等级。

(2) 内梅罗综合指数法

内梅罗(Nemerow)综合指数法不仅可以反映土壤中各种污染物的平均污染水平,还可以反映最严重污染物的平均污染水平,突出了最严重污染物给环境造成的危害,计算公式为[95]

$$P_N=\sqrt{\frac{\left(\frac{Ci}{Si}\right)_{\max}^2+\left(\frac{Ci}{Si}\right)_{\text{ave}}^2}{2}} \tag{3-4}$$

式中,P_N为综合污染指数;$(Ci/Si)_{\max}$为各污染物中污染指数最大值;$(Ci/Si)_{\text{ave}}$为各污染物中污染指数的算术平均值。依据内梅罗综合指数可将土壤重金属污染划分为安全($P_N \leqslant 0.7$,清洁),警戒限($0.7<P_N \leqslant 1.0$,尚清洁),轻污染($1.0<P_N \leqslant 2.0$,土壤开始受到污染),中污染($2.0<P_N \leqslant 3.0$,土壤受中度污染)和重污染($P_N>3.0$,土壤受污染已相当严重)5 个等级。

(3) 潜在生态风险指数法

采用潜在生态风险指数法对重金属污染进行生态风险评价,该方法以土壤/沉积物中重金属的元素背景值[90]为基准,结合重金属的生物毒性(毒性响应因子)、环境效应(污染指数)计算其潜在生态风险系数,评价公式如下[96]:

$$RI=\sum_i^n E_r^i=\sum_i^n (T_r^i \times C_f^i)=\sum_i^n (T_r^i \times C_D^i / C_R^i) \tag{3-5}$$

式中,C_f^i为重金属元素 i 的污染指数;C_D^i为土壤中重金属元素 i 的实测含量;C_R^i为参照值;T_r^i为重金属元素 i 的毒性影响因子;E_r^i为重金属元素 i 的潜在生态风险系数,依据E_r^i可将土壤潜在生态危害程度划分为轻微($E_r^i<40$)、中度($40 \leqslant E_r^i<80$)、强度($80 \leqslant E_r^i<160$)、很强($160 \leqslant E_r^i<320$)和极强($320 \leqslant E_r^i$)5 个等级;RI 为综合潜在生态风险指数,表示土壤环境中重金属的潜在生态风险,依据 RI 可将土壤潜在生态危害程度划分为轻微($RI<150$)、中度($150 \leqslant RI<300$)、强度($300 \leqslant RI<600$)和很强($RI \geqslant 600$)4 个等级[96,97]。在本研究中,Cr、Hg、As 的毒性系数分别为 2、40、10[98]。

3.3.2 结果与分析

3.3.2.1 土壤中 Cr、Hg、As 含量统计特征

盐湖盆地各层土壤重金属 Cr、Hg、As 的统计参数结果如表 3-7 所列。土壤中的 Cr、As 在各层均具有较大的标准差，最大值与最小值之间差异悬殊，而均值和中位数近似一致，表明各层测点数据变化较大，但各层之间含量具有相似的分布特征；Hg 的各层含量均值和标准差近似一致，而中位数相差较大，表明各层之间数据变化存在一定的差异。变异系数可以表征数据的离散程度[99]，变异系数小于 16%为弱变异性，变异系数介于 16%～36%之间为中等变异性，变异系数大于 36%为强变异性[100,101]，土壤中各层的 Cr 与 As 属于中等变异性，而 Hg 属于强变异性。由偏度和峰度可大致了解数据偏离正态分布的程度[101,102]，各层土壤 Cr、Hg 和 As 的偏度和峰度绝对值均大于 0，说明各层的数据分布均为非标准正态分布。各层 Cr、Hg、As 的最大值均大于内蒙古地区背景值[93]，最小值均小于内蒙古地区背景值，表明盐湖盆地存在 Cr、Hg、As 的局部超标点或超标区域，而对比国家二级土壤标准值[91]，盐湖盆地的 Cr、Hg、As 含量均属于国家标准范围以内。

表 3-7 研究区域土壤重金属统计特征分析

Tab. 3-7 Descriptive statistics of heavy metals in soils of the study area

重金属	土层	最大值 /mg·kg^{-1}	最小值 /mg·kg^{-1}	均值 /mg·kg^{-1}	中位数 /mg·kg^{-1}	标准差 SD	偏度	峰度	变异系数 CV/%	内蒙古地区背景值	国家二级土壤标准值
Cr	表层	55.21	2.90	28.27	27.49	9.49	0.37	1.79	34.00	41.40	250.00
	50 cm 层	58.59	6.19	28.92	28.31	9.39	0.51	1.95	32.00	41.40	250.00
	100 cm 层	63.53	4.03	30.25	28.69	12.67	0.36	0.30	42.00	41.40	250.00
Hg	表层	0.46	0.00	0.15	0.10	0.15	0.96	−0.51	102.00	0.04	1.00
	50 cm 层	0.5	0.00	0.13	0.06	0.14	0.88	−0.52	108.00	0.04	1.00
	100 cm 层	0.57	0.00	0.12	0.05	0.16	1.74	2.44	128.00	0.04	1.00
As	表层	21.74	0.00	12.92	14.71	6.11	−0.66	−0.41	47.00	7.50	25.00
	50 cm 层	20.41	0.12	12.76	13.24	5.60	−0.73	−0.14	44.00	7.50	25.00
	100 cm 层	21.87	0.00	12.82	13.25	5.72	−0.63	0.03	45.00	7.50	25.00

世界范围内土壤铬的背景值为 70 mg/kg，含量范围为 5～1 500 mg/kg，我国土壤铬元素背景值为 57.3 mg/kg，变幅为 17.4～118.8 mg/kg[103]，内蒙古土壤铬元素背景值为 41.4 mg/kg、新疆为 49.3 mg/kg、宁夏为 60 mg/kg，甘肃为 70.2 mg/kg[93]；世界土壤汞含量的平均值是 0.03～0.1 mg/kg，含量范围为 0.03～0.3 mg/kg，我国土壤汞的背景值为 0.040 mg/kg，范围为 0.006～0.272 mg/kg[103]，内蒙古土壤汞元素背景值为 0.028 mg/kg、新疆为 0.013 mg/kg、宁夏为 0.02 mg/kg、甘肃为 0.016 mg/kg[93]；世界土壤砷含量为 0.1～40 mg/kg，平均含量为 6 mg/kg，我国土壤砷含量元素环境背景值为 9.6 mg/kg，含量范围为 2.5～33.5 mg/kg，最高含量达 626 mg/kg[104]，内蒙古土壤砷元素背景值为 7.5 mg/kg、新疆为 11.2 mg/kg、宁夏为 11.9 mg/kg、甘肃为 12.6 mg/kg[93]。吉兰泰盐湖

盆地位于内蒙古西阿拉善盟，南邻宁夏，西邻新疆，西南与甘肃接壤，通过对比分析，可以看出研究区目前铬平均含量较低、汞较高、砷与甘肃区域最为接近，但最大值 Cr、Hg、As 均存在不同程度的累积。

3.3.2.2　土壤中 Cr、Hg、As 的空间分布特征

利用 ArcGIS 10.1 绘制吉兰泰盐湖盆地区 3 层 3 种土壤重金属空间分布图（图 3-10～图 3-12），可以看出，同种元素的不同层对比，总体具有相似的空间分布特征。

不同深度土壤中 Cr 含量的高值分布区主要位于吉兰泰盐湖盆地西北部的巴音乌拉山和乌兰布和沙漠地区，而且对于土壤 100 cm 深处，在盐湖盆地的西南地区也出现 Cr 含量的高值区；吉兰泰盐湖附近含量较高（图 3-10）。这种分布特征的原因为上游巴音乌拉山丘区有含 Cr 矿物，季节性河流经过多年雨季溶解且顺流而下，导致该区 Cr 含量较高。

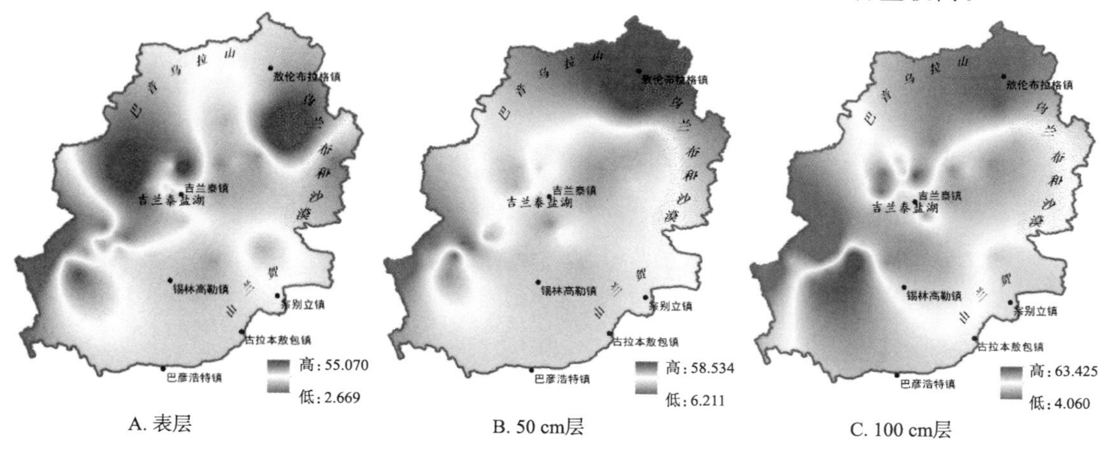

A. 表层　　B. 50 cm层　　C. 100 cm层

图 3-10　不同深度 Cr 的空间分布图

Fig. 3-10　The spatial distribution of Cr in different depths

不同深度土壤中 Hg 含量变化近乎一致，高值区主要分布在吉兰泰盐湖盆地的西南低山台地地区，在盐湖盆地的东北地区出现局部高值点；吉兰泰盐湖附近土壤中 Hg 分布含量较低（图 3-11）。Hg 主要分布在图格力高勒沟和沙尔布尔的沟附近区域，原因是地势较高的上游低山台地地区存在含 Hg 矿物，经过雨水冲刷被带到沟中，顺流而下形成水走盐流的累积，造成研究区西南部 Hg 含量较高。还有，该区域被 218 省道穿过，车流量较大，尾气中重金属 Hg 污染较为严重[104]，Hg 排放到空气中，最后沉降到该区附近，被雨水冲刷到沟中，导致该区 Hg 浓度较高[105－108]。

对于不同深度土壤中的 As 含量，土壤深度 50 cm 以上在吉兰泰盐湖附近含量较高，在盐湖西南地区含量及东北乌兰布和沙漠地区含量较低，在东南贺兰山和巴音乌拉山西北部含量较高；在土壤深度 100 cm 深度处盐湖区域 As 的含量较低，乌兰布和沙漠地区含量较高（图 3-12）。该区土壤 As 元素浓度较高区域主要分布在盐湖周边及南北部区域，这是多年蒸发浓缩导致的。

总体上，3 种重金属元素在吉兰泰盐湖盆地呈现了明显的斑块分布特征，这也说明研究区土壤可能由于局部受到工业排放、交通运输、大气沉降和生活垃圾排放等影响。

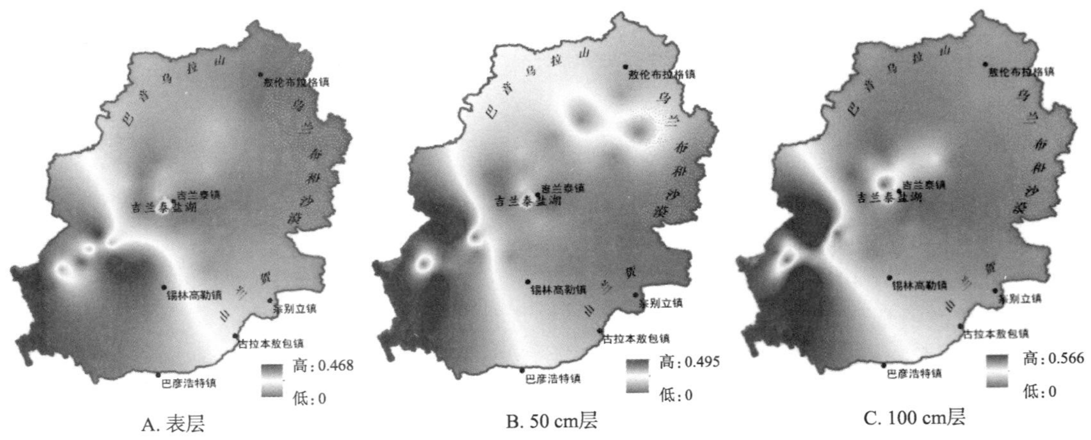

A. 表层　　B. 50 cm层　　C. 100 cm层

图 3-11　不同深度 Hg 的空间分布图

Fig. 3-11　The spatial distribution of Hg in different depths

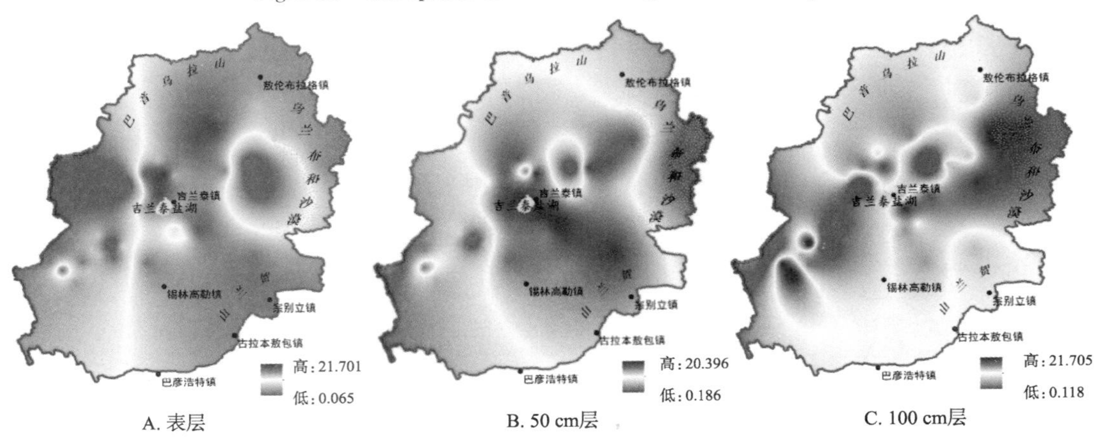

A. 表层　　B. 50 cm层　　C. 100 cm层

图 3-12　不同深度 As 的空间分布图

Fig. 3-12　The spatial distribution of As in different depths

3.3.2.3　土壤中 Cr、Hg、As 的污染评价

以内蒙古土壤背景值、国家二级标准中的 Cr、Hg、As 含量为基准值，采用单因子污染指数法、内梅罗综合污染指数法和潜在生态风险指数法对吉兰泰盐湖盆地土壤表层、50 cm 层和 100 cm 层处 Cr、Hg、As 的污染状况进行定量评价。

(1) 单因子污染指数法

基于内蒙古土壤 Cr、Hg、As 背景值，以单因子污染指数法进行评价(图 3-13)，可以看出，研究区表层土壤中 3 种重金属监测点污染比重依次为 As>Hg>Cr，Hg 和 As 中度污染以上分别占 55%和 50%，而 Cr 仅有 7.5%的轻微污染；50 cm 层重金属污染次序与表层相同，但 Hg 的受污染监测点少于表层，As 的略多于表层，而 Cr 与表层一致，Hg 和 As 中度以上污染分别占 45%和 42.5%；100 cm 层相对表层和 50 cm 层，重金属污染比重次序相同，Cr 和 As 的污染比重大于表层和 50 cm 层，Hg 和 As 中度以上污染分别占 40%和 37.5%；以各点不同层含量取均值代表 0～100 cm 内的平均污染状况，土壤污染比重次序与各层一致(As>Hg>Cr)，Hg 和 As 中度以上均为 45%，而 Cr 仅有 7.5%的轻微污染。

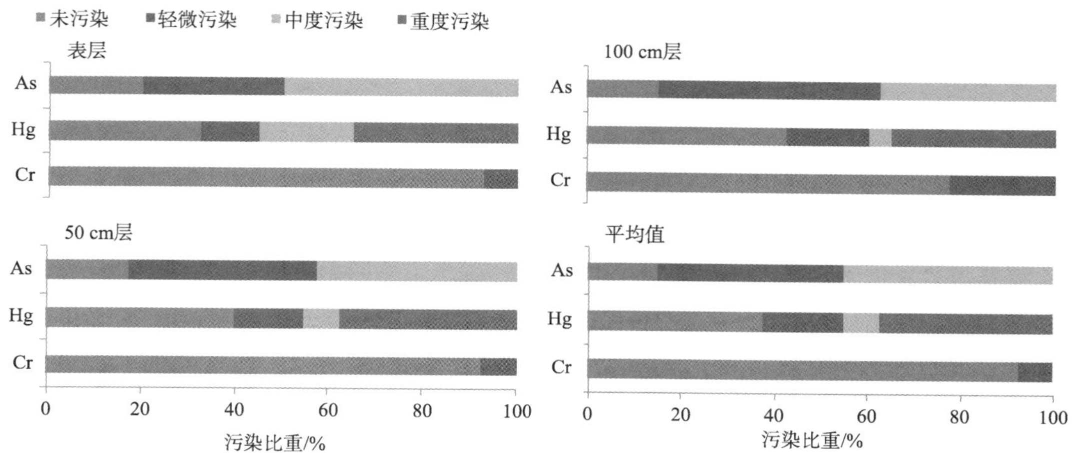

图 3-13 基于内蒙古背景值的单因子污染指数评价比重图

Fig. 3-13 The pollution percent from the method of single-factor pollution index based on the background value of Inner Mongolia

以国家二级土壤标准进行单因子污染指数法评价，各层各元素 100%均未超标，均处于未污染状态。

(2) 内梅罗综合污染指数法

基于内蒙古土壤 Cr、Hg、As 背景值，以内梅罗综合污染指数法进行评价(图 3-14)，结果表明，研究区表层土壤监测点 95%受到污染，其中 62.5%受到中度及重度污染；类似于表层土壤，50 cm 层处土壤也达到 95%的监测点受到污染，但中度及重度污染比重小于表层，为 50%；在 100 cm 层处土壤的污染比重最大，达到 97.5%，其中土壤开始受到污染比重较大(45%)，中度及重度污染比重与表层和 50 cm 层处土壤相当(52.5%)；以各点不同层含量取均值代表 0～100 cm 内的平均污染状况，研究区不存在清洁土壤，尚清洁比重仅占 2.5%，开始受到污染的土壤比重为 50%，中度污染以上比重为 42.5%，少于各层分别评价的结果数量。

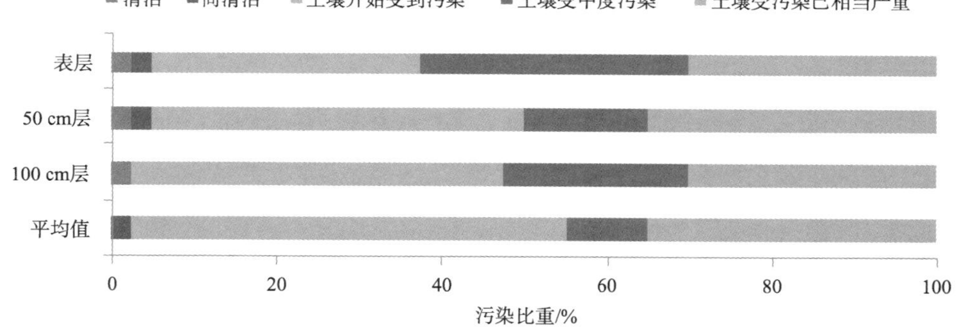

图 3-14 基于内蒙古背景值的内梅罗综合污染指数评价污染比重

Fig. 3-14 The pollution percent from the method of Nemerow pollution index based on the background value of Inner Mongolia

同样，以国家二级土壤标准进行评价，内梅罗综合污染指数法评价表明各层土壤均为 100%未受到污染，处于清洁状态。

（3）潜在生态风险指数法

基于内蒙古土壤背景值计算3种重金属生态风险系数（图3-15A），可以看出研究区土壤中3种重金属元素的潜在风险系数大小依次为Hg>As>Cr，Hg作为吉兰泰盐湖盆地区土壤重金属风险指数的主要贡献率因子，As次之，由此可见，研究区Hg元素相对于内蒙古土壤背景值而言，存在较大的生态风险隐患，应加以重视。相对于国家二级标准评价结果（图3-15B）而言，Hg和As的风险系数比重同样较大，As的重金属风险指数贡献要比内蒙古土壤背景值评价结果的贡献更加明显，而且这3种重金属尚未对生态环境造成危害。

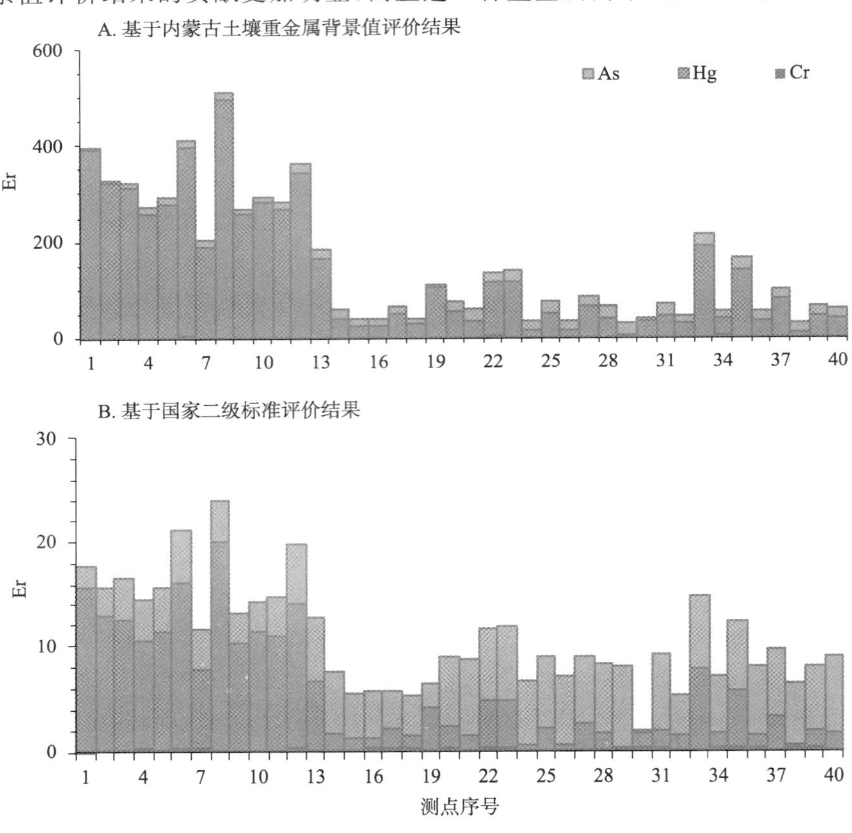

图3-15　土壤中重金属Cr、Hg、As的生态风险系数

Fig. 3-15　The ecological risk index of heavy metal in the soil

基于内蒙古土壤背景值，计算所有监测点生态风险因子系数的平均值、最大值和最小值（表3-8），以实现不同土壤层和不同重金属元素污染状况的对比，可以看出生态风险次序依次为表层Hg>50 cm层Hg>100 cm层Hg>表层As>100 cm层As>50 cm层As>100 cm层Cr>50 cm层Cr>表层Cr，Hg整体处于很强生态风险水平，平均生态风险系数达到133.94，最大值达到496.41，Cr和As均处于轻微生态风险水平，均值仅为1.41和17.11，但是依据国家二级土壤标准评价，所有土壤层的Cr、Hg和As生态风险因子平均值均小于40，均处于轻微生态风险水平。

表 3-8 重金属 Cr、Hg、As 生态风险系数最大值、最小值和平均值

Tab. 3-8 The maximum, minimum and average of potential ecological risk of Cr, Hg and As

评价标准	E_r^i	表层			50 cm 层			100 cm 层			均值		
		Cr	Hg	As	Cr	Hg	As	Cr	Hg	As	Cr	Hg	As
内蒙古地区背景值	最小值	0.14	0.00	0.00	0.30	0.00	0.16	0.19	0.00	0.00	0.21	3.87	0.65
	最大值	2.67	460.51	28.98	2.83	496.41	27.21	3.07	568.91	29.16	2.24	496.41	25.61
	平均值	1.37	147.03	17.22	1.40	132.33	17.01	1.46	122.46	17.10	1.41	133.94	17.11
国家二级标准	最小值	0.02	0.00	0.00	0.05	0.00	0.05	0.03	0.00	0.00	0.03	0.15	0.20
	最大值	0.44	18.42	8.69	0.47	19.86	8.16	0.51	22.76	8.75	0.37	19.86	7.68
	平均值	0.23	5.88	5.17	0.23	5.29	5.10	0.24	4.90	5.13	0.23	5.36	5.13

基于内蒙古土壤背景值，对研究区土壤各层潜在生态风险系数进行污染比重统计分析(图 3-16)，可以看出，各层土壤为轻微生态风险的监测点数比重介于 30%～40%之间，土壤为中度生态风险的监测点数占比介于 10%～20%之间，强度到极强状况达到 40%～60%，但从潜在生态风险系数平均水平来看，轻微生态风险占 40%，由中度、强度到极强占比在 20%以内，仅很强生态风险程度略超 20%，从而说明研究区大部分地区处于轻微生态风险状况，局部地区出现高值生态风险区。而对于国家二级土壤标准，所有测点均没有出现生态风险系数超标值。

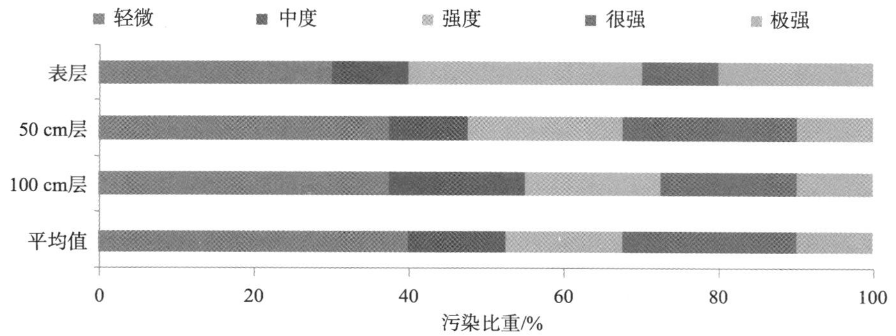

图 3-16 基于内蒙古背景值的潜在生态风险指数评价污染比重

Fig. 3-16 The pollution percent from the method of Potential Ecological Risk Index based on the background value of Inner Mongolia

绘制基于内蒙古土壤背景值的综合生态指数分布图(图 3-17)进行潜在生态风险的空间变化分析，可以看出吉兰泰盐湖盆地区土壤生态风险系数强度由西南向东北部成扇形递减，西南部图格力高勒沟谷、沙尔布尔德沟谷和低山台地地区潜在生态风险系数达到强度水平(生态风险系数大于 300)，在贺兰山北部和乌兰布和沙漠地区(生态风险系数小于 75)、巴音乌拉山南部山前(生态风险系数介于 75～150 之间)为轻微污染水平，分析原因是综合生态指数与主要污染金属 Hg 含量空间分布特征基本相同，研究区部分点位 Hg 含量较高，最大值为内蒙古背景值的 14.25 倍，且 Hg 导致研究区整体处于很强的生态风险水平，Hg 是研究区生态风险系数的主导者，在综合潜在生态风险指数贡献率中起主导作用。对于吉兰泰盐湖地区，潜在生态风险指数介于 75～150 之间，为轻微生态风险状况。

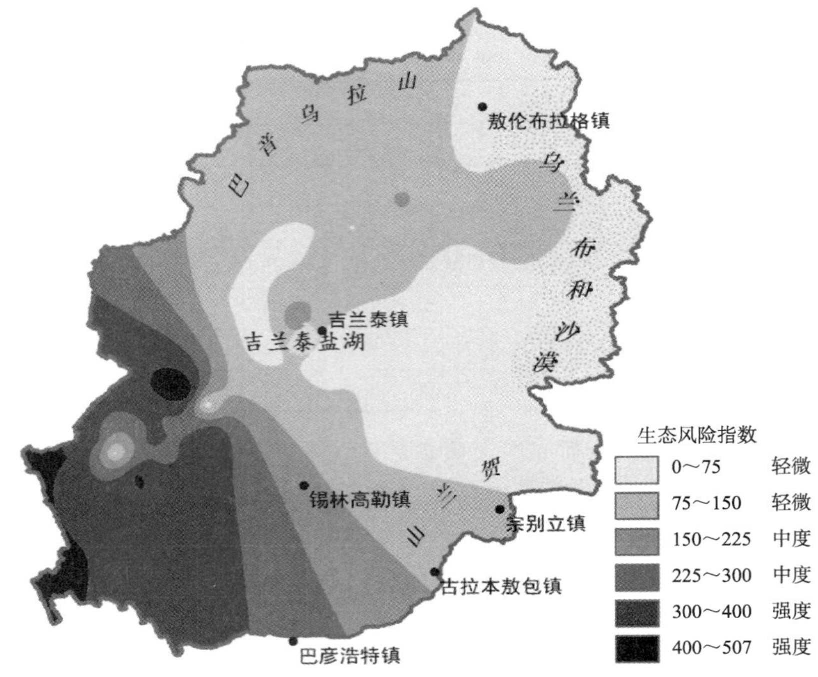

图 3-17 研究区重金属潜在生态风险指数分区图

Fig. 3-17 The distribution zone of potential ecological risk index for the heavy metal

3.3.2.4 土壤中离子成分的同源性分析

(1) 土壤离子成分的相关分析

土壤离子成分的来源受土壤天然母质和人类活动的影响，来源的相似性会导致土壤中某些离子成分间表现出一定的相关特点[108]，因此，土壤离子成分之间的相关性可以提供或推测土壤重金属污染来源和途径等重要信息，若元素间相关性显著或极显著，则表明元素间一般具有同源关系或呈现复合污染[109−112]。

从表 3-9 可知，表层 Cr 与 Hg、Ca^{2+}、Na^{+}、Mg^{2+}、Cl^{-} 显著相关；Hg 与 Cr、As、Mg^{2+}、NO_3^-、pH 显著相关；As 与 Hg、K^+ 显著相关，其中 Cr-Hg、Hg-As 两两之间相关系数分别为 −0.34、−0.38，呈现显著负相关性，说明研究区 Hg、Cr、As 存在一定的同源性。Cr、Ca^{2+}、Na^{+}、Cl^{-}、Mg^{2+} 元素两两之间关联性较强，因为 MgO、CaO 和 NaCl 是成土过程中母岩风化形成的重要产物，通常自然来源的元素与这些元素有较强的相关性[113−115]，而 Hg 和 As 与 Ca^{2+}、Na^{+}、Cl^{-}、Mg^{2+} 之间相关较差，可能是受人类活动的影响造成。

对于土壤深度 50 cm 处，仅 Hg 与 As 和 NO_3^-、As 与 Hg 和 pH 具有显著的相关性，表明 As 与 Hg 存在同样的来源。对于土壤深度 100 cm 处，Cr 与 As、K^+、Mg^{2+}、SO_4^{2-}、NO_3^-，Hg 与 As、SO_4^{2-}、NO_3^-，As 与 Cr、Hg 具有显著的相关性，类似于土壤表层，Cr、Hg 和 As 关系密切，为自然来源的元素，与成土过程中母岩风化形成的其他元素离子成分有较强的相关性。

表 3-9　研究区土壤重金属同种各层之间的相关系数

Tab. 3-9　Correlation coefficient of soil heavy metals in the study area

离子成分	表层			50 cm 层			100 cm 层		
	Cr	Hg	As	Cr	Hg	As	Cr	Hg	As
Cr	1.00	−0.34*	0.04	1.00	−0.25	0.08	1.00	0.06	0.38*
Hg	−0.34*	1.00	−0.38*	−0.25	1.00	−0.35*	0.06	1.00	0.38*
As	0.04	−0.38*	1.00	0.08	−0.35*	1.00	0.38*	0.38*	1.00
K^+	0.20	−0.20	0.37*	0.08	0.16	−0.15	0.33*	0.30	0.13
Ca^{2+}	0.47*	−0.29	0.26	0.05	−0.05	0.28	0.29	0.03	0.12
Na^+	0.37*	−0.11	0.18	0.16	−0.02	0.07	0.24	−0.17	0.22
Mg^{2+}	0.59*	−0.31*	0.06	0.13	−0.09	0.25	0.35*	−0.09	0.14
Cr^{6+}	0.15	0.08	−0.17	0.10	0.34	−0.34	0.03	0.07	−0.13
NH_4^+	−0.04	0.03	0.00	−0.16	−0.09	0.09	−0.15	−0.22	−0.24
Cl^-	0.35*	−0.14	0.18	0.19	−0.19	0.15	0.28	−0.12	0.18
SO_4^{2-}	0.00	0.25	−0.14	−0.14	0.54	−0.28	0.39*	0.54*	0.17
F^-	−0.16	0.30	−0.09	0.23	0.29	−0.20	0.15	0.22	−0.08
NO_3^-	−0.05	0.38*	−0.22	0.05	0.53*	−0.12	0.41*	0.49*	0.24
pH	−0.17	0.34*	−0.15	−0.02	0.30	−0.36*	−0.12	0.22	0.02

注：0.05 水平显著相关，样本数为 40。

(2) 土壤 Cr、Hg、As 的污染主成分分析

土壤重金属主要来源于成土母质与人类活动，通过主成分分析可以有效判别重金属元素的污染来源[113,116]，前 5 个主成分累计贡献率达 87.112%(表 3-10)，可以解释重金属 Cr、Hg、As 数据所包含的信息。

第一主成分(PC1)的特征值为 3.597，表层 Hg 和 50 cm 层 Hg 的因子载荷达到了 0.456 和 0.399，并且平均值明显超过了内蒙古土壤背景值，最大值达到了内蒙古土壤背景值的 3.75 和 3.25 倍，因此 Hg 元素主要来源于工业排放、交通污染源等人类活动；第二主成分(PC2)的特征值为 1.622，100 cm 层 Cr 和 100 cm 层 Hg 载荷较高，分别为 0.483 和 0.540，100 cm 层 Cr 的变异系数低，且与代表土壤性质的 MgO 和 CaO 等呈明显的正相关关系，可认为 Cr 为自然来源[88]，研究区 Cr 的含量较低，均值未超过内蒙古土壤背景值，一般来说，Cr 是我国土壤污染程度最低的重金属，较多研究[113,114,116]均发现土壤中 Cr 未受到明显的人类活动影响，来源于成土母质；第三主成分(PC3)的特征值为 1.172，As 和 Hg 的因子载荷分别为 0.515 和 0.482，表层 As 的平均值均高于背景值，最大值为内蒙古土壤背景值的 2.99 倍，并且表层 As 与 MgO 和 CaO 的相关性较低，说明 As 为人为来源的元素。

表 3-10 研究区土壤重金属元素因子载荷

Tab. 3-10 Factors matrix of heavy metals in soils in the study area

采样层	重金属	PC1	PC2	PC3	PC4	PC5
表层	Cr	0.303	0.244	−0.240	0.612	0.272
	Hg	−0.456	0.113	0.048	0.166	0.348
	As	0.270	−0.037	0.515	−0.483	0.491
50 cm 层	Cr	0.258	0.382	−0.482	−0.226	0.178
	Hg	−0.399	0.407	0.218	0.149	0.117
	As	0.337	−0.032	0.387	0.408	0.358
100 cm 层	Cr	0.320	0.483	−0.103	−0.278	−0.005
	Hg	−0.327	0.540	0.177	−0.121	−0.005
	As	0.282	0.298	0.451	0.179	−0.625
特征值		3.597	1.622	1.172	0.878	0.571
累计方差贡献率/%		39.971	57.991	71.017	80.772	87.112

3.3.3 讨论与结论

3.3.3.1 讨　论

吉兰泰盐湖盆地中土壤普遍含有 Cr、Hg、As，其含量时空分布变化基本符合旱区盆地物理化学特征天然形成规律，但受到人类活动影响而产生局部高值区域，天然特征与气候或水文地球化学演化规律相关，如从 24 000～18 000 cal a BP 时期到 5.5 cal ka BP 后时期，吉兰泰盐湖盆地各种化学成分不断沉积，盐度不断升高和富集[87,117,118]，Cr、Hg、As 也因此含量增高，又如盐湖盆地常年干旱少雨，蒸发强烈，在地下水埋深较浅区域，地下水通过毛细作用不断向地表运移，在地表高温蒸发条件下，各种化学成分开始富积在土壤中，进而导致盐湖盆地土壤中 Cr、Hg、As 含量局部偏高，因此，盐湖盆地的化学特征与该区域天然环境条件如岩石矿物、水文地质条件、水文地球化学条件、气候条件和人类活动等综合作用相关。

研究区采样点相对较少，本研究以吉兰泰盐湖盆地流域为研究对象，考虑到地形、土地利用类型、自然气象要素等综合因素，选取有牧民居住的区域，以及小镇周边范围布设点位较多，东北沙漠区域布点相对较少，这在某种程度上对结果造成一定程度的影响，因此想要细致地掌握旱区盐湖盆地土壤重金属精确污染分布状态和详细的污染来源，还需在后续研究中，提高采样密度，提升评价精度，需要进行小尺度的详细研究来揭示该区土壤重金属空间变异性和垂向分布规律，以及进行沙地土壤重金属评价与污染源查找的研究。

3.3.3.2 结　论

吉兰泰盐湖盆地土壤中 Cr、Hg、As 总体具有相似的空间分布特征。Cr 在盐湖盆地西北部的巴音乌拉山、乌兰布和沙漠地区和西南低山台地地区的含量较高；Hg 仅在盐湖盆地的西南低山台地地区以及东北局部区域的含量较高；土壤深度 50 cm 以上 As 在吉兰泰盐湖附近、东南贺兰山和巴音乌拉山西北部含量较高，在土壤深度 100 cm 处 As 在乌兰布和沙漠地区含量较高。

基于内蒙古土壤 Cr、Hg、As 背景值，研究区土壤单因子评价污染分布比重次序依次为 As>Hg>Cr，其中 Hg 和 As 中度污染及以上的累计比重分别为 55%和 50%；研究区土壤内梅罗污染指数法对均值评价显示，不存在清洁土壤，仅有尚清洁土壤占 2.5%，开始受到污染的土壤比重达到 50%，中度污染以上比重达到 42.5%；研究区土壤潜在风险次序依次为 Hg>As>Cr，Hg 整体处于很强的生态风险水平。研究区大部地区处于轻微生态风险状况，仅在西南低山台地局部地区出现高值生态风险区。

基于国家土壤环境质量二级标准值进行评价，研究区土壤中 Cr、Hg、As 无论是单因子污染属性、综合污染属性，还是潜在生态风险指数均未出现超标区域，土壤不存在 Cr、Hg、As 污染或潜在生态风险，但对比整个内蒙古地区土壤背景值来说，研究区区域土壤 Cr、Hg、As 含量较高。

研究区土壤中 Cr 主要来源于土壤母质形成过程中的自然来源，Hg 和 As 主要来源于工业排放、交通污染源等人类活动。

3.4 土壤重金属污染负荷特征与健康风险评价

土壤既是污染物的“汇”，也是生态系统的“源”[119]。人类活动(诸如矿产资源开发、化工金属冶炼、煤炭燃烧、汽车尾气排放、化肥和农药施用等)造成土壤重金属污染[120－122]，对人类健康产生潜在的影响[123]。土壤中的重金属一般不随自然变化过程而发生降解，会在土壤中随时间而累积，不仅影响土壤的物理化学性质、抑制土壤中微生物活动以及阻碍营养盐分的有效供给，而且还可以通过皮肤接触、灰尘摄入和食物摄取而直接威胁人体健康，或者通过污染食物、大气和水等环境而间接危害人体健康[124]，进而威胁着人类的生存和发展。近年来，重金属的污染与防治引起了社会和学术界的巨大关注[125－132]，大部分学者[127－131]对人体健康风险的研究集中在工业区或植被覆盖度较好的湿润区，侧重于利用传统的统计方法进行数值上的计算与评价[133,134]，缺乏对旱区沙地为主的盐湖盆地地区的研究，对区域土壤重金属污染空间异质性与垂向分布特征的研究鲜有报道。

鉴于土壤是植被生态系统之基，土壤质量又与西北旱区的主要供水水源——地下水密切相关，因此，选择位于西北旱区的吉兰泰盐湖盆地为研究对象，采用污染负荷指数法、US EPA 健康风险评估模型与 GIS 技术开展土壤重金属 Cr、Hg、As 的含量特征、污染负荷和健康风险评价及空间分布特征等方面的研究，旨在为西北旱区盐湖盆地流域社会经济发展中土壤环境保护、土壤污染治理、土壤环境风险预警、土壤资源合理利用和地下水水源安全开采利用等提供参考依据。

3.4.1 材料与方法

3.4.1.1 采样与测定

按照《土壤环境监测技术规范》(HJ/T 166—2004) 的布点要求，结合盆地的地貌特征和土壤类型，考虑盆地地下水的主要汇流方向，以吉兰泰盐湖为中心向四周呈放射状均匀布设土壤采样点，共 40 个(图 3-9)。

每个土壤采样点以手持 GPS 定位，分 3 层采样，共采集 120 个代表性样品。每个采样点的分层采集深度为表土层(0～10 cm)、心土层(−50 cm)和底土层(−100 cm),每个样品质量约为1.0 kg,装入聚乙烯塑料袋。所有土壤样品在内蒙古自治区"水资源保护与利用"重点实验室进行测定,Hg和As通过北京普析通用PF6-2型双道全自动原子荧光光度计测定,检出限分别为0.001 μg/kg、0.01 μg/kg,精密度<1.0%,测试线性范围>10^3;Cr通过日立Z-2700型石墨炉原子吸收分光光度计测定,检出限为0.004 mg/kg,精密度≤1.0%,样品残留≤10^{-5}。为保证分析的准确性,土壤重金属含量测定全程做空白样,每个样品均采用3组平行实验,取均值作为样品测定的最终量。

3.4.1.2 土壤重金属污染负荷

采用Tomlinson提出的污染负荷指数法分析研究区重金属的污染程度,该方法在国内外得到了学者的广泛认可与应用[127,135−143],计算公式为

$$CF_i = \frac{C_i}{C_{i0}} \tag{3-6}$$

$$PLI = \sqrt[n]{CF_1 \times CF_2 \times \cdots \times CF_n} \tag{3-7}$$

式中,CF_i为土壤重金属i的污染系数;C_i为土壤重金属i的实测含量;C_{i0}为重金属i的背景值;PLI为某采样点多种重金属的污染负荷指数;n为重金属元素个数。

某一区域的污染负荷指数计算公式为

$$PLI_{zone} = \sqrt[n]{PLI_1 \times PLI_2 \times \cdots \times PLI_n} \tag{3-8}$$

式中,PLI_{zone}为某区域的污染负荷指数;n为区域采样点数。

当PLI或$PLI_{zone} \leqslant 1$时为无污染,$1 < PLI$或$PLI_{zone} \leqslant 2$为轻微污染,$2 < PLI$或$PLI_{zone} \leqslant 3$为中度污染,PLI或$PLI_{zone} > 3$为强度污染。

3.4.1.3 土壤重金属健康风险

采用美国环境保护署(US EPA)的RAGS(Risk Assessment Guidance for Superfund)健康风险评估模型[144,145],结合我国生态环境部颁布实施的《污染场地风险评估技术导则》(HJ 25.3—2014)进行吉兰泰盐湖盆地土壤重金属的Cr、Hg、As健康风险计算与评价。

(1) 暴露量计算

《污染场地风险评估技术导则》(HJ 25.3—2014)对场地污染物受体人群及暴露情景的规定,儿童和成年人对土壤重金属暴露途径主要有经口摄取、呼吸吸入和皮肤接触3种途径,暴露量可通过平均每日剂量(ADD)进行估算,计算公式为[144−146]

$$ADD_{ing} = \frac{c \times IngR \times CF \times EF \times ED}{BW \times AT} \tag{3-9}$$

$$ADD_{inh} = \frac{c \times InhR \times CF \times EF \times ED}{PEF \times BW \times AT} \tag{3-10}$$

$$ADD_{derm} = \frac{c \times SA \times CF \times SL \times ABS \times EF \times ED}{BW \times AT} \tag{3-11}$$

式中,ADD_{ing}、ADD_{inh}、ADD_{derm}分别为经口摄取、呼吸吸入、皮肤接触途径的暴露量;c为土壤重金属的实测浓度;$IngR$为经口摄入频率;CF为转换系数;EF为暴露频率;BW为儿童和成年人的体重;$InhR$为呼吸频率;PEF为灰尘排放因子;SA为暴露皮肤表面积;SL为皮肤黏着度;ABS为皮肤吸收因子;ED为暴露期;AT为重金属非致癌或致癌平均暴露时间,相关参数见表3-11。

表 3-11 健康风险评价模型暴露参数[147-149]

Tab. 3-11 Exposure parameters for the health risk assessment models

参数	IngR /mg·d^{-1}	EF /d·a^{-1}	ED /a	BW /kg	AT /d	InhR /mg·d^{-1}	PEF /m^3·kg	SA /cm^2	SL /mg·cm^{-2}	ABS —
儿童	200	350	6	15.9	26 280*；9 125**	7.5	1.36×10^9	2 800	0.20	0.001*；0.01**
成年人	100	350	25	56.8		14.5	1.36×10^9	5 700	0.07	

注：—表示无量纲；*表示非致癌，**表示致癌。

(2) 健康风险表征

健康风险分为非致癌风险和致癌风险两种，其中非致癌健康风险指数 HQ 或 HI 为

$$HQ_{ij}=\frac{ADD_{ij}}{RfD_{ij}} \tag{3-12}$$

$$HI=\sum_{i=1}^{n}\sum_{j=1}^{m}HQ_{ij} \tag{3-13}$$

式中，HQ_{ij} 为第 i 种非致癌重金属在第 j 种暴露途径下的单项非致癌风险指数；HI 为多种重金属通过特定暴露途径的非致癌健康风险综合指数；ADD_{ij} 和 RfD_{ij} 分别为第 i 种非致癌重金属在第 j 种暴露途径的暴露量和参考剂量 mg·(kg·d)$^{-1}$；当 HQ_{ij} 或 $HI<1$ 时表示非致癌健康风险属于可接受风险水平，当 HQ_{ij} 或 $HI>1$ 时表示存在非致癌健康风险，HQ_{ij} 或 HI 越大，健康风险就越大。

致癌健康风险指数 CR 或 TCR 为

$$CR_{ij}=ADD_{ij}\times SF_{ij} \tag{3-14}$$

$$TCR=\sum_{i=1}^{k}\sum_{j=1}^{l}CR_{ij} \tag{3-15}$$

式中，CR_{ij} 为第 i 种致癌重金属在第 j 种暴露途径下的单项致癌风险指数；ADD_{ij} 为第 i 种致癌重金属在第 j 种暴露途径的暴露量，mg·(kg·d)$^{-1}$；SF_{ij} 为第 i 种致癌重金属在 j 种暴露途径的斜率因子，(kg·d)·mg^{-1}；TCR 为多种重金属通过特定暴露途径所致的总致癌风险指数；当 CR_{ij} 或 $TCR<10^{-6}$ 时表示无致癌风险，当 $10^{-6}<CR_{ij}$ 或 $TCR<10^{-4}$ 时表示属于人体可耐受的致癌风险，当 CR_{ij} 或 $TCR>10^{-4}$ 时表示属于人体不可耐受的致癌风险。

对于重金属 Cr、Hg、As 健康风险评价中，不同暴露途径的参考剂量 RfD 和致癌风险斜率因子 SF 见表 3-12。

表 3-12 重金属不同暴露途径的参考剂量 ***RfD*** 和致癌风险斜率因子 ***SF***[147,150-152]

Tab. 3-12 Reference doses for non-carcinogen metals and slope factors for carcinogen metals

重金属	RfD/mg·(kg·d)$^{-1}$			SF/(kg·d)·mg^{-1}		
	经口摄入	呼吸吸入	皮肤接触	经口摄入	呼吸吸入	皮肤接触
Cr	0.003	0.000 028 6	0.000 06	—	42.0	—
Hg	0.000 3	0.000 3	0.000 024	—	—	—
As	0.000 3	0.000 123	0.000 3	1.5	1.5	7.5

注："—"表示属于非致癌，无 SF 数据。

3.4.2 结果与分析

3.4.2.1 重金属含量统计分析

对吉兰泰盐湖盆地土壤表土层、心土层和底土层 Cr、Hg、As 的含量进行统计描述，并以单因素方差分析检验不同土壤深度重金属含量差异的显著性(表 3-13)。土壤中 Cr、Hg、As 的含量均分别小于 250 mg/kg，1 mg/kg 和 25 mg/kg，各层之间重金属含量的变化范围近似一致，平均含量大小顺序为底土$_{\mathrm{Cr}}$>心土$_{\mathrm{Cr}}$>表土$_{\mathrm{Cr}}$、表土$_{\mathrm{As}}$>底土$_{\mathrm{As}}$>心土$_{\mathrm{As}}$、表土$_{\mathrm{Hg}}$>心土$_{\mathrm{Hg}}$>底土$_{\mathrm{Hg}}$；标准差(SD)反映数据的离散程度，各重金属的标准差大小依次为 As>Hg>Cr，其中 Hg 和 As 的标准差较大，表明各测点含量之间的差异悬殊，可能存在污染；变异系数(CV)反映重金属含量的离散性以及人为活动对重金属含量的影响，CV<16%属于轻度变异，16%<CV<36%属于中等变异，CV>36%属于高度变异，土壤中 Cr 属于中等变异，而 Hg 和 As 具有高度变异性，表明采样点间数据离散性较大，可能受到外界因素的影响；盐湖盆地土壤各层 Cr、Hg、As 的最大值均大于内蒙古地区背景值，最小值均小于内蒙古地区背景值，表明盐湖盆地存在 Cr、Hg、As 的局部超标点或超标区域，其中 Hg 和 As 的超标率高，均为 60%以上，而对比国家二级土壤标准值，盐湖盆地的 Cr、Hg、As 含量均属于国家标准范围以内。单因素方差分析表明，Cr、Hg 和 As 在不同土壤深度重金属含量差异性不显著。

表 3-13 盐湖盆地土壤重金属含量统计分析

Tab. 3-13 Analysis of statistical and soil layer variation of heavy metals contents in soil($n=40$)

重金属	土层	范围 /mg·kg^{-1}	均值 /mg·kg^{-1}	SD	CV /%	内蒙古地区背景值[153]		《土壤环境质量标准》二级标准[154]		F 检验统计量	显著性水平
						背景值 /mg·kg^{-1}	超标率 /%	标准值 /mg·kg^{-1}	超标率 /%		
Cr	表层	2.9～55.21	28.27	0.15	34	41.4	7.27	250.0	0	0.360	0.699
	−50 cm	6.19～58.59	28.92	0.14	32	41.4	7.27	250.0	0		
	−100 cm	4.03～63.53	30.25	0.16	42	41.4	18.18	250.0	0		
Hg	表层	0～0.46	0.15	6.11	102	0.04	70.91	1.0	0	0.274	0.761
	−50 cm	0−0.5	0.13	5.6	108	0.04	65.45	1.0	0		
	−100 cm	0−0.57	0.12	5.72	128	0.04	63.64	1.0	0		
As	表层	0～21.74	12.92	9.49	47	7.5	74.55	25.0	0	0.027	0.974
	−50 cm	0.12～20.41	12.76	9.39	44	7.5	83.64	25.0	0		
	−100 cm	0～21.87	12.82	12.67	45	7.5	83.64	25.0	0		

3.4.2.2 土壤重金属污染负荷

以内蒙古地区背景值为基准，利用公式(13-6)和公式(13-7)计算得到盐湖盆地土壤不同深度 Cr、Hg、As 的污染系数(CF)和污染负荷指数(PLI)(图 3-18A)。不同土壤深度的 CF_{Cr} 最大值均小于 2，表明土壤中 Cr 在局部区域出现轻微污染，而 CF_{Cr}的平均值小于 1，表明整个研究区 Cr 的平均水平属于无污染；不同土壤深度的 CF_{Hg} 的平均值大于 3，整个研究区 Hg 的平均水平属于强度污染；所有土壤深度的 CF_{As} 最大值小于 3，土壤中 As 在局部区域出现中度污染，而 CF_{As} 的平均值小于 2，表明整个研究区 As 的平均水平属于轻微污染；不同重金属在所有土壤层平均污染系数大小依次为 $CF_{Hg} > CF_{As} > CF_{Cr}$，分别为强度污染、轻微污染和无污染；所有土壤深度重金属 PLI 的均值小于 2，表明盐湖盆地整体属于轻微污染，不同深度污染程度依次为表土层＞心土层＞底土层，而从 PLI 最大值可知，存在局部点或局部区域的表土层和心土层土壤为中度污染、底土层土壤为强度污染，主要原因可能为土壤重金属含量的分布异质性受到人类活动的影响。

基于《土壤环境质量标准》(GB 15618—1995)二级标准计算得到盐湖盆地土壤不同深度 Cr、Hg、As 的污染系数(CF)和污染负荷指数(PLI)(图 3-18B)。无论是单项重金属成分 CF 还是综合污染负荷指数 PLI，均小于 1，表明整个盐湖盆地属于无污染状态；以各测点平均 PLI 对比不同深度的重金属污染，与内蒙古土壤背景值评价结果一致，污染次序依次为土层＞心土层＞底土层；不同重金属在所有土壤层平均污染系数大小依次为 $CF_{As} > CF_{Hg} > CF_{Cr}$。

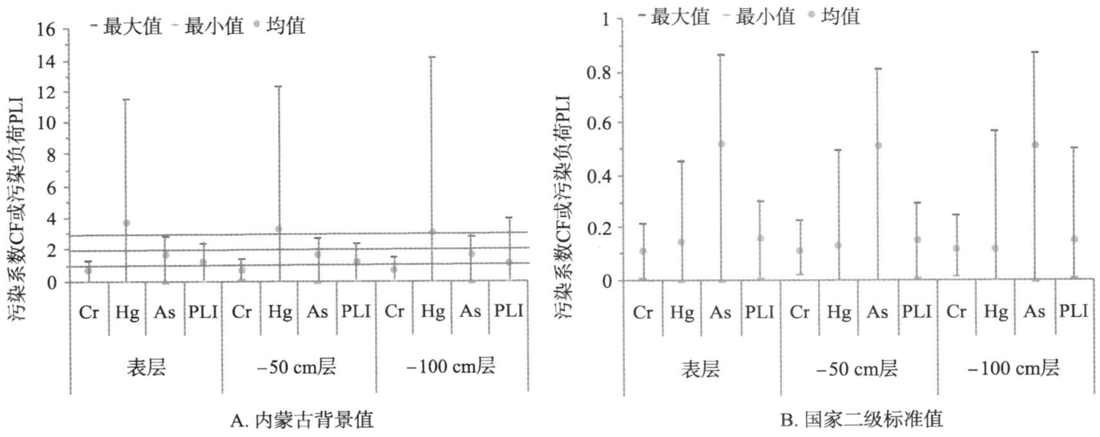

图 3-18　不同土壤深度重金属 CF 值和 PLI 值

Fig. 3-18　CF and PLI of soil heavy metals in different layers of soil

不同土壤深度 PLI(背景值)累计值、PLI_{zone} 和均值(表 3-14)进一步表明各层土壤污染顺序依次为表土层、心土层和底土层，说明盐湖盆地的重金属污染程度随着深度逐渐减弱；方差分析表明，底土层污染负荷指数变动比其他土层大；各层土壤重金属污染负荷的统计检验表明，各土层的 PLI 差别不显著($P=0.829>0.05$)，可能存在相同的污染源。

表 3-14　土壤各层 PLI 统计

Tab. 3-14　PLI statistics of soil layers

组	累计值	PLI_{zone}	平均值	方差	F 检验统计量	显著性水平
PLI(表层)	49.850	1.074	1.246	0.367	0.188	0.829
PLI(−50 cm)	47.711	1.010	1.193	0.440		
PLI(−100 cm)	45.919	0.942	1.148	0.736		

分析盐湖盆地不同深度土壤重金属 PLI 等级空间分布(图 3-19)可知，表层、心土层和底

土层土壤的 PLI 均在盐湖盆地西南地区出现高值区，即出现中度污染或强度污染；表层土壤的 PLI 整体呈现出由西南向东北的阶梯式递减趋势，在盐湖盆地西南部的低山台地出现高值区域，为中度污染；心土层土壤的 PLI 呈现为自西北向东南的不均匀扩散趋势，在沿图格力高勒沟谷、巴音乌拉山北部至乌兰布和沙漠前缘出现高值区，为轻微污染或中度污染；底土层土壤显现由西南和东北向中间逐级减小的趋势，类似于表层分布，在盐湖盆地南部的低山台地出现高值区域，但污染强度高。分析盐湖盆地土壤 PLI 的分布特征原因，主要为研究区南部地势较高的上游低山台地地区岩土含有重金属成分，经过雨水冲刷被带到沟谷中，顺流而下形成水走盐流的累积，造成研究区西南部重金属含量较高；北部上游巴音乌拉岩土的重金属成分随季节性河流雨季溶解且顺流而下，形成该区污染负荷指数的较高分布；局部岛状污染负荷指数高值区可能存在点源污染。

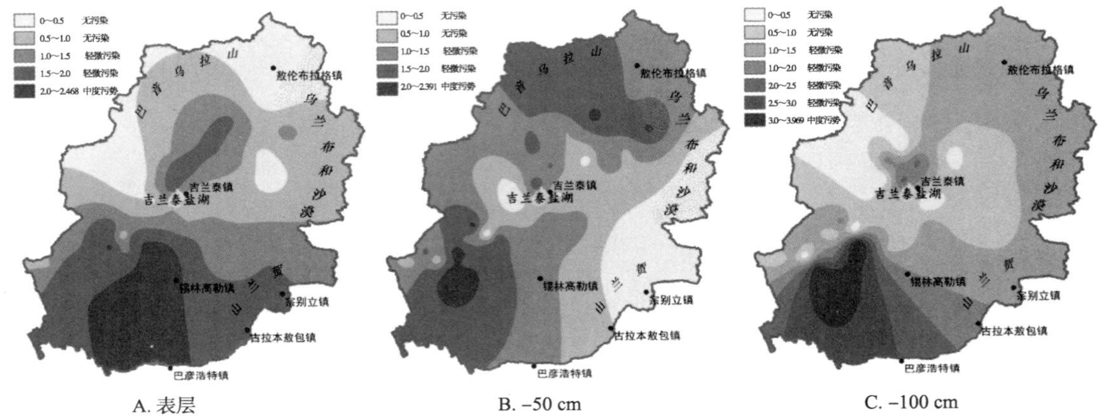

图 3-19　不同土壤深度重金属 PLI 空间分布

Fig. 3-19　Spatial distribution of PLI of heavy metals in different layers of soil

总体上，吉兰泰盐湖盆地的重金属污染既出现了明显的斑块分布特征，又出现局部点污染分布特征，说明研究区土壤既受到工业或生活垃圾排放等人类活动影响，又受到区域岩土及水文水利等天然特征的影响。

3.4.2.3　土壤重金属健康风险评价

(1) 非致癌风险

由盐湖盆地不同土壤深度针对儿童和成人经 3 种暴露途径下 Cr、Hg、As 的非致癌风险暴露剂量(ADD)、非致癌风险单项指数(HQ)和非致癌风险总指数(HI)(表 3-15)可知，经口摄入剂量(ADD_{ing})远大于皮肤接触剂量(ADD_{derm})和呼吸吸入剂量(ADD_{inh})，进而经口摄入的风险指数(HQ_{ing})也大于皮肤接触和呼吸吸入的风险指数(HQ_{inh} 和 HQ_{derm})；不同重金属成分健康风险指数 HQ 对比，$HQ_{As} > HQ_{Cr} > HQ_{Hg}$；儿童和成人对比，无论是单项风险指数还是综合风险指数，儿童均大于成人；对于儿童和成人的不同土壤深度综合风险指数 HI 大小顺序均为 $HI_{(100\ cm层)} > HI_{(表层)} > HI_{(50\ cm层)}$，且各土壤深度的 HI 差别不明显，其中 Cr、Hg、As 对 HI 值大小贡献依次为 As>Cr>Hg，表明研究区总非致癌风险主要受重金属 As 和 Cr 所影响；所有单项风险指数或综合风险指数均小于 1，表明盐湖盆地土壤不同深度针对儿童或成人不同暴露途径下的非致癌风险都属于“可接受风险水平”。

表 3-15　不同深度土壤重金属非致癌暴露量及风险指数

Tab. 3-15　Daily exposure and non-carcinogenic risk index at the different soil depth

标准	土层	元素	ADD_{ing}	ADD_{inh}	ADD_{derm}	HQ_{ing}	HQ_{inh}	HQ_{derm}	HQ	HI
儿童	表土	Cr	2.84×10^{-5}	7.84×10^{-10}	7.96×10^{-8}	9.47×10^{-3}	2.74×10^{-5}	1.33×10^{-3}	1.08×10^{-2}	5.47×10^{-2}
		Hg	1.48×10^{-7}	4.07×10^{-12}	4.14×10^{-10}	4.93×10^{-4}	1.70×10^{-7}	1.72×10^{-5}	5.10×10^{-4}	
		As	1.30×10^{-5}	3.58×10^{-10}	3.63×10^{-8}	4.33×10^{-2}	2.91×10^{-6}	1.21×10^{-4}	4.34×10^{-2}	
	心土	Cr	2.91×10^{-5}	8.01×10^{-10}	8.14×10^{-8}	9.69×10^{-3}	2.80×10^{-5}	1.36×10^{-3}	1.11×10^{-2}	5.44×10^{-2}
		Hg	1.33×10^{-7}	3.67×10^{-12}	3.72×10^{-10}	4.43×10^{-4}	1.53×10^{-7}	1.55×10^{-5}	4.59×10^{-4}	
		As	1.28×10^{-5}	3.54×10^{-10}	3.59×10^{-8}	4.28×10^{-2}	2.88×10^{-6}	1.20×10^{-4}	4.29×10^{-2}	
	底土	Cr	3.04×10^{-5}	8.38×10^{-10}	8.51×10^{-8}	1.01×10^{-2}	2.93×10^{-5}	1.42×10^{-3}	1.16×10^{-2}	5.51×10^{-2}
		Hg	1.23×10^{-7}	3.39×10^{-12}	3.45×10^{-10}	4.10×10^{-4}	1.41×10^{-7}	1.44×10^{-5}	4.25×10^{-4}	
		As	1.29×10^{-5}	3.55×10^{-10}	3.61×10^{-8}	4.30×10^{-2}	2.89×10^{-6}	1.20×10^{-4}	4.31×10^{-2}	
成人	表土	Cr	1.66×10^{-5}	1.77×10^{-9}	6.61×10^{-8}	5.52×10^{-3}	6.18×10^{-5}	1.10×10^{-3}	6.69×10^{-3}	3.23×10^{-2}
		Hg	8.62×10^{-8}	9.19×10^{-12}	3.44×10^{-10}	2.87×10^{-4}	3.83×10^{-7}	1.43×10^{-5}	3.02×10^{-4}	
		As	7.57×10^{-6}	8.07×10^{-10}	3.02×10^{-8}	2.52×10^{-2}	6.56×10^{-6}	1.01×10^{-4}	2.53×10^{-2}	
	心土	Cr	1.70×10^{-5}	1.81×10^{-9}	6.76×10^{-8}	5.65×10^{-3}	6.32×10^{-5}	1.13×10^{-3}	6.84×10^{-3}	3.22×10^{-2}
		Hg	7.76×10^{-8}	8.27×10^{-12}	3.10×10^{-10}	2.59×10^{-4}	3.45×10^{-7}	1.29×10^{-5}	2.72×10^{-4}	
		As	7.48×10^{-6}	7.97×10^{-10}	2.98×10^{-8}	2.49×10^{-2}	6.48×10^{-6}	9.95×10^{-5}	2.50×10^{-2}	
	底土	Cr	1.77×10^{-5}	1.89×10^{-9}	7.08×10^{-8}	5.91×10^{-3}	6.61×10^{-5}	1.18×10^{-3}	7.16×10^{-3}	3.26×10^{-2}
		Hg	7.18×10^{-8}	7.65×10^{-12}	2.86×10^{-10}	2.39×10^{-4}	3.19×10^{-7}	1.19×10^{-5}	2.52×10^{-4}	
		As	7.52×10^{-6}	8.01×10^{-10}	3.00×10^{-8}	2.51×10^{-2}	6.52×10^{-6}	1.00×10^{-4}	2.52×10^{-2}	

(2) 致癌风险

由盐湖盆地不同土壤深度致癌重金属 Cr、As 的致癌风险暴露剂量(ADD)、致癌风险单项指数(CR)和致癌风险总指数(TCR)(表 3-16)可知,经口摄入剂量(ADD_{ing})远大于皮肤接触剂量(ADD_{derm})和呼吸吸入剂量(ADD_{inh}),经口摄入的致癌风险对儿童和成年人均介于

$10^{-6}\sim10^{-4}$,属于人体可耐受的致癌风险,而经呼吸吸入和皮肤接触的致癌风险均小于10^{-6},属于无致癌风险;不同土壤深度的致癌重金属对于儿童和成年致癌风险中Cr($CR<10^{-6}$)属于无致癌风险,As($10^{-6}<CR<10^{-4}$)属于人体可耐受的致癌风险;对于总致癌风险,不同土壤深度儿童和成人致癌风险基本接近,大小顺序均为$TCR_{表层}>TCR_{100\ cm}>TCR_{50\ cm}$,且成人致癌风险高于儿童,主要原因为重金属在人体内积累而导致。盐湖盆地总体属于人体可接受的致癌风险,主要是As经口摄入的暴露途径所致,应当引起重视。

表 3-16　不同土壤深度水平重金属致癌暴露量及风险指数

Tab. 3-16　Daily exposure and carcinogenic risk index for adults with heavy metals and pathway in soil

标准	土层	元素	ADD_{ing}	ADD_{inh}	ADD_{derm}	CR_{ing}	CR_{inh}	CR_{derm}	CR	TCR
儿童	表土	Cr	2.84×10^{-5}	7.84×10^{-10}	7.96×10^{-8}	—	3.29×10^{-8}	—	3.29×10^{-8}	1.98×10^{-5}
		As	1.30×10^{-5}	3.58×10^{-10}	3.63×10^{-8}	1.95×10^{-5}	5.37×10^{-10}	2.73×10^{-7}	1.97×10^{-5}	
	心土	Cr	2.91×10^{-5}	8.01×10^{-10}	8.14×10^{-8}	—	3.37×10^{-8}	—	3.37×10^{-8}	1.95×10^{-5}
		As	1.28×10^{-5}	3.54×10^{-10}	3.59×10^{-8}	1.92×10^{-5}	5.30×10^{-10}	2.69×10^{-7}	1.95×10^{-5}	
	底土	Cr	3.04×10^{-5}	8.38×10^{-10}	8.51×10^{-8}	—	3.52×10^{-8}	—	3.52×10^{-8}	1.96×10^{-5}
		As	1.29×10^{-5}	3.55×10^{-10}	3.61×10^{-8}	1.93×10^{-5}	5.33×10^{-10}	2.71×10^{-7}	1.96×10^{-5}	
成人	表土	Cr	4.77×10^{-5}	5.09×10^{-9}	1.90×10^{-6}	—	2.14×10^{-7}	—	2.14×10^{-7}	3.94×10^{-5}
		As	2.18×10^{-5}	2.32×10^{-9}	8.70×10^{-7}	3.27×10^{-5}	3.49×10^{-9}	6.52×10^{-6}	3.92×10^{-5}	
	心土	Cr	4.88×10^{-5}	5.21×10^{-9}	1.95×10^{-6}	—	2.19×10^{-7}	—	2.19×10^{-7}	3.90×10^{-5}
		As	2.15×10^{-5}	2.30×10^{-9}	8.60×10^{-7}	3.23×10^{-5}	3.45×10^{-9}	6.45×10^{-6}	3.88×10^{-5}	
	底土	Cr	5.11×10^{-5}	5.44×10^{-9}	2.04×10^{-6}	—	2.29×10^{-7}	—	2.29×10^{-7}	3.92×10^{-5}
		As	$2.16\times10-5$	2.31×10^{-9}	8.64×10^{-7}	3.25×10^{-5}	3.46×10^{-9}	6.48×10^{-6}	3.90×10^{-5}	

对盐湖盆地各采样点不同土壤深度下儿童和成人的重金属致癌暴露风险TCR与非致癌暴露风险HI的统计特征分析(表3-17)可知,所有测点非致癌风险指数HI的最大值和均值均小于1,表明整个盐湖盆地的土壤对于Cr、Hg、As属于非致癌健康风险;致癌风险指数TCR的最大值大于10^{-6}、最小值小于10^{-6}、均值大于10^{-6},表明在整个研究区内局部区域为无致癌风险或为人体可耐受的致癌风险,盐湖盆地整体表现为人体可耐受的致癌风险。

致癌风险 TCR 与非致癌风险 HI 的标准差较小，表明盐湖盆地区域健康风险波动小，偏度与峰度均大于 0，所有采样点的健康风险指数分布均为非正态分布；土壤各层非致癌风险指数 HI 属于中等变异与强变异界限值处。非致癌风险或致癌风险对于儿童或成人在土壤各层区域不明显，儿童非致癌风险在所有土壤层均大于成年，成人致癌风险均大于儿童。

表 3-17 土壤各层重金属 HI 与 TCR 值统计

Tab. 3-17 Statistical description of HI and TCR values of heavy metals in soil layers

风险类别		土层	最大值	最小值	均值	标准差	偏度	峰度	变异系数/%
非致癌	儿童	表土	0.084	0.010	0.055	0.021	−0.546	−0.660	37.5
		心土	0.080	0.009	0.054	0.019	−0.161	−0.794	34.9
		底土	0.100	0.008	0.055	0.021	−0.178	−0.364	38.6
	成人	表土	0.050	0.006	0.032	0.012	−0.553	−0.659	37.1
		心土	0.047	0.006	0.032	0.011	−0.164	−0.796	34.6
		底土	0.059	0.005	0.033	0.013	−0.176	−0.351	38.4
致癌	儿童	表土	3.33×10^{-5}	5.72×10^{-8}	1.98×10^{-5}	9.23×10^{-6}	−0.411	−0.657	46.7
		心土	3.12×10^{-5}	2.24×10^{-7}	1.95×10^{-5}	8.45×10^{-6}	−0.14	−0.731	43.2
		底土	3.35×10^{-5}	2.31×10^{-8}	1.96×10^{-5}	8.64×10^{-6}	0.027	−0.631	44.0
	成人	表土	6.62×10^{-5}	3.72×10^{-7}	3.94×10^{-5}	1.83×10^{-5}	−0.416	−0.657	46.5
		心土	6.22×10^{-5}	6.46×10^{-7}	3.90×10^{-5}	1.68×10^{-5}	−0.143	−0.731	43.1
		底土	6.69×10^{-5}	1.5×10^{-7}	3.92×10^{-5}	1.72×10^{-5}	0.018	−0.628	43.9

鉴于盐湖盆地不存在非致癌风险，而存在人体可接受的致癌风险，又由于儿童与成人重金属致癌风险分布近似一致，因此，这里仅分析盐湖盆地成人重金属致癌风险的空间分布特征(图 3-20)。总体上，致癌风险的范围随土壤深度的增加而非均匀减小，不同土壤深度均呈现由人体可接受的致癌风险向无致癌风险的梯度变化特征；表层和心土层土壤致癌风险高值区主要沿盐湖盆地西北一东南方向呈带状分布，而底土层在东北部乌兰布和沙漠和西南低山台地出现片状高值区；致癌风险的峰值区域多位于盐湖盆地地形低洼地带，主要原因为上游贺兰山、巴音乌拉山以及西南部低山台地的岩土和地下水中均含有 Cr 和 As，经降水淋滤作用和地下水溶滤作用进入地下水，随地下水向下游低洼区域迁移，下游地下水埋深浅，区域气候干燥，地下水蒸发强烈，地下水与土壤间的毛细作用使盐分向上运移并在土壤中累积，进而出现条状或块状致癌风险高值区。

3.4.3 讨论与结论

3.4.3.1 讨 论

研究土壤剖面重金属 Cr、Hg、As 含量依次呈现出底土$_{Cr}$>心土$_{Cr}$>表土$_{Cr}$、表土$_{Hg}$>心土$_{Hg}$>底土$_{Hg}$、表土$_{As}$>底土$_{As}$>心土$_{As}$的分布格局，Cr 和 As 与相关文献中[127,155−158]由表土往下依次减少的研究结果略有差异，原因是 Cr 和 As 基本处于天然未污染状态。尽管盐湖盆地绝大部分致癌风险处于有关专家推荐的可接受范围[144−146,159]，但根据 US EPA 推荐的无致癌风险标准 10^{-6}，大部分土壤 As 污染应该引起重视；目前，只有 As 的经口摄入和皮肤

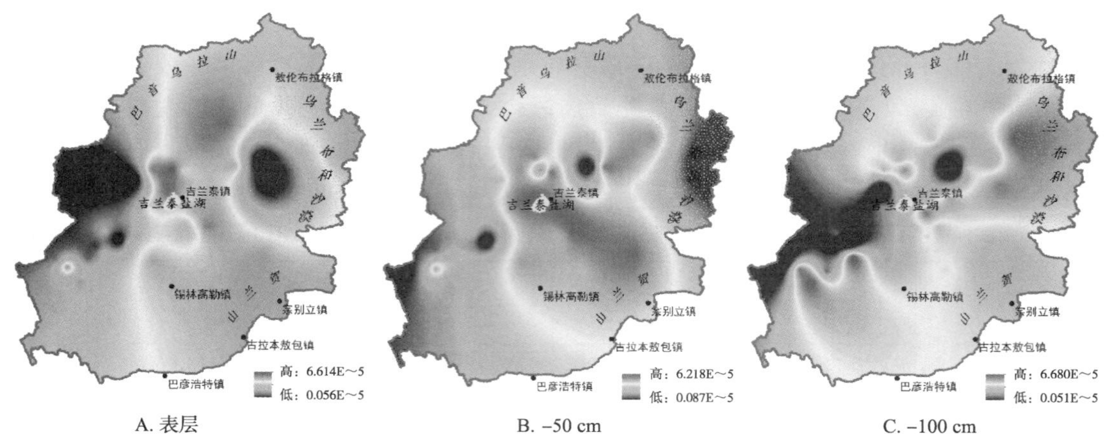

A. 表层　　B. −50 cm　　C. −100 cm

图 3-20　研究区成人致癌风险空间分布

Fig. 3-20　Spatial distribution of cancer risk in adults in the study area

接触存在致癌斜率因子 SF，因此论文中仅考虑 As 的经口摄入和皮肤接触致癌风险，而没有考虑 Cr 的该种风险，进而导致土壤重金属致癌风险可能比实际风险小。完整的 US EPA 健康风险评价模型是经大气、水、土壤、食物链等 4 种介质携带重金属通过食入、吸入和皮肤接触 3 种暴露途径进入人体产生健康风险的评价[144−146]，而本文只单独讨论了 Cr、Hg、As 通过土壤介质对人体产生的健康风险，因此总的健康危害风险数值要小于实际风险。由于各种重金属对人体健康的危害不是独立产生作用，而目前没有统一方法进行重金属导致混合风险的健康风险评估，这将是今后进一步研究的重点。

3.4.3.2　结　论

吉兰泰盐湖盆地土壤各层均含有 Cr、Hg、As，并且相对内蒙古整个地区来说，盐湖盆地土壤 Cr、Hg、As 含量较高。以内蒙古地区背景值为基准，盐湖盆地土壤存在 Cr、Hg、As 的局部超标点或超标区域，Hg 和 As 的超标率为 60%以上，而对比国家二级土壤标准值，盐湖盆地的 Cr、Hg、As 含量均属于国家标准范围以内；Cr、Hg 和 As 在不同土壤深度重金属含量差异性不显著。

基于内蒙古地区背景值，吉兰泰盐湖盆地土壤污染负荷整体属于轻微污染，存在局部点或局部区域为中度污染或强度污染；对比国家土壤环境质量二级标准，整个盐湖盆地污染负荷属于无污染状态；不同土壤深度污染负荷依次为表土层＞心土层＞底土层；不同重金属在所有土壤层污染次序为 $CF_{As}>CF_{Hg}>CF_{Cr}$。

盐湖盆地的土壤对于 Cr、Hg、As 不存在非致癌的健康风险；对于 Cr、As，盐湖盆地存在人体可耐受的致癌风险；非致癌风险或致癌风险对于儿童或成人在土壤各层差异不明显，儿童非致癌风险在所有土壤层均大于成年，成人致癌风险均大于儿童。

吉兰泰盐湖西南侧的图格力高勒沟谷及沿巴彦乌拉山-贺兰山的带状区域污染负荷和健康风险值较大，又鉴于土壤与地下水中化学成分的相互作用和迁移，居民对于土壤或生活用水存在一定的潜在健康风险，因此建议该区域内土壤或地下水开发利用过程中应针对以 Cr、As 为主的重金属进行净化预处理，以降低该区域内通过饮用水或土壤途径而产生的健康风险。

3.5 土壤重金属铬、汞、砷分布的多方法评价研究

土壤是与人类关系最为密切的一种环境要素，其表层或里面有生物栖息，是联系有机界和无机界的中心环节[160]。土壤在环境系统中起着重要的稳定与缓冲作用，能够对污染物质进行容纳、缓冲和净化，但同时也会间接通过水体、大气、植物将污染物作用于人体，被人体吸收[161,162]。当土壤中含有害物质过多、超过土壤自净能力时，就会引起土壤的组成、结构和功能发生变化，土壤微生物活动受到抑制[163]，有害物质或其分解产物在土壤中逐渐积累，达到危害人体健康的程度，或者对生态系统造成危害[164]。土壤重金属污染评价是土壤环境管理的基础性工作也是土壤环境研究和污染防治的重要基础[165−167]，采用合理的污染评价方法，选取恰当的土壤环境标准，才能确定土壤环境容量，识别土壤重金属污染状况，满足土壤环境管理和决策需要[168−170]。大多数学者将土壤环境标准与土壤污染评价割裂研究，难以保证评价结果的准确性，对污染防治工作带来困扰。

土壤重金属污染已成为近年来国内外研究的热点。众多学者采用不同的研究方法对流域[171−176]、城郊区[177−181]、工矿区[182−184]、农田灌区[185−187]和自然保护区[188−190]土壤中的重金属元素的来源、含量、分布和评价进行了报道。但是缺乏旱区盐湖盆地区的研究，且评价选用的《土壤环境质量标准》(GB 15618—1995)至今已多年，地区背景值选用《中国土壤元素背景值》至今已28年，已不适应当前土壤环境管理的需求，从而导致对当前土壤环境容量和土壤污染评价结果造成一定的偏差，且评价方法选取欠妥，评价过程中缺乏多种方法联合运用，很难达到预期的效果。

本研究针对上述问题，对西北旱区吉兰泰盐湖盆地不同土层铬(Cr)、汞(Hg)、砷(As)进行测定分析，确定其数据分布类型，利用平均值加标准差法进行检验并将可疑污染土样剔除，使得到的背景值更为精确可靠；通过统计分析结合GIS技术，分析研究区土壤重金属的含量和空间分布规律；选取常用的单因子污染指数法(单因子指数法、地累积指数法、生态风险指数法)和综合污染指数法(内梅罗综合污染指数法、潜在生态风险综合指数法、污染负荷指数法)对表层土壤进行评价及对比分析[191−194]，以得到较为可靠的评价结果，旨在为西北旱区盐湖盆地流域积累环境要素基本数据、资料，为确定环境容量，制定土壤环境标准基本数据，为社会经济发展中土壤环境保护、土壤质量评价、土壤污染治理、土壤环境风险预警和土壤资源合理利用提供参考依据。

3.5.1 材料与方法

3.5.1.1 样品采集与分析

考虑地形、土地利用类型、自然气象要素等综合因素，2016年7～8月以随机布点法采样，共40个采样点(图3-9)。每个土壤采样点以手持GPS定位，分表土层(0～10 cm)、心土层(−50 cm)和底土层(−100 cm)3层采样，每个样品质量约1 kg，共采集120个代表性样品，装入聚乙烯塑料袋。

土壤Hg和As通过北京普析通用PF6-2型双道全自动原子荧光光度计测定，检出限分别为0.001 μg/kg、0.01 μg/kg，精密度<1.0%，测试线性范围>10^3；Cr通过日立Z-2700型

石墨炉原子吸收分光光度计测定，检出限为 0.004 mg/kg，精密度≤1.0%，样品残留≤10^{-5}。每个样品均采用 3 组平行实验，取均值作为样品测定的最终量。

3.5.1.2　土壤背景值计算

区域土壤背景值指一定区域内，远离工矿、城镇和公路，没有或没有过“三废”污染影响的土壤中有毒物质在某一保证率下的含量，其公式为[195]

$$C_{0i}=\overline{C}_i \pm S \tag{3-16}$$

$$S=\sqrt{\frac{\sum_{i=1}^{N}(C_{ij}-\overline{C}_i)^2}{N-1}} \tag{3-17}$$

式中，C_{0i} 为区域土壤中第 i 种有毒物质的背景值；C_{ij} 为区域土壤第 j 个样品中第 i 种有毒物质点位实测值；$\overline{C}_i$ 为区域土壤中第 i 种有毒物质实测值的平均值；S 为标准差；N 为统计样品个数。

3.5.1.3　评价标准

世界各地土壤中 Cr、Hg、As 评价标准如表 3-18 所列。

表 3-18　世界各地土壤 Cr、Hg、As 评价标准[37-47]

Tab. 3-18　Evaluation standards for chromium, mercury and arsenic in soil around the world

国家	金属的可忽略风险浓度 /mg·kg^{-1}			金属的警示值 /mg·kg^{-1}			金属的行动干预值 /mg·kg^{-1}		
	Cr	Hg	As	Cr	Hg	As	Cr	Hg	As
比利时	34.00	0.05	12.00	125.00	9.00	40.00	520.00	56.00	300.00
捷克	130.00	0.40	30.00	450.00	2.50	65.00	500.00	10.00	70.00
荷兰	100.00	0.30	29.00	—	—	—	380.00	10.00	55.00
斯洛伐克	130.00	0.30	29.00	250.00	2.00	30.00	800.00	10.00	50.00
奥地利	—	—	—	50.00	2.00	20.00	250.00	10.00	50.00
德国	—	—	—	400.00	20.00	50.00	—	—	—
瑞典	—	—	—	250.00	5.00	15.00	—	—	—
中国	90.00	0.15	15.00	250.00	1.00	25.00	300.00	15.00	40.00

土壤污染程度分级是客观标志土壤污染程度的标准，土壤污染等级的划分主要是以土壤中污染物浓度超标的倍数来划分的。我国土壤环境质量标准水平分为四个级别（表 3-19、表 3-20），其中用土壤背景值（$\overline{X}$）作为土壤环境一级水平标准，也就是把土壤化学元素含量处在背景值水平上的土壤作为理想土壤环境，其特点是化学元素组成与含量处于地球化学过程的自然范围，基本未受人为污染影响，环境功能正常，可作为生活饮用水源地；二级土壤环境质量标准是用基准值作为衡量标准，基准值以土壤背景值平均值（$\overline{X}$）2 倍标准差 S 来确定，即（$\overline{X}+2S$）用于判断土壤是否被污染；三级土壤环境质量标准用元素对环境不良影响的最低浓度作为警戒值标准；四级土壤环境质量标准用农产品污染物达到食品卫生标准时土壤中污染物最大允许浓度作为临界值标准[196-207]。土壤中元素浓度达到三级、四级土壤质量标准，都会对环境产生较重影响，都需做生物效应实验确定。

表 3-19　评价标准等级划分

Tab. 3-19　Evaluation of standard grade division

级别	水平	污染程度	标准值	对生态影响	应用意义
Ⅰ级	理想水平	无污染（Ⅰ级）	背景值	环境功能一切正常	饮水水源产流区
Ⅱ级	可以接受水平	轻微污染（Ⅱ级）	基准值	基本无影响	用于判断土壤污染
Ⅲ级	可以忍受水平	中度污染（Ⅲ级）	警戒值	开始产生不良影响	应跟踪监测限制排污
Ⅳ级	超标水平	重度污染（Ⅳ级）	临界值	影响较重到严重	应采取防污措施

表 3-20　评价标准建议值

Tab. 3-20　Evaluation of standard recommended values

重金属元素	评价等级			
	Ⅰ级	Ⅱ级	Ⅲ级[207,209]	Ⅳ级[206,208]
Cr	27.89	46.27	125.00	250.00
Hg	0.039	0.382	0.50	1.00
As	12.83	24.37	27.00	30.00

注：Ⅰ级，研究区土壤背景值$\overline{X}$；Ⅱ级上限，土壤临界值即$\overline{X}\pm 2S$。

3.5.1.4　评价方法

（1）单因子污染指数法[207]

单因子污染指数法公式如下：

$$P_i=\frac{C_i}{S_i}(C_i\leqslant S_1) \tag{3-18}$$

$$P_i=1+\frac{C_i-S_i}{S_2-S_2}(S_1<C_i\leqslant S_2) \tag{3-19}$$

$$P_i=2+\frac{C_i-S_i}{S_2-S_2}(S_2<C_i\leqslant S_3) \tag{3-20}$$

$$P_i=3+\frac{C_i-S_i}{S_2-S_2}(S_3<C_i\leqslant S_4) \tag{3-21}$$

式中，P_i是第 i 种土壤污染物的环境质量指数；C_i是第 i 种土壤污染物的实测值，mg/kg；S_i是第 i 种土壤污染物的评价标准值，mg/kg。根据S_i和C_i或P_i，确定污染等级和污染指数范围，无污染（Ⅰ）$C_i\leqslant S_1$，即$P_i\leqslant 1$，轻微污染（Ⅱ）$S_1<C_i\leqslant S_2$，即$(1<P_i\leqslant 2)$，中度污染（Ⅲ）$S_2<C_i\leqslant S_3$，即 $2<P_i\leqslant 3$，重度污染（Ⅳ）$S_3<C_i$，即$P_i\geqslant 3$，共 4 个等级。

（2）地累积指数法

地累积指数法公式如下：

$$I_{geo}=\log_2\left(\frac{C_n}{k\times B_n}\right) \tag{3-22}$$

式中，C_n表示污染物实测值，B_n是该染物的地球化学背景值，k 为考虑到造岩运动可能引起背景值波动而设定的常数，$k=1.5$。$I_{geo}\leqslant 0$ 无污染（Ⅰ），$0\leqslant I_{geo}\leqslant 1$ 轻微污染（Ⅱ），$1<I_{geo}\leqslant 2$ 中度污染（Ⅲ），$2<I_{geo}\leqslant 3$ 中度—强度污染（Ⅳ），$3<I_{geo}\leqslant 4$ 强度污染（Ⅴ），$4<I_{geo}\leqslant 5$

强—极严重污染(Ⅵ),$5<I_{geo}\leqslant 10$ 极严重污染(Ⅶ)。

(3) 生态风险系数法

Hakanson 潜在生态风险系数法以土壤/沉积物中重金属的元素背景值为基准,结合重金属的生物毒性(毒性响应因子)、环境效应(污染指数)计算其潜在生态风险系数,公式如下[209]:

$$E_r^i = T_r^i \times P_i \tag{3-23}$$

式中,T_r^i 为重金属元素 i 的毒性影响因子;E_r^i 为重金属元素 i 的潜在生态风险系数,依据 E_r^i 可将土壤潜在生态危害程度划分为(Ⅰ)轻微($E_r^i<40$)、(Ⅱ)中度($40\leqslant E_r^i<80$)、(Ⅲ)强度($80\leqslant E_r^i<160$)、(Ⅳ)很强($160\leqslant E_r^i<320$)和(Ⅴ)极强($320\leqslant E_r^i$)5 个等级;在本研究中,Cr、Hg、As 的毒性系数分别为 2、40、10[179]。

(4) 综合潜在生态风险危害指数法

将 Hakanson 潜在生态风险系数求和,来反映土壤重金属的综合生态危害风险大小,公式如下[209—211]:

$$RI = \sum_i^n E_r^i = \sum_i^n (T_r^i \times C_f^i) = \sum_i^n (T_r^i \times C_D^i / C_R^i) \tag{3-24}$$

式中,C_f^i 为重金属元素 i 的污染指数;C_D^i 为土壤中重金属元素 i 的实测含量;C_R^i 为参照值;T_r^i 为重金属元素 i 的毒性影响因子;E_r^i 为重金属元素 i 的潜在生态风险系数,依据 RI 可将土壤潜在生态危害程度划分为(Ⅰ)轻微($RI<150$)、(Ⅱ)中度($150\leqslant RI<300$)、(Ⅲ)强度($300\leqslant RI<600$)和(Ⅳ)很强($RI\geqslant 600$)4 个等级。

(5) 内梅罗(Nemerow)综合指数法

反映土壤中各种污染物的平均污染水平以及最严重污染物的平均污染水平,突出了最严重污染物给环境造成的危害,计算公式为[209,211]

$$P_N = \left[\frac{(P_i)_{\max}^2 + (P_i)_{\text{ave}}^2}{2}\right]^{1/2} \tag{3-25}$$

式中,P_N 为综合污染指数;P_i 是第 i 种土壤污染物的环境质量指数,依据内梅罗综合指数可将土壤重金属污染划分为(Ⅰ)未污染($P_N\leqslant 1.0$,尚清洁)、(Ⅱ)轻微污染($1.0<P_N\leqslant 2.0$,土壤开始受到污染)、(Ⅲ)中度污染($2.0<P_N\leqslant 3.0$,土壤受中度污染)和(Ⅳ)重度污染($P_N>3.0$,土壤受污染已相当严重)5 个等级。

(6) 污染负荷指数法

Tomlinson 提出的、用来分析一定区域内重金属的污染程度,国内外众多学者采用该方法对土壤重金属污染问题进行研究[211,212],其计算公式为

$$CF_i = \frac{C_i}{C_{i0}} \tag{3-26}$$

$$PLI = \sqrt[n]{CF_1 \times CF_2 \times \cdots \times CF_n} \tag{3-27}$$

式中,CF_i 为土壤重金属 i 的污染系数;C_i 为土壤重金属 i 的实测含量;C_{i0} 为重金属 i 的背景值;PLI 为某采样点多种重金属的污染负荷指数;n 为重金属元素个数。PLI 分级标准按照已有研究将 Tomlinson 的二级分级细化为四级标准:$PLI\leqslant 1$ 为(Ⅰ)无污染,$1<PLI\leqslant 2$ 为(Ⅱ)轻微污染,$2<PLI\leqslant 3$ 为(Ⅲ)中度污染,$PLI>3$ 为(Ⅳ)强度污染。

3.5.2　结果与分析

3.5.2.1　土壤中 Cr、Hg、As 的空间分布

分析吉兰泰盐湖盆地表层土壤 Cr、Hg、As 的空间分布(图 3-21),土壤中 Cr 含量的高值区主要分布于吉兰泰盐湖盆地北部的乌兰布和沙漠和巴音乌拉山地区,在盐湖盆地的西南局部区域也出现 Cr 含量的高值区(图 3-21A),这种分布的主要原因为上游巴音乌拉山丘区存在含 Cr 矿物,经多年雨季溶解随季节性河流顺流而下,造成该区 Cr 含量的较高分布;Hg 含量高值区主要位于吉兰泰盐湖盆地的西南低山丘陵地区(图 3-21B),且主要分布在图格力高勒沟和沙尔布尔的沟附近区域,原因是地势较高的上游低山台地地区有含 Hg 矿物,经过雨水冲刷被带到沟中,多年水走盐留的累积,形成研究区西南部 Hg 含量较高,且该区域被 218 省道穿过,车流量较大,尾气中重金属 Hg 污染较为严重[213],Hg 排放到空气中,经大气沉降和雨水冲刷到沟中,经多年的累积,导致该区 Hg 浓度较高[212];该区土壤 As 元素浓度较高区域主要分布在盐湖西北部区域,这是多年蒸发浓缩导致(图 3-21C)。总体上,3 种重金属元素在吉兰泰盐湖盆地区呈现了明显的斑块分布特征,表明研究区表层土壤在天然水文地球化学作用下,可能局部受到生活垃圾排放、交通运输、工业排放和大气沉降等影响[3]。

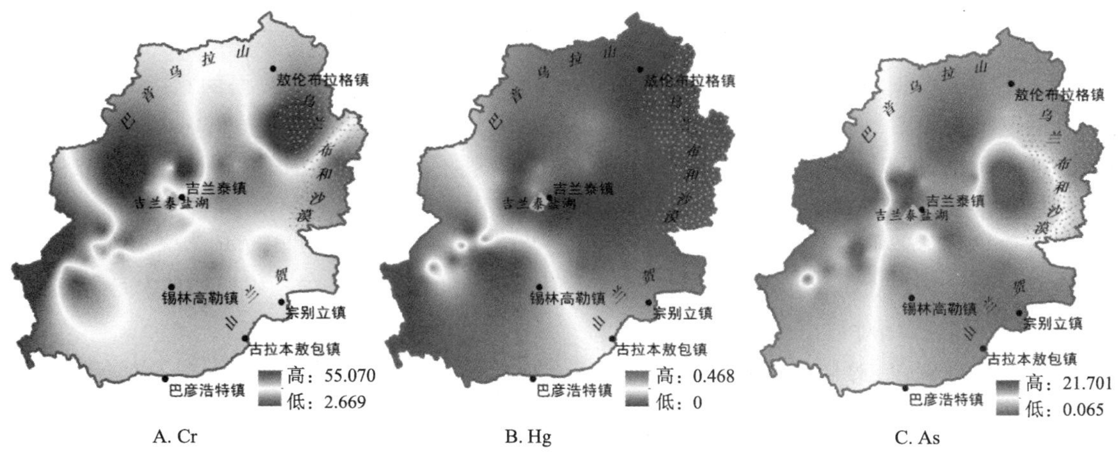

图 3-21　研究区土壤重金属 Cr、Hg、As 含量分布图

Fig. 3-21　Distribution map of chromium, mercury and arsenic in the soil of the study area

3.5.2.2　土壤背景值

(1) 土壤背景值计算

对研究区土壤 Cr、Hg、As 含量进行统计(表 3-21),土壤中 Cr 含量最大值(63.53 mg/kg)出现在底土,最小值(2.90 mg/kg)出现在表土,算术平均值均大于几何平均值;土壤 Hg 含量最大值(0.569 mg/kg)出现在底土,综合算术平均值是几何平均值的 2.7 倍;土壤 As 含量最大值(21.87 mg/kg)出现在底土,综合算术平均值是几何平均值的 1.47 倍;且土壤 Cr、Hg、As 几何标准差均大于算术标准差。

表 3-21 研究区土壤 Cr、Hg、As 含量简单统计

Tab. 3-21 The simple statistics of the content of chromium, mercury and arsenic in the soil of the study area

重金属	土层	最小值	最大值	算术		几何	
				平均值	标准差	平均值	标准差
Cr	表土	2.90	55.21	28.34	9.43	26.30	9.66
	心土	6.19	58.59	28.92	9.39	27.24	9.54
	底土	4.03	63.53	30.25	12.67	27.04	13.08
	综合	2.90	63.53	29.17	10.55	26.86	10.80
Hg	表土	0.002	0.461	0.147	0.149	0.070	0.169
	心土	0.002	0.496	0.132	0.142	0.049	0.165
	底土	0.002	0.569	0.123	0.156	0.047	0.174
	综合	0.002	0.569	0.134	0.148	0.054	0.169
As	表土	0.01	21.74	12.92	6.11	8.45	7.60
	心土	0.12	20.41	12.76	5.60	9.56	6.47
	底土	0.01	21.87	12.82	5.72	8.18	7.41
	综合	0.01	21.87	12.83	5.77	8.71	7.10

确定土壤数据分布类型。若服从正态分布，用算术平均值$\overline{X}$表示数据的集中趋势，用算术平均值标准差 S 表示数据的分散程度，用$\overline{X}+2S$ 表示 95%置信度数据的范围值；若服从对数正态分布，用几何平均值 M 表示数据的集中趋势，用几何平均值标准差 D 表示数据的分散程度，用M/D^2-MD^2表示 95%置信度数据的范围值[195]。以其特征值表达该元素背景值的集中趋势，不剔除任何异常值，分别做 Q-Q 图进行正态检验，如果散点都聚集在固定直线的周围，就可以认为数据资料近似服从正态分布。盆地土壤 Cr、As 均近似服从常数正态分布，Hg 近似服从对数正态分布(图 3-22)。

为了减少误差，对样品的各个分析数据做必要的检验，剔除可疑污染土样，以保证区域土壤环境背景值的真实性。可疑污染土样常采用平均值加标准差的方法[195,196]剔除，如采用平均值加二倍标准差的方法，对于 X1>X+2S 的样品视为可疑污染，予以剔除。该法对于成土母质相对均一的地区适用，而且简单[197]。盆地土样编号为 1、3、6、8、10、12、13 存在 Hg 污染，12、22、23、34 存在 Cr 污染，不存在 As 污染(图 3-23)，应将其污染点剔除后再计算，得到更为精确的背景值，对该区污染状况进行较为准确的评价。

(2) 区域土壤背景值取值

由于 Cr 和 As 服从正态分布，可用算术平均值$\overline{X}$作为土壤背景值；Hg 服从对数正态分布，可用几何平均值 M 表示土壤背景值，通过剔除污染点，最后取表、心、底土平均值(综合值)作为研究区土壤背景值，Cr 的背景值为 27.89 mg/kg，Hg 的背景值为 0.039 mg/kg，As 的背景值为 12.83 mg/kg(表 3-22)。

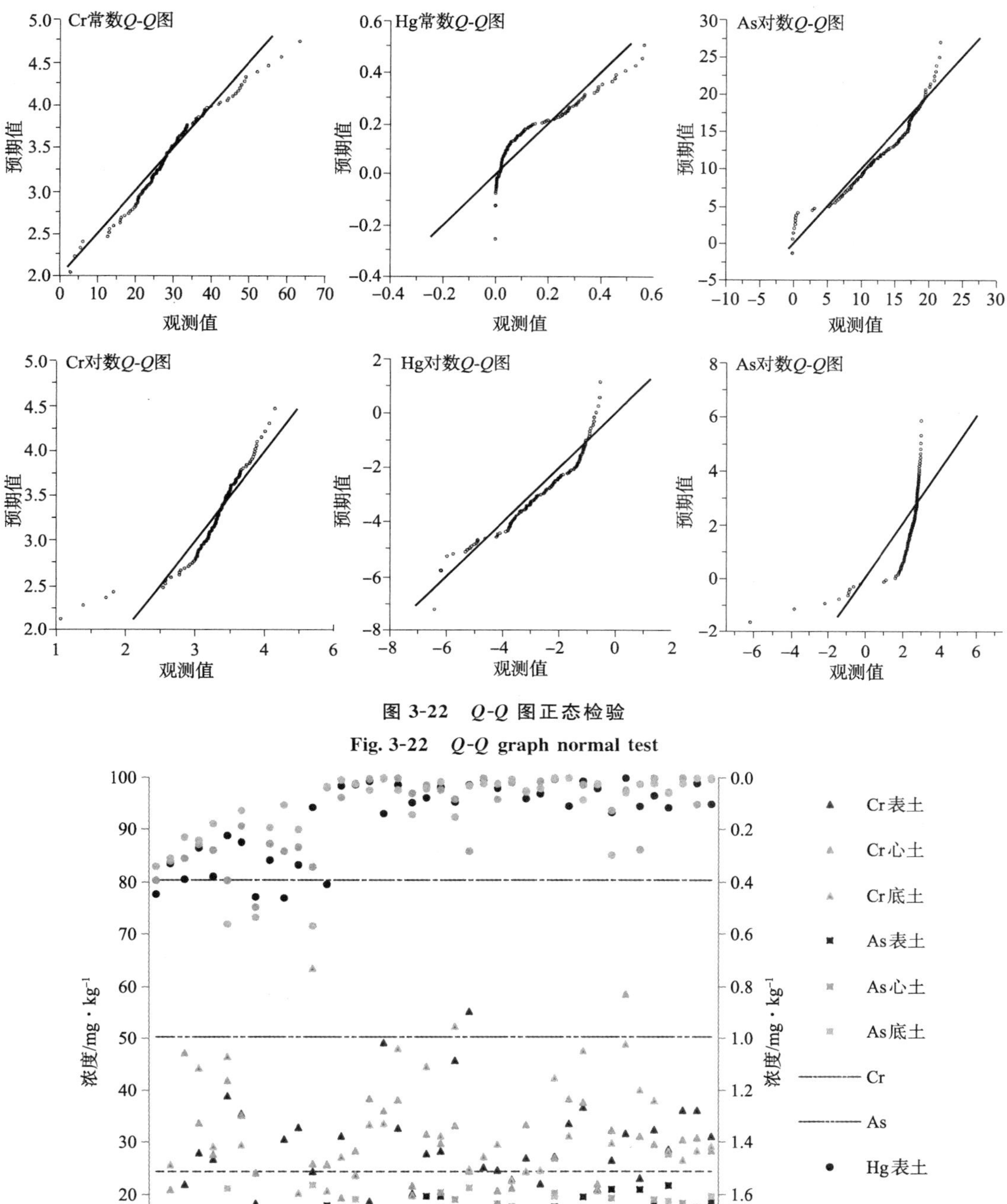

图 3-22　Q-Q 图正态检验

Fig. 3-22　Q-Q graph normal test

图 3-23　平均值加标准差的方法检验图

Fig. 3-23　Test chart of average value plus standard deviation

表 3-22　研究区土壤 Cr、Hg、As 含量剔除后的统计值

Tab. 3-22　Simple statistics after removing the content of chromium, mercury and arsenic in the soil of the study area

重金属	土层	最小值	最大值	算术		几何	
				平均值	标准差	平均值	标准差
Cr	表土	2.90	49.15	27.13	8.22	25.29	7.98
	心土	6.19	47.18	28.18	8.43	26.63	8.13
	底土	4.03	48.03	28.35	10.90	25.57	10.67
	综合	2.90	49.15	27.89	9.19	25.83	8.93
Hg	表土	0.002	0.335	0.105	0.117	0.050	0.106
	心土	0.002	0.319	0.092	0.106	0.034	0.096
	底土	0.002	0.310	0.074	0.087	0.033	0.079
	综合	0.002	0.335	0.091	0.103	0.039	0.094
As	表土	0.01	21.74	12.92	6.11	8.45	7.60
	心土	0.12	20.41	12.76	5.60	9.56	6.47
	底土	0.01	21.87	12.82	5.72	8.18	7.41
	综合	0.01	21.87	12.83	5.77	8.71	7.10

盐湖盆地位于内蒙古西部的阿拉善盟，南邻宁夏，西邻新疆，西南与甘肃接壤。通过对比分析可以看出，研究区 Cr 背景值较低，Hg 背景值较高，As 元素与甘肃区域最为接近(表 3-23)。

表 3-23　不同区域土壤的 Cr、Hg、As 背景值

Tab. 3-23　Background values of chromium, mercury and arsenic in the soil of different regions

背景值	世界 /mg·kg^{-1}	含量范围 /mg·kg^{-1}	中国 /mg·kg^{-1}	含量范围 /mg·kg^{-1}	内蒙古 /mg·kg^{-1}	新疆 /mg·kg^{-1}	宁夏 /mg·kg^{-1}	甘肃 /mg·kg^{-1}	吉兰泰 /mg·kg^{-1}
Cr	70	5～1 500	57.3	17.4～118.8	41.4	49.3	60	70.2	27.89
Hg	0.03～0.1	0.03～0.3	0.04	0.006～0.272	0.028	0.013	0.02	0.016	0.039
As	6	0.1～41	9.6	2.5～33.5	7.5	11.2	11.9	12.6	12.83

3.5.2.3　土壤 Cr、Hg、As 评价

(1) 简单指数法评价

单因子污染指数法表明，表层土壤存在 Hg 污染(77.5%)>Cr 污染(47.5%)>As 污染(55%)，且 Cr、Hg 的评价结果中均出现中度污染，分别为 5%、12.5%，As 均处于轻微及以下污染状态；地累积指数法评价结果显示，表层土壤存在 Hg 污染(60%)>As 污染(15%)>Cr 污染(7.5%)，且 Hg 的评价结果中出现中度和强度污染，分别为 10%、25%；生态风险指数法可以看出，该区表层土壤存在 Hg 污染(77.5%)>Cr 污染(0%)=As 污染(0%)，且

Hg 的评价结果中出现极强生态风险为 22.5%，强度及以上风险为 55%，Cr、As 均处于轻微生态风险状态(表 3-24)。

表 3-24　简单指数法评价结果

Tab. 3-24　Simple index method evaluation results

评价方法	污染等级	重金属元素等级比重/%		
		Cr	Hg	As
单因子污染指数法	无污染	52.50	32.50	45.00
	轻微	42.50	55.00	55.00
	中度	5.00	12.50	0.00
	强度	0.00	0.00	0.00
地累积指数法	无污染	92.50	40.00	85.00
	轻微	7.50	25.00	15.00
	中度	0.00	10.00	0.00
	强度	0.00	25.00	0.00
生态风险指数法	轻微	100.00	32.50	100.00
	中度	0.00	12.50	0.00
	强度	0.00	25.00	0.00
	很强	0.00	7.50	0.00
	极强	0.00	22.50	0.00

单因子污染指数法评价的 Cr、As 上限均在轻微污染内，但 Cr 存在 5%的异常值属于中度污染，Hg 上限属于中度污染，且所占比例为 12.5%，Cr、Hg、As 上四分位数、中值均在轻微污染内，下四分位数均为未污染状态且所占比例分别为 52.5%、32.5%和 45%；地累积指数法 Cr、As 上限均在未污染状态，且所占比例分别为 92.5%、85%，Hg 上限属于中度，且所占比例之和为 10%，Hg 上四分位数均在轻微污染内，且所占比例之和为 25%，Cr、Hg、As 中值、下四分位数均处于未污染内且所占比例分别为 92.5%、85%、40%；生态风险指数法评价结果中 Cr、As 上限均在轻微污染状态，Hg 上限属于极强风险，且所占比例为 22.5%，上四分位数在很强风险内，且所占比例为 7.5%(表 3-24、图 3-24)。三种方法相互对比、相互验证可看出该区表土存在污染，Cr、Hg、As 整体处于轻微污染状态，但 Hg 存在较大的生态风险，且 Hg 的生态风险大于 Cr 和 As，应引起相关部门重视。

(2) 综合指数法评价

潜在生态风险综合指数法、内梅罗综合指数法和污染负荷指数法评价结果(表 3-25)显示，污染程度依次为潜在生态风险综合指数法、内梅罗综合指数法、污染负荷指数法；潜在生态风险综合指数法评价结果综合风险指数均处于强度及以下污染水平，强度污染占 22.5%，中度污染占 12.5%，其他 65%均处于轻微污染水平，内梅罗综合指数法评价中，处于中度污染占 5%，90%的取样点处于轻微污染状态，2.5%的取样点处于尚清洁污染状态，污染负荷指数法评价中，存在中度污染占 5%，其他均处于轻微及以下。

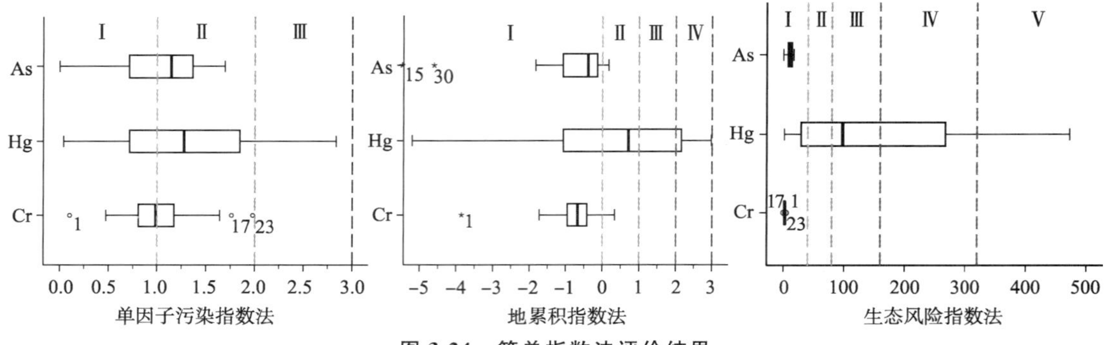

图 3-24　简单指数法评价结果

Fig. 3-24　Evaluation results of simple exponential method

表 3-25　综合指数法评价结果

Tab. 3-25　Evaluation results of comprehensive index method

评价方法	污染等级			
	无污染	轻微	中度	强度
潜在生态风险综合指数法	—	67.5%	10.0%	22.5%
污染负荷指数法	37.5%	57.5%	5.0%	0.0%
内梅罗综合指数法	5.0%	90.0%	5.0%	0.0%

综合指数法评价结果(图 3-25)可看出,潜在生态风险综合指数大于内梅罗综合指数大于污染负荷指数;潜在生态风险综合指数法的结果整体上处于中度及以下风险,上限处于强度污染水平,上四分位数处于中度污染水平,中值处于轻微污染水平;内梅罗综合指数法整体上处于轻微污染,综合污染指数上限处于中度污染水平,上四分位数、中值和下四分位数均处于轻微污染水平,下线处于无污染水平;污染负荷指数法整体上处于轻微污染,综合污染指数上限处于中度污染水平,上四分位数与中值均处于轻微污染水平,下四分位数处于无污染水平。三种方法相互对比、相互验证可看出该区表土已存在污染,综合污染整体上处于轻微污染状态,但综合生态风险相对较大。

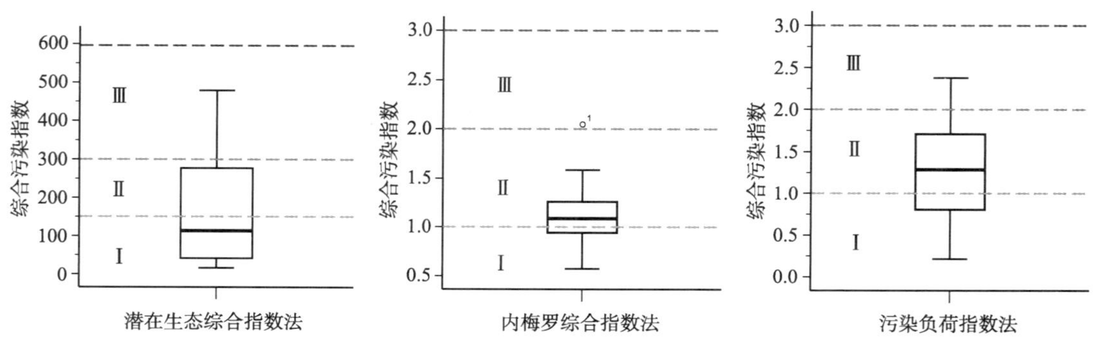

图 3-25　综合污染指数箱线图

Fig. 3-25　Comprehensive pollution index boxplot

(3) 评价结果对比分析

如果多种评价方法的评价结果间显著相关,表明这些评价方法具有可比性[214,215]。单因子指数法、生态风险指数法和地质累积指数法评价结果具有显著的相关性(表 3-26),相关系数均达到了 0.80(α=0.01)；单因子指数法和生态风险指数法评价结果具有高度一致性和相关性，相关系数达到了 0.94，但两者的污染评价等级均低于或等于地质累积指数法，这可能与地质累积指数法的非线性算法及参比算法有关。

综合指数法中潜在生态风险综合指数法、污染负荷指数法和内梅罗综合指数法评价结果显著相关，相关系数 0.65(α=0.01)以上；三种综合指数法均与三种简单指数法对 Hg 的评价结果具有较好的相关性，相关系数达到了 0.53(α=0.01)，而与其他两种重金属均无显著相关性，这说明该区土壤三种重金属中 Hg 的污染明显。

表 3-26　评价结果相关分析

Tab. 3-26　Correlation analysis of evaluation results

评价方法	RI	PLI	P_N	P_{Cr}	P_{Hg}	P_{As}	CrI_{geo}	HgI_{geo}	AsI_{geo}	CrE_r^i	HgE_r^i	AsE_r^i
RI	1.000	0.653 **	0.695 **	−0.313 *	0.944 **	−0.353 *	−0.406 **	0.837 **	−0.044	−0.337 *	1.000 **	−0.349 *
PLI	0.653 **	1.000	0.595 **	−0.032	0.683 **	0.251	0.042	0.727 **	0.451 **	−0.018	0.636 **	0.257
P_N	0.695 **	0.595 **	1.000	0.200	0.643 **	0.056	−0.018	0.538 **	0.124	0.184	0.684 **	0.058
P_{Cr}	−0.313 *	−0.032	0.200	1.000	−0.284	0.005	0.862 **	−0.207	−0.184	0.993 **	−0.313 *	0.007
P_{Hg}	0.944 **	0.683 **	0.643 **	−0.284	1.000	−0.374 *	−0.379 *	0.943 **	−0.121	−0.305	0.945 **	−0.372 *
P_{As}	−0.353 *	0.251	0.056	0.005	−0.374 *	1.000	0.129	−0.337 *	0.805 **	0.040	−0.380 *	1.000 **
CrI_{geo}	−0.406 **	0.042	−0.018	0.862 **	−0.379 *	0.129	1.000	−0.274	−0.067	0.896 **	−0.409 **	0.130
HgI_{geo}	0.837 **	0.727 **	0.538 **	−0.207	0.943 **	−0.337 *	−0.274	1.000	−0.149	−0.225	0.837 **	−0.337 *
AsI_{geo}	−0.044	0.451 **	0.124	−0.184	−0.121	0.805 **	−0.067	−0.149	1.000	−0.156	−0.068	0.815 **
CrE_r^i	−0.337 *	−0.018	0.184	0.993 **	−0.305	0.040	0.896 **	−0.225	−0.156	1.000	−0.338 *	0.041
HgE_r^i	1.000 **	0.636 **	0.684 **	−0.313 *	0.945 **	−0.380 *	−0.409 **	0.837 **	−0.068	−0.338 *	1.000	−0.376 *
AsE_r^i	−0.349 *	0.257	0.058	0.007	−0.372 *	1.000 **	0.130	−0.337 *	0.815 **	0.041	−0.376 *	1.000

注："**"0.01 水平显著相关，"*"0.05 水平显著相关，样本数为 40。

3.5.3　讨论与结论

3.5.3.1　讨　论

吉兰泰盐湖盆地土壤中普遍含有 Cr、Hg、As，其含量、时空分布变化基本符合旱区盆地物理化学特征天然形成规律，但存在局部高值区域，可能与人类活动影响、天然特征与气候或水文地球化学演化规律相关，如 24～18 cal ka BP 到 5.5 cal ka BP 时期，吉兰泰湖区所在季风边缘区域气候干旱，在此期间受到天然水文地球化学作用和古气候特征条件影响，干旱加剧，湖泊开始不断萎缩，各种化学成分不断沉积，盐度不断升高和富集[216−223]，Cr、Hg、As 也因此含量增高；盐湖盆地常年蒸发强烈、干旱少雨，地下水埋深较浅区域，地下水通过毛细作用不断向地表运移，在地表高温蒸发条件下，各种化学成分开始浓缩并富集在表层土壤中，造成土壤 Cr、Hg、As 局部偏高；土壤化学组成深受成土母质影响，西北巴音乌拉山主要为棕红色、褐红色砂质泥岩等，东南贺兰山主要为灰绿-灰黑色混合质角闪斜长片麻岩等，盆地内主要为石英、斜长石等[192−194]，不同岩石矿物化学组成及含量差别显著，造成土壤中 Cr、Hg、As 含量差异较大；大量燃烧化石燃料、过量使用化肥等人类活动也是导致土壤中 Cr、Hg、As 含量悬殊的重要原因之一；因此，盐湖盆地土壤中 Cr、Hg、As 含量差异及空间分布特征主要受到成土母质、天然水文地球化学作用、气候特征条件和人类活动等综合作用的影响。

吉兰泰盐湖盆地土壤中 Cr、Hg、As 总体具有相似的空间分布特征，这与高瑞忠等[224]（2018）对吉兰泰盐湖盆地地下水中 Cr^{6+} 、As、Hg 的高值区分布研究相似，表明该区域土壤与地下水化学特征具有一定联系；本文率定的土壤重金属元素背景值与中国环境监测总站《中国土壤元素背景值》[195]（1990）中内蒙古、甘肃、新疆、宁夏等相近地区土壤背景值相比，整体上 Cr 含量相对较低，Hg 含量相对较高，As 含量与之相近；单因子指数法、生态风险指数法和地质累积指数法评价结果具有较好的相关性，相关系数均在 0.80 以上，这与周长松等[214]（2015）、谢志宜等[215]（2016）的研究结果一致，但生态风险指数法和潜在生态风险综合指数法由于引用毒性响应系数，致使评价结果的客观性较差；多种方法评价结果对比分析表明盐湖盆地土壤重金属污染 Hg ＞Cr ＞As，综合指数法得出该区表层土存在污染，综合污染整体上处于轻微污染状态，且综合生态风险相对较大，尽管依据环境背景值进行评价显示盆地存在污染分布区域，但张阿龙等[162]（2018）对吉兰泰盐湖盆地土壤 Cr、Hg、As 污染负荷特征与健康风险评价的研究表明，该区 Cr、Hg、As 污染对人体健康不造成危害，属于人体可耐受风险；不同评价指标的标准值与实测值复杂交叉，致使不同方法评价结果存在差异，故实际应用中应适当选用；盆地东北沙漠区域布点相对较少，对研究造成一定程度的影响，想要细致地掌握该区土壤重金属污染分布状态和详细的污染来源，需在后续研究中增加采样密度，进行分区（农业区、工业区、沙漠牧区）小尺度详细研究，以揭示该区土壤重金属空间变异性，以及进行沙地土壤重金属评价与污染源查找的研究。

3.5.3.2 结　论

盐湖盆地表层土壤中 Cr、Hg、As 总体具有相似的空间分布特征，其形成主要受到天然水文地球化学作用和古气候特征条件的影响，局部受到人类活动的扰动。

盐湖盆地土壤 Cr、Hg、As 背景值分别为 27.89 mg/kg、0.039 mg/kg、12.83 mg/kg，对比相关地区，盆地 Cr 背景值较低，Hg 背景值较高，As 元素相近。

以背景值为基准进行污染评价，盆地表层土壤重金属污染顺序为 Hg ＞Cr ＞As，简单指数法呈现 Cr、Hg、As 整体处于轻微污染状态，Hg 比 Cr、As 存在的生态风险较大，类似的，综合指数法表明盆地整体上处于轻微污染状态，综合生态风险相对较大。

单因子污染指数法的土壤污染等级评价结果大于综合污染指数法；三种综合指数法均与三种简单指数法对 Hg 的评价结果具有显著相关性。

本文的背景值、评价思路与成果对西北旱区盐湖盆地流域确定环境容量、生态研究、开展区域环境质量评价、社会经济发展具有一定的参考价值。

参考文献

[1] 石占飞，王力，王建国. 陕北神木矿区土壤颗粒体积分形特征及意义[J]. 干旱区研究，2011，28(3)：394-400.

[2] Tyler S W，Wheatcraft S W. Application of fractal mathematics to soil water retention estimation[J]. Soil Sci Soc Am J，1989，53：987-996.

[3] 方萍，吕成文，朱艾莉. 分形方法在土壤特性空间变异研究中的应用[J]. 土壤，2011，43

(5):710-713.

[4] Berendse F,Ruijven J V,Jongejans E,et al. Loss of plant species diversity reduces soil erosion resistance [J]. Ecosystems,2015,18(5):881-888.

[5] Wang X D,Li M H,Liu S Z,et al. Fractal characteristics of soils under different land-use patterns in the arid and semiarid regions of the Tibetan Plateau,China [J]. Geoderma,2005,134(1/2):56-61.

[6] 贾晓红,李新荣,张景光,等. 沙冬青灌丛地的土壤颗粒大小分形维数空间变异性分析[J]. 生态学报,2006(9):2827-2833.

[7] Yu Y,Wei W,Chen L D,et al. Land preparation and vegetation type jointly determine soil conditions after long-term land stabilization measures in a typical hilly catchment, Loess Plateau of China[J]. Journal of Soils and Sediments,2017,17(1):144-156.

[8] 韩旭娇,张国明,刘连友,等. 呼伦湖西南部咸水湖干涸湖滨带沉积物粒度特征[J]. 中国沙漠,2019,39(2):158-165.

[9] 蔺芳,刘晓静,张家洋. 人工草地种植模式对沙化土壤团聚体及有机质含量的影响[J]. 中国沙漠,2018,38(6):1219-1229.

[10] 孙传龙,张卓栋,邱倩倩,等. 锡林郭勒草地表层土壤粒度分形特征及其与风蚀的关系[J]. 中国沙漠,2017,37(5):978-985.

[11] 卓志清,刘永兵,赵从举,等. 河塘底泥与岸边土壤粒径分形维数及与其性状关系——以海南岛南渡江下游塘柳塘为例[J]. 土壤通报,2015,46(1):62-67.

[12] 吕圣桥. 黄河三角洲滩地土壤颗粒分形特征及其与土壤性质的相关性研究[D]. 泰安:山东农业大学,2012.

[13] 杨文斌,李卫,党宏忠,等. 地覆盖度治沙原理、模式与效果[M]. 北京:科学出版社,2016.

[14] 姚姣转,刘廷玺,童新,等. 科尔沁沙地沙丘-草甸相间地土壤颗粒的分形特征[J]. 中国沙漠,2016,36(2):433-440.

[15] 王国玲,苏志珠,毛丽,等. 中国北方农牧交错带鄂尔多斯高原段土壤表层粒度特征[J]. 中国沙漠,2019,39(3):183-190.

[16] 施明,王锐,孙权,等. 腾格里沙漠边缘区植被恢复与土壤养分变化研究[J]. 水土保持通报,2013,33(6):107-111.

[17] 罗雅曦,刘任涛,张静,等. 腾格里沙漠草方格固沙林土壤颗粒组成、分形维数及其对土壤性质的影响[J]. 应用生态学报,2019,30(2):525-535.

[18] 席小康,朱仲元,郝祥云. 锡林河流域土壤有机碳空间变异分析[J]. 水土保持研究,2017,24(6):97-104.

[19] 郗伟华,刘任涛,赵娟,刘佳楠. 干旱风沙区路域柠条灌丛林地土壤重金属分布及其与土壤分形维数的关系[J]. 水土保持研究,2018,25(6):196-202.

[20] 刘涛,庞奖励,黄春长,等. 湖北郧县黄坪村黄土—古土壤序列体积分形维数特征及其环境意义[J]. 山东农业科学,2018,50(4):73-78.

[21] 孙波,赵其国,闾国年. 低丘红壤肥力的时空变异[J]. 土壤学报,2002(2):190-198.

[22] 李学斌,张义凡,陈林,等. 荒漠草原典型群落土壤粒径和养分的分布特征及其关系研

究[J]. 西北植物学报,2017,37(8):1635-1644.

[23] 苏永中,赵哈林. 科尔沁沙地农田沙漠化演变中土壤颗粒分形特征[J]. 生态学报,2004(1):71-74.

[24] 杨培岭,罗远培,石元春. 用粒径的重量分布表征的土壤分形特征[J]. 科学通报,1993(20):1896-1899.

[25] 张季如,朱瑞赓,祝文化. 用粒径的数量分布表征的土壤分形特征[J]. 水利学报,2004(4):67-71+79.

[26] 高瑞忠,张阿龙,张生,等. 西北内陆盐湖盆地土壤重金属Cr、Hg、As空间分布特征及潜在生态风险评价[J]. 生态学报,2019,39(7):2532-2544.

[27] 王国梁,周生路,赵其国. 土壤颗粒的体积分形维数及其在土地利用中的应用[J]. 土壤学报,2005(4):545-550.

[28] Tyler S W, Wheatcraft S W. Application of fractal mathematics to soil water retention estimation [J]. Soil Science Society of America Journal,1989,53(4):987-996.

[29] 伏耀龙,张兴昌,王金贵. 岷江上游干旱河谷土壤粒径分布分形维数特征[J]. 农业工程学报,2012,28(5):120-125.

[30] Rosell R A, Galantini J A, Suner L G. Long-term crop rotation effect on organic carbon, nitrogen, and phosphorus in Haplustoll soil fractions[J]. Arid Soil Research and Rehabilitation,2000,14:309-315.

[31] 党亚爱,李世清,王国栋,赵坤. 黄土高原典型土壤剖面土壤颗粒组成分形特征[J]. 农业工程学报,2009,25(9):74-78.

[32] 程先富,赵明松,史学正,王洪杰. 兴国县红壤颗粒分形及其与环境因子的关系[J]. 农业工程学报,2007(12):76-79.

[33] 赵鹏,史东梅,赵培,朱波. 紫色土坡耕地土壤团聚体分形维数与有机碳关系[J]. 农业工程学报,2013,29(22):137-144.

[34] 唐发静,祖艳群. 土壤重金属空间变异的研究方法[J]. 云南农业大学学报,2008(4):558-561.

[35] Islam K R, Ahsan S, Barik K, et al. Biosolid impact on heavy metal accumulation and lability in soil under alternate-year no-till corn-soybean rotation [J]. Water, Air and Soil Pollution,2013,224(2):1451-1455.

[36] 郑顺安,郑向群,李晓辰,等. 外源Cr(Ⅲ)在我国22种典型土壤中的老化特征及关键影响因子研究[J]. 环境科学,2013,34(2):698-704.

[37] Saurav K, Kannabiran K. Biosorption of Cr (Ⅲ) and Cr (Ⅵ) by Streptomyces VITSVK9 spp. [J]. Annals of Microbiology,2011,61(4):833-841.

[38] 常学秀,施晓东. 土壤重金属污染与食品安全[J]. 云南环境科学,2001(S1):21-24.

[39] 常文静,李枝坚,周妍姿,等. 深圳市不同功能区土壤表层重金属污染及其综合生态风险评价[J]. 应用生态学报,2020,31(3):999-1007.

[40] 王文栋,任振武,张红英,等. 新疆天山中部森林土壤重金属含量及其与土壤理化性质的相关性[J]. 西北农林科技大学学报(自然科学版),2021,49(3):47-56.

[41] 鲍根生,王玉琴,宋梅玲,等. 狼毒斑块对狼毒型退化草地植被和土壤理化性质影响的

研究[J]. 草业学报,2019,28(3):51-61.

[42] 姜哲浩,周泽,陈建忠,等. 三江源区不同海拔高寒草原土壤养分及化学计量特征[J]. 草地学报,2019,27(4):1029-1036.

[43] 李向阳,吴疆,刘洪强. 鄂东南 5 种森林土壤重金属含量及污染评价[J]. 中南林业科技大学学报,2019,39(10):102-108.

[44] 李俊莉,宋华明. 土壤理化性质对重金属行为的影响分析[J]. 环境科学动态,2003(1):24-26.

[45] 窦苗,陶玉柱,高瑶瑶. 田头山自然保护区林地土壤理化性质与重金属相关性研究[J]. 广东园林,2022,44(1):16-21.

[46] 李仰征,莫世江,马建华. 公路旁土壤重金属空间分布及其与理化性质的关系[J]. 湖北农业科学,2014,53(3):527-531.

[47] 樊燕,武伟,刘洪斌. 土壤重金属与土壤理化性质的空间变异及研究[J]. 西南师范大学学报(自然科学版),2007(4):58-63.

[48] 王国梁,周生路,赵其国. 土壤颗粒的体积分形维数及其在土地利用中的应用[J]. 土壤学报,2005(4):545-550.

[49] Wilding L P. Spatial variability:its documentation,accommodation and implication to soil surveys//NielsenDR,Bouma J,eds. Soil Spatial Variability[J]. Wageningen:PUDOC Publishers,1985:166-194.

[50] 高瑞忠,张阿龙,张生,等. 西北内陆盐湖盆地土壤重金属 Cr、Hg、As 空间分布特征及潜在生态风险评价[J]. 生态学报,2019,39(7):2532-2544.

[51] 张阿龙,高瑞忠,张生,等. 吉兰泰盐湖盆地土壤重金属铬、汞、砷分布的多方法评价[J]. 土壤学报,2020,57(1):130-141.

[52] 中国环境监测总站. 中国土壤元素背景值[M]. 北京:中国科学出版社,1990.

[53] 中华人民共和国生态环境部,国家市场监督管理总局.《土壤环境质量农用地土壤污染风险管控标准(试行)》(GB 15618-2018),2018-08-01.

[54] Alemi M H,Azari A B,Nielsen D R. Kriging and univariate modeling of a spatial correlated date[J]. Soil Technology,1988,1(2):117-132.

[55] 孙波,赵其国,闾国年. 低丘红壤肥力的时空变异[J]. 土壤学报,2002(2):190-198.

[56] 王诚煜,李玉超,于成广,王大鹏. 葫芦岛东北部土壤重金属分布特征及来源解析[J]. 中国环境科学,2021,41(11):5227-5236.

[57] Junta Y,Choung K,Takashi K. Spatial Variability of Soil Chemical Properties in A Paddy Field Soil[J]. Soil Sci Plant Nutr,2000,46:473-482.

[58] 白利平,王业耀. 铬在土壤及地下水中迁移转化研究综述[J]. 地质与资源,2009,18(2):144-148.

[59] Banks M K,Schwab A P,Henderson C. Leaching and reduction of chromium in soil as affected by soil organic content and plants[J]. Chemosphere 2006,62:255-264.

[60] 李琳丽,黄小凤,赵丹,邓春玲,杨熙斌,李文斌,鲍银珠. 汞矿区土壤重金属迁移转化及治理技术研究综述[J]. 有色金属 7 工程,2022,12(2):128-137.

[61] 陈培培. 土壤中砷的迁移转化特征的研究[D]. 上海:华东师范大学,2015:26-27+38.

[62] 王乔林,宋云涛,王成文,徐仁廷,彭敏,周亚龙,韩伟. 滇西地区土壤重金属来源解析及空间分布[J]. 中国环境科学,2021,41(8):3693-3703.

[63] 张辉. 土壤环境学[M]. 北京:化学工业出版社,2006:186-187.

[64] 杨学亭,樊军,盖佳敏,杜梦鸽,金沐. 祁连山不同类型草地的土壤理化性质与植被特征[J]. 应用生态学报,2022,33(4):878-886.

[65] 段友春. 基于GIS的鲁东南典型丘陵平原区农田土壤养分空间变异特征及影响因素研究[J]. 中国农学通报,2021,37(23):61-68.

[66] 阎欣,安慧,刘任涛. 荒漠草原沙漠化对土壤物理和化学特性的影响[J]. 土壤,2019,51(5):1006-1012.

[67] 黄赫,周勇,刘宇杰,肖梁,李可,段建设,魏洪亮. 基于多源环境变量和随机森林的农用地土壤重金属源解析——以襄阳市襄州区为例[J]. 环境科学学报,2020,40(12):4548-4558.

[68] 鲍思屹. 农田土壤重金属污染空间变异特征及不确定性分析[D]. 南京:南京农业大学,2019.

[69] 胡克林,李保国,林启美,李贵桐,陈德立. 农田土壤养分的空间变异性特征[J]. 农业工程学报,1999(3):33-38.

[70] 潘嘉琛,董智,李红丽,闫影影,陈艺文,李永强. 短花针茅荒漠草原土壤颗粒多重分形及理化性质对放牧强度的响应[J]. 干旱区资源与环境,2021,35(8):93-99.

[71] 刘斌,郭星,朱宇恩. 基于随机森林模型的土壤重金属源解析——以晋中盆地为例[J]. 干旱区资源与环境,2019,33(1):106-111.

[72] 郗伟华,刘任涛,赵娟,刘佳楠. 干旱风沙区路域柠条灌丛林地土壤重金属分布及其与土壤分形维数的关系[J]. 水土保持研究,2018,25(6):196-202.

[73] 席小康,朱仲元,郝祥云. 锡林河流域土壤有机碳空间变异分析[J]. 水土保持研究,2017,24(6):97-104.

[74] 赵阿娟,曾维爱,蔡海林,谢鹏飞,翟争光,丁春霞,姚茗淞,周勇,文志勇. 长沙烟区烟叶重金属含量与土壤重金属含量及其性质的相关性分析[J]. 中国烟草学报,2020,26(5):90-97.

[75] 魏卫东,刘育红,马辉,李积兰. 基于冗余分析的高寒草原土壤与草地退化关系[J]. 草业科学,2018,35(3):472-481.

[76] 皱建美,孙江,戴伟,等. 北京近郊耕作土壤重金属状况评价分析[J]. 北京林业大学学报,2013,35(1):132-138.

[77] KabataPendias A,Pendias H. Trace elements in soils and plants[M]. London:CSC Press,2001.

[78] 戴彬,吕建树,战金成,等. 山东省典型工业城市土壤重金属来源、空间分布及潜在生态风险评价[J]. 环境科学,2015,36(2):507-515.

[79] 王幼奇,白一茹,王建宇. 基于GIS的银川市不同功能区土壤重金属污染评价及分布特征[J]. 环境科学,2016,37(2):710-716.

[80] 蔡怡敏,陈卫平,彭驰,等. 顺德水道土壤及沉积物中重金属分布及潜在生态风险评价[J]. 环境科学,2016,37(5):1763-1770.

[81] 方淑波，贾晓波，安树青，等. 盐城海岸带土壤重金属潜在生态风险控制优先格局[J]. 地理学报，2012，67(1)：27-35.

[82] Wu G，Kang H，Zhang X，et al. A critical review on the bio-removal of hazardous heavy metals from contaminated soils：issues，progress，eco-environmental concerns and opportunities[J]. Journal of Hazardous Materials，2010，174(1-3)：1-8.

[83] 张永江，邓茂，王祥炳，等. 黔江区农业区域土壤重金属健康风险评价[J]. 贵州师范大学学报(自然科学版)，2016，34(2)：37-42.

[84] 高鹏，刘勇，苏超. 太原城区周边土壤重金属分布特征及生态风险评价[J]. 农业环境科学学报，2015，34(5)：866-873.

[85] 崔邢涛，栾文楼，宋泽峰，等. 石家庄城市土壤重金属空间分布特征及源解析[J]. 中国地质，2016，43(2)：683-690.

[86] 张银霞，唐建宁. DPS 统计软件在《试验统计方法》课程教学中的应用效果评价[J]. 宁夏农林科技，2012，53(9)：161-162+164.

[87] 付义临，李涛，徐友宁，等. 土壤重金属累积作用指示因子的筛选方法——灰色关联度分析法与数理统计法[J]. 地质通报，2015，34(11)：2061-2065.

[88] 宁晓波，项文化，方晰，等. 贵阳花溪区石灰土林地土壤重金属含量特征及其污染评价[J]. 生态学报，2009，29(4)：2169-2177.

[89] 穆叶赛尔・吐地，吉力力・阿布都外力，姜逢清. 天山北坡土壤重金属含量的分布特征及其来源解释[J]. 中国生态农业学报，2013，21(7)：883-890.

[90] Bryan R B，Yair A. Badland Geomorphology and Piping[J]. Norwich：Geo Books，1982：3-24.

[91] 蔡立梅，马瑾，周永章，等. 东莞市农业土壤重金属的空间分布特征及来源解析[J]. 环境科学，2008，29(12)：3496-3502.

[92] Gallardo K，Job C，Groot S P，et al. Proteomic analysis of Arabidopsis seed germination and priming[J]. Plant Physiology，2001，126(2)：835-848.

[93] 魏复盛，陈静生，吴燕玉，等. 中国土壤环境背景值研究[J]. 环境科学，1991，(4)：12-19+94.

[94] 国家环境保护总局，国家技术监督局. GB 15618-1995 土壤环境质量标准[M]. 北京：中国标准出版社，1995.

[95] 郭伟，孙文惠，赵仁鑫，等. 呼和浩特市不同功能区土壤重金属污染特征及评价[J]. 环境科学，2013，33(4)：1561-1564.

[96] Hakanson L. An ecological risk index for aquatic pollution control：A sedimentological approach[J]. Water Research，1980，14(8)：975-1001.

[97] Lv J S，Zhang Z L，Li S，et al. Assessing spatial distribution，sources，and potential ecological risk of heavy metals in surface sediments of the Nansi Lake，Eastern China[J]. Journal of Radio analytical and Nuclear Chemistry，2014，299(3)：1671-1681.

[98] 徐争启，倪师军，席先国，等. 潜在生态危害指数法评价中重金属毒性系数计算[J]. 环境科学与技术，2008，31(2)：112-115.

[99] 吕建树,张祖陆,刘洋,等. 日照市土壤重金属来源解析及环境风险评价[J]. 地理学报,2012,67(7):971-984.

[100] Wilding L P. Spatial variability:its documentation,accommodation and implication to soil surveys. In:Nielsen D R,Bouma J(Eds.). Soil spatial variability[M]. Wageningen:PUDOC publishers. 1985,166-194.

[101] 庞西磊,胡东生. 近 22ka 以来吉兰泰盐湖的环境变化及成盐过程[J]. 中国沙漠,2009,29(2):193-199.

[102] 于志同,刘兴起,王永,等. 13. 8ka 以来内蒙古吉兰泰盐湖的演化过程[J]. 湖泊科学,2012,24(4):629-636.

[103] 王学松,秦勇. 利用对数正态分布图解析徐州城市土壤中重金属元素来源和确定地球化学背景值[J]. 地球化学,2007,36(1):98-102.

[104] 王红旗,等. 土壤环境学[M]. 北京:高等教育出版社,2007. 7(2012. 5 重印).

[105] 吴雪芳,岑况,赵伦山,等. 顺德地区土壤重金属污染生态地球化学调查与物源识别[J]. 物探与化探,2015,39(3):595-601+605.

[106] 蒋靖坤,郝吉明,吴烨,等. 中国燃煤汞排放清单的初步建立[J]. 环境科学,2005,26(2):34-39.

[107] Liu Y,Ma Z W,Lv J S,et al. Identifying sources and hazardous risks of heavy metals in topsoils of rapidly urbanizing East China[J]. Journal of Geographical Sciences,2016,26(6):735-749.

[108] 陈碧珊,苏文华,罗松英,等. 湛江特呈岛红树林湿地土壤重金属含量特征及污染评价[J]. 生态环境学报,2017,26(1):159-165.

[109] 柴世伟,温琰茂,张云霓,等. 广州市郊区农业土壤重金属含量特征[J]. 中国环境科学,2003,23(6):592-596.

[110] Guo G H,Wu F C,Xie F Z,etal. Spatial distribution and pollution assessment of heavy metals in urban soils from southwest China[J]. Journal of Environmental Sciences,2012,24 (3):410-418.

[111] 邹曦,郑志伟,张志永,等. 三峡水库小江流域消落区土壤重金属时空分布与来源分析[J]. 水生态学杂志,2012,33(4).

[112] 李晋昌,张红,石伟. 汾河水库周边土壤重金属含量与空间分布[J]. 环境科学,2013,34(1):116-120.

[113] Lv J S,Liu Y,Zhang Z L,et al. Identifying the origins and spatial distributions of heavy metals in soils of Ju country(Eastern China) using multivariate and geostatistical approach[J]. Journal of Soils and Sediments,doi:10. 1007/s11368-014-0937-x.

[114] Lv J S,Liu Y,Zhang Z L,et al. Multivariate geostatistical analyses of heavy metals in soils:spatial multi-scale variations in Wulian,Eastern China[J]. Ecotoxicology and Environmental Safety,2014,107:140-147.

[115] Chen T,Liu X M,Zhu M Z,et al. Identification of trace element sources and associated risk assessment in vegetable soils of the urban-rural transitional area of

Hangzhou,China[J]. Environmental Pollution,008,151(1):67-78.

[116] Facchinelli A,Saechi E,Mallen L. Multivariate statistical and GIS-based approach to identify heavy metal sources in soils[J]. Environmental Pollution,2001,114(3):313-324.

[117] 陈发虎,范育新,D. B. Madsen,等. 河套地区新生代湖泊演化与“吉兰泰-河套”古大湖形成机制的初步研究[J]. 第四纪研究,2008,(5):866-873.

[118] 杨丽萍. 基于遥感与DEM的“吉兰泰—河套”古大湖重建研究[D]. 兰州:兰州大学,2008.

[119] Hao L B,Tian M,Zhao X Y,Zhao Y Y,Lu J L,Bai R J. Spatial distribution and sources of trace elements in surface soils, Changchun, China: Insights from stochastic models and geostatistical analyses[J]. Geoderma,2016,273(273):54-63.

[120] Gu Y G,Lin Q,Gao Y P. Metals in exposed-lawn soils from 18 urban parks and its human health implications in southern China's largest city,Guangzhou [J]. Journal of Cleaner Production,2016,11(5):122-129.

[121] 黄益宗,郝晓伟,雷鸣,铁柏清. 重金属污染土壤修复技术及其修复实践[J]. 农业环境科学学报,2013,32(3):409-417.

[122] Chen H Y,Teng Y G,Lu S J,et al. Contamination features and health risk of soil heavy metals in China [J]. Science of The Total Environment,2015,512(513):143-153.

[123] 周政达,王辰星,付晓,等. 基于DPSIR模型的国家大型煤电基地生态效应评估指标体系[J]. 生态学报,2014,34(11):2830-2836.

[124] 宁晓波,项文化,方晰,等. 贵阳花溪区石灰土林地土壤重金属含量特征及其污染评价[J]. 生态学报,2009,29(4):2169-2177.

[125] 张连科,李海鹏,黄学敏,等. 包头某铝厂周边土壤重金属的空间分布及来源解析[J]. 环境科学,2016,37(3):1139-1146.

[126] 蔡怡敏,陈卫平,彭驰,等. 顺德水道土壤及沉积物中重金属分布及潜在生态风险评价[J]. 环境科学,2016,37(5):1763-1770.

[127] 刘芳,塔西甫拉提·特依拜,依力亚斯江·努尔麦麦提,等. 准东煤炭产业区周边土壤重金属污染与健康风险的空间分布特征[J]. 环境科学,2016,37(12):4815-4829.

[128] 谷阳光,高富代. 我国省会城市土壤重金属含量分布与健康风险评价[J]. 环境化学,2017,36(1):62-71.

[129] 张文超,吕森林,刘丁彧,等. 宣威街道尘中重金属的分布特征及其健康风险评估[J]. 环境科学,2015,36(5):1810-1817.

[130] 尹伊梦,赵委托,黄庭,等. 电子垃圾拆解区土壤-水稻系统重金属分布特征及健康风险评价[J]. 环境科学,2018,39(2):916-926.

[131] 陈凤,董泽琴,王程程,等. 锌冶炼区耕地土壤和农作物重金属污染状况及风险评价[J]. 环境科学,2017,38(10):4360-4369.

[132] 蔡云梅,黄涵书,任露陆,等. 珠三角某高校室内灰尘重金属含量水平、来源及其健康风险评价[J]. 环境科学,2017,38(9):3620 -3627.

[133] 郭伟，孙文惠，赵仁鑫，等. 呼和浩特市不同功能区土壤重金属污染特征及评价[J]. 环境科学，2013，34(4)：1561-1567.

[134] 于志同，刘兴起，王永，等. 13. 8ka 以来内蒙古吉兰泰盐湖的演化过程[J]. 湖泊科学，2012，24(4)：629-636.

[135] Tomlinson D L，Wilson J G，Harris C R，et al. Problems in the assessment of heavy-metal levels in estuaries and the formation of a pollution index [J]. Helgolnder Meeresuntersuchungen，1980，33(14)：566-575.

[136] 张清海，林昌虎，谭红，等. 草海典型高原湿地表层沉积物重金属的积累、分布与污染评价[J]. 环境科学，2013，34(3)：1055-1061.

[137] 麦麦提吐尔逊·艾则孜，阿吉古丽·马木提，艾尼瓦尔·买买提. 新疆焉耆盆地辣椒地土壤重金属污染及生态风险预警[J]. 生态学报，2018，38(3)：1075-1086.

[138] 庞妍，同延安，梁连友，等. 矿区农田土壤重金属分布特征与污染风险研究[J]. 农业机械学报，2014，45(11)：165-171.

[139] 王博，夏敦胜，余晔，等. 兰州城市表层土壤重金属污染的环境磁学记录[J]. 科学通报，2012，57(32)：3078-3089.

[140] Suresh G，Sutharsan P，Ramasamy V，et al. Assessment of spatial distribution and potential ecological risk of the heavy metals in relation to granulometric contents of Veeranam lake sediments，India [J]. Ecotoxicology and Environmental Safety，2012，84(84)：117-124.

[141] Caeiro S，Costa M H，Ramos T B，et al. Assessing heavy metal contamination in Sado Estuary sediment：an index analysis approach[J]. Ecological Indicators，2005，52(52)：151-169.

[142] 段海静，蔡晓强，阮心玲，等. 开封市公园地表灰尘重金属污染及健康风险[J]. 环境科学，2015，36(8)：2972-2980.

[143] 陈彦芳，马建华，董运武，等. 开封周边地区地表灰尘砷、汞背景值及其应用[J]. 环境科学，2014，35 (8)：3052-3059.

[144] US EPA. Risk assessment guidance for superfund，volume I：human health evaluation manual (Part B，Development of risk based preliminary remediation goals)[R]. Washington，DC：Office of Emergency and Remedial Response，1991.

[145] US EPA. Risk assessment guidance for superfund，volume I：human health evaluation manual (Part E，Supplemental guidance from dermal risk assessment)[R]. Washington，DC：Office of Emergency and Remedial Response，2004.

[146] US EPA. Integrated risk information system[R]. http:/ /www. epa. gov/iris/index. html，2011.

[147] 中华人民共和国环保部. 污染场地风险评估技术导则(HJ 25.3-2014)[S]. 北京：中国环境科学出版社，2014.

[148] US DOE (U S Department of Energy). The Risk Assessment Information System (RAIS)[M]. //US Department of Energy's Oak Ridge Operations Office (ORO)，2011.

[149] US DOE (US Department of Energy). RAIS:Risk Assessment Information System [S]. //US Department of Energy,Office of Environmental Management,2000.

[150] 环境保护部. 中国人群暴露参数手册(成人卷)[M]. 北京:中国环境科学出版社,2013.

[151] Chen H Y,Teng Y G,Lu S J,et al. Contamination features and health risk of soil heavy metals in China[J]. Science of the Total Environment,2015,512-513:143-153.

[152] Agency for Toxic Substances and Disease Registry. Known to be a human carcinogen [M]. http://www. atsdr. cdc. gov/substances/toxorganlisting. asp? sysid=23,2014-09-20.

[153] 魏复盛,陈静生,吴燕玉,等. 中国土壤环境背景值研究[J]. 环境科学,1991(4):12-19+94.

[154] 国家环境保护总局,国家技术监督局. GB15618-1995 土壤环境质量标准. 北京:中国标准出版社,1995.

[155] 张爱星,聂义宁,季宏兵,等. 万庄金矿田土壤重金属的垂直分布及形态研究[J]. 环境科学与技术,2014,37(S2):1-8.

[156] 白军红,赵庆庆,卢琼琼,王军静,叶晓飞. 白洋淀沼泽化区域土壤重金属含量的剖面分布特征——以烧车淀为例[J]. 湿地科学,2013,11(2):271-275.

[157] Li F Y,Fan Z P,Xiao P F,et al. Contamination,chemical speciation and vertical distribution of heavy metals in soils of an old and large industrial zone in Northeast China[J]. Environmental Geology,2009,57(8):1815-1823.

[158] Riba I,Del Valls T A,Forja J M,et al. Influence of the Aznalcóllar mining spill on the vertical distribution of heavy metals in sediments from the Guadalquivir estuary (SW Spain)[J]. Marine Pollution Bulletin,2002,44(1):39-47.

[159] Fryer M,Collins C D,Ferrier H,et al. Human exposure modeling for chemical risk assessment:A review of current approaches and research and policy implications [J]. Environmental Science&Policy,2006,9(3):261-274.

[160] 陈晶中,陈杰,谢学俭,等. 土壤污染及其环境效应[J]. 土壤,2003,35(4):298-303.

[161] 郭伟,孙文惠,赵仁鑫,等. 呼和浩特市不同功能区土壤重金属污染特征及评价[J]. 环境科学,2013,34(4):1561-1567.

[162] 张阿龙,高瑞忠,张生,等. 吉兰泰盐湖盆地土壤 Cr、Hg、As 污染的负荷特征与健康风险评价[J]. 干旱区研究,2018,35(5):1057-1067.

[163] 洪坚平,等. 土壤污染与防治[M]. 北京:中国农业出版社,2011. 2(2015. 7 重印).

[164] 戴彬,吕建树,战金成,等. 山东省典型工业城市土壤重金属来源、空间分布及潜在生态风险评价[J]. 环境科学,2015,36(2):507-515.

[165] Zhou H,Zeng M,Zhou X,et al. Assessment of heavy metal contamination and bioaccumulation in soybean plants from mining and smelting are as of southern Hunan Province,China [J]. Environmental Toxicology and Chemistry,2013,32(12):2719-2727.

[166] 王庆仁,刘秀梅,崔岩山,等. 我国几个工矿与污灌区土壤重金属污染状况及原因探讨[J]. 环境科学学报,2002(3):354-358.

[167] 马成玲,周健民,王火焰,等. 农田土壤重金属污染评价方法研究——以长江三角洲典型县级市常熟市为例[J]. 生态与农村环境学报,2006(1):48-53.

[168] Li W D,Zhang C R,et al. Assessing the pollution risk of soli chromium based on loading capacity of paddy soil at a regional scale[J]. Scientifit Reports,2015,5:18451.

[169] Qi J Y,Zhang H L,Li X P,et al. Concentration,spatial distribution,and risk assessment of soil heave metals in a Zn-Pb mine district in southern China[J]. Environmental Monitoring and Assessment,2016,188(7):413.

[170] 章海波,骆永明,李远,等. 中国土壤环境质量标准中重金属指标的筛选研究[J]. 土壤学报,2014,51(3):429-438.

[171] 张云霞,宋波,陈同斌,等. 广西西江流域土壤铅空间分布与污染评价[J]. 环境科学,2018,39(5):2446-2455.

[172] 刘畅,宋波,张云霞,等. 西江流域土壤 As 含量空间变异与污染评价[J]. 环境科学,2018(13):1-13.

[173] 宋波,杨子杰,张云霞,等. 广西西江流域土壤镉含量特征及风险评估[J]. 环境科学,2018(4):1-18.

[174] 李想,江雪昕,高红菊. 太湖流域土壤重金属污染评价与来源分析[J]. 农业机械学报,2017(2):1-10.

[175] 刘春早,黄益宗,雷鸣,等. 湘江流域土壤重金属污染及其生态环境风险评价[J]. 环境科学,2012,33(1):260-265.

[176] 李娇,陈海洋,滕彦国,等. 拉林河流域土壤重金属污染特征及来源解析[J]. 农业工程学报,2016,32(19):226-233.

[177] 郑睛之,王楚栋,王诗涵,等. 典型小城市土壤重金属空间异质性及其风险评价:以临安市为例[J]. 环境科学,2018(6):1-12.

[178] 王幼奇,白一茹,王建宇. 基于 GIS 的银川市不同功能区土壤重金属污染评价及分布特征[J]. 环境科学,2016,37(2):710-716.

[179] Zhang W C,lv S L,Lui D Y,et al. Distribution characteristics of heavy metals in the street dusts in xuanwei and their health risk assessment[J]. Environmental Science,2015,36(5):1810-1817.

[180] 张晶晶,马传明,匡恒,周爱国. 青岛市土壤重金属污染的物元可拓评价[J]. 中国环境科学,2017,37(2):661-668.

[181] 代杰瑞,庞绪贵,宋建华,董建,胡雪平,李肖鹏. 山东淄博城市和近郊土壤元素地球化学特征及生态风险研究[J]. 中国地质,2018,45(3):617-627.

[182] 刘巍,杨建军,汪君,等. 准东煤田露天矿区土壤重金属污染现状评价及来源分析[J]. 环境科学,2016,37(5):1938-1945.

[183] 郭颖,李玉冰,薛生国,等. 广西某赤泥堆场周边土壤重金属污染风险[J]. 环境科学,2018(7):1-13.

[184] 张连科,李海鹏,黄学敏,等. 包头某铝厂周边土壤重金属的空间分布及来源解析[J]. 环境科学,2016,37(3):1139-1146.

[185] 许萌萌,刘爱风,师荣光,等. 天津农田重金属污染特征分析及降雨沥浸探究[J]. 环境科学,2018(3):1-11.

[186] 蔡怡敏,陈卫平,彭驰,等. 顺德水道土壤及沉积物中重金属分布及潜在生态风险评价[J]. 环境科学,2016,37(5):1763-1770.

[187] 王玉军,欧名豪. 徐州农田土壤养分和重金属含量与分布研究[J]. 土壤学报,2017,54(6):1438-1450.

[188] 宿莉娜,毋兆鹏. 夏尔西里自然保护区土壤重金属空间分布特征及其评价[J]. 山东农业大学学报(自然科学版),2018(2):1-3.

[189] 李善龙,金永焕,王铎,等. 长白山自然保护区道路影响域土壤 Zn 和 Pb 分布及污染分析[J]. 土壤通报,2012,43(2):477-483.

[190] 谭小爱,王平,王倩,等. 大山包黑颈鹤国家级自然保护区湿地土壤重金属污染评价[J]. 湿地科学,2016,14(6):916-922.

[191] 白福易. 吉兰泰盐湖资源环境及可持续发展研究[A]. 中国科学技术协会. 西部大开发科教先行与可持续发展——中国科协 2000 年学术年会文集[C]. 中国科学技术协会:2000:2.

[192] 宋国慧. 沙漠湖盆区地下水生态系统及植被生态演替机制研究[D]. 西安:长安大学,2012.

[193] 郭晋燕. 吉兰泰沙漠盆地地下水环境特征及高氟区饮用水安全风险控制[D]. 西安:长安大学,2014.

[194] 于志同,刘兴起,王永,等. 13. 8ka 以来内蒙古吉兰泰盐湖的演化过程[J]. 湖泊科学,2012,24(4):629-636.

[195] 中国环境监测总站. 中国土壤元素背景值[M]. 北京:中国科学出版社,1990.

[196] 王红旗,等. 土壤环境学[M]. 北京:高等教育出版社,2007. 7(2012. 5 重印).

[197] 杨学义,杨国治. 土壤背景值的布点和数值检验[J]. 环境科学,1983(2):17-22.

[198] Brussels Capital Government. Order of Brussels Capital Government Concerning the values for soil and groundwater pollution above which a risk investigation has to be under taken[Z]. Date 9 /12 /2004,Belgian Law Gazette 13 /01 /2005,2005.

[199] Ministry of Environment of Czech. DeCree No. 13 /1994 Sb,Regulating Some Details of Agricultural Soil Protection. Appendix 2:Indicators of Agricultural Soil Pollution:Maximum Admissible Values[S]. 1994.

[200] Republic of Czech. DeCree No. 382 /2001 Coll. Specifying Conditions for Sewage Sludge Application on Agricultural Soil (Level of Precautionary Values)[Z]. 2001.

[201] Netherlands Ministry of InfrAstructure and the Environment. Soil Remediation Circular 2009[Z]. 2009.

[202] Council of the European Communities. On the Protection of the Environment and in Particular of the Soil, When Sewage Sludge Is Used in Agriculture[S/OL]. OJEC. 86/278/EEC No L 181/6—181/12. (1986)[2013—09—14].

[203] Austrian Standards Institute. Austrian Standard S 2088－2:Contaminated Sites, Hazard assessment for the Soil Protection (in German)[S]. 2000.

[204] German Federal Ministry of the Environment, Nature Conservation and Nuclear Safety. Federal Soil Protection and Contaminated Sites Regulation (BBod Sch G) (in English)[Z]. 1999.

[205] 国家环境保护总局,国家技术监督局. GB 15618—1995 土壤环境质量标准. 北京:中国标准出版社,1995.

[206] 易秀,等. 土壤化学与环境[M]. 北京:化学工业出版社,2007. 10.

[207] 夏家淇. 土壤环境质量标准详解[M]. 北京:中国农业出版社,1994.

[208] 刘巍,杨建军,汪君,等. 准东煤田露天矿区土壤重金属污染现状评价及来源分析[J]. 环境科学,2016,37(5):1938-1945.

[209] Hakanson L. An ecological risk index for aquatic pollution control:A sedimentological approach[J]. Water Research,1980,14(8):975-1001.

[210] 庞妍,同延安,梁连友,等. 矿区农田土壤重金属分布特征与污染风险研究[J]. 农业机械学报,2014,45(11):165-171.

[211] 郭伟,孙文惠,赵仁鑫,等. 呼和浩特市不同功能区土壤重金属污染特征及评价[J]. 环境科学,2013,33(4):1561-1564.

[212] 刘芳,塔西甫拉提·特依拜,依力亚斯江·努尔麦麦提,等. 准东煤炭产业区周边土壤重金属污染与健康风险的空间分布特征[J]. 环境科学,2016,37(12):4815-4829.

[213] 钱建平,张力,张爽,等. 桂林市汽车尾气 Hg 污染[J]. 生态学杂志,2011,30(5):944-950.

[214] 周长松,邹胜章,李录娟,等. 几种土壤重金属污染评价方法的对比[J]. 地球与环境,2015,43(6):709-713.

[215] 谢志宜,张雅静,陈丹青,等. 土壤重金属污染评价方法研究——以广州市为例[J]. 农业环境科学学报,2016,35(7):1329-1337.

[216] 吴锡浩,安芷生,王苏民,等. 中国全新世气候适宜期东亚夏季风时空变迁[J]. 第四纪研究,1994(1):24-37.

[217] 于革,赖格英,刘健,等. MIS3 晚期典型阶段气候模拟的初步研究[J]. 第四纪研究,2003(1):12-24.

[218] 陈发虎,朱艳,李吉均,等. 民勤盆地湖泊沉积记录的全新世千百年尺度夏季风快速变化[J]. 科学通报,2001(17):1414-1419.

[219] Shi Y F, Kong Z C, Wang S M, et al. Climates and environments of the holocene mega thermal maximum in China[J]. Science in China, Ser. B,1994(4):481-493.

[220] 刘兴起,王永波,沈吉,等. 16 000a 以来青海茶卡盐湖的演化过程及其对气候的响应[J]. 地质学报,2007(6):843-849.

[221] Jorg Grunert, Frank Lehmkuhl, MichaelWalther. Paleoclimatic evolution of the UvsNuur basin and adjacent areas (Western Mongolia)[J]. Quaternary International, 2000, 65/66:171-192.

[222] Shen J, Liu X Q, Wang S M, Ryo Matsumoto. Palaeoclimatic changes in the Qing-

hai Lake area during the last 18 000 years[J]. Quaternary International,2004,136(1).

[223]　于志同,刘兴起,王永,等. 13. 8ka 以来内蒙古吉兰泰盐湖的演化过程[J]. 湖泊科学,2012,24(4):629-636.

[224]　高瑞忠,秦子元,张生,贾德彬,杜丹丹,张阿龙,王喜喜. 吉兰泰盐湖盆地地下水 Cr～(6+)、As、Hg 健康风险评价[J]. 中国环境科学,2018,38(6):2353-2362.

第4章 流域植被与景观风险时空分布及演化特征

4.1 概 述

植被覆盖度(FVC,Fractional Vegetation Cover)一般是指植被垂直投影面积覆盖地面面积百分比,用于表示植被群落表面条件[1],同时,植被覆盖度在评估土地退化、土地盐碱化、土地荒漠化以及环境监测方面具有很好的效果[2]。目前植被覆盖度测定方法共分为两种:地面测量和遥感估算[3]。地面测量主要分为目估法、采样法以及照相法等。目估法主要依据人的经验选取区域内一定面积的样方,根据目估读取植被覆盖度平均值[4],该方法较为简单,但受主观因素影响较大,精度不高[5];采样法是通过计算区域内植被覆盖度出现概率,精度相对较高,但计算效率不高[6]。采样法主要包括样方法、样点法、样带法、阴影法以及正方形视点框架法,常见采样法主要为样点法与阴影法[7]。照相法主要采用光学传感器,利用三色段RGB对植被覆盖度进行捕捉并提取[8,9],该方法精度较高,稳定性好,但中心投影会导致相片边缘变形,因此张学霞等[10]对此缺点提出相机识别问题并给出解决方案,大大提高精度。总体来说,地面测量方法受多种影响因素干扰,一般来说精度较低,同时,也不能够满足大尺度层面上的植被覆盖度分析与研究。

随着遥感技术的发展,人们可通过空间对地观测方法实现大尺度甚至全球尺度植被覆盖度的估算与提取,提高了工作效率与精度。科学研究中常用的遥感数据有美国的Landsat TM数据、ETM+数据、MODIS数据、ASTER数据、法国的SPOT数据、印度的IRS数据、日本的ALOS数据、IEOS-SAR数据等,这些不同时间分辨率、不同空间分辨率、不同光谱分辨率的数据为植被动态变化的监测提供了更多元的数据源。遥感的发展促进了国内外学者的探索之路,其中的应用之一便是将遥感技术和植被覆盖度监测相结合,从较早的混合模型法、植被指数法、覆盖度-辐射关系模型法、回归模型法、像元分解法、植被指数转换法等,到现在的机器学习法、支持向量机、光谱混合分析法、光谱混合模型法等,未来遥感技术监测植被覆盖度动态变化的发展趋势是制图尺度的多元化、动态变化监测的定量化、监测方法的工具化[11]以及提高分类精度方法的改进,如人工神经网络分类法、多时相源数据复合分类法、多分类方法的优化组合和改进、模糊数学分类法等[12-14]。国内外学者利用不同数据源、不同方法对植被覆盖度的研究情况如下:熊俊楠等以MODIS为数据源,通过计算2001—2016年的归一化植被指数NDVI,估算了近15年的云南省植被覆盖度,并分析了植被覆盖度的时空变化特征和地形之间的关系[15];Fung以Landsat TM为数据,对加拿大滑铁卢地区的土地覆盖变化进行了监测[14];张本昀等选取Landsat MSS/TM数据,通过计算NDVI,建立了像元二分模型,分析了北京市不同时期的植被覆盖度[16];Friedl等基于MODIS数据,采用决策树法生成NASA土地覆盖产品并对全球土地覆盖度制图[17];白黎娜等利用ERS-1

和 ERS-2 的 SAR 数据经过干涉测量处理后生成的土地利用影像，通过决策树分类法对森林进行识别[18]；刘广峰在研究毛乌素沙地区植被覆盖度状况时，采用了以 NDVI 建立的像元二分模型法[19]；Feng M 等基于高分辨率数据采用植被指数法和 Cubist 决策树分类法对全球森林覆盖变化精确度进行评估[20]；马俊海等以 Landsat TM 为数据源，利用像元二分模型分析了内蒙古奈曼旗地区的植被覆盖度动态变化情况，并根据实地调查对结果进行验证[21]；李华朋等采用线性光谱混合模型法(Spectral Mixed Analysis，SMA)研究了植被覆盖度与地表温度之间的关系[22]；申丽娜采用 SPOT 数据研究河海流域的植被覆盖度变化特征时，利用了基于 NDVI 的图谱分析法[23]；刘爱霞等基于 NOAA/AVHRR 数据生成了 NDVI 时序数据并与其他的数据相结合，采用 PCA 变换和神经网络分类法对中国森林进行分类和制图研究[24]。

目前，较成熟的植被覆盖变化研究方法是从时间序列的遥感影像中提取可以反映植被生长情况的一些重要因子，如植被覆盖度(FVC，Fractional Vegetation Cover)、归一化植被指数(NDVI，Normalized Difference Vegetation)、叶面积指数(LAI，Lesf Area Index)等，并结合气候数据(降水量和温度)和社会经济数据等其他数据，分析气候和人类活动对植被变化的影响[25,26]。陈育峰研究了气候变化对云南省腾冲地区森林植被的影响，结果表明气候因子的确是影响森林植被空间分布的主要因子，特别是温度对该研究区的香果树空间分布起到了重要的作用[27]。宋立旺等[28]以浙江省为研究区，基于浙江省 2009—2018 年的 MODIS和 NDVI 数据，分析了研究区植被覆盖度时空变化情况，结果表明 2009—2018 年浙江省植被覆盖度总体处于高盖度级别，存在缓慢降低的趋势，2009 年和 2018 年植被覆盖度空间格局基本一致，植被覆盖度变化以稳定不变区域为主。Huang 等[29]利用 SVM 算法，获取森林植被覆盖度变化结果，并利用高分辨率 IKONOS 数据进行验证，精度高达 90%。

4.2 材料与方法

4.2.1 数据来源

本次研究所采用的遥感数据来源于美国航天局(NASA)与美国地质调查局(USGS)共同发射的 Landsat 系列卫星数据。Landsat 系列卫星起源于地球资源技术卫星计划，1972 年 7 月 23 日，第一颗卫星发射成功(Landsat 1)，自此，陆续发射以 Landsat 为名称的卫星。到 1999 年，NASA 已成功发射 6 颗陆地卫星，其中 Landsat 6 号卫星由于技术问题导致发射失败。目前，Landsat 1～4 系列已经退役，Landsat 5 于 2013 年 6 月停止使用，Landsat 7 号陆地卫星于 1999 年 4 月 15 日发射成功，但由于 Landsat 7 扫描仪矫正器出现异常，只能采用 SLC—off 工作模式对陆地数据进行采集。2013 年 2 月 11 日，Landsat 8 成功发射，在经过 100 天试运行后一直工作至今。

表 4-1　Ladnsat 5 波段信息

Tab. 4-1　Ladnsat 5 band information

传感器类型	Landsat 5	波段	波长/μm	分辨率/m	主要作用
TM	Band 1	蓝波段	0.45～0.52	30	用于土壤穿透，分析土壤植被
	Band 2	绿波段	0.52～0.60	30	分辨植被
	Band 3	红波段	0.63～0.69	30	处于叶绿素吸收区域，用于观测道路/裸露土壤/植被种类，效果很好
	Band 4	近红外波段	0.76～0.90	30	用于估算生物量，尽管这个波段可以从植被中区分出水体，分辨潮湿土壤
	Band 5	中红外波段	1.55～1.75	30	用于分辨道路/裸露土壤/水，它在不同植被之间有好的对比度，并且有较好的穿透大气、云雾的能力
	Band 6	热红外波段	10.40～12.50	120	感应发出热辐射的目标
	Band 7	中红外波段	2.08～2.35	30	对于岩石/矿物的分辨很有用，也可用于辨识植被覆盖和湿润土壤

Landsat 5 陆地卫星是 Landsat 系列卫星中的第五颗，于 1984 年 3 月成功发射，2013 年 6 月退役，它所获取的数据是大多数学者应用最多、最广泛的。它搭载着多光谱成像仪(MSS)和专题制图仪(TM)。

表 4-2　Ladnsat 7 波段信息

Tab. 4-2　Ladnsat 7 band information

传感器类型	Landsat 7	波段	波长/μm	分辨率/m	主要作用
ETM+	Band 1	蓝波段	0.45～0.52	30	用于土壤穿透，分析土壤植被
	Band 2	绿波段	0.52～0.60	30	分辨植被
	Band 3	红波段	0.63～0.69	30	处于叶绿素吸收区域，用于观测道路/裸露土壤/植被种类，效果很好
	Band 4	近红外波段	0.76～0.90	30	用于估算生物量，尽管这个波段可以从植被中区分出水体，分辨潮湿土壤
	Band 5	中红外波段	1.55～1.75	30	用于分辨道路/裸露土壤/水，它在不同植被之间有好的对比度，并且有较好的穿透大气、云雾的能力
	Band 6	热红外波段	10.40～12.50	60	感应发出热辐射的目标
	Band 7	中红外波段	2.08～2.35	30	对于岩石/矿物的分辨很有用，也可用于辨识植被覆盖和湿润土壤
	Band 8	微米全色	0.52～0.90	15	用于增强分辨率，提供分辨能力

Landsat 7 陆地卫星是 Landsat 系列卫星中的第七颗，于 1999 年 4 月 15 日在美国航空航天局(NASA)发射成功，Landsat 7 卫星主要携带的传感器为增强型主题成像仪(ETM+)，与 Landsat 5 相比较而言，Landsat 7 多增加了一个分辨率为 15 m 的全色波段，因此也提升了数据的准确性。Landsat 7 共计 8 个波段，其中 Band 1～ Band 5 以及 Band 7 空间分辨率为30 m，Band 6 热红外波段空间分辨率为 60 m，Band 8 全色波段空间分辨率为 15 m，

南北扫描范围在 170 km 左右，东西扫描范围约 183 km，每 16 天可覆盖全球一次。

表 4-3　Ladnsat 8 波段信息

Tab. 4-3　Ladnsat 8 band information

传感器类型	波段	波长/μm	空间分辨率/m	主要应用
OLI	Band 1（海岸波段）	0.433～0.453	30	主要用于海岸带观测
	Band 2（蓝波段）	0.450～0.515	30	用于水体穿透，分辨土壤植被
	Band 3（绿波段）	0.525～0.600	30	用于分辨植被
	Band 4（红波段）	0.630～0.680	30	处于叶绿素吸收区，用于观测道路、裸露土壤、植被种类等
	Band 5（近红外波段）	0.845～0.885	30	用于估算生物量，亦可以从植被中区分出水体，分辨潮湿土壤
	Band 6（短波红外波段 1）	1.560～1.660	30	用于分辨道路、裸露土壤、水，还能在不同植被之间有好的对比度，并且有较好的大气、云雾分辨能力
	Band 7（短波红外波段 2）	2.100～2.300	30	在岩石和矿物的分辨中很有用，也可用于辨识植被覆盖和湿润土壤
	Band 8（全色波段）	0.500～0.680	15	为 15 m 分辨率的黑白图像，用于增强分辨率
	Band 9（卷云波段）	1.360～1.390	30	包含水汽强吸收特征，可用于云检测
TIRS	Band 10（热红外波段 1）	10.60～11.19	100	感应热辐射的目标
	Band 11（热红外波段 2）	11.50～12.51	100	感应热辐射的目标

目前，Landsat 8 离地卫星是 Landsat 系列卫星的最新产品。与以往不同的是，它搭载着 OLI 陆地成像仪以及 TIRS 热红外传感器，OLI 陆地成像仪新增加了两个全新波段：Band 1 海岸波段和 Band 9 卷云波段，共计 9 个波段。其中 Band 1 海岸波段主要应用于海岸线观测，卷云波段 Band 9 主要用于观测大气中水汽的吸收特征。TIRS 传感器包含两个热红外波段 Band 10 和 Band 11。其他特征与 Landsat 7 大致相同，东西跨度约 183 km，空间分辨率 30 m，16 天可覆盖全球一次。

根据本次研究的需求，选取 Landsat 5、Landsat 7、Landsat 8 三个卫星产品数据作为数据源，下载所有从 1991 年至 2020 年吉兰泰盐湖盆地流域 5 月、6 月、7 月、8 月、9 月数据，从地理空间数据云（http://www.gscloud.cn/）和美国地质勘探局（https://www.usgs.gov.com）两个网站主要获取，缺失数据由 Google Earth Engine（https://earthengine.google.com）提供，选取云量小于 10%的研究区遥感影像，经 ENVI 遥感处理软件进行遥感影像预处理(辐射定标、大气校正、图像镶嵌、裁剪研究区)。

4.2.2 研究方法

4.2.2.1 归一化植被指数 NDVI

归一化植被指数(NDVI,Normalized Difference Vegetation Index)也被叫作标准化植被指数,通常用于农业领域反应农作物的长势以及营养信息,根据 NDVI 植被指数可以直观地了解农作物对于氮元素的需求量,是最常用的植被指数之一。根据不同地物具有不同的光谱特征这一性质,绿色植物具有吸收可见光遥感中红波段(R,Red Band)和反射近红外波段(NIR,Near-Infrared Band)的特点[30]。近红外波段与红波段之差与近红外波段与红波段之和的比值即 NDVI。

$$NDVI=\frac{(NIR-R)}{(NIR+R)} \tag{4-1}$$

4.2.2.2 像元二分模型

在利用 $NDVI$ 计算植被覆盖度(FVC,Fractional Vegetation Cover)时,像元二分模型是最常用的一种遥感估算模型,根据 $NDVI$ 与植被覆盖度之间的线性关系,可以实时快速地收集植被覆盖信息。假设一个地表是由两种形式构成,即有植被覆盖地表与无植被覆盖地表,通过可见光遥感所捕捉得到的光谱信息,计算这两个组分因子线性加权合成,两种因子的权重为各自所占有的面积在单个像元中的占比[31]。

$$FVC=\frac{NDVI_i-NDVI_{soil}}{NDVI_{veg}-NDVI_{soil}} \tag{4-2}$$

式中,FVC 表示为植被覆盖度信息;$NDVI_i$ 为归一化植被指数中第 i 个像元信息;$NDVI_{soil}$ 为纯裸土或无植被覆盖栅格像元信息;$NDVI_{veg}$ 表示纯植被覆盖栅格信息。

$$NDVI_{soil}=\frac{(FVC_{max}*NDVI_{min}-FVC_{min}*NDVI_{max})}{(FVC_{max}-FVC_{min})} \tag{4-3}$$

$$NDVI_{veg}=\frac{(1-FVC_{min})*NDVI_{max}-(1-FVC_{max})*NDVI_{min}}{FVC_{max}-FVC_{min}} \tag{4-4}$$

用公式(4-3)和(4-4)分别计算 $NDVI_{soil}$ 和 $NDVI_{veg}$。

研究发现在计算 $NDVI_{soil}$ 和 $NDVI_{veg}$ 时,植被覆盖度与归一化具有很强的相关关系,于是便提出了

$$FVC=\frac{NDVI_i-NDVI_{min}}{NDVI_{max}-NDVI_{min}} \tag{4-5}$$

式中,$NDVI_{max}$ 为 $NDVI$ 栅格数据最大值,$NDVI_{min}$ 为栅格数据 $NDVI$ 最小值,根据以往经验值,设置置信度区间为 5% 和 95% 表示 $NDVI$ 上下阈值 $NDVI_{soil}$ 和 $NDVI_{veg}$。利用 ArcGIS10.4 软件将计算出来的植被覆盖度分为 5 个区间等级:低植被覆盖度(0%~20%)、较低植被覆盖度(20%~40%)、中植被覆盖度(40%~60%)、较高植被覆盖度(60%~80%)、高植被覆盖度(80%~100%)。

4.2.2.3 最大合成法

此次研究采用最大合成法(MVC,Maximum Value Composites),用于植被生长季(5~9

月)NDVI 与 FVC 的最大值合成,最大合成法可以在一定程度上消除云体、太阳高度角等影响因素对影像的直接影响。

$$\text{Max}NDVI_i = \text{Max}(NDVI_5、NDVI_6、NDVI_7、NDVI_8、NDVI_9) \tag{4-6}$$

$$\text{Max}FVC_i = \text{Max}(FVC_5、FVC_6、FVC_7、FVC_8、FVC_9) \tag{4-7}$$

式中,$\text{Max}NDVI_i$ 和 $\text{Max}FVC_i$ 分别为 5 月到 9 月的 $NDVI$ 最大值与 FVC 最大值。

4.2.2.4 Hurst 指数分析

英国水文学家赫斯特在研究尼罗河水库的蓄水能力及水体流量时发现分型布朗运动可以更直观地描述水库的蓄水能力,并以此提出采用重标极差(R/S)的方法建立 Hurst 指数。聚合方差法(Aggregated Variance method)、重标极差(R/S)分析法(R/S method)、周期图法(Periodogram method)、绝对值法(Absolute Value method)、残差方差法(Variance of residuals)、小波分析法(Abry-Veitch method)、Whittle 法(Whittle estimator)。Hurst 指数的优点在于不需要概率统计学先进行假设,反映的是时间序列内具有相互联系的结果。本次采用重标极差(R/S)分析法分析研究区 30 年植被覆盖度 Hurst 指数。

将时间序列 $x_1, x_2, \cdots, x_n$,分制成长度为 g 和 h 组不重叠的子序列:X_{i1}, X_{i2}, X_{i3},……,X_{ig},分别对每一组子序列进行如下计算。

均值:

$$\overline{X_i} = \frac{1}{g}\sum_{j=1}^{g} X_{ij} \tag{4-8}$$

离差:

$$Y_{ij} = X_{ij} - \overline{X_i} \tag{4-9}$$

计算累计离差:

$$Z_{ij} = \sum_{k=1}^{j} Y_{ik} \tag{4-10}$$

极差:

$$R_i = \max(Z_{ij}) - \min(Z_{ij}) \tag{4-11}$$

$$S_i = \sqrt{(X_{ij} - \overline{X_i})^2} \tag{4-12}$$

$$RS_i = \frac{R_i}{S_i}\ \overline{RS} = \frac{1}{h}\sum_{i=1}^{h} RS_i \tag{4-13}$$

计算标准差:

$$S_{RS} = \sqrt{(RS_i - \overline{RS})^2} \tag{4-14}$$

Hurst 指数取值范围为(0,1]。$0 < H < 0.5$ 时,表明数据的未来趋势与过去的趋势相反,即反持续性。当 H 越趋近 0 时,表明反持续性越强。$H = 0.5$ 表示时间序列是随机的,未来变化与过去趋势不相关。$H > 0.5$ 时,表明时间序列具有长时间相关特征,越接近 1,相关性越强,同样的,持续性越强。过去的趋势与将来趋势变化相同,可以预测下一个时间序列的未来走势。当 $H = 1$ 时,说明未来的变化趋势完全可以用来预测。

4.2.2.5 变异系数

变异系数(Coefficient of Variation)又被称为"标准差率",它反映的是数据的离散程度与波动程度,定义为数据的标准差与平均值的比值,当平均数趋近于 0 时,细微的数据变化会对变异系数造成影响从而降低精度。变异系数只有在平均值不为 0 的时候才会有定义并且没有量纲[32]。通过查阅文献可将变异系数划为三个等级进行研究：(a) 植被稳定区域($CV \leqslant 15\%$)；(b) 植被不稳定区域($15\% < CV \leqslant 40\%$)；(c) 植被极不稳定区域($CV > 40\%$)。

$$CV = \frac{1}{\overline{X}}\sqrt{\frac{\sum_{i=1}^{n}(X_i - \overline{X})^2}{n}} \tag{4-15}$$

式中，CV 为所求变异系数；$\overline{X}$ 为植被覆盖度年平均值；X_i 为第 i 年植被覆盖度的值；n 代表年份总数。

4.2.2.6 Theil-Sen Median 斜率估计与 Slope 趋势分析

Theil-Sen Median 方法又称为 Sen 斜率估计，是计算趋势分析的一种非参数统计方法，Sen 斜率统计计算效率较高，对较大数据误差并不敏感，适用于长时间序列分析。

$$\beta = \mathrm{Median}\left(\frac{x_j - x_i}{j - i}\right) \ \forall j > i \tag{4-16}$$

式中，Median 取中值，$\beta > 0$ 表示增长趋势，反之表示下降[33]。

Slope 趋势分析[34]也被叫作一元回归趋势分析，可以分析植被覆盖度随时间序列变化的情况，在一定的空间范围内提供趋势变化信息。本文以最小二乘法为基础拟合趋势斜率，逐像元分析植被覆盖度 30 年年际变化情况。

$$Slope_{(FVC)} = \frac{n \times \sum_{i=1}^{n}(i \times FVC_i) - \sum_{i=1}^{n} i \sum_{i=1}^{n} FVC_i}{n \times \sum_{i=1}^{n} i^2 - \left(\sum_{i=1}^{n} i\right)^2} \tag{4-17}$$

式中，$Slope_{(FVC)}$ 为 1991—2020 年趋势系数，即倾向率；FVC_i 为第 i 年的年植被覆盖度；n 为植被覆盖度总年数。当 $Slope_{(FVC)} > 0$ 时，植被覆盖度呈现为上升趋势；当 $Slope_{(FVC)} < 0$ 时，植被覆盖度呈现下降趋势。

4.2.2.7 景观风险分析

本研究将区域划分为 3 km×3 km 网格单元，运用 Fragtats 4.2 软件计算各个网格景观指数，综合景观破碎度指数、景观分离度指数和景观优势度指数三个维度构建流域景观生态风险指数，计算公式如下：

$$ERI_k = \sum_{i=1}^{N} \frac{A_{ki}}{A_k} \sqrt{E_i \times F_i} \tag{4-18}$$

式中，ERI_k 为第 k 个网格单元景观风险指数；A_{ki} 为第 k 个网格单元内第 i 种景观类型面积；A_k 为第 k 个网格单元面积；E_i 为第 i 类景观的景观干扰度指数(如式 2-5 所示)，其中权重 $a+b+c=1$，结合前人研究成果，将权重 a、b、c 分别赋值 0.5、0.2、0.3；F_i 为景观脆弱度指数，确定不同土地利用类型赋值为未利用地=6，水域=5，耕地=4，草地=3，林地=2，建设用地=1，归一化后获得景观脆弱度指数；N 为景观类型总数，本研究共涉及 6 类景观类型。计算各个网格景观风险指数，并用克里金插值法获取流域景观生态风险空间分布。

$$E_i = aC_i + bN_i + cD_i \tag{4-19}$$

$$C_i = \frac{n_i}{A_i} D_i \tag{4-20}$$

$$N_i = \frac{1}{2}\sqrt{\frac{n_i}{A_i}} + \frac{A}{A_i} \tag{4-21}$$

$$D_i = \frac{(Q_i + M_i)}{4} + \frac{L_i}{2} \tag{4-22}$$

式中，n_i 为景观类型 i 的斑块数；A_i 为景观类型 i 的总面积；C_i 反映整个景观或某一景观类型在给定时间和给定性质上的破碎化程度，其值越大景观生态风险越大；N_i 反映景观类型中斑块个体分布的分离程度，其值越大破碎化程度越高，景观生态风险越大；D_i 是斑块在景观中的重要性，其值越大生态风险越大；Q_i 为斑块 i 出现的网格数与总网格数之比；M_i 为斑块 i 的数目与斑块总数之比；L_i 为斑块 i 的面积与样方总面积之比。

4.3　结果与分析

4.3.1　植被覆盖度分布情况

图 4-1 为生长期各月植被覆盖分布图，将植被覆盖度分为 5 个等级进行分析：低植被覆盖度（0～0.2）、较低植被覆盖度（0.2～0.4）、中植被覆盖度（0.4～0.6）、较高植被覆盖度（0.6～0.8）、高植被覆盖度（0.8～1.0）。从图上来看，低覆盖度与较低覆盖度占研究区大部分面积，范围介于 57.4%～64.6%之间，主要分布在乌兰布和沙漠西部与巴音乌拉山东部之间，北至敖伦布拉格镇南部，南至查哈尔滩。较高覆盖度及高覆盖度主要分布在查哈尔滩以南，植被覆盖度呈现由北向南逐渐递增分布，敖伦布拉格镇东北部植被覆盖程度略有上升趋势，贺兰山一带植被覆盖度较为明显，生态环境较好。

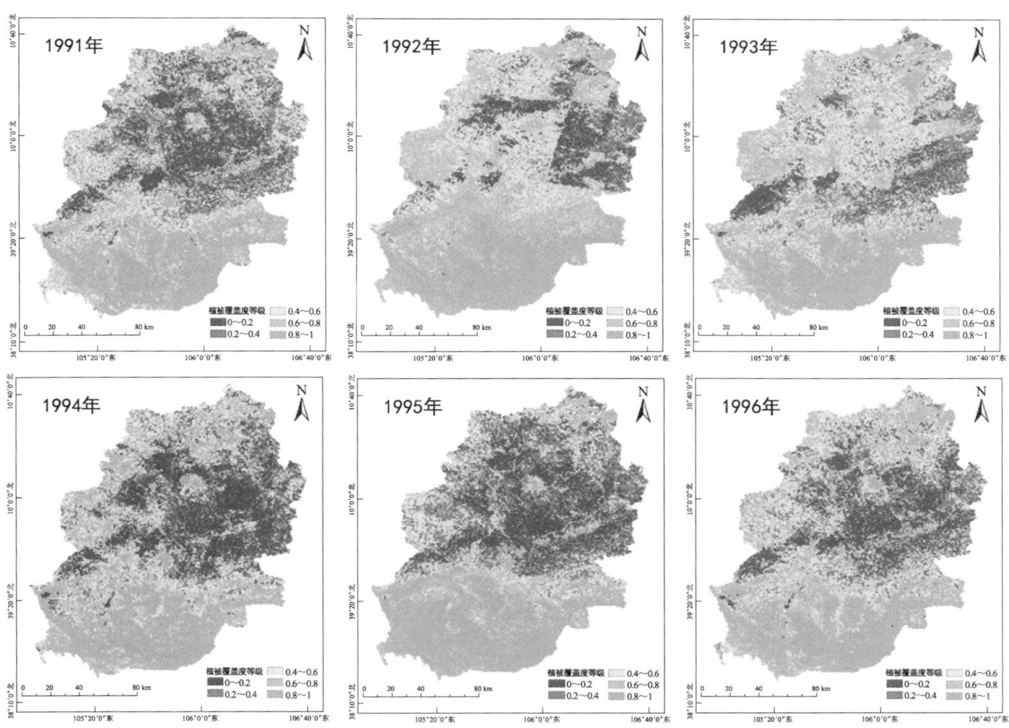

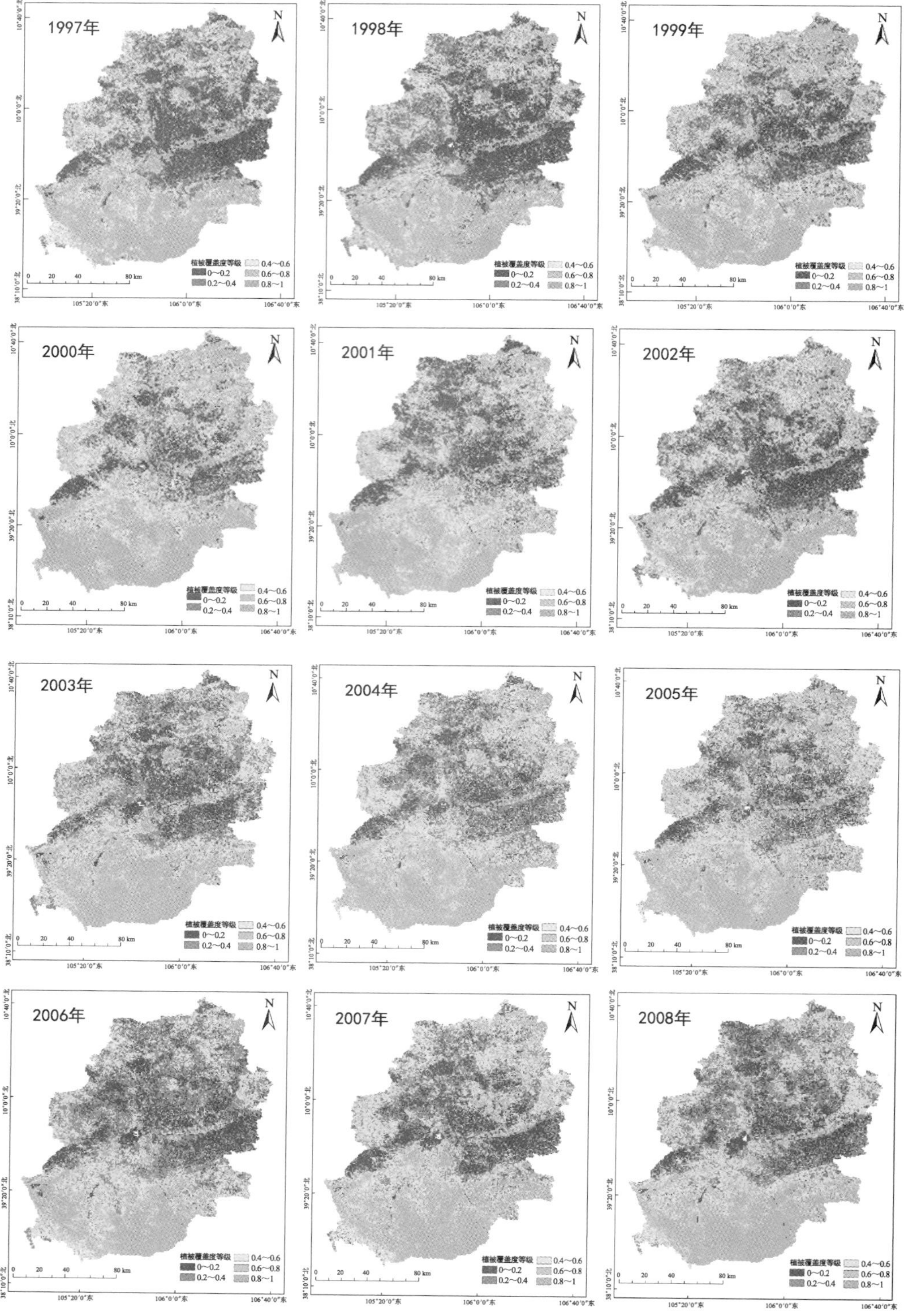
1997年
1998年
1999年
2000年
2001年
2002年
2003年
2004年
2005年
2006年
2007年
2008年
N
植被覆盖度等级
0～0.2
0.2～0.4
0.4～0.6
0.6～0.8
0.8～1
0 20 40 80 km

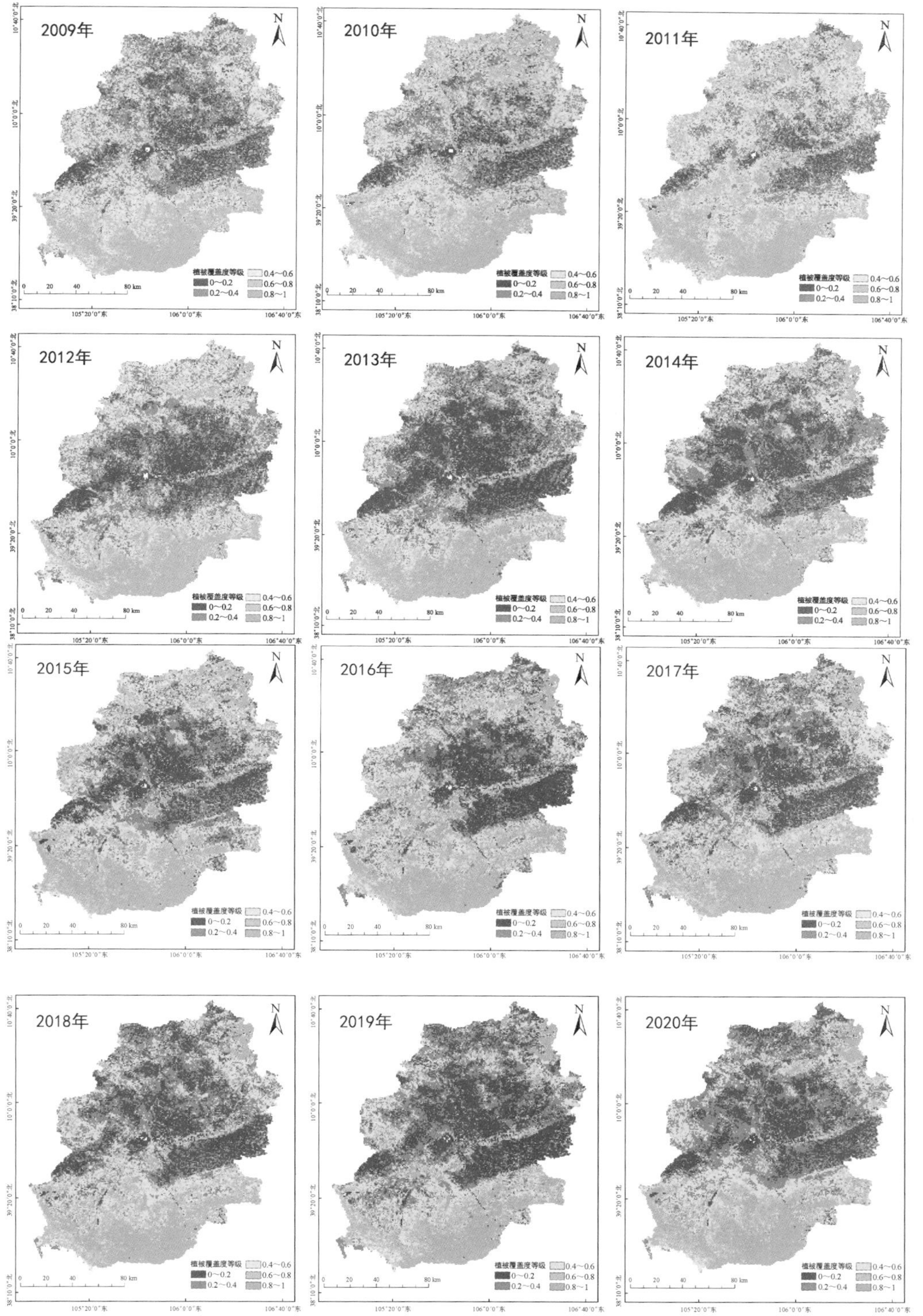

图 4-1　植被覆盖度空间分布图

Fig. 4-1　Spatial distribution of fractional vegetation cover

4.3.2 植被覆盖度趋势时空特征

4.3.2.1 植被覆盖度时间分析

由表 4-4 可知，1991 年到 2020 年，生长期研究区各月 FVC 范围为(0.28，0.6)，从提取数据来看，5 月植被生长程度最好，均值为 0.402 8，其次为 6 月、7 月、9 月、8 月。从数据整体来看，吉兰泰盐湖盆地流域各月植被覆盖度平均值较稳定，无明显波动。

表 4-4 1991—2020 年各生长期植被覆盖度

Tab. 4-4 Fractional vegetation cover by growth period from 1991 to 2020

年份	植被覆盖度均值					
	5 月	6 月	7 月	8 月	9 月	生长期平均值
1991	0.418 5	0.382 2	0.393 8	0.399 9	0.356 3	0.390 1
1992	0.593 2	0.331 2	0.349 1	0.303 4	0.337 5	0.382 9
1993	0.481 3	0.400 5	0.420 8	0.445 9	0.402 9	0.430 2
1994	0.412 4	0.410 2	0.335 7	0.348 9	0.352 0	0.371 8
1995	0.437 0	0.387 2	0.385 3	0.302 9	0.347 9	0.372 1
1996	0.438 9	0.388 8	0.360 5	0.363 1	0.345 0	0.379 3
1997	0.433 5	0.407 9	0.352 4	0.350 1	0.356 4	0.380 1
1998	0.355 1	0.349 4	0.368 3	0.370 7	0.395 1	0.367 7
1999	0.390 8	0.422 2	0.398 8	0.381 7	0.402 1	0.399 1
2000	0.430 1	0.441 9	0.374 5	0.370 0	0.359 9	0.395 3
2001	0.422 0	0.409 1	0.418 8	0.372 6	0.372 5	0.399 0
2002	0.395 0	0.341 9	0.360 2	0.399 2	0.384 9	0.376 2
2003	0.356 4	0.369 8	0.365 5	0.315 1	0.360 9	0.353 5
2004	0.441 8	0.426 1	0.366 4	0.342 8	0.355 9	0.386 6
2005	0.451 5	0.408 8	0.407 0	0.402 7	0.422 9	0.418 6
2006	0.361 2	0.312 3	0.343 7	0.339 3	0.358 2	0.342 9
2007	0.430 0	0.419 1	0.339 6	0.365 6	0.367 3	0.384 3
2008	0.389 1	0.375 9	0.373 9	0.346 1	0.358 1	0.368 6
2009	0.353 8	0.338 6	0.371 6	0.370 0	0.367 5	0.360 3
2010	0.421 6	0.399 1	0.389 3	0.407 8	0.393 0	0.402 2
2011	0.389 9	0.451 2	0.365 3	0.375 0	0.338 1	0.383 9
2012	0.365 7	0.357 2	0.348 3	0.360 6	0.358 3	0.358 0
2013	0.383 5	0.394 6	0.360 1	0.318 2	0.317 3	0.354 7
2014	0.407 3	0.401 3	0.343 7	0.308 9	0.330 2	0.358 3
2015	0.397 4	0.400 0	0.400 9	0.397 5	0.391 3	0.397 4
2016	0.283 2	0.327 8	0.393 1	0.395 6	0.383 6	0.356 7
2017	0.377 3	0.369 4	0.360 5	0.373 3	0.344 8	0.365 1

续表

年份	植被覆盖度均值					
	5 月	6 月	7 月	8 月	9 月	生长期平均值
2018	0.348 5	0.381 6	0.379 2	0.336 4	0.335 8	0.356 3
2019	0.326 9	0.340 9	0.330 3	0.351 7	0.348 0	0.339 6
2020	0.389 8	0.354 3	0.360 3	0.329 5	0.335 9	0.354 0

对各月植被覆盖度平均值与年份进行拟合，得到拟合方程如表 4-5 所示。斜率区间范围为[−0.003 8,−0.000 4]，决定系数 R^2 范围为[0.01,0.3786]。表明吉兰泰盐湖盆地流域研究区植被覆盖度随时间变化而逐年减小趋势，根据数理统计分析的角度来分析，决定系数 R^2 值范围介于 0～1.0 之间，当 R^2 越趋近于 1.0 时，表明数据拟合程度好，可行度高。因此，对研究区内植被覆盖度进行逐像元 Slope 趋势分析。

表 4-5　生长期植被覆盖度回归方程

Tab. 4-5　Regression equation for fractional vegetation cover during growth period

植被覆盖度	拟合方程	决定系数(R^2)
5 月	$y=0.003\ 8x+8.081\ 3$	0.378 6
6 月	$y=0.000\ 7x+1.886\ 8$	0.035
7 月	$y=0.000\ 5x+1.411\ 6$	0.036 2
8 月	$y=0.000\ 4x+1.141\ 5$	0.01
9 月	$y=0.000\ 7x+1.667\ 8$	0.053 4
生长期	$y=0.001\ 2x+2.837\ 8$	0.248 2

表 4-6　生长期植被覆盖度趋势等级像元个数

Tab. 4-6　Number of fractional vegetation cover trend levels during growth period

时间尺度	快速下降	缓慢下降	缓慢上升	快速上升
5 月	874	7 103	18 750	3 954
6 月	1 091	11 683	16 390	1 515
7 月	1 076	9 608	18 152	1 702
8 月	1 508	11 446	16 168	1 352
9 月	1 870	11 979	14 984	1 768
生长期	1 686	13 258	14 572	1 140

图 4-2 为吉兰泰盐湖盆地流域植被覆盖趋势分析图，从数值来看，各生长期斜率范围介于 0.000 4～0.003 8 之间，5 月、6 月、7 月、8 月、9 月斜率均值分别为 0.003 5、0.000 9、0.001 5、0.000 5 和 0.000 2，斜率均大于 0，表明这些月份研究区植被覆盖度整体呈现增长趋势，年际植被覆盖度斜率为−0.000 2。从分布来看，上升趋势与下降趋势分布较为分散，呈下降趋势像元主要分布在吉兰泰盐湖盆地流域北部罕乌拉苏木、巴彦木仁苏木以及敖伦布拉格苏木东北方向敖伦布拉格镇，上升趋势像元主要分布在吉兰泰镇南部锡林高勒苏木。年际植被覆盖度呈上升趋势占研究区面积的 48.68%，下降趋势占研究区总面积的 51.32%，整体呈现上升趋势；5 月植被覆盖度趋势呈上升趋势占研究区总面积的 25.99%，

下降趋势占研究区总面积的 74.01%；6 月植被覆盖度趋势呈上升趋势占研究区总面积的 41.64%，下降趋势占研究区总面积的 58.36%；7 月植被覆盖度趋势呈上升趋势占研究区面积的 34.87%，下降趋势占研究区总面积的 65.13%；8 月植被覆盖度趋势呈上升趋势占研究区总面积的 42.43%，下降趋势占研究区总面积的 57.57%；9 月植被覆盖度趋势呈上升趋势占研究区总面积的 45.26%，下降趋势占研究区总面积的 54.74%。

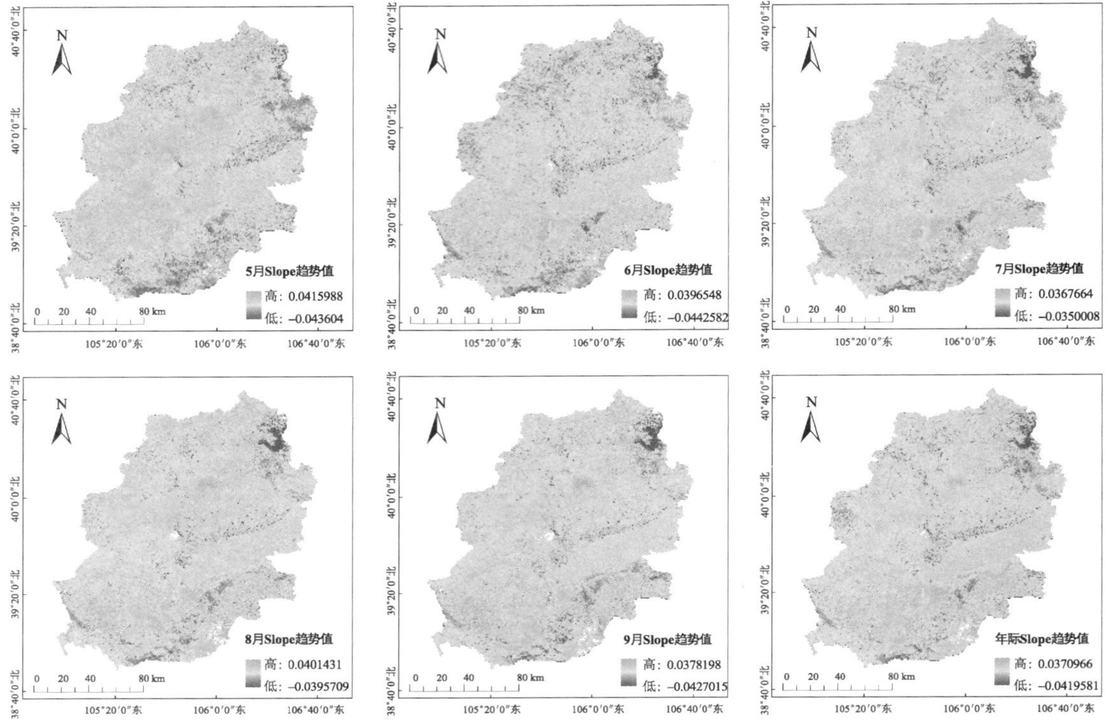

图 4-2　各生长期植被覆盖度趋势

Fig. 4-2　Trend of fractional vegetation cover by growth period

4.3.2.2　植被覆盖度空间分析

由表 4-7 可知，按行政区域划分，提取各年份 *FVC* 均值以及标准差分析可得：1991—2020 年，各地区 *FVC* 由小到大依次是滨河街道、巴彦木仁苏木、罕乌拉苏木、吉兰泰镇、敖伦布拉格苏木、洪格日鄂楞苏木、乌斯太镇、豪斯布尔杜苏木、通古勒格淖尔、锡林高勒苏木、古拉本敖包镇、布古图苏木。其中，滨河街道植被覆盖度最小，平均值为 0.301 0，而布古图苏木植被覆盖度较大，均值为 0.931 9，且通过标准差均值可知，布古图苏木地区标准差为 0.115 4，数据离散程度较小，植被覆盖度数据分布较为平均。离散程度大小依次是布古图苏木、洪格日鄂楞苏木、巴彦木仁苏木、通古勒格淖尔、古拉本敖包镇、罕乌拉苏木、滨河街道、吉兰泰镇、锡林高勒苏木、敖伦布拉格苏木、豪斯布尔杜苏木、乌斯太镇。这 12 个行政区的 FVC 数据离散程度介于 0.12～0.24 之间，从整体来看，各行政区内植被分布情况较为均匀。从实际空间来看，吉兰泰镇主要产业为制盐制碱，盐场制盐需求导致吉兰泰镇及周边区域植被覆盖度低。吉兰泰镇北部巴彦木仁苏木以及敖伦布拉格苏木靠近研究区乌兰布和沙漠，天然的地理环境不利于植被生长导致植被覆盖度数值较低。

表 4-7　各行政区植被覆盖度均值与标准差

Tab. 4-7　Mean fractional vegetation cover and standard deviation by administrative region

年份	锡林高勒苏木		乌斯太镇		通古勒格淖尔		吉兰泰镇		洪格日鄂楞苏木		豪斯布尔杜苏木		罕乌拉苏木		古拉本敖包镇		布古图苏木		滨河街道		巴彦木仁苏木		敖伦布拉格苏木	
	平均值	标准差	平均值	标准差	平均值	标准差	平均值	标准差	平均值	标准差	平均值	标准差	平均值	标准差	平均值	标准差	平均值	标准差	平均值	标准差	平均值	标准差	平均值	标准差
1991	0.77	0.20	0.71	0.22	0.70	0.19	0.45	0.21	0.54	0.14	0.71	0.20	0.35	0.19	0.88	0.16	0.87	0.16	0.36	0.20	0.36	0.15	0.43	0.19
1992	0.81	0.13	0.78	0.16	0.82	0..10	0.61	0.17	0.58	0.15	0.73	0.16	0.47	0.19	0.92	0.11	0.94	0.09	0.44	0.20	0.31	0.15	0.49	0.20
1993	0.73	0.21	0.68	0.25	0.74	0.18	0.48	0.21	0.69	0.15	0.64	0.19	0.54	0.16	0.89	0.16	0.95	0.12	0.39	0.19	0.38	0.18	0.56	0.20
1994	0.74	0.20	0.59	0.24	0.74	0.16	0.44	0.22	0.57	0.16	0.68	0.24	0.38	0.23	0.86	0.17	0.91	0.15	0.43	0.16	0.26	0.14	0.45	0.22
1995	0.86	0.14	0.65	0.23	0.85	0.11	0.44	0.23	0.50	0.13	0.86	0.15	0.32	0.17	0.89	0.14	0.92	0.11	0.30	0.18	0.29	0.13	0.40	0.19
1996	0.70	0.20	0.65	0.24	0.72	0.17	0.45	0.20	0.79	0.15	0.72	0.22	0.40	0.20	0.86	0.17	0.92	0.13	0.32	0.18	0.30	0.15	0.52	0.22
1997	0.73	0.21	0.56	0.26	0.63	0.20	0.43	0.23	0.55	0.15	0.67	0.23	0.35	0.20	0.84	0.20	0.86	0.20	0.29	0.24	0.32	0.17	0.42	0.20
1998	0.72	0.23	0.56	0.27	0.62	0.23	0.38	0.21	0.47	0.15	0.61	0.24	0.34	0.19	0.78	0.23	0.79	0.23	0.26	0.22	0.33	0.19	0.43	0.21
1999	0.72	0.21	0.55	0.22	0.75	0.19	0.42	0.21	0.70	0.16	0.71	0.23	0.41	0.21	0.78	0.21	0.88	0.17	0.33	0.22	0.39	0.19	0.53	0.23
2000	0.78	0.19	0.65	0.27	0.83	0.13	0.47	0.20	0.61	0.17	0.79	0.20	0.42	0.20	0.82	0.18	0.90	0.13	0.35	0.21	0.47	0.21	0.58	0.22
2001	0.76	0.19	0.57	0.20	0.78	0.14	0.47	0.22	0.41	0.17	0.82	0.19	0.35	0.19	0.75	0.20	0.83	0.15	0.35	0.20	0.44	0.19	0.47	0.21
2002	0.69	0.21	0.60	0.28	0.59	0.21	0.41	0.20	0.51	0.16	0.57	0.21	0.37	0.18	0.82	0.21	0.90	0.17	0.27	0.18	0.38	0.21	0.50	0.21
2003	0.75	0.22	0.57	0.24	0.76	0.24	0.43	0.21	0.53	0.25	0.59	0.21	0.34	0.20	0.88	0.16	0.97	0.08	0.30	0.18	0.37	0.16	0.41	0.20
2004	0.75	0.19	0.56	0.23	0.79	0.15	0.43	0.19	0.47	0.21	0.73	0.19	0.36	0.18	0.84	0.17	0.97	0.09	0.32	0.18	0.41	0.18	0.50	0.21
2005	0.76	0.20	0.55	0.23	0.78	0.16	0.47	0.22	0.57	0.21	0.76	0.22	0.40	0.20	0.80	0.19	0.93	0.12	0.38	0.22	0.44	0.18	0.53	0.23
2006	0.64	0.21	0.50	0.23	0.59	0.16	0.39	0.21	0.44	0.15	0.69	0.23	0.31	0.16	0.84	0.19	0.96	0.10	0.27	0.19	0.31	0.17	0.36	0.16

续表

年份	锡林高勒苏木		乌斯太镇		通古勒格淖尔		吉兰泰镇		洪格日鄂楞苏木		豪斯布尔杜苏木		罕乌拉苏木		古拉本敖包镇		布古图苏木		滨河街道		巴彦木仁苏木		敖伦布拉格苏木	
	平均值	标准差	平均值	标准差	平均值	标准差	平均值	标准差	平均值	标准差	平均值	标准差	平均值	标准差	平均值	标准差	平均值	标准差	平均值	标准差	平均值	标准差	平均值	标准差
2007	0.72	0.20	0.62	0.26	0.62	0.19	0.41	0.23	0.52	0.16	0.65	0.20	0.37	0.21	0.87	0.17	0.97	0.07	0.27	0.20	0.41	0.21	0.48	0.21
2008	0.73	0.21	0.62	0.24	0.72	0.20	0.41	0.20	0.38	0.17	0.65	0.20	0.32	0.16	0.87	0.16	0.97	0.07	0.30	0.20	0.36	0.16	0.41	0.18
2009	0.66	0.21	0.61	0.25	0.65	0.20	0.39	0.19	0.36	0.14	0.66	0.21	0.34	0.17	0.83	0.19	0.95	0.09	0.30	0.19	0.36	0.16	0.40	0.17
2010	0.70	0.21	0.59	0.25	0.68	0.15	0.42	0.19	0.81	0.20	0.72	0.21	0.45	0.22	0.81	0.19	0.96	0.08	0.33	0.23	0.39	0.18	0.57	0.23
2011	0.70	0.20	0.55	0.22	0.65	0.14	0.50	0.20	0.65	0.17	0.72	0.20	0.47	0.19	0.83	0.19	0.94	0.10	0.31	0.21	0.36	0.15	0.51	0.18
2012	0.64	0.22	0.60	0.24	0.61	0.21	0.31	0.16	0.59	0.19	0.53	0.20	0.35	0.19	0.84	0.19	0.97	0.08	0.23	0.14	0.30	0.14	0.48	0.20
2013	0.64	0.25	0.58	0.27	0.73	0.25	0.29	0.19	0.48	0.16	0.64	0.22	0.27	0.19	0.83	0.20	0.96	0.10	0.22	0.19	0.32	0.16	0.39	0.21
2014	0.71	0.23	0.60	0.24	0.74	0.19	0.32	0.19	0.49	0.16	0.64	0.22	0.29	0.17	0.84	0.18	0.98	0.09	0.26	0.19	0.30	0.16	0.41	0.21
2015	0.69	0.23	0.50	0.24	0.74	0.16	0.36	0.22	0.63	0.15	0.72	0.24	0.36	0.23	0.78	0.21	0.96	0.11	0.28	0.20	0.36	0.20	0.54	0.25
2016	0.69	0.23	0.59	0.26	0.71	0.23	0.45	0.25	0.53	0.14	0.62	0.25	0.32	0.18	0.77	0.22	0.98	0.08	0.22	0.20	0.30	0.17	0.48	0.24
2017	0.67	0.22	0.65	0.24	0.68	0.21	0.35	0.19	0.50	0.13	0.59	0.23	0.33	0.19	0.81	0.19	0.96	0.10	0.26	0.19	0.34	0.17	0.43	0.23
2018	0.70	0.21	0.60	0.24	0.69	0.19	0.37	0.20	0.38	0.12	0.63	0.22	0.30	0.17	0.80	0.21	0.98	0.08	0.24	0.21	0.32	0.16	0.40	0.23
2019	0.58	0.20	0.63	0.26	0.64	0.21	0.32	0.20	0.36	0.12	0.58	0.23	0.26	0.17	0.79	0.21	0.95	0.11	0.21	0.19	0.28	0.17	0.38	0.23
2020	0.69	0.19	0.57	0.23	0.69	0.17	0.34	0.18	0.35	0.12	0.69	0.23	0.29	0.17	0.85	0.17	0.94	0.11	0.24	0.17	0.33	0.17	0.44	0.25
均值	0.71	0.21	0.60	0.24	0.71	0.18	0.41	0.20	0.53	0.16	0.68	0.21	0.36	0.19	0.83	0.18	0.93	0.12	0.30	0.19	0.35	0.17	0.46	0.21

表 4-8 为吉兰泰盐湖盆地流域各行政区不同植被覆盖度等级所占比例。高植被覆盖(0.8～1.0)所占比例最高的是布古图苏木，植被覆盖面积占行政区域的 94.20%，最低为巴彦木仁苏木和罕乌拉苏木，均为 0.8%；较高覆盖度(0.6～0.8)所占比例最高的为通古勒格淖尔，数值为 55.3%，最低的是巴彦木仁苏木，仅占 1.3%；中覆盖度(0.4～0.6)比例最高的是洪格日鄂楞苏木，中覆盖度占全区域总面积的 56.9%，最低为布古图苏木，为 0.20%；较低覆盖度(0.2～0.4)比例最高为滨河街道，覆盖面积占滨河街道面积的 59.60%，最低为布古图苏木，数据为 0.00%；低覆盖度(0～0.2)等级下，所占比例最高的是滨河街道，为 25.00%，最低分别为通古勒格淖尔、古拉本敖包镇、洪格日鄂楞苏木和布古图苏木，均为 0.00%。从提取数据分析来看，布古图苏木、豪斯布尔杜苏木和通古勒格淖尔高植被覆盖及较高植被覆盖所占面积较大，植被生长形势较好。而罕乌拉苏木和巴彦木仁苏木低植被覆盖和较低植被覆盖所占面积较大，植被覆盖度较低。

表 4-8　各行政区域划分下植被覆盖度等级面积占比

Tab. 4-8　The proportion of fractional vegetation cover level area in each administrative area

行政区	植被覆盖度等级划分/%				
	0～0.2	0.2～0.4	0.4～0.6	0.6～0.8	0.8～1.0
锡林高勒苏木	0.30	3.00	22.00	39.40	35.30
乌斯太镇	0.60	15.20	34.40	33.10	16.70
通古勒格淖尔	0.00	1.40	18.10	55.30	25.20
吉兰泰镇	9.00	42.00	36.40	10.60	2.00
洪格日鄂楞苏木	0.00	27.10	56.90	14.40	1.60
豪斯布尔杜苏木	1.10	5.30	22.60	46.10	24.90
罕乌拉苏木	12.30	53.10	28.60	5.20	0.80
古拉本敖包镇	0.00	0.30	6.30	32.70	60.70
布古图苏木	0.00	0.00	0.20	5.60	94.20
滨河街道	25.00	59.60	9.10	4.20	2.10
巴彦木仁苏木	12.50	52.30	33.10	1.30	0.80
敖伦布拉格苏木	2.90	33.80	46.00	14.90	2.40

通过植被覆盖度等级划分，提取 1991—2020 年吉兰泰盐湖盆地流域植被覆盖等级面积占比，由表 4-9 可以看出，1991—2020 年全研究区植被覆盖等级面积占比较为均匀，较低覆盖面积占比略大一些，2009 年最大，占全研究区的 31.80%。近 30 年来，吉兰泰盐湖盆地流域植被覆盖度常年波动，变化无规律，1993 年数值出现突变，主要原因是研究区各驱动要素突变值与植被之间的响应导致数值异常。从数据来看，1991—2000 年，较低覆盖等级(0.2～0.4)与中覆盖等级(0.4～0.6)面积占比有明显上升趋势，较高覆盖等级(0.6～0.8)与高覆盖等级(0.8～1.0)略有下降。2001—2010 年，各植被覆盖等级无明显变化。2011—2020 年，低覆盖度等级(0～0.2)与较低覆盖等级(0.2～0.4)有明显上升趋势，相反，较高覆盖等级(0.6～0.8)与高覆盖等级(0.8～1.0)呈现明显下降趋势。低覆盖度等级所占面积比例上升也进一步表明研究区植被覆盖程度明显下降，生态环境问题正在面临着严峻的考验。

表 4-9　各年份研究区植被覆盖度等级面积占比

Tab. 4-9　Proportion of vegetation coverage grade area in study area by year

年份	植被覆盖度等级占比/%				
	0～0.2	0.2～0.4	0.4～0.6	0.6～0.8	0.8～1.0
1991	9.90	28.00	25.50	16.50	20.10
1992	6.50	13.70	25.00	31.20	23.60
1993	4.80	8.00	41.80	23.90	20.70
1994	14.80	25.40	24.20	16.60	19.00
1995	12.00	31.60	19.00	14.10	23.30
1996	9.80	24.90	26.80	18.30	20.20
1997	14.70	27.00	23.60	13.70	21.00
1998	16.70	30.40	24.10	12.90	15.90
1999	9.60	27.60	27.40	17.50	17.90
2000	7.10	21.80	27.90	22.70	29.50
2001	10.70	25.20	28.30	19.40	16.40
2002	11.50	30.90	26.90	13.80	16.90
2003	13.00	30.00	23.70	14.80	18.50
2004	9.30	28.30	27.30	17.90	17.20
2005	8.60	24.80	28.20	19.10	19.30
2006	15.50	34.60	24.10	12.40	13.40
2007	13.70	24.40	26.70	16.50	18.70
2008	12.20	30.80	25.10	14.50	17.40
2009	12.00	31.80	27.60	14.00	14.60
2010	8.50	24.80	28.00	20.00	18.70
2011	6.90	22.50	32.70	21.60	16.30
2012	16.20	31.40	25.10	13.20	14.10
2013	24.70	29.20	19.50	10.90	15.70
2014	20.10	30.30	20.40	12.40	16.80
2015	16.90	27.10	22.40	15.60	18.00
2016	18.20	25.50	23.40	15.10	17.80
2017	16.80	29.30	23.90	14.40	15.60
2018	19.00	29.00	22.80	13.80	15.40
2019	24.70	30.00	20.00	12.10	13.20
2020	18.40	31.70	20.60	13.60	15.70

4.3.3　植被覆盖度空间持续性

图 4-3 为吉兰泰盐湖盆地流域植被覆盖度 Hurst 空间分布，研究区 Hurst 指数的范围介于 0.16～0.74 之间。从整体来看，研究区植被覆盖度 Hurst 指数呈现反持续性区域共计

17 514.65 km^2，占总面积的 85.79%，植被覆盖度呈强反持续性区域面积为 2 495.73 km^2，弱反持续性区域面积为 14 685.32 km^2（表 4-10）。研究区内植被覆盖度 Hurst 指数呈现持续性总面积为 2 510.41 km^2，占总体面积的 14.21%。其中，强持续性区域所占面积为 14.68 km^2，弱持续性所占区域为 2 829.33 km^2。由图 4-3 可以看出，吉兰泰盐湖盆地流域植被覆盖度呈现强反持续性区域多集中在贺兰山脉西北方向、乌斯太镇、古拉本敖包镇以及锡林高勒苏木，整体表现为反持续性趋势。吉兰泰盐湖盆地流域植被覆盖度变化主要以弱持续性为主，未来植被覆盖度将呈现下降趋势。

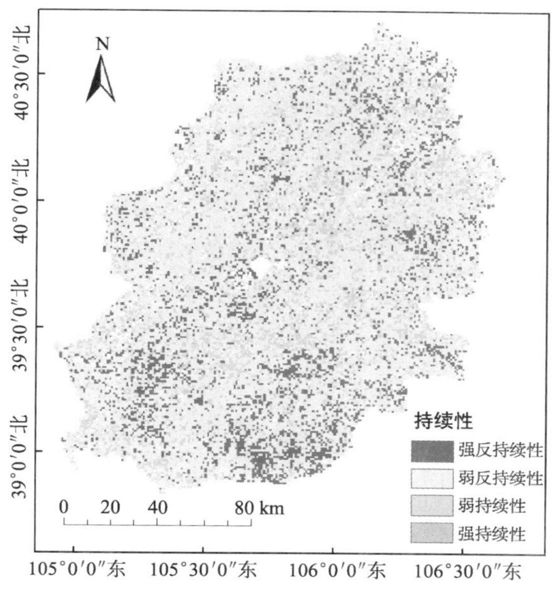

图 4-3　Hurst 指数空间分布

Fig. 4-3　The spatial distribution of the Hurst exponent

表 4-10　Hurst 指数等级面积占比

Tab. 4-10　Percentage of Hurst index grade area

等级	Hurst 指数	所占面积/km^2	所占比例/%
强反持续性	Hurst≤0.35	2,495.73	12.46
强持续性	Hurst>0.65	14.68	0.09
弱反持续性	0.35<Hurst≤0.5	14 685.32	73.33
弱持续性	0.5≥Hurst>0.65	2 829.33	14.12

4.3.4　植被覆盖度空间稳定性

图 4-4 为吉兰泰盐湖盆地流域植被覆盖度空间变异系数图。由图可知，吉兰泰盐湖盆地流域主要以不稳定为主，变异系数值介于 0%～539%之间，平均变异系数为 52.26%。植被覆盖度稳定区域面积为 839.05 km^2，占总面积的 4.19%（表 4-11），主要位于贺兰山西北部分地区和敖伦布拉格镇西南地区，海拔较高地区由于人类活动较少，植被覆盖度相对较稳定。植被覆盖度不稳定区域面积约为 4 170.21 km^2，占研究区总面积的 20.83%，主要分布于锡林高勒苏木、吉兰泰镇南部地区以及豪斯布尔都苏木。植被覆盖度极不稳定区域面积

为15 015.8 km²，占研究区总面积的74.98%，主要分布于吉兰泰镇、巴彦木仁苏木、罕乌拉苏木、敖伦布拉格苏木、乌斯太镇地区。根据实地调查可得知，吉兰泰盐湖盆地流域主要产业为制盐制碱以及开垦放牧，受人类活动影响较大，使得植被覆盖度稳定性较差，植被覆盖面积减少。

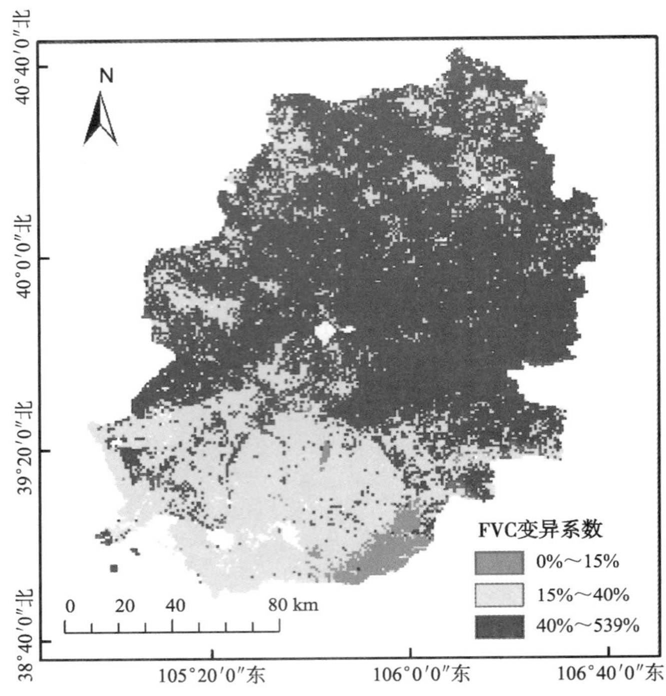

图 4-4 植被覆盖度变异系数空间分布

Fig. 4-4 Spatial distribution of fractional vegetation cover coefficient of variation

表 4-11 变异系数等级面积占比

Tab. 4-11 Proportion of coefficient of variation rank area

等级	变异系数 Cv	所占面积/km²	所占比例/%
稳定区域	$Cv \leqslant 0.15$	839.05	4.19
不稳定区域	$0.15 < Cv \leqslant 0.4$	4170.21	20.83
极不稳定区域	$Cv > 0.4$	15 015.80	74.98

4.3.5 流域景观格局特征

通过SHDI、LPI、LSI和SIDI四个景观指数分析，对吉兰泰流域景观格局特征进行分析，分别将五类指数划分为五个等级，即低值区、较低值区、中值区、较高值区和高值区。

4.3.5.1 SHDI

图4-5为吉兰泰盐湖盆地SHDI指数的空间分布图，SHDI低值区大部分分布在北部和中部，南部最少，从1980年到2015年低值区面积一直在扩大。SHDI高值区大部分分布在南部，东北部有一块呈聚集状态，从1980年到2015年高值区面积变化不大。

从SHDI指数的高值区和低值区分布来看，形成这种情况的原因主要是盐碱地、裸土地

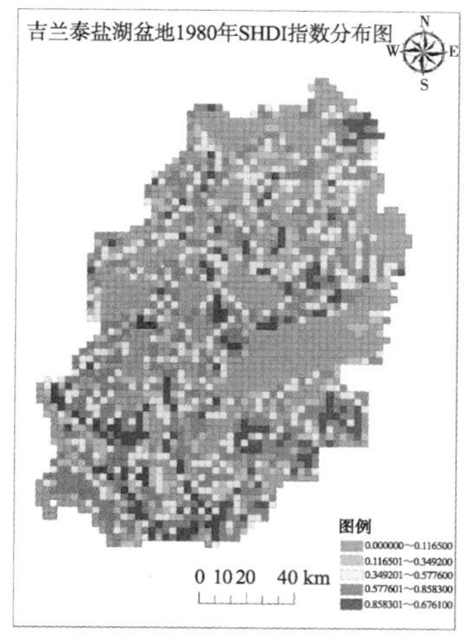

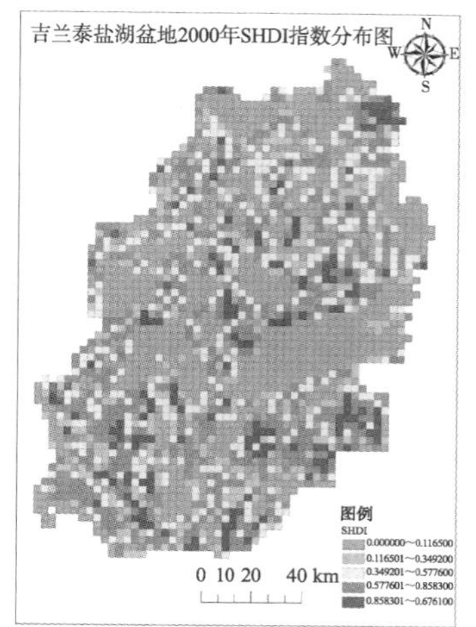

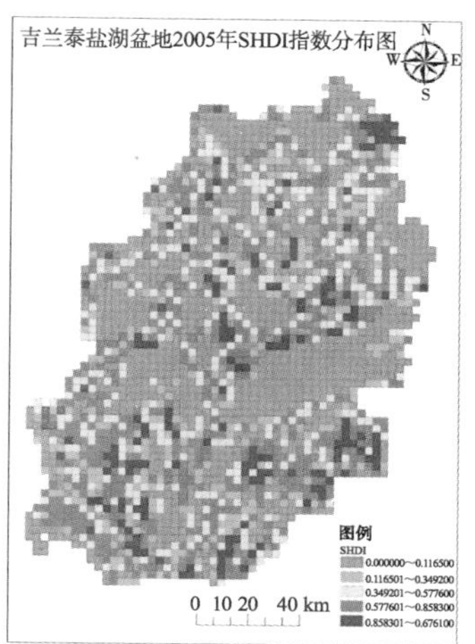

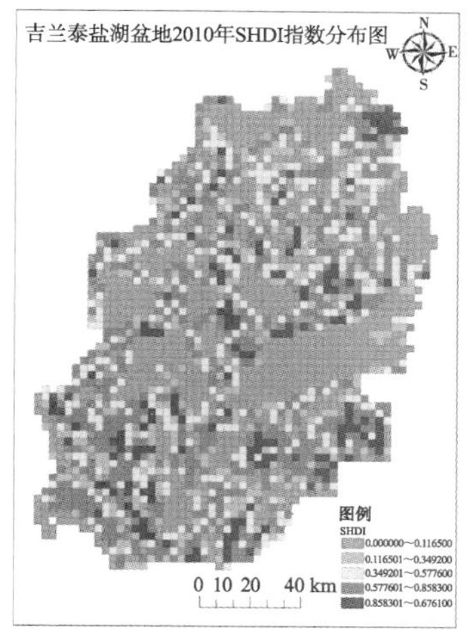

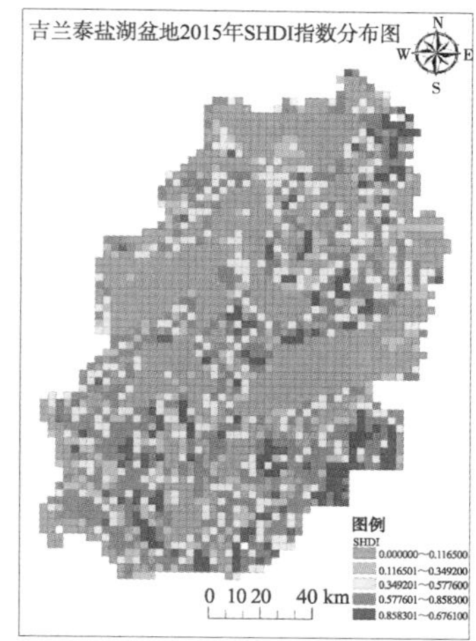

图 4-5　吉兰泰盐湖盆地 1980—2015 年 SHDI 指数分布图

Fig. 4-5　Distribution map of SHDI index in Jilantai Salt Lake Basin from 1980 to 2015

和裸岩石质地，经过时间的推移，受到人为开发，因此 SHDI 指数较高，而戈壁、沙地等开发利用程度低，人为影响少，且土地类型单一，所以 SHDI 指数较低。

图 4-6 为吉兰泰盐湖盆地 LPI 指数空间分布图，LPI 低值区大部分分布在南部和东北部，从 1980 年到 2015 年低值区面积一直在缩小。LPI 高值区大部分分布在北部和中部，南部最少，从 1980 年到 2015 年高值区面积一直在增大。

从 LPI 指数的高值区和低值区分布来看，形成这种情况的主要原因是盐碱地、裸土地和裸岩石质地，经过时间的推移，受到人为开发利用，导致最大地块面积有所减小，也反映了破碎化程度加重，由此导致 LPI 指数由低变高。而戈壁、沙地等土地类型受干扰小，所以 LPI 指数持续增大。

图 4-7 为吉兰泰盐湖盆地 LSI 指数空间分布图，LSI 低值区大部分分布在北部、中部和西部，南部最少，从 1980 年到 2015 年低值区面积一直在增大。LSI 高值区基本上集中分布在西南、东南和东北部，从 1980 年到 2015 年高值区面积变化不大。

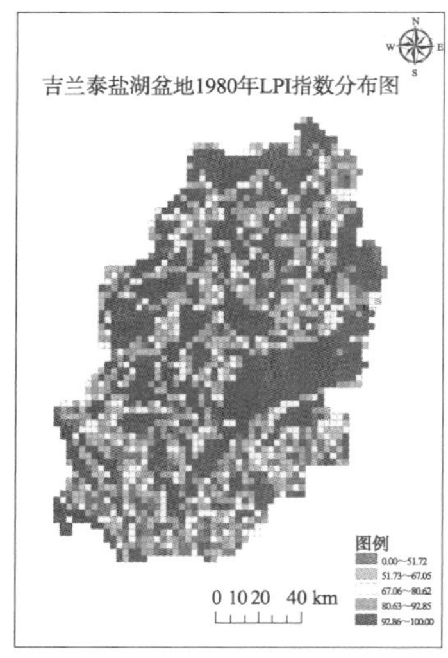

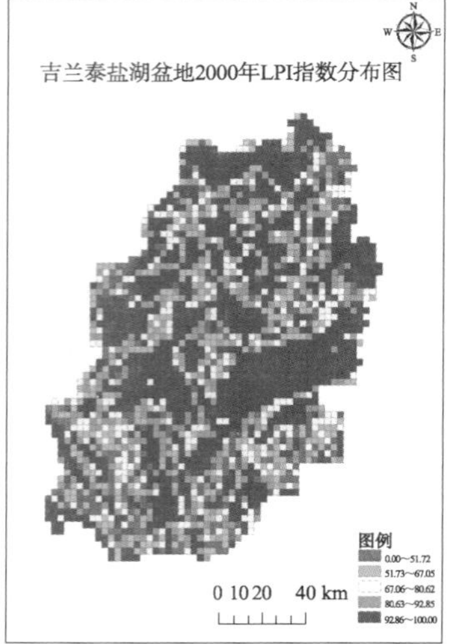

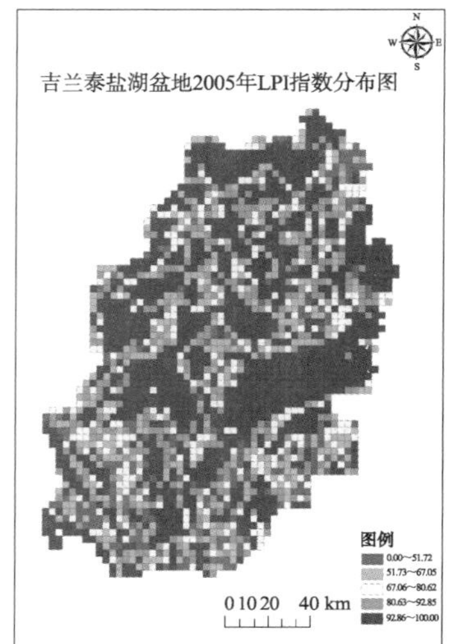

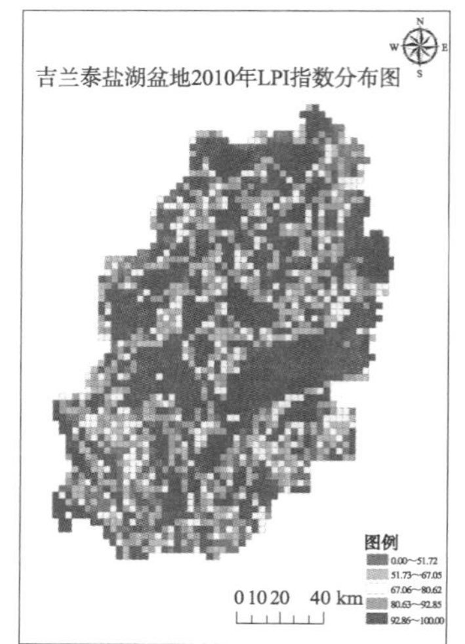

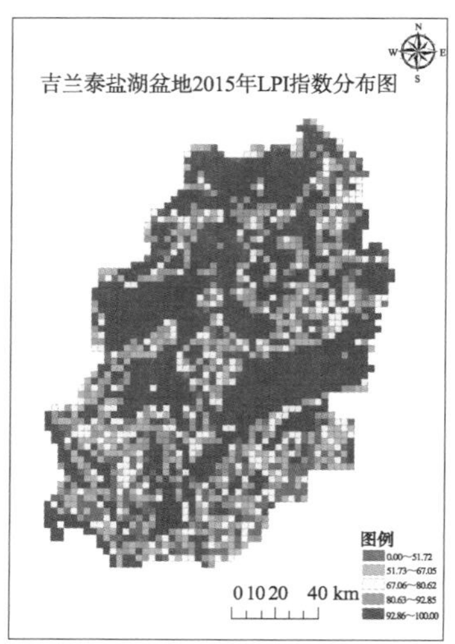

图 4-6 吉兰泰盐湖盆地 1980—2015 年 LPI 指数分布图

Fig. 4-6 Distribution map of LPI index in the Jilantai Salt Lake Basin from 1980 to 2015

从 LSI 指数的高值区和低值区分布来看，形成这种情况的主要原因是低值区都分布在戈壁、沙地中，土地利用类型变化小，所以聚集程度高，LSI 指数低。而西南部、东南部和东北部土地利用类型丰富，因此聚集程度低，LSI 指数高。

4.3.6 流域景观风险分析

将以上五张景观风险指数图划分为五个等级，分别为 0～0.2（低风险区），0.2～0.4（较低风险区），0.4～0.6（中风险区），0.6～0.8（较高风险区），0.8～1.0（高风险区），用来说明景观生态风险的相对大小。

由图 4-8 可以得出，从 1980 年到 2015 年低风险区的面积一直在扩大，高风险区的面积一直在减少，减少的面积主要变化为低风险区、较低风险区和中风险区。高风险区域主要集中在盐碱地，而低风险区主要集中在沙地和戈壁一带。

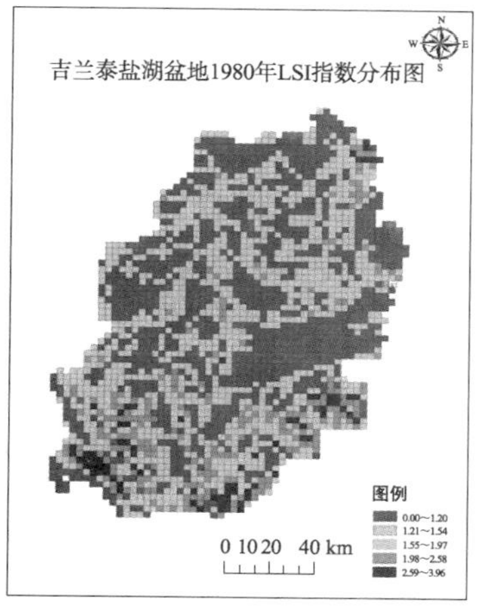

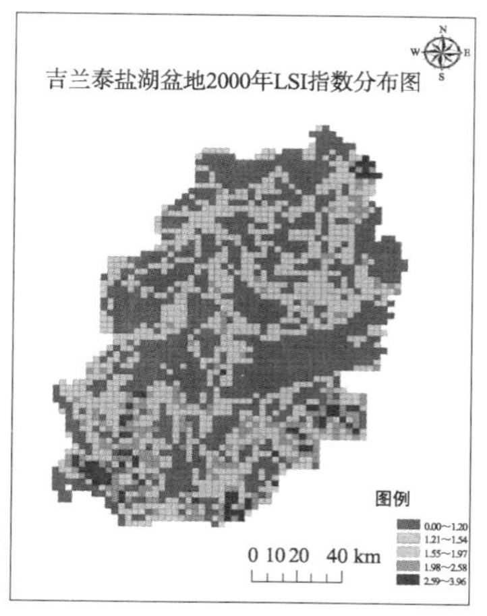

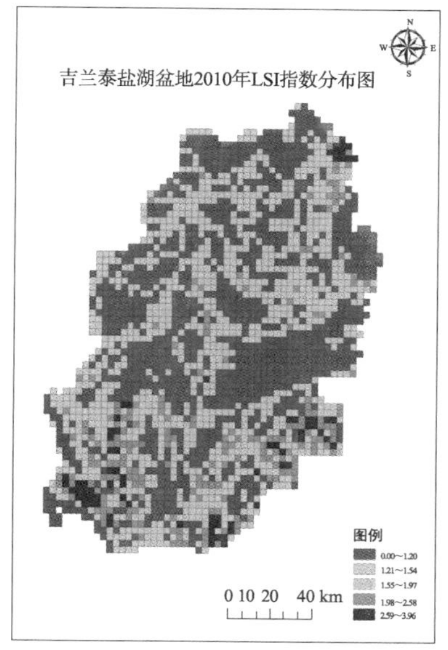

图 4-7　吉兰泰盐湖盆地 1980—2015 年 LSI 指数分布图

Fig. 4-7　Distribution map of LSI index in Jilantai Salt Lake Basin from 1980 to 2015

由于盐碱地受人类活动的影响，导致景观生态风险指数较高。在人为干扰和生态保护双重作用下，吉兰泰盐湖盆地景观风险指数有趋好态势。

4.4　结　论

吉兰泰盐湖盆地流域植被覆盖度值最大行政区域为布古图苏木，均值为 0.9319，滨河街道植被覆盖度最小，平均为 0.3010，各行政区植被覆盖度由小到大依次是滨河街道、巴彦木仁苏木、罕乌拉苏木、吉兰泰镇、敖伦布拉格苏木、洪格日鄂楞苏木、乌斯太镇、豪斯布尔杜苏木、通古勒格淖尔、锡林高勒苏木、古拉本敖包镇、布古图苏木。

提取 1991—2020 年研究区植被覆盖度像元信息，对 30 年植被覆盖度数据进行逐像元

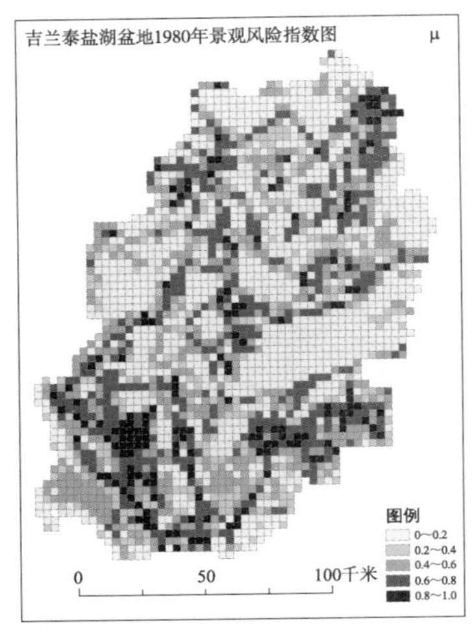

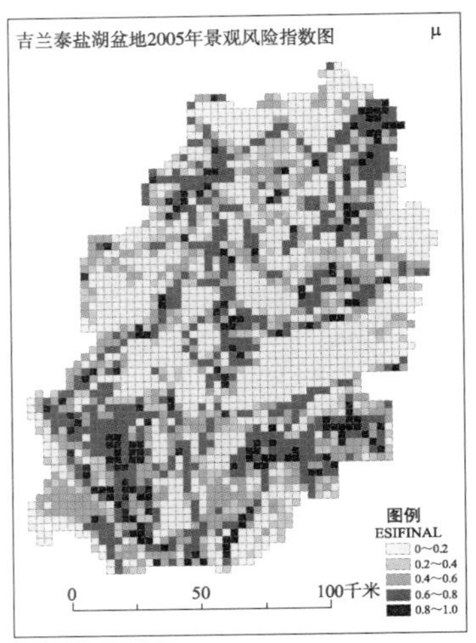

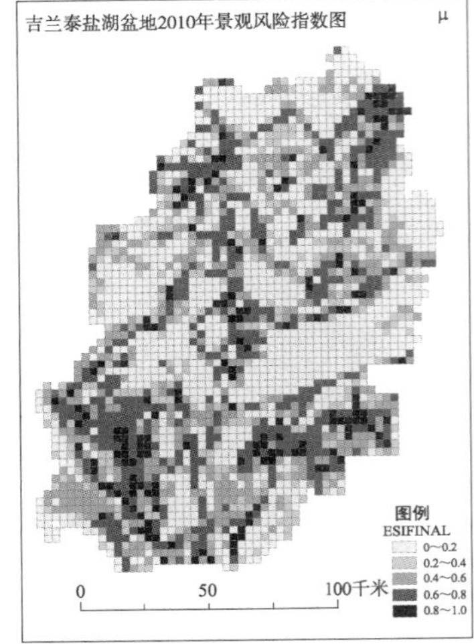

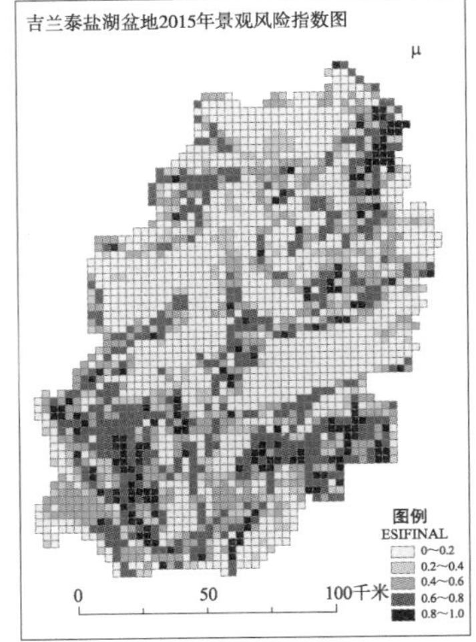

图 4-8　吉兰泰盐湖盆地 1980—2015 年景观风险指数图

Fig.4-8　Landscape risk index map of Jilantai Salt Lake Basin from 1980 to 2015

Slope 趋势分析，结果显示，生长期各月植被在 30 年的时间段里呈现增长趋势，增长地区主要分布在吉兰泰镇南部锡林高勒苏木，像元呈现下降趋势地区主要为乌拉苏木、巴彦木仁苏木以及敖伦布拉格苏木东北方向的敖伦布拉格镇。

空间持续性分析表明吉兰泰盐湖盆地流域 Hurst 指数的值介于 0.16～0.74 之间，其中呈现反持续性区域共计 17 514.65km^2，占总面积的 85.79%，植被覆盖度呈强反持续性区域面积为 2 495.73 km^2，占整个研究区的 12.46%，弱反持续性区域面积为 14 685.32 km^2，占整个研究区的 73.33%；呈现持续性总面积为 2 510.41 km^2，占总体面积的 14.21%，强持续性区域所占面积为 14.68 km^2，占研究区总面积的 0.09%，弱持续性所占区域为 2 829.33 km^2，占研究区总面积的 14.12%。

空间稳定性分析表明吉兰泰盐湖盆地流域整体上主要以不稳定为主，变异系数值介于 0%～539%之间，稳定区域面积为 839.05 km^2，占总面积的 4.19%，主要分布在贺兰山西北部分地区以及敖伦布拉格镇西南地区；不稳定区域面积约为 4 170.21 km^2，占研究区总面积的 20.83%，主要分布于锡林高勒苏木、吉兰泰镇南部地区以及豪斯布尔都苏木；极不稳定区域面积为 15 015.8 km^2，占研究区总面积的 74.98%，主要分布于吉兰泰镇、巴彦木仁苏木、罕乌拉苏木、敖伦布拉格苏木、乌斯太镇地区。

从 SHDI 指数和 LPI 指数上来看，盐碱地、裸土地和裸岩石质地，经过时间的推移，受到人为开发，因此 SHDI 指数较高，而戈壁、沙地等开发利用难度高，人为影响少，且土地类型单一，所以 SHDI 指数较低。盐碱地、裸土地和裸岩石质地，经过时间的推移，受到人为开发利用，导致最大地块面积有所减小，也反映了破碎化程度加重，因此导致 LPI 指数由低变高，而戈壁、沙地等土地类型干扰小，所以 LPI 指数一直在增大。从景观指数角度来看，流域西南部、东南部和东北部附近受人类活动的影响较大，土地利用类型多样，导致了景观生态风险指数较高，而沙地和戈壁附近由于受到人类活动影响较小，土地利用类型单一，所以景观生态风险指数较低。

参考文献

[1] Wang H, Guo Q, Ge X Q, et al. A spatio-temporal monitoring method based on multi-source remote sensing data applied to the case of the temi landslide[J]. Land, 2022, 11(8).

[2] J R Dymond, P R Stephens, P F Newsome, et al. Percentage vegetation cover of a degrading rangeland from SPOT[J]. International Journal of Remote Sensing, 1992, 13(11).

[3] 李苗苗. 植被覆盖度的遥感估算方法研究[D]. 北京：中国科学院研究生院(遥感应用研究所), 2003.

[4] 严彦彬. 植被覆盖度估算及变化研究[D]. 上海：东华理工大学, 2014.

[5] 章文波，符素华，刘宝元. 目估法测量植被覆盖度的精度分析[J]. 北京师范大学学报(自然科学版), 2001(3): 402-408.

[6] Curran P J, Williamson H D. Sample size for ground and remotely sensed data[J]. Remote Sensing of Environment, 1986, 20(1).

[7] 汪明霞，王卫东. 植被覆盖度的提取方法研究综述[J]. 黄河水利职业技术学院学报, 2013, 25(2): 23-26, 31.

[8] 温庆可，张增祥，刘斌，等. 草地覆盖度测算方法研究进展[J]. 草业科学, 2009, 26(12): 30-36.

[9] 宋雪峰，董永平，单丽燕，等. 用数码相机测定草地盖度的研究[J]. 内蒙古草业, 2004(4): 1-6.

[10] 张学霞，朱清科，吴根梅，等. 数码照相法估算植被盖度[J]. 北京林业大学学报, 2008(1): 164-169.

[11] 吴雪琼，覃先林，周汝良，等. 森林覆盖变化遥感监测方法研究进展[J]. 林业资源管理, 2010(4): 82-87.

[12] 潘勇. 遥感影像信息提取方法研究[J]. 数字技术与应用, 2010(12): 70.

[13] 韩涛. 遥感监测土地覆盖变化的方法及研究进展[J]. 干旱气象, 2004(2): 76-81.

[14] 刘慧平,朱启疆. 应用高分辨率遥感数据进行土地利用与覆盖变化监测的方法及其研究进展[J]. 资源科学,1999(3):25-29.

[15] 熊俊楠,彭超,程维明,等. 基于 MODIS-NDVI 的云南省植被覆盖度变化分析[J]. 地球信息科学学报,2018,20(12):1830-1840.

[16] 张本昀,喻铮铮,刘良云,等. 北京山区植被覆盖动态变化遥感监测研究[J]. 地域研究与开发,2008(1):108-112.

[17] Friedl M A,McIver D K,Hodges J C F,et al. Global land cover mapping from MODIS:algorithms and early results[J]. Remote Sensing of Environment,2002,83(1).

[18] 白黎娜,李增元,陈尔学,等. 干涉测量土地利用影像分类决策树法森林识别研究[J]. 林业科学,2003(1):86-90.

[19] 刘广峰,吴波,范文义,等. 基于像元二分模型的沙漠化地区植被覆盖度提取——以毛乌素沙地为例[J]. 水土保持研究,2007(2):268-271.

[20] Feng M,Sexton Joseph O,Huang C Q,et al. Earth science data records of global forest cover and change:Assessment of accuracy in 1990,2000,and 2005 epochs[J]. Remote Sensing of Environment,2016,184.

[21] 马俊海,刘丹丹. 像元二分模型在土地利用现状更新调查中反演植被盖度的研究[J]. 测绘通报,2006(4):13-16.

[22] 李华朋,张树清,孙妍. 基于光谱混合分析的城市植被覆盖度与地表温度关系的研究[J]. 中国科学院研究生院学报,2010,27(6):739-747.

[23] 申丽娜,景悦,孙艳玲,等. 基于 SPOT 数据的海河流域植被覆盖度变化图谱特征[J]. 天津师范大学学报(自然科学版),2018,38(4):60-67.

[24] 刘爱霞,刘正军,王静. 基于 PCA 变换和神经元网络分类方法的中国森林制图研究[J]. 长江流域资源与环境,2006(1):19-24.

[25] Jin X M,Liu J T,Wang S T,et al. Vegetation dynamics and their response to groundwater and climate variables in Qaidam Basin,China[J]. International Journal of Remote Sensing,2016,37(3).

[26] 陈秀妍. 2000—2016 年中亚天山植被动态变化及其驱动因素研究[D]. 中国科学院大学(中国科学院遥感与数字地球研究所),2018.

[27] 陈育峰. 气候变化对森林植被的可能影响——GIS 支持下的方法研究[J]. 地理学报,1995(S1):85-94.

[28] 宋立旺,邓健,王伟民,等. 基于 MODIS 数据的浙江省植被覆盖度时空变化分析[J]. 长江科学院院报,2021,38(5):40-46.

[29] Huang C Q,Song K,Kim Sunghee,et al. Use of a dark object concept and support vector machines to automate forest cover change analysis[J]. Remote Sensing of Environment,2007,112(3).

[30] John R G Townshend,Thomas E Goff,Compton J Tucker. Multitemporal dimensionality of images of normalized difference vegetation index at continental scales[J]. Ieee Transactions on Geoscience and Remote Sensing,1985,GE-23(6).

[31] 李苗苗,吴炳方,颜长珍,等. 密云水库上游植被覆盖度的遥感估算[J]. 资源科学,

2004(4):153-159.

[32] 韩信兴. 2000—2011 年东北亚地区植被覆盖度变化研究[D]. 北京:中国科学院研究生院(东北地理与农业生态研究所),2012.

[33] 邱临静,郑粉莉,尹润生. 1952—2008 年延河流域降水与径流的变化趋势分析[J]. 水土保持学报,2011,25(3):49-53.

[34] 王巨. 基于时序 NDVI 植被变化检测与驱动因素量化方法研究[D]. 兰州:兰州大学,2020.

第 5 章　流域地下水化学类别及特征

5.1　概　述

地下水化学特征是水文地球化学研究的重要内容之一，地下水化学特征与水文地质条件密切相关[1]。地下水在径流期间不断与周围环境发生物质交换，水中各组分含量及迁移规律受制于水文气象、地形地貌、含水层岩性、地下水补给和排泄等因素[2]，因此，不同地区会形成独特的地下水化学特征，即地下水的演化过程，而地下水的演化反过来也会改变周围环境[3]。因此，研究地下水化学特征对地下水资源的合理开发利用及生态环境保护具有重要意义。

在国外，早在 18 世纪中叶，Lomonosov 发现地下水是一种混合溶液，溶液中发生的化学反应离子质量始终守恒[4]；20 世纪初，苏联学者 САЩукалев 按照阴离子和阳离子的毫克当量百分数以及矿化度大小，将地下水分为 49 种类型，为水文地球化学研究奠定了基础[5]；1921 年全球第一个水文研究中心成立，系统研究不同地区天然水的水化学特征[6]；1929 年，苏联科学家 Vilnaski，在综合分析了大量地下水化学组分实测数据的基础上对天然水分类，并将地下水从一般天然水中划分出来[7]；Jayakumar 等[8]利用 R 型因子分析法分析了印度泰米尔沿海地区高韦里河雨季前后地下水中 K^+、Ca^{2+}、Na^+、Mg^{2+}、Cl^-、HCO_3^-、HNO_3^- 七大主要离子的变化规律，并研究了地下水来源，深入讨论了海水入侵对地下水的影响；Sikdar 等[9]利用主成分分析法对印度加尔各答和豪拉两个城市地下水化学成分分类，并结合各指标相关性分析，把地下水分为咸水、混合水、淡水，分别探讨了不同类型地下水的演化机理；R. Favara[10]通过对沙尔河盆地的水文地球化学研究，揭示了沙尔河在径流过程中水化学和同位素的时空演化及其主要污染过程；Srinivasamoorthy 等[11]运用 Piper 三线图、Gibbs 图、相关关系、离子比例系数法对印度泰米尔纳德邦子流域在季风前后两个季节的地下水水文化学特征和水质进行对比、分析评价；Sheikhy 等[12]在传统水文地球化学方法基础上把地统计学方法和 GIS 相结合，分析识别爱尔兰阿莫-巴布尔平原地下水的化学演化过程及控制因素；Subba Rao 等[13]利用 Piper 三线图、离子比例法、主成分分析法对印度安得拉邦贡图尔地区进行地下水化学特征分析与模拟。

在国内，地下水化学特征及演化规律研究方面成果颇丰。沈照理等[14]在 1993 年出版的《水文地球化学基础》一书中系统阐述了地下水化学组分的形成规律与水文地球化学的演化特征；任增平等[15]对比分析了达拉特旗平原区地下水含水层岩性特征，得出溶滤作用和浓缩作用对潜水影响较大，脱硫酸作用对承压水影响较大；安乐生等[16]利用数理统计、Piper 三线图和离子比例系数法对黄河三角洲地下水化学特征及成因进行了分区研究；袁建飞等[17]通过聚类分析和因子分析探讨了毕节市地下水化学组分特征及影响因素；王晓艳等[18]运用三角图示法、相关分析和离子比值法对哈密柳树沟流域地下水化学特征及来源进行综合分析；郭永海等[19]研究发现溶滤作用和蒸发浓缩作用是导致新疆雅满苏地区存在高矿化度地下水的主要原因；钱程等[20]利用多元统计法、Piper 三线图和 Gibbs 图、离子相关图等方法研究了宁夏东部盐池内流区浅层地下水化学特征，并做了成因分析；李华等[21]利用氢氧同位素和 PHREEQC 软件系统地对贵阳市三桥地区地下水化学特征进行分析并揭示其演化规律；郭晓冬等[22]将珲春盆地地下水化学统计数据与 MAPGIS 相结合，从空间上刻画了各组分的含量特征及水化学类型分布规律。

5.2　材料与方法

5.2.1　样品采集和分析测试

（1）采样点选取

采样点设置遵循《地下水环境监测技术规范》(HJ/T 164—2004)[23]，并结合盐湖盆地流域的地貌特征，考虑盐湖盆地地下水的汇流方向，在明确可能污染源分布的前提下，以吉兰泰盐湖为中心向四周发散状均匀布设，共 71 个采样点(图 5-1)，采样井为开采浅层地下水的饮用水井或灌溉用井。

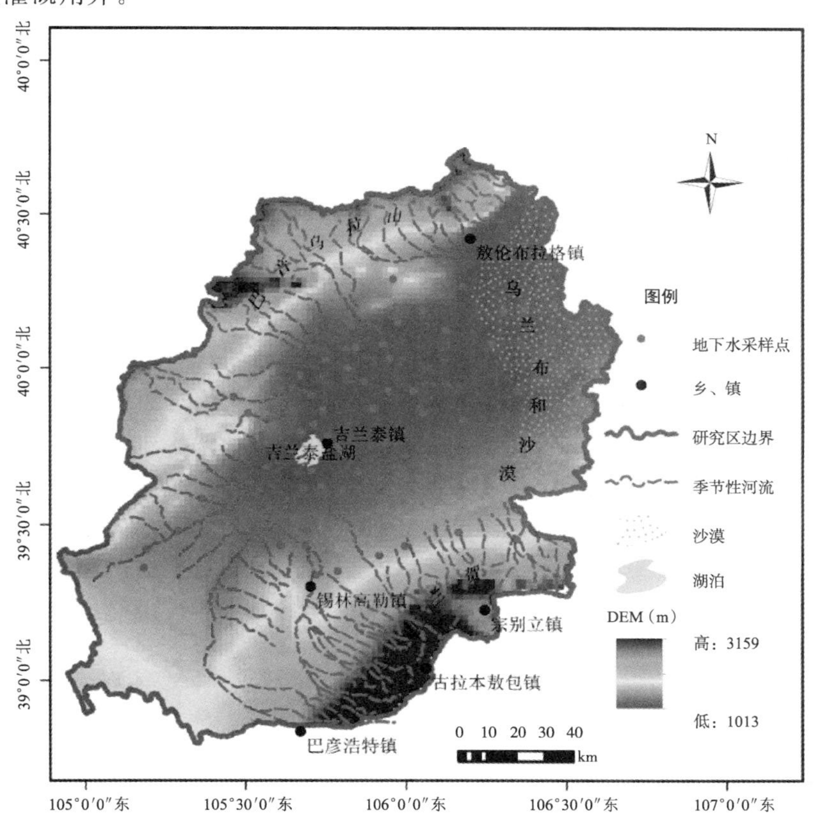

图 5-1　吉兰泰盐湖盆地地下水采样点分布

Fig. 5-1　Distribution of groundwater sampling points in Jilantai Salt Lake Basin

（2）样品分析与测试

测定并分析了吉兰泰盐湖盆地内 71 个地下水监测井水样的 19 项关键指标〔$\rho(Cr)$、$\rho(Cr^{6+})$、$\rho(As)$、$\rho(Hg)$、$\rho(K^+)$、$\rho(Ca^{2+})$、$\rho(Na^+)$、$\rho(Mg^{2+})$、$\rho(NH_4^+)$、$\rho(F^-)$、$\rho(Cl^-)$、$\rho(NO_2^-)$、$\rho(NO_3^-)$、$\rho(SO_4^{2-})$、EC、$\rho(COD_{Mn})$、$\rho(TDS)$、$\rho(HCO_3^-)$、pH〕。除 $\rho(As)$、$\rho(Hg)$

的检测依据为《中华人民共和国水利行业标准》(SL 327.1-4—2005)[24]外,其余指标按照《生活饮用水标准检验方法》(GB/T 5750—2006)[25]要求执行。采集样品均送于内蒙古自治区水资源保护与利用重点实验室测定,pH 通过 PB-21 酸度计(德国赛多利斯集团)测定,精度为 0.01;EC(电导率)、ρ(TDS)(溶解性总固体)均通过电导率仪 DDSJ-308A(上海仪电科学仪器股份有限公司)测定,测量范围分别为($0\sim1.999\times10^5$)μS/cm 和(0~19 990)mg/L;$\rho(COD_{Mn})$通过酸性高锰酸钾滴定法测定;$\rho(K^+)$、$\rho(Ca^{2+})$、$\rho(Na^+)$、$\rho(Mg^{2+})$、$\rho(NH_4^+)$、$\rho(F^-)$、$\rho(Cl^-)$、$\rho(NO_2^-)$、$\rho(NO_3^-)$、$\rho(SO_4^{2-})$、$\rho(HCO_3^-)$通过离子色谱仪 ICS-90A(戴安中国有限公司)测定。重金属采样瓶为细口塑料瓶,用 1∶1 硝酸溶液浸泡 48 h 后,分别用1∶1 盐酸溶液和二次蒸馏水洗涤数次,沥干备用。每组水样包括一个原水样(2.5 L)和一个加 HNO_3^-(1∶1)酸化的水样(1 L 塑料瓶),ρ(Hg)和 ρ(As)通过 PF6-2 型双道全自动原子荧光光度计(北京普希通用仪器有限责任公司)测定,检出限分别为 0.001 μg/L、0.01 μg/L,精密度<1.0%,测试线性范围>10^3;$\rho(Cr^{6+})$通过 TU-1810PC 紫外可见分光光度计(北京普希通用仪器有限责任公司)测定,检出限为 0.004 mg/L。为使实验分析更加准确,重金属含量测定全程做空白样,每个样品均采用 3 组平行实验,取 3 组均值作为最终测定值。

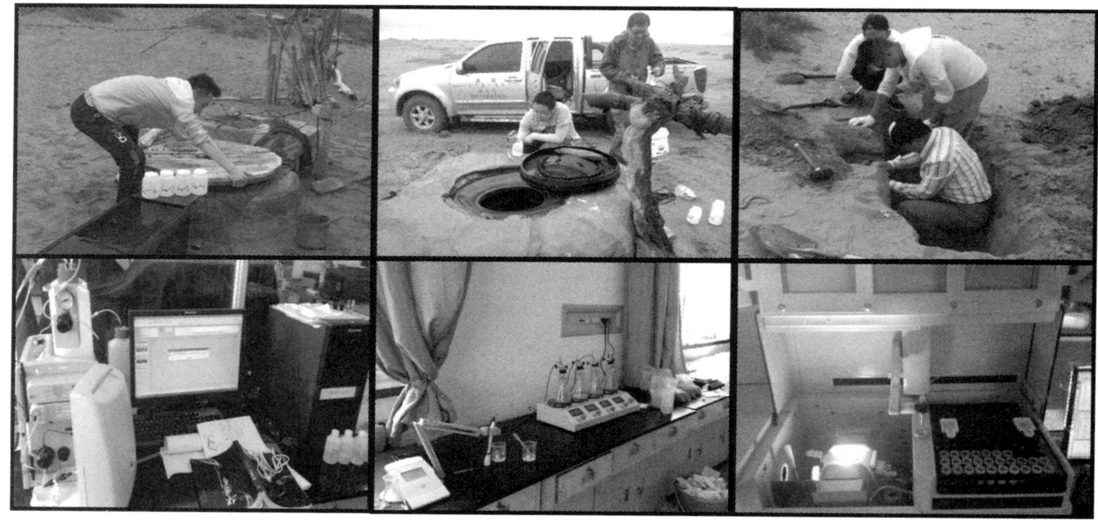

图 5-2 野外采样及室内分析

Fig. 5-2 Field sampling and indoor analysis

5.2.2 数据分析方法

(1) 相关性分析

相关性分析是判断地下水离子来源的重要手段,通过地下水化学指标间的密切程度,推断可能来源[26],若地下水化学指标间呈显著或极显著相关关系,则具有同源性。当 $r<|r_j|_{\min}$时,两种地下水化学指标不同源;而当 $r>|r_j|_{\min}$时,两种地下水化学指标同源或来源相似,其中

$$|r_j|_{\min}=\frac{t_n}{\sqrt{t_n^2+m-2}} \tag{5-1}$$

式中，$|r_j|_{min}$ 为地下水化学指标间显著相关系数最小值；n 为显著性水平；t_n 为分布双侧检验的临界值；m 为数据个数。

（2）舒卡列夫分类法

对地下水化学类型的研究采用舒卡列夫分类法[27]。舒卡列夫分类法是根据地下水中 K^+、Ca^{2+}、Na^+、Mg^{2+}、SO_4^{2-}、HCO_3^-、Cl^- 7 种离子（一般情况下 K^+ 和 Na^+ 合并）的相对含量进行组合划分。阴离子和阳离子分开计算，以毫克当量百分数≥25%作为组合定名的依据，共把地下水分成 49 种类型（表 5-1）。

表 5-1　舒卡列夫分类表

Tab. 5-1　Shug Kalev classification table

毫克当量百分数≥25%	HCO_3^-	$HCO_3^-+SO_4^{2-}$	$HCO_3^-+SO_4^{2-}+Cl^-$	$HCO_3^-+Cl^-$	SO_4^{2-}	$SO_4^{2-}+Cl^-$	Cl^-
Ca^{2+}	1	8	15	22	29	36	43
$Ca^{2+}+Mg^{2+}$	2	9	16	23	30	37	44
Mg^{2+}	3	10	17	24	31	38	45
Na^++Ca^{2+}	4	11	18	25	32	39	46
Mg^{2+}	5	12	19	26	33	40	47
Na^++Mg^{2+}	6	13	20	27	34	41	48
Na^+	7	14	21	28	35	42	49

（3）Piper 三线图示法

图示法与传统地下水类型分析方法相比，可以更直观地辨析不同地下水样点离子相对含量的异同，使地下水化学类型的划分更加简单。1944 年 Piper 首次提出的三线图（又称 Piper 三线图）是应用最广的水化学分析法之一。Piper 三线图由三个部分组成，左下方和右下方各一个三角形域，图的正上方是一个菱形域。左下方三角形由阳离子构成，右下方三角形由阴离子组成，不同水样点阴离子和阳离子的毫克当量百分数可用三线坐标分别单点表示，平行于三角形外边，以这两个单点为顶点作射线，相交于菱形域，在菱形域的交点即为地下水样点位置，这一交点可以说明一些水化学特征[28]，菱形域中不同的分区有不同的含义（图 5-3）。同时 Piper 三线图可以将多点数据集中在一张图上，便于发现与分析问题。

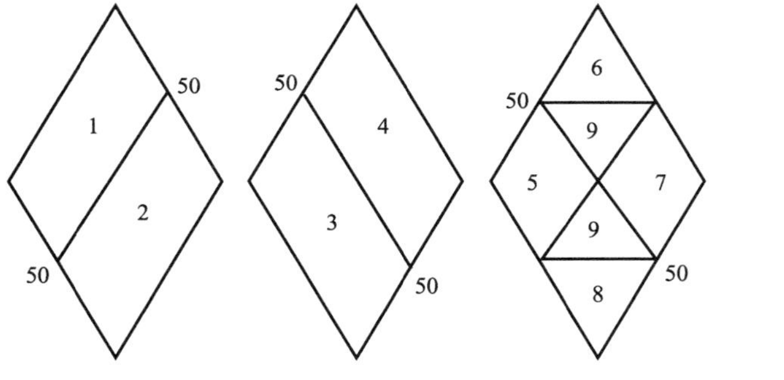

1区：碱土金属超过碱金属
2区：碱金属超过碱土金属
3区：弱酸超过强酸
4区：强酸超过弱酸
5区：碳酸硬度(次生碱度)超过50%
6区：非碳酸硬度(次生盐度)超过50%
7区：非碳酸碱金属(原生盐度)超过50%
8区：碳酸碱金属(原生碱度)超过50%
9区：无阴阳离子对超过50%

图 5-3　Piper 三线图菱形域分区

Fig. 5-3　Diamond domain partition of Piper trilinear diagram

(4) Gibbs 图

1970 年 Gibbs[29]为阐明控制世界地表水水化学的主要自然机制，测量得到不同地区雨水、河流、湖泊和海水中的 $\rho(TDS)$、$\rho(Cl^-)$、$\rho(HCO_3^-)$、$\rho(Na^+)$、$\rho(Ca^{2+})$的质量浓度数据，利用 $Cl^-/(Cl^-+HCO_3^-)$和 $Na^+/(Na^++Ca^{2+})$与 $\rho(TDS)$的关系，将地表水主要离子的控制类型归纳为蒸发浓缩型、岩石风化型和降水控制型。随着水化学组分控制机制的不断完善，众多学者将 Gibbs 图应用在地下水化学组分的研究中。在 Gibbs 图中，若水样点 $\rho(TDS)$值较大且 $Cl^-/(Cl^-+HCO_3^-)$或 $Na^+/(Na^++Ca^{2+})$比值介于 0.5～1 之间，则地下水主要离子的控制类型为蒸发浓缩型；若具有中等 $\rho(TDS)$且 $Cl^-/(Cl^-+HCO_3^-)$或 $Na^+/(Na^++Ca^{2+})$比值<0.5，则岩石风化作用对地下水主要离子影响较大；若 $\rho(TDS)$值在 10 mg/L附近且 $Cl^-/(Cl^-+HCO_3^-)$或 $Na^+/(Na^++Ca^{2+})$比值较大，则地下水主要离子的控制类型为降水控制型。

(5) 离子比值法

因为 Ca^{2+}/Na^+、HCO_3^-/Na^+和 Mg^{2+}/Na^+三组离子比与地下水流速、稀释效应、蒸发作用无关，所以这些比率常用来确定水和各种岩石之间的关系。若地下水水样 Mg^{2+}/Na^+、Ca^{2+}/Na^+和 HCO_3^-/Na^+三组比值分别接近 10、50、120，则碳酸盐岩矿物对地下水离子成分影响较大；若地下水水样 Mg^{2+}/Na^+、Ca^{2+}/Na^+和 HCO_3^-/Na^+三组比值分别接近 0.24±0.12、0.35±0.15、2±1[30]，则硅酸岩矿物对地下水离子成分影响较大。

5.3 结果与分析

5.3.1 地下水化学指标统计特征

由表 5-2 可见，吉兰泰盐湖盆地地下水呈现弱碱性环境，pH 平均值为 8.15，其变异系数在各项统计指标中最小，仅为 0.04。变异系数表征数据的离散程度，当其小于 0.1 时为弱变异，为 0.1～1 时为中等变异，大于 1 为强变异[31]。研究区内地下水 pH 相对稳定，总体变化不大。吉兰泰盐湖盆地地下水中 $\rho(Cr^{6+})$、$\rho(As)$、$\rho(Hg)$三种重金属的浓度范围跨度较大，最大值分别为最小值的 27、619 和 394 倍，平均浓度顺序为 $\rho(Cr^{6+})>\rho(As)>\rho(Hg)$。$\rho(Cr^{6+})$、$\rho(As)$两种重金属的变异系数超过 100%，具有强变异性，说明各采样点 $\rho(Cr^{6+})$、$\rho(As)$两种重金属含量存在较大变化，并且 $\rho(As)$的变异系数为 $\rho(Cr^{6+})$的 2 倍，表明 $\rho(As)$的含量变化尤为明显，不排除是受人类活动的影响所致，$\rho(Hg)$具有中等变异性，但变异系数也接近 100%，各点含量差异较 $\rho(Cr^{6+})$、$\rho(As)$小。$\rho(Cr^{6+})$、$\rho(As)$的最大值大于地下水质量Ⅲ类标准值，而最小值小于标准值，表明盐湖盆地存在局部超标点或超标区域，$\rho(Hg)$的最大值小于标准值，表明盐湖盆地整个区域无超标现象。在 19 项地下水化学指标中，除 $\rho(HCO_3^-)$、$\rho(Hg)$、$\rho(K^+)$为中等变异以及 pH 为弱变异外，其余指标均为强变异，质量浓度局部富集程度较高。地下水常规检测的七大离子中，阳离子质量浓度平均值由大到小为 $\rho(Na^+)>\rho(Ca^+)>\rho(Mg^+)>\rho(K^+)$；阴离子质量浓度平均值由大到小为 $\rho(Cl^-)>\rho(SO_4^{2-})>\rho(HCO_3^-)$。此外，研究区地下水 $\rho(TDS)$ 质量浓度平均值大于 2 g/L，为微咸水。

表 5-2 吉兰泰盐湖盆地地下水化学指标统计特征

Tab. 5-2 Statistical characteristics of groundwater chemical indicators in Jilantai Salt Lake Basin

水质指标	ρ/mg·L^{-1}									
	Cr	Cr^{6+}	As	Ca^{2+}	Na^{+}	Mg^{2+}	NH^{4+}	F^{-}	Cl^{-}	Hg
最小值	0.004	0.004	0.000 1	5.66	58.83	4.77	0.03	0.02	43.07	0.000 02
最大值	0.187	0.109	0.065 6	1 021.46	5 154.55	396.26	126.62	46.18	9 100.89	0.000 788
平均值	0.027	0.019	0.004 8	109.85	879.34	70.21	5.27	2.91	1 086.09	0.000 176
标准差	0.034	0.022	0.010 9	161.3	1 078.68	86.47	16.66	5.77	1 596.21	0.000 168
中值	0.15	0.011	0.001 6	56.03	340.04	32.98	0	1.29	306.11	0.000 124
变异系数	1.26	1.13	2.26	1.47	1.23	1.23	3.16	1.98	1.47	0.956
标准值[1)]	—	0.05	0.01	—	200	—	0.5	1	250	0.001

水质指标	ρ/mg·L^{-1}							EC	pH
	K^{+}	NO_2^-	NO_3^-	SO_4^{2-}	COD_{Mn}	TDS	HCO_3^-		
最小值	0.151	0.01	0.08	0.09	0.07	156	1	449	7.2
最大值	64.668	1.82	8.58	24.63	105.28	12 140.00	8	24 300.00	8.82
平均值	13.797	0.29	0.67	3.16	4.18	2 019.99	3.09	4 005.70	8.11
标准差	12.86	0.44	1.3	4.85	15.73	2 352.80	1.61	4 697.43	0.35
中值	10.161	0.1	0.25	1.25	0.73	886	2.6	1 776.00	8.15
变异系数	0.93	1.54	1.94	1.54	3.77	1.16	0.52	1.17	0.04
标准值[1)]	—	1	20	250	3	1 000.00	—	—	6.50～8.50

注：EC 单位为 μS/cm。

5.3.2 地下水化学指标相关性

由表 5-3 和表 5-4 中地下水化学指标间的相关关系可知，$\rho(Cr^{6+})$与$\rho(Cr)$、$\rho(K^{+})$呈极显著的正相关关系，而与其他化学组分或指标的相关性不显著，$\rho(Cr^{6+})$部分超标的原因包括吉兰泰盐湖盆地的高锰酸盐指数偏高，促使 Cr^{3+} 容易氧化成为 Cr^{6+}；$\rho(Hg)$与$\rho(SO_4^{2-})$呈极显著正相关关系，与 $\rho(NO_3^-)$呈显著正相关关系，而与其他化学组分或指标的相关性不显著，表明 Hg 的存在受制于酸碱条件；$\rho(As)$与 $\rho(COD_{Mn})$呈极显著正相关关系，与 $\rho(Cr)$呈显著正相关关系，且与大多数元素呈不明显的负相关关系，$\rho(As)$与 $\rho(Cr)$存在一定的同源关系。$\rho(NH_4^+)$与 $\rho(Ca^{2+})$、$\rho(Na^{+})$之间存在极显著正相关关系，说明其来源相近；$\rho(TDS)$、EC 与 $\rho(K^{+})$、$\rho(Ca^{2+})$、$\rho(Na^{+})$、$\rho(Mg^{2+})$、$\rho(Cl^{-})$都存在极显著正相关关系，说明这五种离子对 $\rho(TDS)$、EC 的贡献较大，离子质量浓度大小和空间分布会显著影响 $\rho(TDS)$、EC。$\rho(Cl^{-})$与 10 项水质指标存在极显著相关关系，说明 Cl^{-} 作为吉兰泰盐湖盆地地下水中主要阴离子对其他水质指标影响极大。

表 5-3　地下水化学指标相关关系(A)

Tab. 5-3　Correlational relationship of groundwater chemical indicators (A)

化学指标	$\rho(Cr)$	$\rho(Cr^{6+})$	$\rho(Hg)$	$\rho(As)$	$\rho(K^+)$	$\rho(Ca^{2+})$	$\rho(Na^+)$	$\rho(Mg^{2+})$	$\rho(NH_4^+)$
$\rho(Cr)$	1.000								
$\rho(Cr^{6+})$	0.819**	1.000							
$\rho(Hg)$	−0.180	−0.129	1.000						
$\rho(As)$	0.268*	−0.089	−0.129	1.000					
$\rho(K^+)$	0.376**	0.405**	0.094	0.024	1.000				
$\rho(Ca^{2+})$	−0.064	−0.057	0.132	−0.175	0.255*	1.000			
$\rho(Na^+)$	0.021	0.073	0.151	−0.155	0.503**	0.781**	1.000		
$\rho(Mg^{2+})$	0.030	0.074	0.051	−0.153	0.562**	0.586**	0.796**	1.000	
$\rho(NH_4^+)$	−0.132	−0.127	0.097	−0.001	0.024	0.553**	0.365**	0.022	1.000
$\rho(F^-)$	−0.124	−0.100	−0.030	−0.047	−0.056	−0.024	−0.079	0.041	−0.045
$\rho(Cl^-)$	−0.011	−0.045	0.198	0.042	0.181	0.575**	0.557**	0.329**	0.585**
$\rho(NO_2^-)$	−0.113	−0.133	0.228	0.035	0.042	−0.030	0.073	0.004	0.029
$\rho(NO_3^-)$	−0.154	−0.166	0.264*	0.058	0.007	0.020	0.122	0.020	0.089
$\rho(SO_4^{2-})$	−0.159	−0.175	0.315**	0.074	0.074	0.027	0.139	0.053	0.048
$\rho(EC)$	0.029	−0.017	0.144	−0.080	0.404**	0.783**	0.958**	0.797**	0.354**
$\rho(COD_{Mn})$	0.288*	−0.061	−0.116	0.363**	0.071	0.050	0.097	0.083	−0.072
$\rho(TDS)$	0.062	0.020	0.141	−0.085	0.478**	0.781**	0.968**	0.810**	0.338**
$\rho(HCO_3^-)$	0.009	−0.022	0.087	0.100	0.295*	−0.111	0.095	0.118	0.043
pH	−0.172	−0.169	−0.157	−0.055	−0.209	−0.161	−0.275	−0.268*	−0.060

注：* 为显著相关；** 为极显著相关。

表 5-4　地下水化学指标相关关系(B)

Tab. 5-4　Correlational relationship of groundwater chemical indicators (B)

化学指标	$\rho(F^-)$	$\rho(Cl^-)$	$\rho(NO_2^-)$	$\rho(NO_3^-)$	$\rho(SO_4^{2-})$	$\rho(EC)$	$\rho(COD_{Mn})$	$\rho(TDS)$	$\rho(HCO_3^-)$	pH
$\rho(F^-)$	1.000									
$\rho(Cl^-)$	0.031	1.000								
$\rho(NO_2^-)$	0.273*	0.320**	1.000							
$\rho(NO_3^-)$	0.125	0.302*	0.650**	1.000						
$\rho(SO_4^{2-})$	0.127	0.396**	0.914**	0.779**	1.000					
$\rho(EC)$	−0.077	0.581**	0.094	0.163	0.170	1.000				
$\rho(COD_{Mn})$	0.020	0.092	−0.035	−0.038	−0.043	0.165	1.000			
$\rho(TDS)$	−0.087	0.558**	0.098	0.160	0.162	0.987**	0.162	1.000		
$\rho(HCO_3^-)$	−0.113	−0.096	0.038	0.167	0.098	0.141	0.008	0.140	1.000	
pH	0.050	−0.476**	−0.054	−0.189	−0.143	−0.256*	−0.191	−0.255*	0.022	1.000

注：* 为显著相关；** 为极显著相关。

5.3.3　地下水舒卡列夫分类

在自然地质条件和人类活动等因素的共同影响下，研究区地下水水化学类型以 Cl^--Na^+ 型占主导，HCO_3^- · Cl^--Na^+ 型、Cl^--Na^+ · Ca^{2+} 型、Cl^--Na^+ · Ca^{2+} · Mg^{2+} 型和 l^-$-$Na^+$ · Mg^{2+} 型多种共存(图 5-4)。

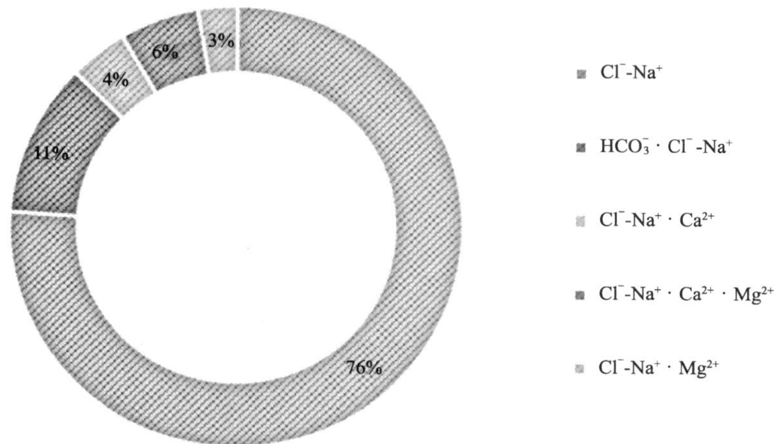

图 5-4　吉兰泰盐湖盆地地下水化学类型占比

Fig. 5-4　Percentage of groundwater chemical types in Jilantai Salt Lake Basin

研究区 Cl^--Na^+ 型地下水广泛分布，盐湖盆地北部是 Cl^--Na^+ 型地下水集中分布区域，在此区域未见其余类型地下水出现。盐湖盆地西南部的图格力高勒沟谷一带的地下水化学类型主要是 HCO_3^- · Cl^--Na^+ 型，对比整个研究区地下水类型分布特征，说明 HCO_3^- 对图格力高勒沟谷地下水的影响相对较大。在图格力高勒沟谷上游、吉兰泰盐湖的西南部、锡林高勒镇东北部各出现一个水样点地下水化学类型为 Cl^--Na^+ · Ca^{2+} 型，表明 Cl^--Na^+ · Ca^{2+} 型地下水分布比较分散。Cl^--Na^+ · Ca^{2+} · Mg^{2+} 型地下水集中出现在锡林高勒镇的东北部，4 种离子可以显著影响当地地下水，说明锡林高勒镇周围地下水化学成分相对复杂。吉兰泰盐湖东部、靠近乌兰布和沙漠西南边缘处各出现 1 个 Cl^--Na^+ · Mg^{2+} 型地下水水样点。总体上看，盐湖盆地北部区域地下水化学类型为单一的 Cl^--Na^+ 型地下水，而盐湖盆地南部区域地下水类型则相对丰富。

5.3.4　Piper 三线图分类特征

图 5-6 左下方三角形域对应的采样点多分布在图 5-5 右下区域，Na^+ 的毫克当量百分数远高于 Ca^{2+}、Mg^{2+}，即 Na^+ 为主导阳离子；右下方三角形域对应的采样点基本落于靠近 Cl^- 轴且毫克当量百分数较高区域，大部分集中在 90%以上，远超过 $CO_3^{2-}+HCO_3^-$ 和 SO_4^{2-}，即 Cl^- 为主导阴离子；菱形域中水样点集中在 7 区，原生盐度超过 50%，多为海水或卤水。研究区地下水系统围岩岩性为第四纪更新统湖积物，吉兰泰盐湖区存在大量蒸发盐沉积物，岩盐溶解可产生大量 Cl^-、Na^+，此外芒硝风化溶解也可产生 Na^+，由此可以判断地下水中主要阴阳离子为自然起源。

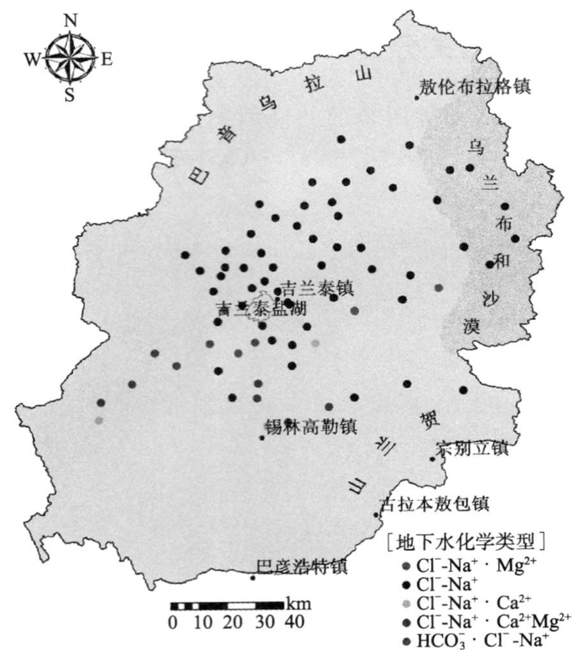

图 5-5 吉兰泰盐湖盆地地下水化学类型分布图

Fig. 5-5 Distribution of groundwater chemical types in Jilantai Salt Lake Basin

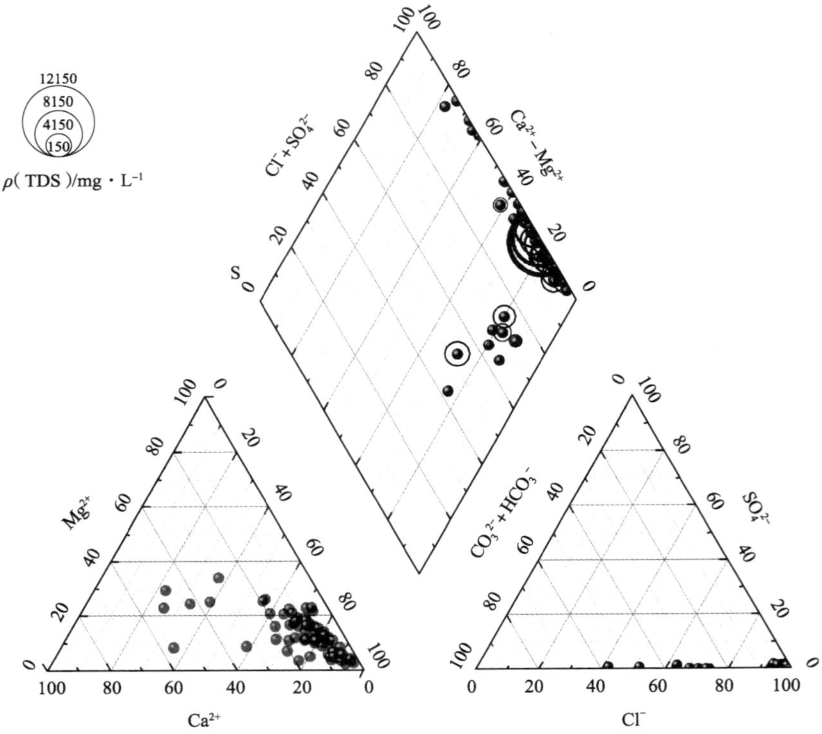

图 5-6 吉兰泰盐湖盆地地下水 Piper 三线图

Fig. 5-6 Pipertrilinear diagram of groundwater in Jilantai Salt Lake Basin

5.3.5 Gibbs 特征分析

研究区内地下水 ρ(TDS)范围介于 156～12 140 mg/L 之间，$Cl^-/(Cl^-+HCO_3^-)$质量浓度比值全部>0.9，$Na^+/(Na^++Ca^{2+})$质量浓度比值范围介于 0.34～0.98 之间，仅 4 个水样点 $Na^+/(Na^++Ca^{2+})$比值<0.5，绝大多数水样点集中在右上角的虚线框内(图 5-7)。说明蒸发浓缩作用是决定吉兰泰盐湖盆地地下水主要离子的重要机制，而岩石风化、降水控制作用对研究区内地下水主要离子的影响十分微弱。

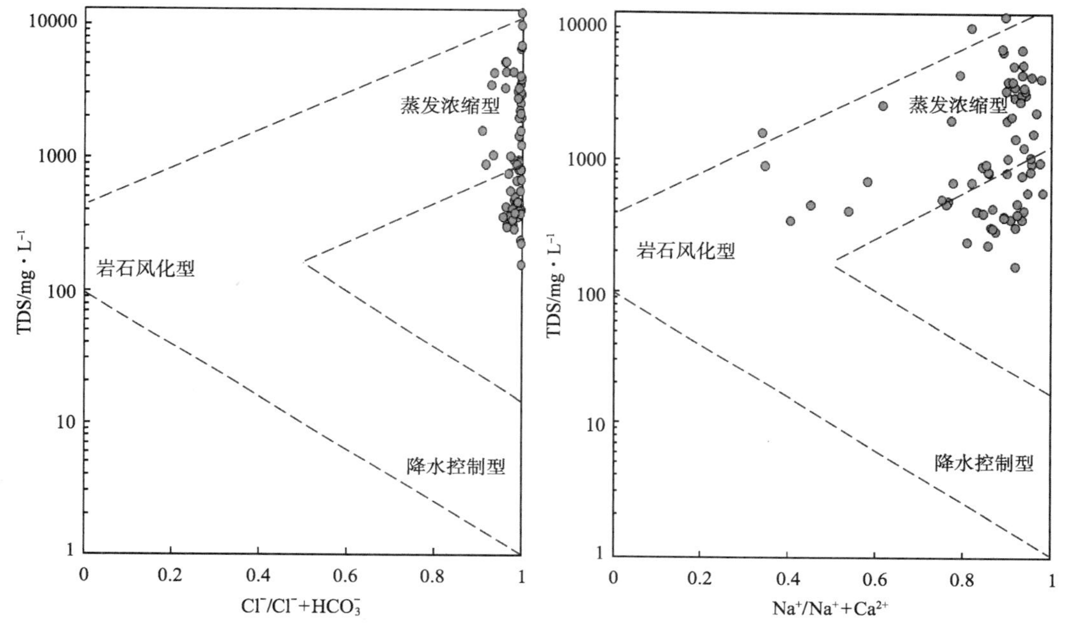

图 5-7　吉兰泰盐湖盆地地下水 Gibbs 图

Fig. 5-7　Gibbs plots of groundwater in Jilantai Salt Lake Basin

吉兰泰盐湖盆地地下水水样主要分布在蒸发盐岩矿物和硅酸盐岩矿物之间(图 5-8)，且更靠近蒸发盐岩控制的区域，说明研究区地下水化学成分受蒸发盐岩风化影响更大，硅酸盐岩矿物风化次之，但并不排除碳酸盐岩矿物对研究区地下水的贡献。

5.3.6 离子比值特征

影响地下水化学演化方向的因素有很多，通常用地下水中离子比值来确定各种离子的来源及推演不同离子在地下水系统中的水化学过程[32]。研究区地下水主导阴离子是 Cl^-，化学性质稳定，不易与其他离子发生反应，是推断相关离子来源的重要依据。地下水中 Cl^- 的来源较广，沉积岩氯化物的溶解、岩浆岩含氯矿物的风化溶解、火山喷发物的溶滤都可以产生 Cl^-，但研究区地下水 Cl^- 来源却比较单一，由于花岗岩、石灰石、石英、风成沙和硅酸盐岩等含水层围岩均不含 Cl^-，Cl^- 主要由蒸发盐沉积物产生。地下水中的 Na^+ 和 K^+(由于地下水中 Na^+ 远大于 K^+，为使分析简化，通常将 K^+ 合并到 Na^+ 中)主要来源于沉积岩中岩盐的溶解、岩浆岩和变质岩矿物风化溶解、大气降水和海水等。海水和大气降水中 Na^+/Cl^-(毫克当量浓度比)在 0.86 左右，而吉兰泰盐湖盆地 Na^+/Cl^- 的比值范围为 0.03～

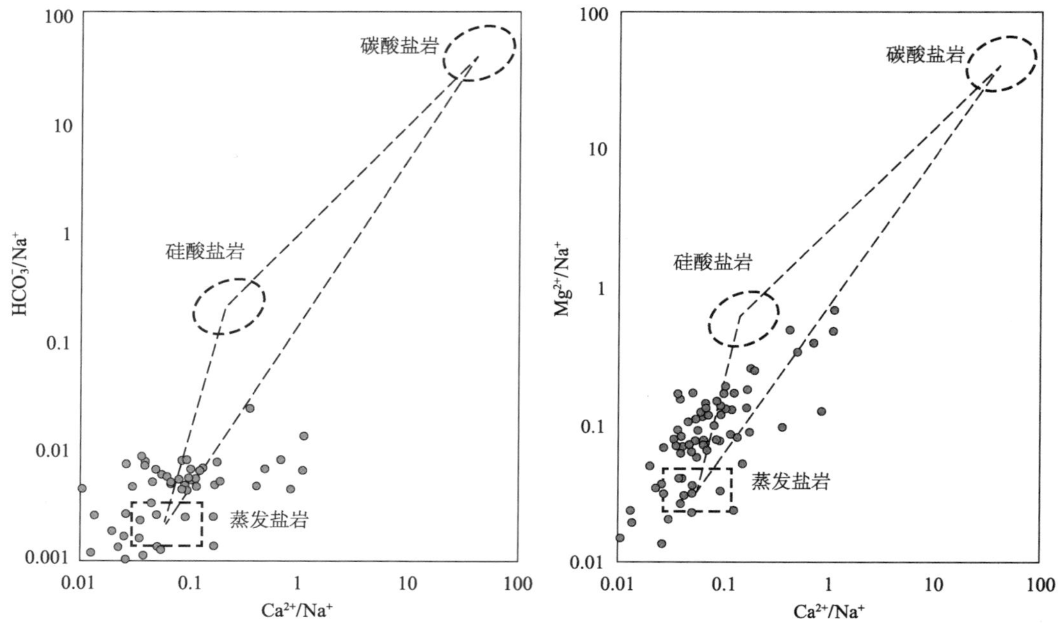

图 5-8 地下水 HCO_3^-/Na^+、Mg^{2+}/Na^+ 与 Ca^{2+}/Na^+ 的关系

Fig. 5-8 Relationship between HCO_3^-/Na^+, Mg^{2+}/Na^+ and Ca^{2+}/Na^+ of groundwater

49.94，平均值为 4.74，是海水和大气降水中 Na^+/Cl^- 比值的 5.51 倍，说明海洋大气搬运对研究区地下水中 Na^+ 和 K^+ 的贡献极其微弱。若 $Na^+/Cl^-=1$，则地下水中 Na^+ 主要来源于吉兰泰盐湖盆地蒸发岩沉积物的溶解，如图 5-9 所示，大多数水样点 $Na^+/Cl^->1$，说明 Na^+ 并非单一来源，多出的 Na^+ 主要由钠的铝硅酸盐风化溶解产生。此外，部分水样点 $Na^+/Cl^-<1$，且这部分水样点对应的 ρ(TDS) 值较小，推测存在人为污染，诸如排放工业"三废"和生活污废水等，导致 Cl^- 含量异常。

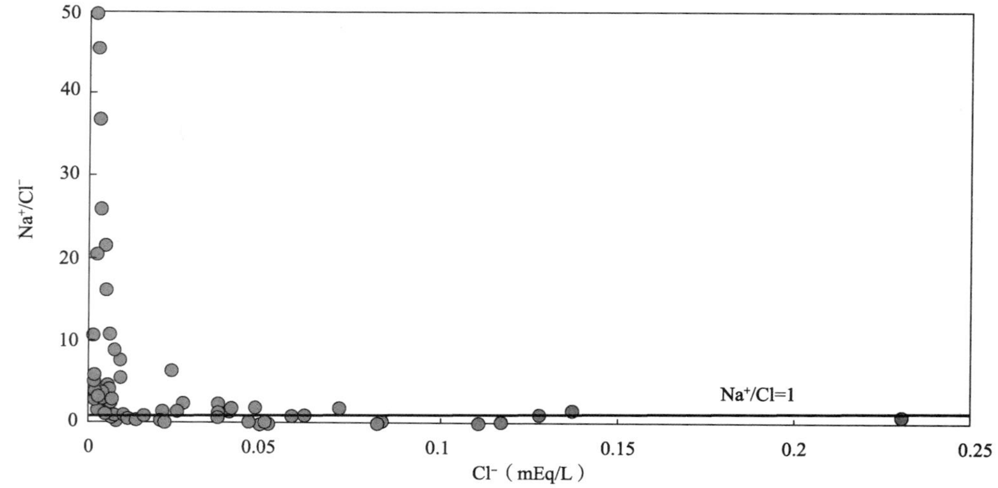

图 5-9 吉兰泰盐湖盆地地下水 Na^+/Cl^- 比值关系

Fig. 5-9 Relationship between Na^+/Cl^- ratio of groundwater in Jilantai Salt Lake Basin

地下水中的 Ca^{2+} 和 Mg^{2+} 主要来源于碳酸盐类或石膏沉积物的溶解、岩浆岩或变质岩

的风化溶解。若 $1<Ca^{2+}/Mg^{2+}<2$，则碳酸盐类沉积物的溶解对 Ca^{2+} 和 Mg^{2+} 的贡献较大；若 $Ca^{2+}/Mg^{2+}>2$，则石膏沉积物的溶解或硅酸盐岩的风化溶解是 Ca^{2+} 和 Mg^{2+} 主要来源[33]。吉兰泰盐湖盆地地下水 Ca^{2+}/Mg^{2+} 比值范围为 0.25～7.62，平均值为 2.29，有 31% 的地下水样 Ca^{2+}/Mg^{2+} 比值介于 1～2 之间，说明碳酸盐类沉积物的溶解对研究区地下水 Ca^{2+} 和 Mg^{2+} 有较大贡献，还有 55% 的地下水样 Ca^{2+}/Mg^{2+} 比值大于 2，说明石膏沉积物的溶解和硅酸盐岩的风化溶解是影响研究区地下水 Ca^{2+} 和 Mg^{2+} 的主要因素。由于吉兰泰盐湖盆地地下水 $\rho(SO_4^{2-})$ 的质量浓度较低，有 78% 的地下水样 $\rho(SO_4^{2-})$ 小于 2 mg/L，说明石膏对研究区地下水 Ca^{2+} 的贡献微弱，由此判断硅酸盐岩的风化溶解是影响研究区地下水 Ca^{2+} 和 Mg^{2+} 的首要因素。

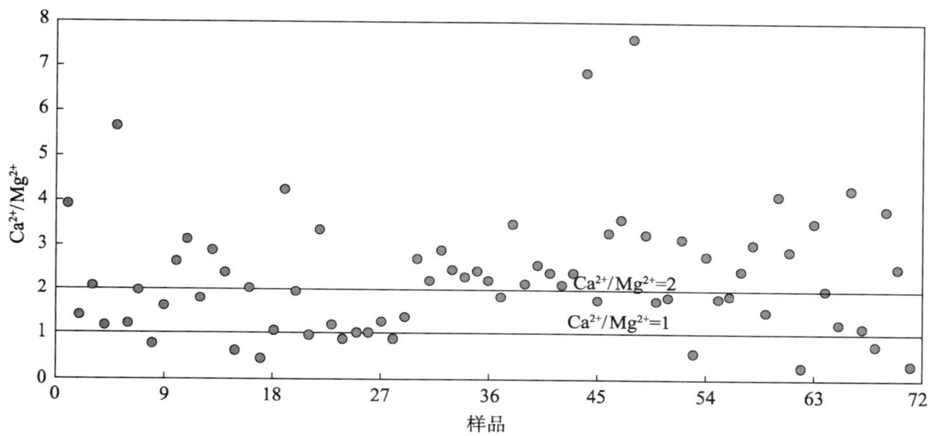

图 5-10　吉兰泰盐湖盆地地下水 Ca^{2+}/Mg^{2+} 比值关系

Fig. 5-10　Relationship between Ca^{2+}/Mg^{2+} ratio of groundwater in Jilantai Salt Lake Basin

5.3.7　地下水阳离子交换吸附作用

地下水系统围岩表面带负电，能吸附地下水中的阳离子，在合适的条件下，围岩表面吸附能力小的阳离子被替换为吸附能力大的阳离子，该过程即为阳离子交替吸附作用，吸附能力大小排序为：$H^+>Fe^{3+}>Al^{3+}>Ba^{2+}>Ca^{2+}>Mg^{2+}>K^+>Na^+$。通常用 $(Na^+-Cl^-)\sim(Ca^{2+}+Mg^{2+}-SO_4^{2-}-HCO_3^-)$ 相关图和氯碱指数（CAI1、CAI2）来判断地下水是否存在阳离子交替吸附作用[34]，若 $(Na^+—Cl^-)$ 与 $(Ca^{2+}+Mg^{2+}—SO_4^{2-}—HCO_3^-)$ 呈现出斜率为 −1 的线性相关关系，则地下水发生阳离子交替吸附作用；若 CAI1 和 CAI2 均大于 0，则地下水发生阳离子交替吸附作用。

$$CAI1=Cl^- - \frac{Na^+ + K^+}{Cl^-} \tag{5-2}$$

$$CAI2=Cl^- - \frac{Na^+ + K^+}{SO_4^{2-}} + HCO_3^- + CO_3^{2-} + NO_3^- \tag{5-3}$$

由图 5-11 可知，吉兰泰盐湖盆地地下水 $(Na^+—Cl^-)\sim(Ca^{2+}+Mg^{2+}—SO_4^{2-}—HCO_3^-)$ 相关性较弱（$R^2=0.16$），且斜率为 0.132，即 $Na^+—Cl^-$ 越大，伴随着 Ca^{2+} 和 Mg^{2+} 的增大或 SO_4^{2-} 和 HCO_3^- 的减少。研究区地下水样 75% 的 CAI1 值大于 0，但仅有 4% 的 CAI2 大于 0，CAI1 和 CAI2 都大于 0 的地下水样点共 3 个，CAI1 和 CAI2 基本呈一正一负分布特征

（图 5-12）。这说明吉兰泰盐湖盆地地下水中 Ca^{2+}、Mg^{2+} 和围岩中的 Na^{+}、K^{+} 的阳离子交替吸附作用较小，即阳离子交替吸附作用不是影响研究区地下水水化学组分的主要机制。但是，随着 ρ(TDS)的不断升高，不排除盐湖盆地地下水中的 Na^{+}、K^{+} 会与围岩中的 Ca^{2+}、Mg^{2+} 发生反向阳离子交替吸附的可能。

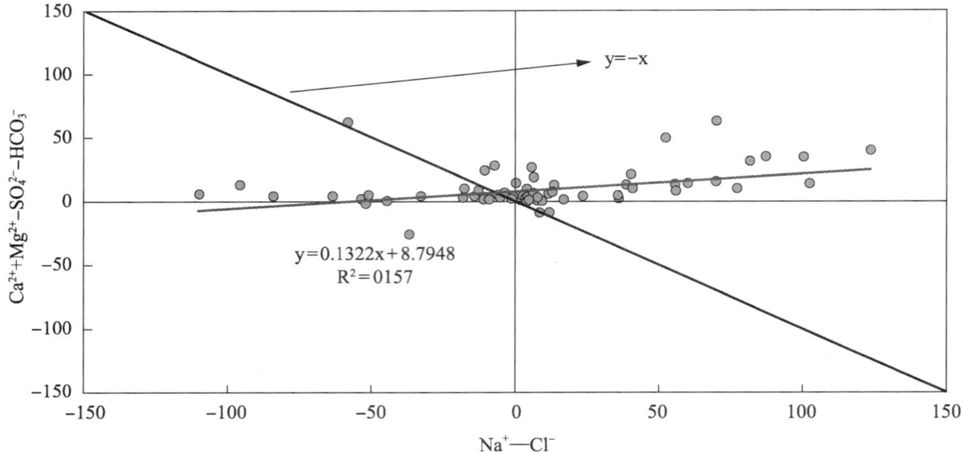

图 5-11　地下水($Na^{+}-Cl^{-}$)~($Ca^{2+}+Mg^{2+}-SO_4^{2-}-HCO_3^{-}$)关系图

Fig. 5-11　Relationship between ($Na^{+}-Cl^{-}$) and ($Ca^{2+}+Mg^{2+}-SO_4^{2-}-HCO_3^{-}$) of groundwater

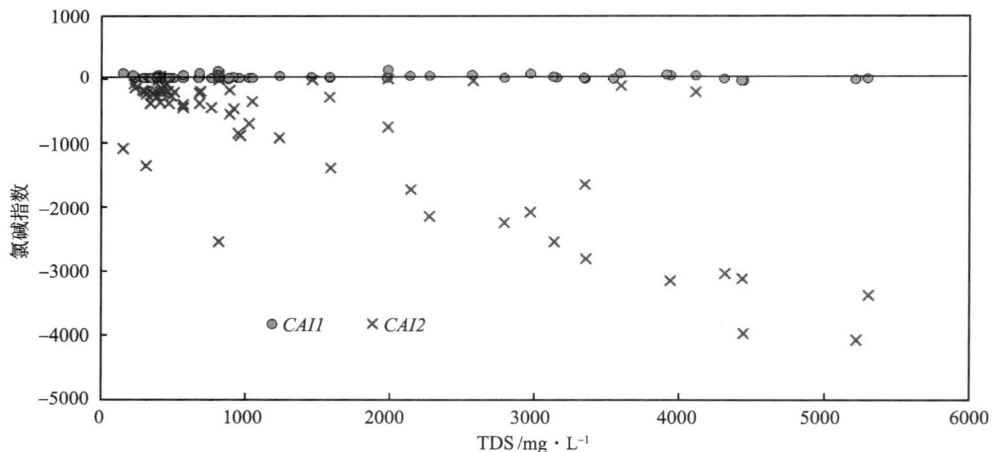

图 5-12　地下水氯碱指数与 TDS 相关图

Fig. 5-12　Relationship between chloro alkaline indices and TDS of groundwater

5.4 结　论

在样品采集与分析测试的基础上，对地下水化学指标进行统计特征描述与相关性分析，并利用舒卡列夫分类法、Piper 三线图、Gibbs 图和离子比值法从不同角度系统地阐述研究区地下水化学特征及演变规律，主要结论如下。

研究区地下水环境整体呈弱碱性，ρ(TDS)平均值为 2.02 g/L，水质属于微咸水。除

$\rho(HCO_3^-)$、$\rho(Hg)$、$\rho(K^+)$为中等变异以及 pH 为弱变异外，其余指标均具有强变异，局部富集程度较高。

$\rho(Cr^{6+})$与 $\rho(Cr)$、$\rho(K^+)$呈极显著正相关关系；$\rho(Hg)$与 $\rho(SO_4^{2-})$呈极显著正相关关系，与 $\rho(NO_3^-)$呈显著正相关关系；$\rho(As)$与 $\rho(COD_{Mn})$呈极显著正相关关系，与$\rho(Cr)$呈显著正相关关系；$\rho(NH_4^+)$与 $\rho(Ca^{2+})$、$\rho(Na^+)$之间存在极显著正相关关系；$\rho(TDS)$、EC 与 $\rho(K^+)$、$\rho(Ca^{2+})$、$\rho(Na^+)$、$\rho(Mg^{2+})$、$\rho(Cl^-)$都存在极显著正相关关系；$\rho(Cl^-)$与 10 项水质指标存在极显著相关关系，说明 Cl^- 作为吉兰泰盐湖盆地地下水中主要的阴离子对其他水质指标影响极大。

研究区地下水水化学类型以 Cl^--Na^+ 型占主导，HCO_3^- · Cl^--Na^+ 型、Cl^--Na^+ · Ca^{2+} 型、Cl^--Na^+ · Ca^{2+} · Mg^{2+} 型、Cl^--Na^+ · Mg^{2+} 型多种共存，盐湖盆地北部区域地下水化学类型为单一的 Cl^--Na^+ 型地下水，而盐湖盆地南部区域地下水类型则相对丰富。

盐湖盆地地下水原生盐度超过 50%，主要阴阳离子为 Cl^- 和 Na^+，蒸发浓缩作用是决定吉兰泰盐湖盆地地下水主要离子的重要机制。

研究区地下水化学成分受蒸发岩风化影响更大，硅酸岩矿物风化次之，但并不排除碳酸岩矿物对研究区地下水的贡献。Cl^- 主要由蒸发盐沉积物产生，Na^+ 并非单一来源，蒸发盐沉积物溶解之外的 Na^+ 主要由钠的铝硅酸盐风化溶解产生。硅酸盐岩的风化溶解是影响研究区地下水 Ca^{2+} 和 Mg^{2+} 的首要因素，碳酸盐类沉积物的溶解对研究区地下水 Ca^{2+} 和 Mg^{2+} 也有一定贡献。阳离子交替吸附作用不是影响研究区地下水化学组分的主要机制。

参考文献

[1] 邵杰，李瑛，侯光才，等. 新疆伊犁河谷地下水化学特征及其形成作用[J]. 干旱区资源与环境，2017，31(4)：99-105.

[2] 杨永红，高宗军，林海斌. 济阳坳陷地热水水化学特征研究[J]. 地下水，2018，40(3)：23-27.

[3] 徐进，何江涛，彭聪，等. 柳江盆地浅层地下水硝酸型水特征和成因分析[J]. 环境科学，2018，39(9)：4142-4149.

[4] 蒋春云. 太原市地下水化学特征及水质分析评价[D]. 北京：中国地质大学，2018.

[5] 高宗军，陈晨. 基于库尔洛夫式和舒卡列夫分类原则的水化学分类表示方法[J]. 地下水，2018，193(4)：12-17.

[6] 孙熠. 关中盆地浅层地下水水化学场演化及其相关环境问题研究[D]. 西安：长安大学，2003.

[7] Appelo C A J，Postma D J. Geochemistry，groundwater and pollution[J]. Sedimentary Geology，1996，220(3)：256-270.

[8] Jayakumar R，Siraz L. Factor analysis in hydrogeochemistry of coastal aquifers-a preliminary study[J]. Environmental Geology，1997，31(3-4)：174-177.

[9] Sikdar P K，Sarkar S S，Palchoudhury S. Geochemical evolution of groundwater in the Quaternary aquifer of Calcutta and Howrah，India[J]. Journal of Asian Earth Sciences，2001，19(5)：579-594.

[10] Favara R, Grassa F, Valenza M. Hydrochemical evolution and environmental features of Salso River catchment, central Sicily (Italy)[J]. Environmental Geology, 2000, 39(11): 1205-1215.

[11] Srinivasamoorthy K, Gopinath M, Chidambaram S, et al. Hydrochemical characterization and quality appraisal of groundwater from Pungar sub basin, Tamilnadu, India[J]. Journal of King Saud University-Science, 2014, 26(1): 37-52.

[12] SheikhyNarany T, Ramli M F, Aris A Z, et al. Spatiotemporal variation of groundwater quality using integrated multivariate statistical and geostatistical approaches in Amol-Babol Plain, Iran[J]. Environmental Monitoring and Assessment, 2014, 186(9): 5797-5815.

[13] Subba Rao N, Marghade D, Dinakar A, et al. Geochemical characteristics and controlling factors of chemical composition of groundwater in a part of Guntur district, Andhra Pradesh, India[J]. Environmental Earth Sciences, 2017, 76(21): 747-769.

[14] 沈照理. 水文地球化学基础[M]. 北京:地质出版社,1993.

[15] 任增平,闫俊萍. 内蒙古达拉特旗平原区地下水水化学特征及形成机制分析[J]. 中国煤炭地质,1999,11(3):30-34.

[16] 安乐生,赵全升,许颖. 黄河三角洲浅层地下水位动态特征及其成因[J]. 环境科学与技术,2013,36(9):51-56.

[17] 袁建飞,邓国仕,徐芬,等. 毕节市北部岩溶地下水水文地球化学特征[J]. 水文地质工程地质,2016,43(1):12-21.

[18] 王晓艳,李忠勤,蒋缠文. 天山哈密榆树沟流域地下水化学特征及其来源[J]. 干旱区地理,2017,40(2):313-321.

[19] 郭永海,李娜娜,周志超,等. 高放废物处置库雅满苏和天湖地段地下水化学特征[J]. 核化学与放射化学,2014,36(增刊):78-84.

[20] 钱程,武雄. 盐池内流区地下水水化学特征及其形成作用[J]. 干旱区资源与环境,2016,30(3):169-175.

[21] 李华,文章,谢先军,等. 贵阳市三桥地区岩溶地下水水化学特征及其演化规律[J]. 地球科学-中国地质大学学报,2017,42(5):804-812.

[22] 郭晓东. 珲春盆地地下水水化学特征分析[J]. 中国地质,2014,41(3):1010-1017.

[23] HJ/T 164-2004,地下水环境监测技术规范[S].

[24] 中华人民共和国水利部. 中华人民共和国水利行业标准[M]. 北京:中国水利水电出版社,2005.

[25] GB/T 5750-2006,生活饮用水标准检验方法[S].

[26] 刘成,邵世光,范成新,等. 巢湖重污染汇流湾区沉积物重金属污染特征及风险评价[J]. 中国环境科学,2014,34(4):1031-1037.

[27] 刘志峰,于仲伟,郭晓波,等. 模糊聚类分析法与舒卡列夫法在小范围内岩溶水化学分类中的比较分析[J]. 地下水,2007,29(4):26-29.

[28] 王瑞久. 三线图解及其水文地质解释[J]. 工程勘察,1983,6(2):8-13.

[29] Gibbs R J. Mechanisms controlling world water chemistry[J]. Science, 1970, 170

(3962):1088-1090.

[30] Xiao J, Jin Z D, Zhang F, et al. Major ion geochemistry of shallow groundwater in the Qinghai Lake catchment, NE Qinghai-Tibet Plateau [J]. Environmental Earth Sciences, 2012, 67(5):1331-1344.

[31] Lv J S, Liu Y, Zhang Z L, et al. Factorial kriging and stepwise regression approach to identify environmental factors influencing spatial multi-scale variability of heavy metals in soils[J]. Journal of Hazardous Materials, 2013, 261(13):387-397.

[32] Zhu B Q, Yang X P, Rioual P, et al. Hydrogeochemistry of three watersheds (the Trlqis, Zhungaer and Yili) in northern Xinjiang, NW China [J]. Applied Geochemistry, 2011, 26(8):1535-1548.

[33] Xing L, Guo H, Zhan Y. Groundwater hydrochemical characteristics and processes along flow paths in the North China Plain[J]. Journal of Asian Earth Sciences, 2013, 70-71(1):250-264.

[34] Fisher R S, Iii W F M. Hydrochemical evolution of sodium-sulfate and sodium-chloride groundwater beneath the northern Chihuahuan Desert, Trans-Pecos, Texas, USA [J]. Hydrogeology Journal, 1997, 5(2):4-16.

第6章 流域地下水环境质量与健康风险特征

6.1 概 述

地下水质量评价是环境质量评价的重要组成部分，是评判地下水水质优劣的方法。20世纪五六十年代，世界范围内出现因环境污染导致的公害事件，促使环境科学快速发展。20世纪60年代末，美国、日本和欧洲一些国家在环境质量评价的基础上，开展了区域水质评价。从20世纪70年代开始世界各国开始重视地下水质量评价，评价体系及评价方法也正在趋于完善[1]。在国外，地下水质量评价更偏向于利用多参数、多介质模型进行定量分析；在国内，地下水质量评价方法侧重于定性分析，如单因子指数评价法、层次分析法、因子分析法、主成分分析法、模糊综合评价法、人工神经网络评价法、灰色评价法等。

国外地下水质量评价起步较早，在1965年美国学者Horton[2]开创了利用水质指标法评价地下水的先河；1973年Brown等[3]提出水质污染的水质指数，并分析不同参数的重要性，为11种参数确定权重；Zaltsberg[4]在安大略垃圾填埋场通过限定地下水离子含量阈值，建立了可以监控水质恶化的报警机制；Muhammad等[5]针对巴基斯坦北部科伊斯坦地区饮用水中的Cu,Co,Cr,Mn,Ni,Pb,Zn和Cd共8种重金属开展了潜在健康风险评价，并运用聚类分析和主成分分析探讨重金属来源；Bhowmick等[6]对比分析了印度西孟加拉地区与世界其他地区地下水中As来源的异同，评估了当地地下水中As的暴露风险，并对可能的治理评价方法进行了总结；Rajasekhar等[7]研究了印度钦奈地区地下水中的多环芳烃通过饮用水途径和皮肤接触途径对人体产生的健康危害风险；Mishra等[8]采用不同线性系统进行了重金属泄露污染地下水的健康风险评价的长期对比分析研究；Asadi等[9]将RS与GIS相结合对印度海德拉巴市地下水水质进行监测，并从空间角度刻画主要水质参数；Nas等[10]利用ArcGIS地统计模块，结合克里金插值法，绘制了土耳其科尼亚市地下水质量图，并对水质优劣进行分区。

我国地下水质量评价在20世纪70年代开始起步，发展速度较快。1974年，我国提出水质综合污染指数法，优先考虑主要污染物，一般水质指标定量表示。20世纪80年代，首次开展全国范围内水环境背景值的调查。1993年中华人民共和国环境保护部发布了《地下水质量标准》(GB/T 14848－1993)，是我国地下水质量等级划分的标志性成果。2017年颁布的《地下水质量标准》(GB/T 14848—2017)将原标准的39项指标增加到93项。除了制定标准之外，我国对地下水质量评价方法的研究也不断发展。肖红等[11]运用灰色聚类分析和模糊数学法对许昌市地下水质进行评价，结果表明灰色聚类分析更适用于许昌市地下水质评价；孙涛等[12]利用改进后的ANN(人工神经网络)和模糊数学法对某市地下水水质进行评价，并将评价结果进行对比，改进后的ANN对水质等级的划分更加容易；刘志斌等[13]针对阜新新邱露天煤矿地下水污染问题，采用模糊综合评价对地下水进行质量评价，并确定了水质主要污染因子；乔冈等[14]研究了陕、豫接壤地带地下水中 7 种重金属元素及 CN^- 的含量特征，并揭示其赋存规律，运用单因子指数法和内梅罗综合指数法对地下水中 8 种化学指标进行评价；张妍等[15]以黄河下游引黄灌区为研究对象，分析了地下水中 11 种重金属元素的含量特征，刻画了重金属空间分布特征，并针对重金属展开健康风险评价；林曼丽等[16]研究了皖北矿区 4 个含水层中 6 种重金属元素的含量特征并对健康风险进行评估。

6.2 材料与方法

6.2.1 评价标准和评价指标

水质标准是国家在综合考虑生态环境、人体健康安全、社会经济等问题的基础上，制定出水在理化性质等方面的要求。根据天然水的分类以及用水目的不同，将水质标准分为《地表水质量标准》《地下水质量标准》《生活饮用水卫生标准》《农田灌溉水质标准》等。不同的水质标准，则对应不同的水质评价对象。水质评价是利用国家制定的水质等级和标准限值将不同水质参数定量分析并划分类别，可以清楚地揭示水质的健康状况。本章选取单因子指数评价法、内梅罗综合评价法、健康风险评价法对吉兰泰盐湖盆地地下水水质健康状况进行分析，确定不同水质指标的污染情况及污染程度，为以后地下水保护与治理及制定相关对策提供参考。

地下水质量评价指标可分两类，一类是常规指标，另一类是非常规指标。考虑到研究区内水文地质条件和潜在污染物来源等因素，选取 $\rho(Cr^{6+})$、$\rho(As)$、$\rho(Hg)$、$\rho(Na^+)$、$\rho(NH_4^+)$、$\rho(F^-)$、$\rho(Cl^-)$、$\rho(NO_2^-)$、$\rho(NO_3^-)$、$\rho(SO_4^{2-})$、$\rho(COD_{Mn})$、$\rho(TDS)$、pH 共计 13 项常规指标作为吉兰泰盐湖盆地地下水水质评价指标。其中，$\rho(Na^+)$、$\rho(NH_4^+)$、$\rho(Cl^-)$、$\rho(SO_4^{2-})$、$\rho(COD_{Mn})$、$\rho(TDS)$、pH 是一般化学指标，$\rho(Cr^{6+})$、$\rho(As)$、$\rho(Hg)$、$\rho(F^-)$、$\rho(NO_2^-)$、$\rho(NO_3^-)$是毒理学指标。

评价标准选取《地下水质量标准》(GB/T 14848—2017)[17]，根据各评价指标的大小(pH 除外)，将地下水质量分为五类，具体分类如下。

Ⅰ类，地下水质指标含量低且未受污染，适用范围广。

Ⅱ类，地下水质指标含量较低，适用范围广。

Ⅲ类，地下水质指标含量适中，满足人体健康安全要求，主要用于生活饮用水和工农业用水。

Ⅳ类，地下水质指标含量较高，可满足农业灌溉用水要求，但只适用于部分工业用水，经水质处理后可作为生活饮用水。

Ⅴ类，地下水质指标含量高，不适用于生活饮用水，根据具体用水条件适当选用。

所选 13 项地下水质常规指标等级分类限值见表 6-1 和表 6-2。

表 6-1 地下水水质一般化学指标标准限值

Tab. 6-1 General chemical indicators of groundwater quality standard limits

指标	标准限值/$mg \cdot L^{-1}$				
	Ⅰ类	Ⅱ类	Ⅲ类	Ⅳ类	Ⅴ类
pH	6.5～8.5			5.5～6.5;8.5～9	<5.5;>9
$\rho(TDS)$	≤300	≤500	≤1 000	≤2 000	>2 000
$\rho(SO_4^{2-})$	≤50	≤150	≤250	≤350	>350
$\rho(Cl^-)$	≤50	≤150	≤250	≤350	>350
$\rho(COD_{Mn})$	≤1.0	≤2.0	≤3.0	≤10	>10
$\rho(NH_4^+)$	≤0.02	≤0.1	≤0.5	≤1.5	>1.5
$\rho(Na^+)$	≤100	≤150	≤200	≤400	>400

表 6-2 地下水水质毒理性指标标准限值

Tab. 6-2 Toxicological indicators of groundwater quality standard limits

指标	标准限值/$mg \cdot L^{-1}$				
	Ⅰ类	Ⅱ类	Ⅲ类	Ⅳ类	Ⅴ类
$\rho(Cr^{6+})$	≤0.005	≤0.01	≤0.05	≤0.1	>0.1
$\rho(As)$	≤0.001	≤0.001	≤0.01	≤0.05	>0.05
$\rho(Hg)$	≤0.000 1	≤0.000 1	≤0.001	≤0.002	>0.002
$\rho(NO_3^-)$	≤2.0	≤5.0	≤20	≤30	>30
$\rho(NO_2^-)$	≤0.01	≤0.1	≤1	≤4.8	>4.8
$\rho(F^-)$	≤1.0	≤1.0	≤1.0	≤2.0	>2.0

6.2.2 评价方法

(1) 单因子评价法

单因子评价法是将地下水化学指标与对应评价标准进行比较，确定水质类别，选择水质单项指标中最差的类别来确定水体的水质类别[18]，计算公式为

$$P_i = C_i / S_i \tag{6-1}$$

式中，P_i 为第 i 类地下水化学指标的单因子污染指数；C_i 为第 i 类地下水化学指标的测定值，mg/L；S_i 为第 i 类地下水化学指标水质标准，mg/L。当 $P_i \leqslant 1$ 时，表示该种地下水化学指标对水质无影响；当 $P_i > 1$ 时，表示该种地下水化学指标对水体质量有一定影响，数值大小反映污染影响程度。

(2) 内梅罗综合指数法

内梅罗指数法是考虑极大值的计权型多因子环境质量评价方法，是计算综合污染最常用的方法之一[19]，它不仅考虑了污染最严重的地下水化学指标，还反映了地下水化学指标对环境的综合作用，具有更好的适用性和优越性，计算公式为

$$P = \sqrt{P_{i\mathrm{Ave}}^2 + P_{i\mathrm{Max}}^2} \tag{6-2}$$

$$P_{i\mathrm{Ave}} = \frac{1}{n} \sum_{i=1}^{n} P_i \tag{6-3}$$

式中，P 为测点 i 的地下水综合污染指数；P_i 为地下水化学指标评分值(表 6-3)；$P_{i\text{Ave}}$ 为测点 i 所有参评地下水化学指标评分值的算术平均值；$P_{i\text{Max}}$ 为测点 i 的地下水化学指标评分值 P_i 的最大值。通过 P 值得分判断地下水水质等级(表 6-4)。

表 6-3　地下水各单项化学指标不同等级评分值

Tab. 6-3　The scores for each of groundwater chemical indicators in each groundwater category

评分值	地下水水质类别				
	Ⅰ类	Ⅱ类	Ⅲ类	Ⅳ类	Ⅴ类
P_i	0	1	3	6	10

表 6-4　内梅罗综合评分值与水质级别

Tab. 6-4　Quality rating for each groundwater category based on Nemerow comprehensive scores

综合污染指数	地下水水质级别				
	优良	良好	较好	较差	极差
P	＜0.80	0.80～2.50	2.50～4.25	4.25～7.20	＞7.20

由于重金属对人体健康安全的威胁极大，且不同重金属对地下水环境和生态环境的影响也有差异，如果把重金属与常规指标一并评价，不易突出重金属对地下水环境及人体健康的影响，相反还会使常规指标的评价结果趋向于水质更好的级别。因此，对内梅罗指数进行改进，采用加权平均代替算术平均进行重金属的内梅罗综合评价，改进后计算公式如下：

$$P_c = \sqrt{\frac{(\overline{P})^2 + P_{j\max}^2}{2}} \tag{6-4}$$

$$\overline{P} = \frac{\sum_{i=1}^{n} w_j P_j}{\sum_{i=1}^{n} w_j} \tag{6-5}$$

式中，P_c 为测点 j 的重金属综合污染指数，依据 P_c 可将地下水重金属污染划分为安全($P_c \leqslant 0.7$)、警戒线($0.7 < P_c \leqslant 1.0$)、轻污染($1.0 < P_c \leqslant 2.0$)、中污染($2.0 < P_c \leqslant 3.0$)和重污染($P_c > 3.0$)5 个等级；$P_{j\max}$ 为测点 j 重金属单项污染指数最大值；$\overline{P}$ 为单因子指数的加权平均值；w_j 为重金属的污染权重；Swaine 依据重金属对环境的影响程度对权重进行分配，其中 $w_{\text{Cr}} w_{\text{Cr}}$ 的权重为 2，$w_{\text{Cr}} w_{\text{Hg}} w_{\text{Hg}}$ 的权重为 3，$w_{\text{As}} w_{\text{Cr}} w_{\text{As}}$ 的权重为 3[20]。

(3) 健康风险评价模型

健康风险评价是将地下水体中重金属对人体健康的危害定量化，从而对地下水环境整体安全性进行判断与评估的一种方法，其评价对象包括化学致癌物和非化学致癌物两部分，US EPA 在健康风险评价方面的研究成果丰硕，在我国应用十分广泛。本文选用 US EPA 推荐的经饮用水途径进入人体的健康风险评价模型对地下水重金属风险进行评估，计算公式如下[21]：

$$R_{总} = R_C + R_n \tag{6-6}$$

$$R_C = \sum R_{ci} = \sum [1 - e^{(-D_i \cdot q_i)}]/L \tag{6-7}$$

$$R_n = \sum R_{ni} = \sum (D_{ig}/RfD_i) \times 10^{-6}/L \tag{6-8}$$

$$D_{ig} = 2.2 \times C_i / W \tag{6-9}$$

式中，$R_总$为地下水重金属总平均健康风险，a^{-1}；R_{ci}为致癌重金属i的平均健康风险，a^{-1}；R_{ni}为非致癌重金属i的平均健康风险，a^{-1}；q_i为致癌重金属i的致癌强度系数，$\rho(Cr^{6+})$、$\rho(As)$的致癌强度系数分别为41 mg/(kg·d)、15 mg/(kg·d)；RfD_i为非致癌重金属i的暴露参考剂量；$\rho(Hg)$的非致癌物质暴露参考剂量为0.000 3 mg/(kg·d)；D_i和D_{ig}分别为致癌和非致癌重金属的单位体重日均暴露剂量，mg/(kg·d)；2.2为成人日均饮水量，L；C_i为地下水重金属i的实测浓度，mg/L；W为人均体重，成人人均体重为65.0kg；L为人均寿命，内蒙古自治区人均寿命为73.8年。

各标准机构的健康风险参考标准[22]见表6-5。

表6-5　健康风险参考标准

Tab. 6-5　Reference criteria of health risk

标准机构	健康风险值/a^{-1}	
	最大可接受风险	可忽略水平
US EPA①	1×10^{-4}	—
瑞典环保局	1×10^{-6}	—
荷兰建设环保局	1×10^{-6}	1×10^{-8}
英国皇家协会	1×10^{-6}	1×10^{-7}
IAEA②	5×10^{-7}	—
ICRP③	5×10^{-5}	—

注：①美国环保署；②国际原子能机构；③国际辐射防护委员会。

6.3　结果与分析

6.3.1　单项化学指标水质评价及分级统计特征

研究区单因子污染指数评价结果显示（表6-6），$\rho(NH_4^+)$的污染指数最大值为253.24，污染指数平均值为10.564，两项统计参数均远超其余指标，结合$\rho(NH_4^+)$的单项指标评价等级，Ⅰ类水所占比例为50.74%，Ⅴ类水所占比例为42.25%，两极分化十分严重，说明吉兰泰盐湖盆地地下水中的$\rho(NH_4^+)$污染极有可能是人类活动所致。$\rho(Na^+)$、$\rho(Cl^-)$、$\rho(F^-)$、$\rho(TDS)$、$\rho(COD_{Mn})$的单因子污染指数均值分别为4.397、4.344、2.906、2.02、1.392，都大于1，说明盐湖盆地地下水中这5项指标整体处于污染状态。盐湖盆地地下水采样点的$\rho(Cr^{6+})$、$\rho(As)$实测最大值分别为标准值的2.18倍和1.31倍，$\rho(Hg)$未发现超标。盐湖盆地地下水中3种重金属污染程度均值的排序由大到小依次为$\rho(Cr^{6+})>\rho(Hg)>\rho(As)$，监测的$\rho(Cr^{6+})$、$\rho(As)$、$\rho(Hg)$三种指标的单项污染指数均值都小于1，表明盐湖盆地地下水中重金属整体未出现污染状况，其中$\rho(Cr^{6+})$、$\rho(Hg)$的单项污染指数均值分别是$\rho(As)$的3.9倍和1.8倍。此外，$\rho(NO_2^-)$、$\rho(NO_3^-)$、$\rho(SO_4^{2-})$、pH的单项污染指数均值也都小于1，说明这4项指标对盐湖盆地地下水环境整体影响不太显著，但$\rho(SO_4^{2-})$、pH标准差较大，说明水样点单项污染指数变幅较大，受极值影响可能存在局部污染。

表 6-6　地下水单因子污染指数评价结果统计

Tab. 6-6　Statistics on single factor pollution index evaluation results of groundwater

指标	P_i 统计参数					
	最小值	最大值	平均值	中值	标准差	变差系数
$\rho(Na^+)$	0.294	25.773	4.397	0.22	0.432	1.122
$\rho(Cr^{6+})$	0.08	2.180	0.385	0.124	0.167	0.949
$\rho(Hg)$	0.002	0.788	0.176	0.033	0.216	2.243
$\rho(As)$	0.002	1.311	0.096	0.06	33.081	3.131
$\rho(NH_4^+)$	0.06	253.24	10.564	1.293	5.724	1.970
$\rho(F^-)$	0.02	46.177	2.906	1.224	6.340	1.459
$\rho(Cl^-)$	0.172	36.404	4.344	0.103	0.437	1.491
$\rho(NO_2^-)$	0.03	1.822	0.293	0.012	0.064	1.894
$\rho(NO_3^-)$	0.004	0.429	0.034	0.005	0.019	1.522
$\rho(SO_4^{2-})$	0.000 4	0.099	0.013	0.243	5.206	3.740
$\rho(COD_{Mn})$	0.025	35.093	1.392	0.886	2.336	1.157
$\rho(TDS)$	0.156	12.14	2.020	0.959	0.041	0.043
pH	0.847	1.038	0.954	1.7	5.355	1.218

根据地下水质量标准限值对吉兰泰盐湖盆地地下水化学指标进行单因子评价(表 6-7),研究区地下水化学指标中,$\rho(SO_4^{2-})$、$\rho(NO_3^-)$、pH、$\rho(COD_{Mn})$的评价结果较好,Ⅰ、Ⅱ类水占比分别为 100%、98.59%、86%、77.46%,其次,$\rho(Cr^{6+})$、$\rho(As)$、$\rho(Hg)$、$\rho(NO_2^-)$的单项指标评价等级在Ⅲ类及以下的百分比分别为 91.55%、88.73%、100%、91.55%,但个别地下水测点重金属 $\rho(Cr^{6+})$、$\rho(As)$含量较高。此外,$\rho(TDS)$、$\rho(Cl^-)$、$\rho(NH_4^+)$、$\rho(Na^+)$、$\rho(F^-)$的单项指标分别有 33.8%、46.48%、42.25%、47.89%、39.44%处在Ⅴ类水,这四项指标的污染与地下水本底值偏高有密切关系。

表 6-7　地下水化学指标水质分级井数及比例

Tab. 6-7　Water quality classification number and proportion of groundwater chemical indicators

指标	Ⅰ类		Ⅱ类		Ⅲ类		Ⅳ类		Ⅴ类	
	井数	比例/%	井数	比例/%	井数	比例/%	井数	比例/%	井数	比例/%
pH	61	86	0	0	0	0	10	0.14	0	0
$\rho(TDS)$	4	5.63	19	26.76	16	22.54	8	11.27	24	33.8
$\rho(SO_4^{2-})$	71	100	0	0	0	0	0	0	0	0
$\rho(Cl^-)$	2	2.82	20	28.17	11	15.49	5	7.04	33	46.48
$\rho(COD_{Mn})$	44	61.97	11	15.49	5	7.04	7	9.86	3	4.23
$\rho(NH_4^+)$	36	50.7	0	0	0	0	5	7.04	30	42.25
$\rho(Na^+)$	6	8.45	13	18.31	6	8.45	12	16.9	34	47.89
$\rho(Cr^{6+})$	17	23.94	16	22.54	32	45.07	5	7.04	1	1.41
$\rho(As)$	24	33.8	0	0	39	54.93	6	8.45	2	2.82

续表

指标	Ⅰ类		Ⅱ类		Ⅲ类		Ⅳ类		Ⅴ类	
	井数	比例/%	井数	比例/%	井数	比例/%	井数	比例/%	井数	比例/%
$\rho(Hg)$	29	40.85	0	0	42	59.15	0	0	0	0
$\rho(NO_3^-)$	62	87.32	8	11.27	1	1.41	0	0	0	0
$\rho(NO_2^-)$	12	16.9	19	26.76	34	47.89	6	8.45	0	0
$\rho(F^-)$	27	38.03	0	0	0	0	16	22.54	28	39.44

由图 6-1 可知，吉兰泰盐湖盆地地下水污染非常严重，不存在Ⅰ、Ⅱ、Ⅲ类地下水，有 7 个地下水测点属于Ⅳ类水，仅占全部地下水样品的 10%，其余 90%均为Ⅴ类水。水质差的主要原因是地下水中 $\rho(TDS)$、$\rho(Cl^-)$、$\rho(NH_4^+)$、$\rho(Na^+)$、$\rho(F^-)$质量浓度偏高导致的原生污染。

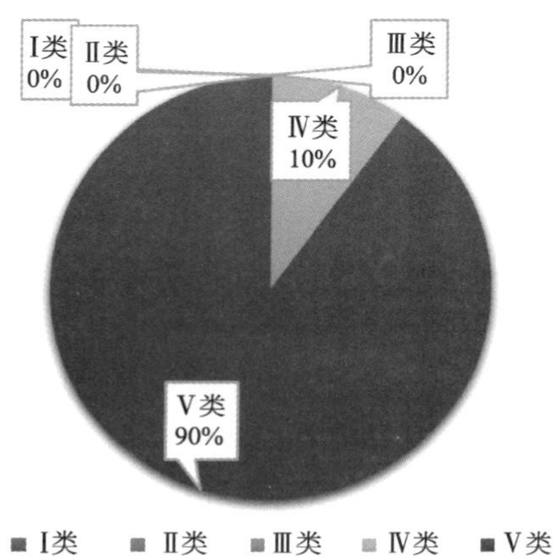

图 6-1 研究区地下水化学指标单因子评价结果

Fig. 6-1 Single factor evaluation results of groundwater chemical indicators in study area

以《地下水质量标准》中的Ⅲ类标准限值作为评价标准计算超标率（图 6-2）。吉兰泰盐湖盆地地下水中 $\rho(Hg)$、$\rho(NO_3^-)$、$\rho(SO_4^{2-})$各水样点实测值均小于标准值，不存在超标；$\rho(As)$仅有 2 个水样点实测值大于标准值，超标率为 2.82%；$\rho(COD_{Mn})$、$\rho(Cr^{6+})$、$\rho(NO_2^-)$、pH 的超标率较低，分别为 15.49%、8.45%、8.45%、12.68%；$\rho(Cl^-)$、$\rho(NH_4^+)$、$\rho(TDS)$超标率较高，在 50%左右；$\rho(F^-)$和 $\rho(Na^+)$超标严重，超标率 60%以上。

研究区地下水水质毒理性化学指标空间分布如图 6-3 所示。由 $\rho(Cr^{6+})$的单因子污染指数空间分布可知，Cr^{6+}的单因子指数主要超标区域在吉兰泰盐湖西南侧、沿图格力高勒沟谷呈条带状分布，此外，研究区西南台地和盐湖附近的盆地中心 $\rho(Cr^{6+})$污染指数相对较高，存在潜在污染风险；相较于 $\rho(Cr^{6+})$，$\rho(As)$的超标点分布相对分散，仅 2 个采样井地下水超标，分别分布在盐湖盆地的西南部和吉兰泰盐湖的东北部，盐湖盆地大部分区域处于安全状态；$\rho(Hg)$不存在单因子指数大于 1 的情况，在吉兰泰盐湖盆地中部及西南部相连的条块状区域、贺兰山的东北部区域、乌兰布和沙漠大部分区域单因子指数极低，图格力高勒沟谷上游、锡林高勒镇东部以及吉兰泰镇东北部出现点状高值区域；$\rho(NO_2^-)$单因子指数超标区域分布较分散，在图格力高勒沟谷上游、乌兰布和沙漠北部、锡林高勒镇东北部、吉兰泰镇的西部和北部部分区域呈现点状分布特征，盐湖盆地大部分区域单因子指数小于 0.5，潜在

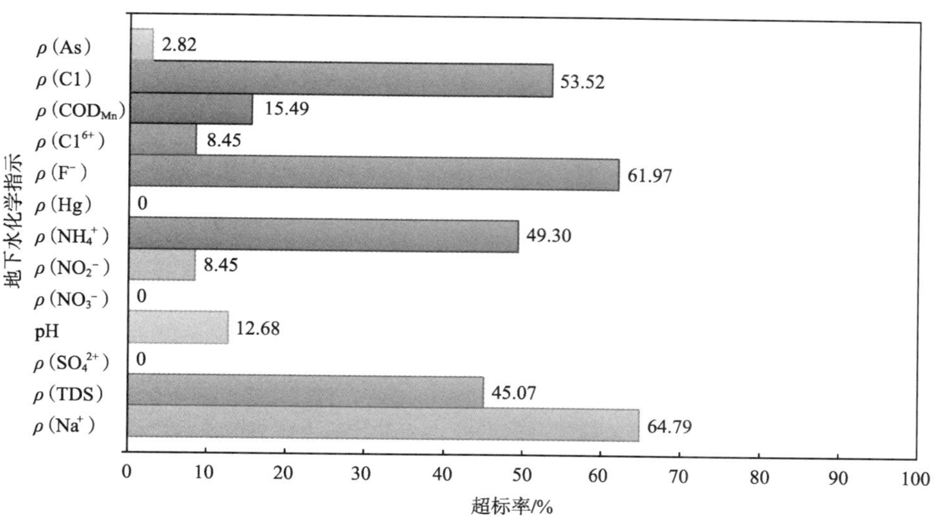

图 6-2　研究区地下水单项指标超标率

Fig. 6-2　The over-standard rate of groundwater single index in study area

污染风险较低；$\rho(NO_3^-)$的单因子指数高值区分布特征与 $\rho(NO_2^-)$的高值区空间分布特征相似，但$\rho(NO_3^-)$并不存在超标区域，在盐湖盆地东南、东北的大部分区域以及哈腾乌苏沟、尚德高勒、空德山沟一带，$\rho(NO_3^-)$单因子指数不足 0.04，地下水样点实测值远远小于地下水质标准中的Ⅲ类标准值；$\rho(F^-)$的单因子污染指数在盐湖盆地绝大部分地区超标，仅在吉兰泰盐湖周围存在块状、盐湖盆地上零星分布少许点状未超标区域，锡林高勒镇东部出现岛状高值区域，单因子指数介于 10～46.2 之间。

研究区地下水水质一般化学指标空间分布如图 6-4 所示。$\rho(COD_{Mn})$单因子指数超标区域集中在盐湖盆地的北部和西南台地，呈现点、面结合的分布特征，沿东南—西北走线一带则出现大面积条块状未超标区域；$\rho(Cl^-)$超标区域较大，高值区主要以块状特征集中出现在盐湖盆地西北的巴音乌拉山，在西南台地和乌兰布和沙漠则存在岛状高值区，此外，盐湖盆地东北—西南走向一带地下水中大部分 $\rho(Cl^-)$的超标倍数在 1～5 倍之间，相对较小。在乌兰布和沙漠南部、贺兰山的东北部以及零星分布在盐湖盆地上的点状区域的 $\rho(Cl^-)$未发现超标；$\rho(SO_4^{2-})$单因子指数均小于 1，未超标，其相对高值区在盐湖盆地东北—西南走向一带以点状特征出现；ρ(TDS)单因子指数在盐湖盆地东南块状区域未超标，还有少部分未超标区域以点状形式分布在盐湖盆地上。在哈腾乌苏沟一带 ρ(TDS)超标值相对较大，呈现斑块状分布特征，盐湖盆地大部分区域超标倍数在 1～5 倍之间；$\rho(NH_4^+)$单因子指数未超标区域十分分散，以小的斑块状结合点状分布特征零星出现在盐湖盆地上。研究区大部分区域 $\rho(NH_4^+)$超标，高值区域以块状出现在西北部的巴音乌拉山及山前冲洪积平原、以条带状出现在锡林高勒镇北部一直延伸到研究区最西端；$\rho(Na^+)$单因子指标在盐湖盆地大部分地区超标，高值区域主要集中在盐湖盆地西北部哈腾乌苏沟、尚德高勒、空德山沟一带，在图格力高勒沟谷下游靠近吉兰泰盐湖区域和敖伦布拉格镇以西部分区域也出现高值区。贺兰山及山前冲洪积平原 $\rho(Na^+)$单因子指数未超标，在靠近吉兰泰盐湖区域呈现斑块状分布特征；pH 单因子指数在盐湖盆地内分布特征具有阶梯状，单因子指数值从西北向东南递减，在乌兰布和沙漠出现零星点状和岛状的超标区域。

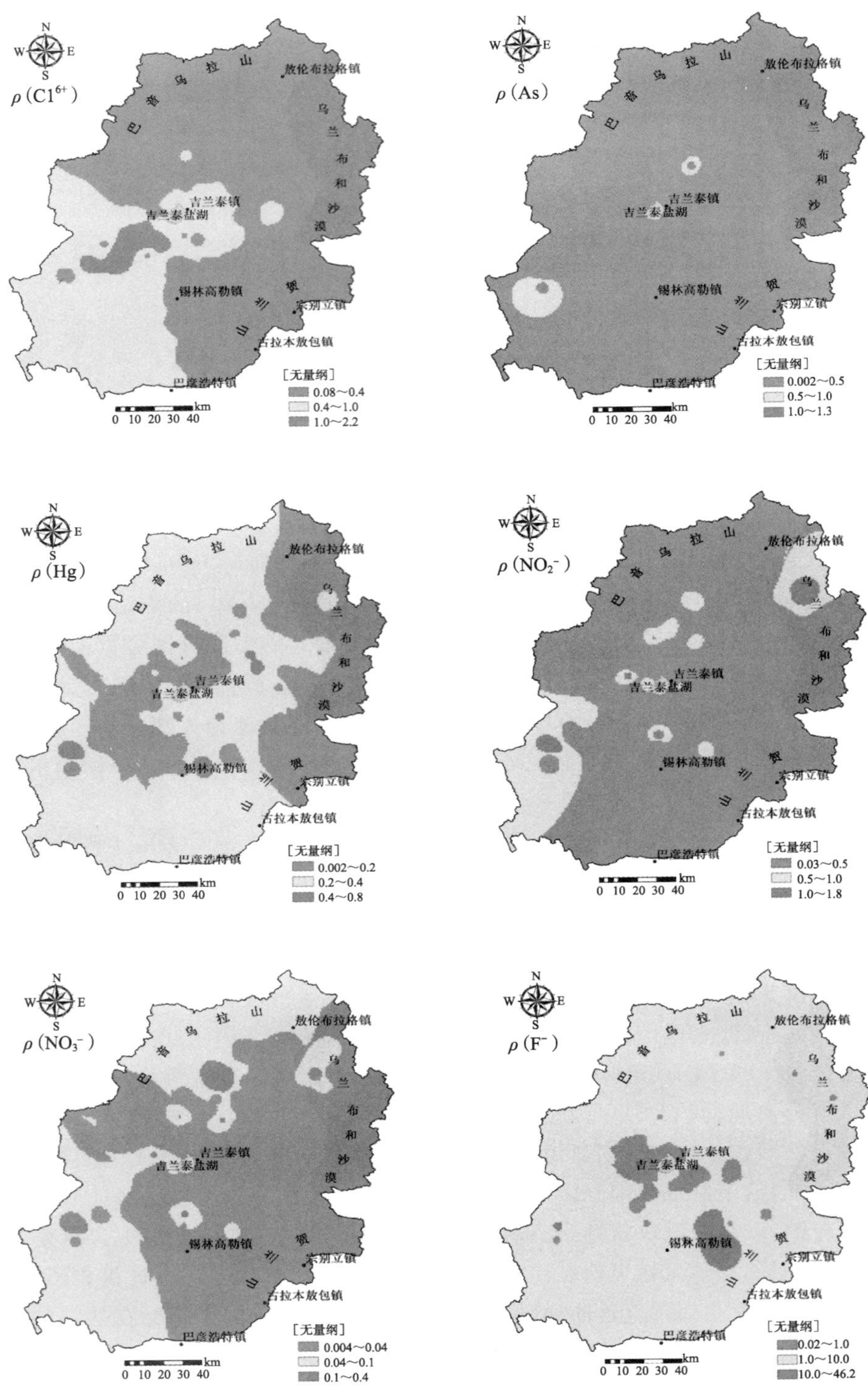

图 6-3 研究区地下水水质毒理性指标空间分布

Fig. 6-3 Spatial distribution of toxicological indicators of groundwater quality in study area

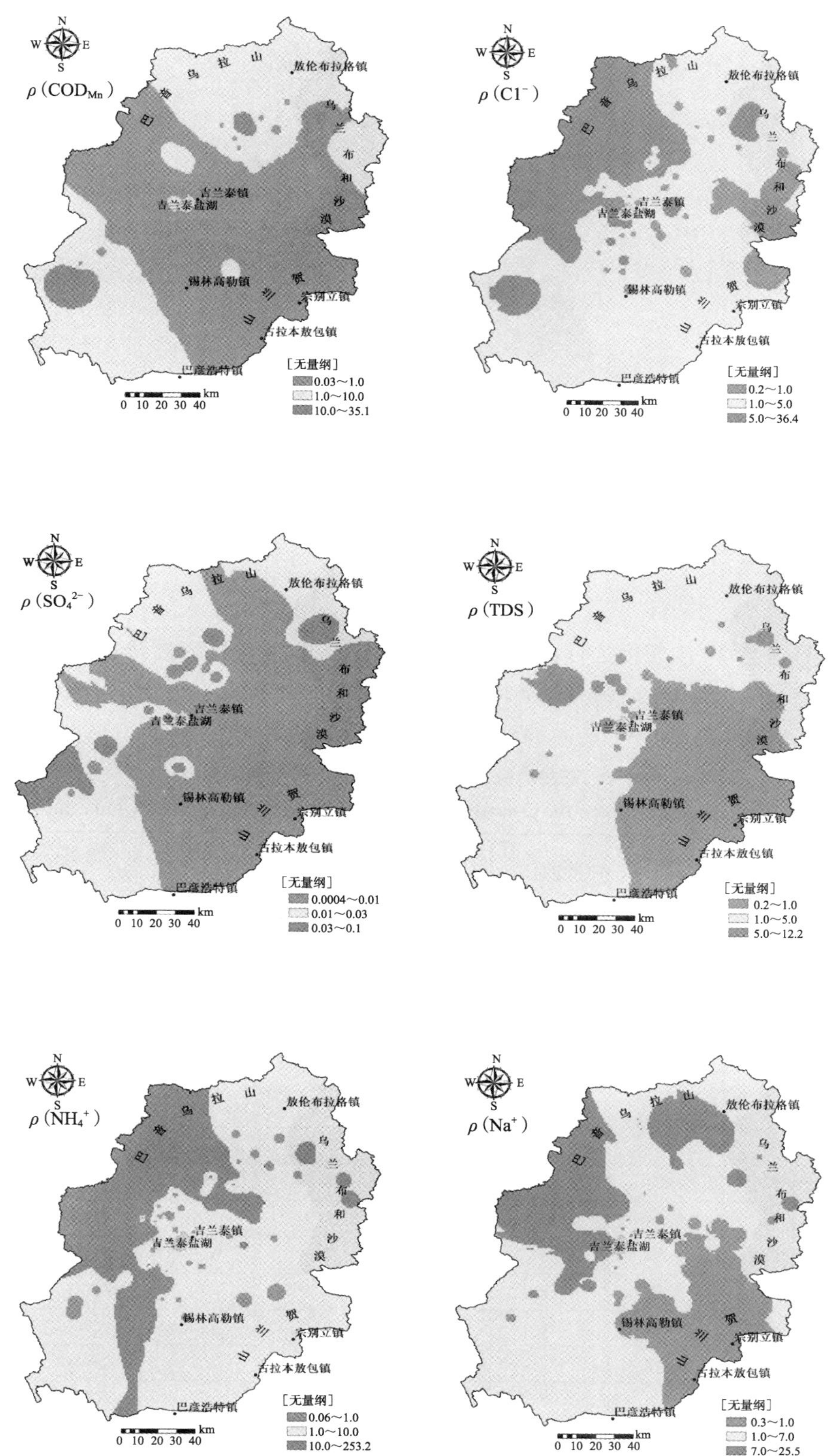
$\rho(COD_{Mn})$
乌拉山
放伦布拉格镇
乌兰布和沙漠
吉兰泰镇
吉兰泰盐湖
锡林高勒镇
贺兰山
宗别立镇
古拉本敖包镇
巴彦浩特镇
[无量纲]
0.03～1.0
1.0～10.0
10.0～35.1
0 10 20 30 40 km
$\rho(Cl^{-})$
[无量纲]
0.2～1.0
1.0～5.0
5.0～36.4
0 10 20 30 40 km
$\rho(SO_4^{2-})$
[无量纲]
0.0004～0.01
0.01～0.03
0.03～0.1
0 10 20 30 40 km
$\rho(TDS)$
[无量纲]
0.2～1.0
1.0～5.0
5.0～12.2
0 10 20 30 40 km
$\rho(NH_4^{+})$
[无量纲]
0.06～1.0
1.0～10.0
10.0～253.2
0 10 20 30 40 km
$\rho(Na^{+})$
[无量纲]
0.3～1.0
1.0～7.0
7.0～25.5
0 10 20 30 40 km

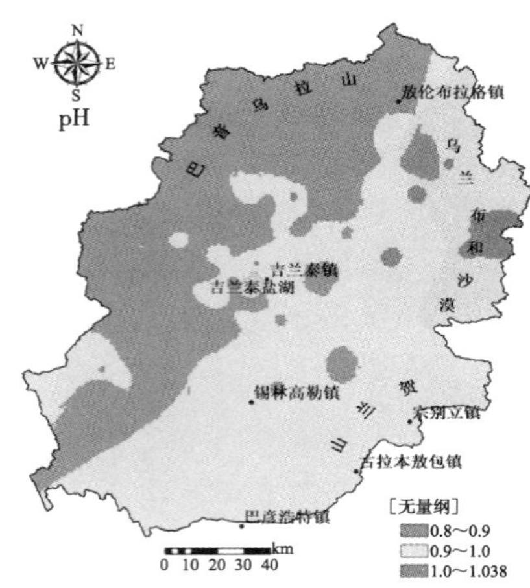

图 6-4　研究区地下水水质一般化学指标空间分布

Fig. 6-4　Spatial distribution of general chemical indicators of groundwater quality in study area

6.3.2　综合指数水质评价及空间特征

选取 $\rho(Na^{+})$、$\rho(NH_4^{+})$、$\rho(F^{-})$、$\rho(Cl^{-})$、$\rho(NO_2^{-})$、$\rho(NO_3^{-})$、$\rho(SO_4^{2-})$、$\rho(COD_{Mn})$、$\rho(TDS)$、pH 共计 10 项指标进行地下水质量评价，表 6-8 为吉兰泰盐湖盆地地下水化学指标的内梅罗综合评价结果。盐湖盆地地下水内梅罗综合污指数范围介于 4.33～8 之间，平均值约为 7，从平均值来看，盐湖盆地地下水水质整体处在较差水平。

表 6-8　吉兰泰盐湖盆地地下水采样点内梅罗指数

Tab. 6-8　Nemerow index for groundwater sampling points in Jilantai Salt Lake Basin

序号	测点编号	内梅罗指数	序号	测点编号	内梅罗指数	序号	测点编号	内梅罗指数
1	14#	7.32	25	EW8	7.36	49	XW13	7.21
2	18#	7.15	26	EW9	4.45	50	XW16	7.36
3	20#	7.32	27	FW10	4.33	51	XW17	7.31
4	AW1	7.4	28	FW8	7.31	52	XW22	7.7
5	AW11	7.64	29	FW9	4.36	53	XW29	7.26
6	AW3	8	30	GW1	7.32	54	XW3	7.78
7	AW4	7.91	31	GW2	7.38	55	XW30	7.73
8	AW5	7.59	32	GW3	7.38	56	XW36	7.4
9	AW7	7.64	33	GW4	7.64	57	XW38	7.32
10	AW8	7.84	34	GW5	7.31	58	XW41	7.21
11	AW9	7.87	35	GW6	7.24	59	XW45	7.24
12	BW2	7.23	36	GW7	7.16	60	XW46	7.29
13	DW1	7.52	37	GW8	4.43	61	XW47	4.47
14	DW2	7.78	38	HW1	7.42	62	XW49	7.29
15	DW3	7.59	39	HW①	7.45	63	XW7	7.16
16	DW4	7.42	40	HW11	4.65	64	XW8	4.37

续表

序号	测点编号	内梅罗指数	序号	测点编号	内梅罗指数	序号	测点编号	内梅罗指数
17	DW6	7.38	41	HW2	7.34	65	XW9	7.62
18	DW7	7.78	42	HW3	7.67	66	XZ1	7.59
19	EW1	7.4	43	HW4	4.47	67	XZ3	7.54
20	EW10	7.59	44	HW5	7.67	68	大查	7.23
21	EW11	4.39	45	HW8	4.52	69	AW10	4.47
22	EW4	7.47	46	HW9	7.78	70	AW6	7.78
23	EW6	7.38	47	XW10	7.4	71	BW3	7.87
24	EW7	7.21	48	XW11	7.23			

由图 6-5 可知，研究区内地下水不存在优良、良好和较好的水质级别，共计 14 个地下水样点的内梅罗综合污染指数介于 4.25～7.20 之间，水质级别为较差，约占样品总数的 20%，其余 80%的地下水样品均为极差水。总体上看，吉兰泰盐湖盆地地下水内梅罗综合评价结果为极差水居多，较差水占少数，内梅罗综合评价结果略好于单因子评价结果。

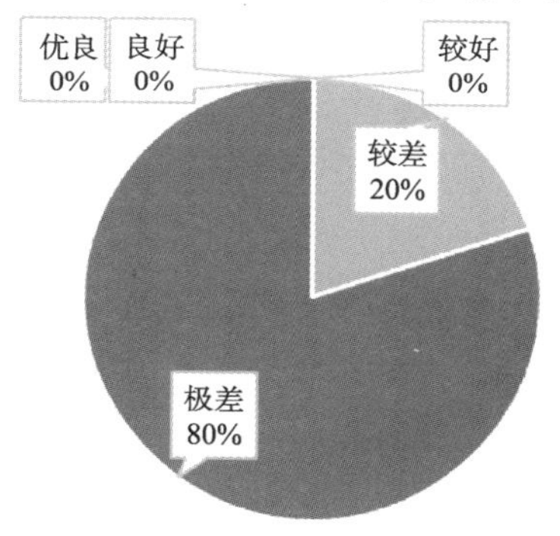

图 6-5　吉兰泰盐湖盆地地下水水质不同等级占比

Fig. 6-5　Proportion of different levels of groundwater quality in Jilantai Salt Lake Basin

吉兰泰盐湖盆地重金属内梅罗指数评价结果（表 6-9）表明，盐湖盆地 87.3%地下水处于安全清洁状态，内梅罗指数平均值为 0.271，远小于Ⅰ级内梅罗指数值，有 7%的地下水处于警戒线范围，内梅罗指数平均值为 0.875，存在污染趋势，但属于尚清洁的状态，仅有 5.6%的地下水存在轻度污染，平均污染指数为 1.321，最大值为 1.602，不存在中度和重度污染。

表 6-9　地下水重金属内梅罗指数评价统计参数

Tab. 6-9　Statistical parameters of heavy metal evaluation from Nemerow index

等级	污染等级	样本数/个	百分比重/%	污染指数范围	指数均值
Ⅰ	安全	62	87.3	0.066～0.694	0.271
Ⅱ	警戒线	5	7	0.703～0.978	0.875
Ⅲ	轻度污染	4	5.6	1.007～1.602	1.321
合计		71	100	—	—

由吉兰泰盐湖盆地内梅罗污染指数空间分布(图 6-6A)可知,整体上,盐湖盆地东侧地下水质量要优于西侧。贺兰山及山前冲洪积平原水质相对较好,内梅罗指数介于 4.3~6.3 之间,乌兰布和沙漠中部同样存在部分水质较好的区域,而盐湖盆地西北部的巴音乌拉山及山前冲洪积平原水质较差,西南部的图格力高勒沟谷内梅罗指数也在 7.2 以上,污染程度较重。

由吉兰泰盐湖盆地地下水重金属内梅罗指数空间分布(图 6-6B)可以看出,盐湖所处区域内地下水梅罗指数小于 0.7,为清洁状态,在盐湖西南的图格力高勒沟谷地下水出现轻度污染区域,其他区域地下水水质良好,属于清洁状态地下水。重金属内梅罗评价中,w_{Cr} w_{Hg}、$w_{Cr}w_{As}$的权重为 3,高于$w_{Cr}w_{Cr}$的权重 2,但综合指数的空间特征却与 $\rho(Cr^{6+})$单因子污染指数相似,说明 $\rho(Cr^{6+})$的污染程度远远大于 $\rho(As)$、$\rho(Hg)$,表明 $\rho(Cr^{6+})$污染程度高,对地下水环境质量的影响大。因此,应特别关注 $\rho(Cr^{6+})$的变化情况。

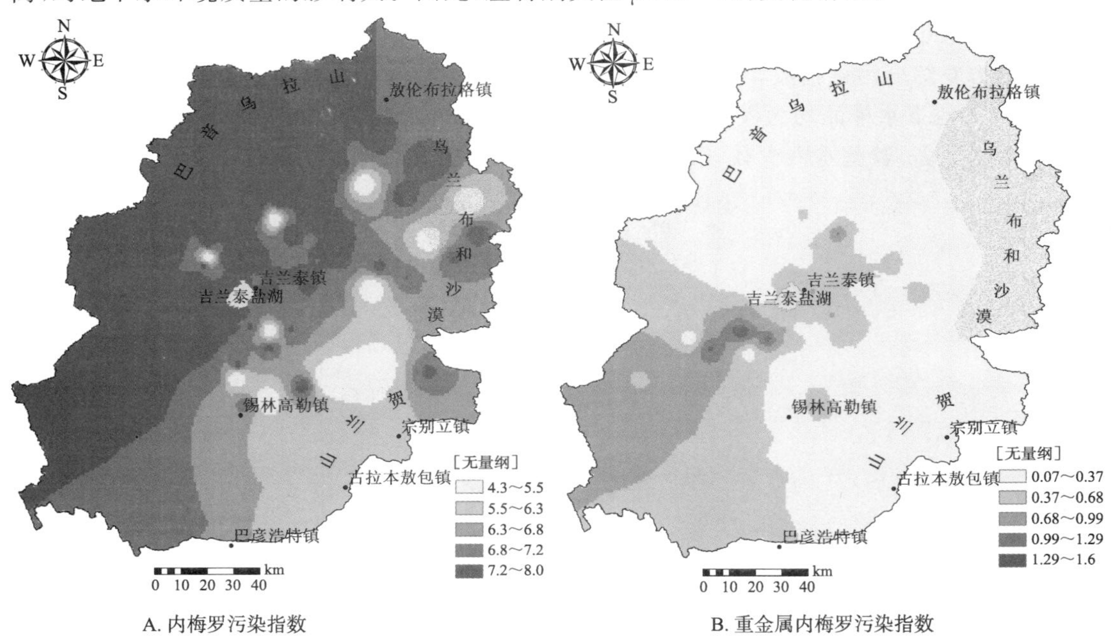

A. 内梅罗污染指数　　　　B. 重金属内梅罗污染指数

图 6-6　地下水水质内梅罗综合评价空间分布

Fig. 6-6　Spatial distribution of Nemerow comprehensive evaluation of groundwater quality

6.3.3　健康风险评价及空间分布

吉兰泰盐湖盆地地下水重金属通过饮用水途径所引起的平均个人年健康风险值如表6-10所列。

化学致癌物 $\rho(Cr^{6+})$在地下水健康风险值范围介于 $7.5\times10^{-6}\sim1.9\times10^{-4}\ a^{-1}$之间,说明盐湖盆地局部地区的健康风险值大于 US EPA 的最大可接受风险,$\rho(Cr^{6+})$的平均健康风险值为 $3.51\times10^{-5}\ a^{-1}$,高于瑞典环保局、荷兰建设环保局、英国皇家协会、IAEA 最大可接受风险,低于 US EPA 和 ICRP 最大可接受风险[23];化学致癌物 $\rho(As)$在地下水中所致健康风险值的范围介于 $4.44\times10^{-8}\sim7\times10^{-5}\ a^{-1}$之间,说明所有采样点 $\rho(As)$的健康风险值都在 US EPA 和 ICRP 最大可接受风险范围内,但存在局部地区健康风险值高于瑞典环保局、荷兰建设环保局、英国皇家协会、IAEA 最大可接受风险，$\rho(As)$的平均健康风险值为 3.29×10^{-6} a^{-1}，大于荷兰建设环保局和英国皇家协会的可忽略水平。由于$\rho(Cr^{6+})$的平均健康风险比$\rho(As)$的平均健康风险大一个数量级，所以总致癌风险与$\rho(Cr^{6+})$类似。$\rho(Cr^{6+})$平均健康风险为总致癌风险贡献率的 89%，远远高出$\rho(As)$的健康危害风险贡献率（图 26）。因此，$\rho(Cr^{6+})$应为首要地下水环境风险控制指标，应给予足够重视。非化学致癌物$\rho(Hg)$健康风险值范围介于 $3.06\times10^{-12}\sim1.2\times10^{-9}$ a^{-1}之间，即每年每千万人口中，因饮用水中的$\rho(Hg)$受到健康危害或死亡的人数最多为 1 人，$\rho(Hg)$的平均健康风险值低于荷兰建设环保局和英国皇家学会推荐的可忽略水平，对人体危害极低，可忽略其对研究区地下水的不良影响。

表 6-10　经饮用水途径的化学致癌物质和非化学致癌物质的健康风险

Tab. 6-10　Health risk values for chemical carcinogens and non-chemical carcinogens by the way of drinking water

健康风险值/a^{-1}	化学致癌物			非化学致癌物	$R_{总}$
	Cr^{6+}	As	R_C	Hg	
最小值	7.50×10^{-6}	7.00×10^{-8}	7.57×10^{-6}	3.06×10^{-12}	7.57×10^{-6}
最大值	1.90×10^{-4}	4.44×10^{-5}	1.91×10^{-4}	1.20×10^{-9}	1.91×10^{-4}
均值	3.51×10^{-5}	3.29×10^{-6}	3.84×10^{-5}	2.68×10^{-10}	3.84×10^{-5}
标准差	3.85×10^{-5}	7.32×10^{-6}	3.95×10^{-5}	3.27×10^{-10}	3.95×10^{-5}

注：R_C为致癌重金属平均致癌风险；$R_{总}$为地下水重金属总平均健康风险。

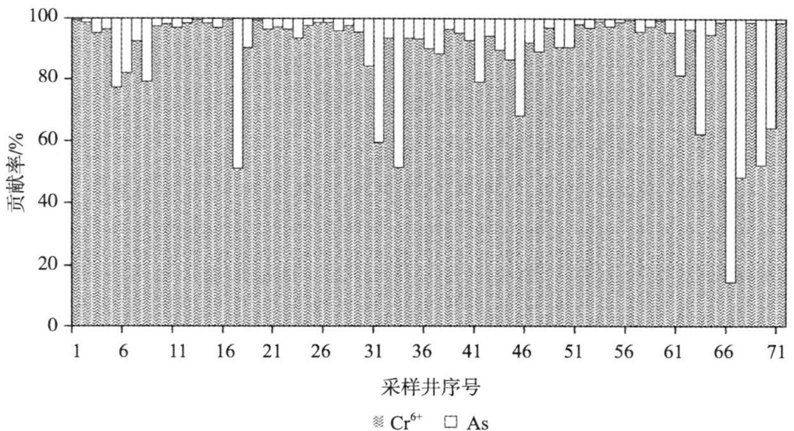

图 6-7　吉兰泰盐湖盆地化学致癌物质贡献率

Fig. 6-7　Contribution rate of chemical carcinogens in Jilantai Salt Lake Basin

通过化学致癌物及总健康风险值空间分布（图 6-7）可知，化学致癌物$\rho(Cr^{6+})$在图格力高勒沟谷下游，靠近吉兰泰盐湖附近出现条块状区域的健康风险值高于 US EPA 的最大可接受风险，吉兰泰镇局部区域以及吉兰泰盐湖西南部分区域的健康风险值高于 ICRP 最大可接受风险，但比 US EPA 最大可接受风险值小。化学致癌物$\rho(As)$的健康风险值低于 US EPA 最大可接受风险，相对高值区出现在盐湖盆地西南台地，呈面状分布特征，吉兰泰镇东北部的相对高值区以点状分布特征出现。在图格力高勒沟谷下游出现总健康风险值高于

US EPA 最大可接受风险的条带状区域，从吉兰泰镇至研究区西南边缘大部分区域的总健康风险高于 ICRP 最大可接受风险，研究区其余地区的总健康风险较小。

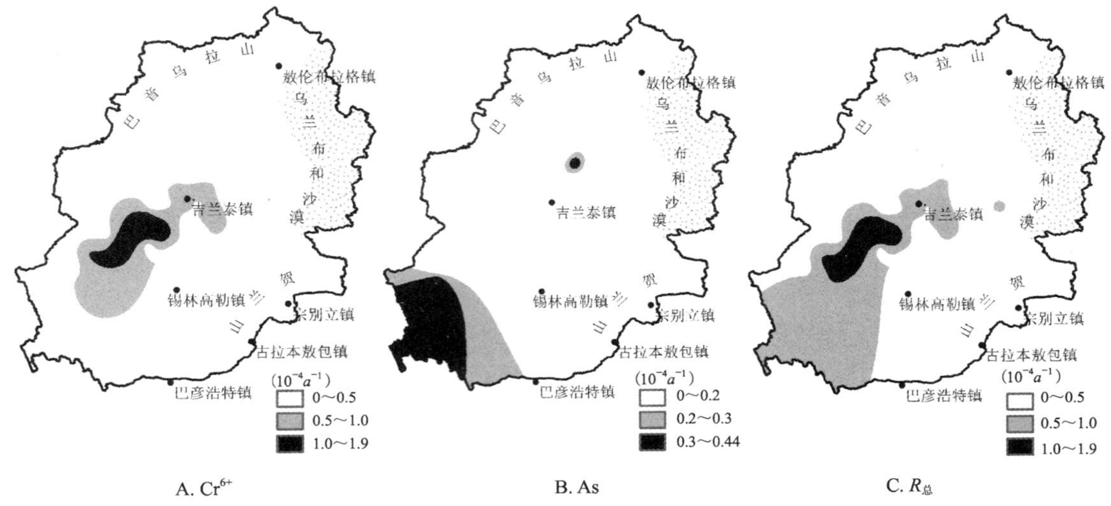

图 6-8 化学致癌物及总健康风险值空间分布

Fig. 6-8 Spatial distribution of chemical carcinogen and total health risk value

6.4 讨论与结论

6.4.1 讨 论

本章共涉及 3 种地下水质量评价方法，单因子评价法的评价结果相对较差，以地下水最差化学指标的水质等级来确定监测点最终的评价等级，突出了个别较差指标，而使整体水质等级偏低，对地下水有过保护现象。内梅罗综合评价法十分重视污染程度最高的水质指标，因此，在 10 项参评的地下水化学指标中只要有 1 项化学指标的评分为 10，即使其余指标评分较低也会得到较大的内梅罗综合污染指数值，使得内梅罗综合评价结果趋向于较差等级，出现对地下水水质污染的高估现象，如吉兰泰盐湖盆地参评的 10 项地下水化学指标中，单个测点的水样大多存在 2～3 项评分为 10 的化学指标，导致盐湖盆地地下水质量整体评价偏低，虽然内梅罗综合评价略优于单因子评价结果，但只是Ⅳ类水(较差水)多了 10%，评价结果还是相对接近，此外，地下水化学指标评分值是按照不同水质指标等级来赋分，而水质等级由地下水质量标准限值确定，这样容易在标准值附近出现“小差异扩大化”问题，即含量差异十分微小，最终的评价结果却相差较大，因此，引入模糊数学的概念来解决标准值附近的赋值问题十分有意义。在针对重金属健康风险评价的模型中，完整的 US EPA 健康风险评价模型是 4 种介质(如大气、水、土壤、食物链等)携带重金属通过食入、吸入和皮肤接触 3 种暴露途径进入人体产生健康风险的评价[24]，而本章内容只单独讨论了 $\rho(Cr^{6+})$、$\rho(Hg)$、$\rho(As)$三种重金属通过饮用水的途径对人体产生的健康风险，因此总健康危害风险数值要小于实际健康危害风险。由于地下水健康危害风险计算仅区分了致癌物和非致癌物两个部分，而致癌污染物同样可能具有非致癌物的一些效应，因此评价得出非致癌物的健康危害风险很有可能被低估[25]，但一些研究结果表明，水中的重金属含量很低，但通过饮用水途径计算出的健康危害风险值会偏高[26]。由于各种重金属对人体健康的危害不是独立产生作用，而目前没有统一方法进行重金属导致混合风险的健康风险评估，这将是今后进一步研究的重点。

6.4.2 结 论

本章主要利用单因子评价法、内梅罗综合评价法、健康风险评价法从数理统计特征和空间分布特征方面对研究区地下水做了质量评价，主要结论如下。

研究区地下水中 $\rho(Na^+)$、$\rho(Cl^-)$、$\rho(F^-)$、$\rho(TDS)$、$\rho(COD_{Mn})$ 单因子污染指数均值大于 1，整体处于污染状态。地下水中 3 种重金属 $\rho(Cr^{6+})$、$\rho(As)$、$\rho(Hg)$ 和 $\rho(NO_2^-)$、$\rho(NO_3^-)$、$\rho(SO_4^{2-})$、pH 整体未出现污染状况。$\rho(NH_4^+)$ 污染较重，极有可能是人类活动导致。

单因子评价法的评价结果显示，吉兰泰盐湖盆地地下水污染非常严重，不存在Ⅰ、Ⅱ、Ⅲ类地下水，有 10%Ⅳ类水，其余 90%均为Ⅴ类水。

以《地下水质量标准》中的Ⅲ类标准限值作为评价标准计算超标率，$\rho(Hg)$、$\rho(NO_3^-)$、$\rho(SO_4^{2-})$ 没有超标，$\rho(As)$、$\rho(COD_{Mn})$、$\rho(Cr^{6+})$、$\rho(NO_2^-)$、pH 的超标率分别为 2.82%、15.49%、8.45%、8.45%、12.68%，$\rho(Cl^-)$、$\rho(NH_4^+)$、$\rho(TDS)$、$\rho(F^-)$、$\rho(Na^+)$ 的超标率在 50%左右。

研究区地下水水质指标单因子指数空间分布特征较为复杂，超标区域多以点状、岛状、斑块状特点分布于图格力高勒沟谷、巴音乌拉山、乌兰布和沙漠等部分区域，贺兰山及山前冲洪积平原单项指标超标区域较少。

内梅罗综合评价结果表明，研究区内地下水不存在优良、良好和较好的水质级别，较差水质级别占样品总数的 20%，其余 80%的地下水样品均为极差水。重金属内梅罗指数评价结果显示，研究区 87.3%地下水处于安全清洁的状态，有 7%达到了警戒线的范围，仅有 5.6%的样点发生了轻度污染。

从内梅罗污染指数空间分布特征看，盐湖盆地东侧地下水质量要优于西侧。重金属内梅罗超标区域主要在吉兰泰盐湖西南侧，盐湖盆地地下水总体处于安全清洁的状态，仅在盐湖西南的图格力高勒沟谷出现轻度污染区域。

$\rho(Cr^{6+})$ 平均健康危害风险为总致癌风险贡献率的 89%，远远高出 $\rho(As)$ 的健康危害风险贡献率。非化学致癌物 $\rho(Hg)$ 的健康危害风险度极低，可以忽略其对盐湖盆地地下水的影响。盐湖盆地总健康风险类似于 $\rho(Cr^{6+})$ 健康风险分布，$\rho(Cr^{6+})$ 应为优先控制污染物，作为首要的环境健康风险控制指标。

参考文献

[1] 付梅. 成都青白江地区地下水化学变化特征及质量评价研究[D]. 成都：成都理工大学，2013.

[2] 张凤娥，马登军，吴泊人. 应用霍顿水质指数法评价官厅水库水质[J]. 常州大学学报

（自然科学版），2002，14（4）：28-31.

[3] Brown R M, Mcclelland N I, Deininger R A, et al. A water quality index-crashing the psychological barrier[J]. Advances in Water Pollution Research, 1973, 1: 787-797.

[4] Zaltsberg E. A statistically based trigger mechanism for evaluation of groundwater quality in landfill monitoring wells[J]. Canadian Water Resources Journal, 1994, 19(3): 267-274.

[5] Muhammad S, Shah M T, Khan S. Health risk assessment of heavy metals and their source apportionment in drinking water of Kohistan region, northern Pakistan[J]. Microchemical Journal, 2011, 98 (2): 334-343.

[6] Bhowmick S, Pramanik S, Mondal P, et al. Arsenic in groundwater of West Bengal, India: A review of human health risks and assessment of possible intervention options [J]. Science of the Total Environment, 2018, 612: 148-169.

[7] Rajasekhar B, Nambi I M, Govindarajan S K. Human health risk assessment of ground water contaminated with petroleum PAHs using Monte Carlo simulations: A case study of an Indian metropolitan city[J]. Journal of Environmental Management, 2018, 205: 183-191.

[8] Mishra H, Karmakar S, Kumar R, et al. A long-term comparative assessment of human health risk to leachate-contaminated groundwater from heavy metal with different liner systems[J]. Environmental Science and Pollution Research International, 2018, 25(3): 2911-2923.

[9] Asadi S, Padmaja V, Reddy M. Remote sensing and gis techniques for evaluation of groundwater quality in municipal corporation of Hyderabad (zone-v), India [J]. International Journal of Environmental Research and Public Health, 2007, 4(1): 45-52.

[10] Nas B, Cay T, Iscan F, et al. Selection of MSW landfill site for Konya, Turkey using GIS and multi-criteria evaluation[J]. Environmental Monitoring & Assessment, 2010, 160(1-4): 491-500.

[11] 肖红，徐翠琴. 灰色聚类法在地下水质评价中的应用[J]. 许昌师专学报，1993(4)：30-34.

[12] 孙涛，潘世兵，李永军. 人工神经网络模型在地下水水质评价分类中的应用[J]. 水文地质工程地质，2004，31(3)：58-61.

[13] 刘志斌. 露天煤矿排土场地下水环境质量影响的模糊综合评价[J]. 露天采矿技术，2003(2)：16-18.

[14] 乔冈，徐友宁，陈华清，等. 某金矿区浅层地下水重金属及氰化物污染评价[J]. 地质通报，2015，34(11)：2031-2036.

[15] 张妍，李发东，欧阳竹，等. 黄河下游引黄灌区地下水重金属分布及健康风险评估[J]. 环境科学，2013，34(1)：121-128.

[16] 林曼丽，桂和荣，彭位华，等. 典型矿区深层地下水重金属含量特征及健康风险评价-以皖北矿区为例[J]. 地球学报，2014，35(5)：589-598.

[17] GB/T 14848-2017，地下水质量标准[S].

[18] 张舒婷,李晓燕,陈思民. 贵阳市不同空间高度灰尘和重金属沉降通量[J]. 中国环境科学,2015,35(6):1630-1637.

[19] 谷朝君,潘颖,潘明杰. 内梅罗指数法在地下水水质评价中的应用及存在问题[J]. 环境保护科学,2002,28(1):45-47.

[20] 李亚松,张兆吉,费宇红,等. 内梅罗指数评价法的修正及其应用[J]. 水资源保护,2009,25(6):48-50.

[21] US EPA. 2005. Guidelines for carcinogen risk assessment [R]. Usepa /630/p-03/001F. Washington DC:risk assessment forum U. S. environmental protection agency. 1-166.

[22] 车飞,于云江,胡成,等. 沈抚灌区土壤重金属污染健康风险初步评价[J]. 农业环境科学学报,2009,28(7):1439-1443.

[23] 孙超,陈振楼,张翠,等. 上海市主要饮用水源地地水重金属健康风险评价[J]. 环境科学研究,2009,22(1):60-65.

[24] 余彬. 泾惠渠灌区浅层地下水中重金属的健康风险评价[D]. 西安:长安大学,2010.

[25] 黄磊,李鹏程,刘白薇. 长江三角洲地区地下水污染健康风险评价[J]. 安全与环境工程,2008,15(2):26-29.

[26] 于云江,杨彦. 基于 GIS 的松花江沿岸某区浅层地下水污染特征及人群暴露风险评价[J]. 中国环境科学,2013,33(8):1487-1494.

第7章 流域地下水重金属污染物风险溯源

7.1 概 述

地下水污染物解析分为定性判断主要污染源类型的源识别与定量计算污染源贡献率的源解析[1-3]。目前,对于地下水污染源解析的研究多集中在源识别方面,利用多元统计分析中的因子分析法识别研究区内地下水的主要污染来源,而源解析方面的研究成果并不多见[4]。源解析起源于大气颗粒物研究[5],现阶段,污染源解析模型大体分成两类,一类是以污染源作为研究对象的扩散模型,另一类是把研究区域作为研究对象的受体模型[6]。前者本质上是预测模型,该模型需要输入污染源排放清单以及相关参数信息,才可以准确地预测污染物的时空变异[7],但其输入数据存在很大不准确性,会导致预测误差,使得结果并不令人信服[8];后者研究对象是受到排放源影响的环境介质,对受体样本进行理化性质分析,建立污染源同受体之间的对应关系,并定量计算各污染源的分担率[9],该模型避免了扩散模型中对于污染源排放清单、排放条件、气象、地形等参数的依赖,不追踪污染物的扩散过程,使得模型极大简化[10]。受体模型大致分为两类,一类是以化学质量平衡法(CMB)为代表的已知源成分谱的受体模型,另一类是以主成分分析/绝对主成分分数(PCA/APCS)、正定矩阵因子分析模型(PMF)等为代表的未知源成分谱的受体模型[11]。化学质量平衡法应用较成熟,解析结果较精确,但由于地下水污染源成分谱未知且难以确定,实际应用不多[12]。现阶段,地下水污染源解析的研究主要利用绝对主成分得分多元线性回归模型(APCS-MLR)来实现,APCS-MLR是一种量化污染源贡献率的有效方法[13]。

孟利等[14]利用PCA-APCS-MLR方法对沈阳浑河冲积扇地下水污染来源、空间分布进行分析,并计算各污染源对各水质指标的贡献率;刘博等[15]利用FA方法对吉林市城区地下水中主要污染因子做了来源分析,并刻画了污染因子对吉林城区地下水的污染程度;赵洁等[16]采用PCA和APCS-MLR方法对辽河河流主要理化因子做了空间分布及污染特征分析;Gholizadeh等[17]采用PCA-APCS-MLR对美国佛罗里达州三条主要河流进行水质评价和污染源定量分析,分别阐述了湿季和干季污染源产生的机理、规律和原因;Nosrati等[18]应用聚类分析、因子分析、判别分析法对哈什格尔得平原不同井的两期地下水进行了评价和解释,分别得到3个和5个污染源;谷天雪等[19]运用PCA方法得到影响大庆市浅层地下水水质状况的5种污染因素;任岩等[20]利用PCA-MLR对新疆艾比湖流域地表水做了污染源解析并估算了贡献率。综上所述,国内外学者对于污染源解析的研究多借助多元统计方法,利用降维思想得到主要的影响因子,然后进行污染源的来源分析等。

7.2 材料与方法

因子分析(FA)是在变量中提取共性因子的统计方法,既能降低变量维数,又能对变量进行分类[21]。其本质是从多个变量中提取出较少的、互不相关的因子来说明原始变量中所包含的主要信息,同时,每个原始变量都能用公因子的线性组合来表示。设 $X_1, X_2, \cdots, X_n$

为 n 个原始变量，$F_1,F_2,\cdots,F_k$ 为提取的 k 个公因子($k<n$)，则原始变量 X_i 与因子 F_i 的关系如下：

$$\begin{cases} X_1=a_{11}F_1+a_{12}F_2+\cdots+a_{1k}F_k+\varepsilon_1 \\ X_2=a_{21}F_1+a_{22}F_2+\cdots+a_{2k}F_k+\varepsilon_2 \\ \cdots \\ X_n=a_{n1}F_1+a_{n2}F_2+\cdots+a_{nk}F_k+\varepsilon_n \end{cases} \tag{7-1}$$

式中，系数 a_{ij} 为第 i 个变量与第 j 个公因子间的相关系数，称为载荷，可反映第 i 个变量在第 j 个公因子上的重要程度；ε_i 为特殊因子，表示公因子外的影响因素，实际问题中常常忽略不计。因子分析具体步骤如下。

① 数据标准化。其转化函数为

$$X_i^*=\frac{x_i-\mu}{\sigma} \tag{7-2}$$

式中，$X_i{}^*$ 为标准化后的变量值；x_i 为原始变量值；μ 为样本均值；σ 为样本数据标准差。

② 数据检验。目的是检查原始变量间是否有一定的相关性，常用检测方法为 Kaiser-Meyer-Olkin(KMO)检验和 Bartlett 球形检验。KMO 值大于 0.7 适合做因子分析；Bartlett 球形检验 P 值小于或等于 0.05 适合做因子分析[22]。其中 KMO 检验公式如下：

$$KMO=\frac{\sum_{i=1}^{n}\sum_{j=1}^{n}r_{ij}^2}{\sum_{i=1}^{n}\sum_{j=1}^{n}r_{ij}^2+\sum_{i=1}^{n}\sum_{j=1}^{n}p_{ij}^2} \tag{7-3}$$

式中，r_{ij} 为变量 x_i 与 x_j 间的相关系数；p_{ij} 为变量 x_i 与 x_j 间的偏相关系数；j 为与 i 不同的变量；n 为变量总数。

③ 构造因子变量。采用主成分分析法提取特征值，以特征值大于 1 作为确定公因子的依据来提取主成分。

④ 因子变量命名与解释。对因子载荷矩阵采用方差最大法进行正交旋转，可使因子变量的含义更清晰，更具解释性。

⑤ 计算因子得分。由于公因子更能反映原始变量的相关关系，将公因子表示为变量的线性组合，有利于描述所研究对象的特征。下式为因子得分函数：

$$\begin{cases} F_1=\beta_{11}X_1+\beta_{12}X_2+\cdots+\beta_{1n}X_n \\ F_2=\beta_{21}X_1+\beta_{22}X_2+\cdots+\beta_{2n}X_n \\ \cdots \\ F_k=\beta_{k1}X_1+\beta_{k2}X_2+\cdots+\beta_{kn}X_n \end{cases} \tag{7-4}$$

⑥计算因子综合得分。公式如下：

$$F_{综}=\sum\nolimits_{i=1}^{k}F_i W_i \tag{7-5}$$

$$W_i=\lambda_i/\sum\nolimits_{i=1}^{k}\lambda_i \tag{7-6}$$

式中，$F_{综}$ 为因子综合得分；F_i 为公因子得分；W_i 为因子权重；λ_i 为公因子方差贡献率；k 为公因子总数。

7.3 结果与分析

7.3.1 地下水污染风险物源解析

7.3.1.1 数据检验与污染源识别

利用KMO和Bartlett球形检验对研究区地下水标准化监测数据进行相关矩阵检验(表7-1),其中KMO值为0.699,接近0.7,适合做因子分析;同时Bartlett球形检验P值接近于0,满足$P<0.05$置信度,检验结果表明16个变量间有较强相关关系。

表7-1 KMO和Bartlett检验结果

Tab. 7-1 The test results of KMO and Bartlett

取样足够度的KMO检验值		0.699
Bartlett球形度检验	检验值χ^2	962.27
	自由度df	120
	显著性水平Sig	0.00

本次研究共提取6个公因子(表7-2),累计方差贡献率达到81.42%,较好地反映了16项监测指标的信息。为使各公因子典型指标更加突出,更具解释性,将因子载荷矩阵进行正交旋转(表7-2),得到与公因子相关性较强的指标。

表7-2 因子的特征值和方差贡献率

Tab. 7-2 Characteristic value and variance contribution rate of factors

公因子	所有公因子			提取的公因子			旋转后的公因子		
	初始特征值	方差贡献率/%	累积方差贡献率/%	特征值	方差贡献率/%	累积方差贡献率/%	特征值	方差贡献率/%	累积方差贡献率/%
1	5.158	32.24	32.24	5.158	32.24	32.24	4.507	28.17	28.17
2	2.715	16.97	49.21	2.715	16.97	49.21	2.821	17.631	45.801
3	1.472	9.202	58.413	1.472	9.202	58.413	1.753	10.959	56.76
4	1.337	8.358	66.77	1.337	8.358	66.77	1.456	9.099	65.858
5	1.213	7.581	74.352	1.213	7.581	74.352	1.282	8.011	73.87
6	1.13	7.065	81.417	1.13	7.065	81.417	1.208	7.547	81.417
7	0.781	4.884	86.301						
8	0.701	4.384	90.685						
9	0.54	3.378	94.063						
10	0.355	2.218	96.281						
11	0.194	1.213	97.494						
12	0.163	1.02	98.514						
13	0.148	0.922	99.436						

续表

公因子	所有公因子			提取的公因子			旋转后的公因子		
	初始特征值	方差贡献率/%	累积方差贡献率/%	特征值	方差贡献率/%	累积方差贡献率/%	特征值	方差贡献率/%	累积方差贡献率/%
14	0.049	0.307	99.743						
15	0.031	0.195	99.938						
16	0.01	0.062	100						

表 7-3　旋转因子载荷矩阵

Tab. 7-3　Loading matrix of rotated factor

水化学指标	公因子					
	1	2	3	4	5	6
ρ(TDS)	**0.96**	0.09	0.17	0.05	−0.06	0.09
EC	**0.95**	0.1	0.2	0.06	−0.03	0.09
$\rho(Na^+)$	**0.94**	0.06	0.2	−0.04	−0.11	0.06
$\rho(Mg^{2+})$	**0.91**	0	−0.18	−0.02	−0.1	−0.02
$\rho(Ca^{2+})$	**0.77**	−0.08	0.48	−0.08	0.04	−0.14
$\rho(SO_4^{2-})$	0.06	**0.96**	0.06	0.01	0	0.01
$\rho(NO_2^-)$	0.02	**0.92**	−0.01	−0.02	0.05	−0.13
$\rho(NO_3^-)$	0.05	**0.86**	0.07	0.02	−0.01	0.1
$\rho(NH_4^+)$	0.21	0.02	**0.88**	−0.06	0.14	0.07
$\rho(Cl^-)$	0.44	0.35	**0.65**	0.13	−0.26	−0.15
$\rho(COD_{Mn})$	0.17	−0.08	−0.11	**0.83**	−0.04	−0.11
ρ(As)	−0.19	0.07	0.09	**0.78**	0.04	0.18
$\rho(Cr^{6+})$	0.02	−0.18	−0.21	−0.21	**−0.73**	0.08
pH	−0.21	−0.18	−0.16	−0.27	**0.73**	0.07
$\rho(HCO_3^-)$	0.15	0.17	−0.2	0.07	0.19	**−0.77**
$\rho(F^-)$	0.04	0.25	−0.23	0.02	0.26	**0.68**

注:加粗部分为各公因子所在列代表性水化学指标。

7.3.1.2　污染源解析

F_1(公因子 1)特征值为 5.16,方差贡献率为 32.24%,作为影响研究区内地下水水质的首要因素,主要以 ρ(TDS)、EC、$\rho(Na^+)$、$\rho(Mg^{2+})$、$\rho(Ca^{2+})$这 5 项水质指标为代表,包括除 K^+ 外的地下水四大阳离子中的 3 项。研究区大部分处于吉兰泰盐湖盆地第四系松散岩类孔隙潜水含水层,岩性为湖积沙质黏土、黏质砂土夹中细砂,含水层颗粒松散,粒径较大,地下水径流条件相对较好,易使含钠、钙、镁化合物的岩层发生强烈交替作用,形成可溶的 Na^+、Mg^{2+}、Ca^{2+},ρ(TDS)也随之增高,可见研究区内原生地质环境对地下水环境质量存在极大影响。此外,各采样点 $\rho(Na^+)$、$\rho(Mg^{2+})$、$\rho(Ca^{2+})$的变幅均较大,可能是因为含酸与盐类的工业废水和生活污水进入地下水系统后，加速了局部地区含钠盐岩及难溶钙镁化合物的溶滤作用，导致可溶性离子浓度升高。因此，F_1可认为是原生地质条件和人类活动综合作用的结果，命名为溶滤-富集作用因子。

F_2（公因子 2）的方差贡献率为 16.97%，$\rho(SO_4^{2-})$、$\rho(NO_2^-)$、$\rho(NO_3)^-$为主要旋转载荷变量，其中$\rho(SO_4^{2-})$与F_2正相关性最高，主要与地质背景和农业化肥有关。地下水对含水层中硫酸盐沉积物的溶滤过程促使SO_4^{2-}富集，而SO_4^{2-}具有良好的迁移性能，使得地下水中普遍存在$\rho(SO_4^{2-})$，研究区地下水中$\rho(Ca^{2+})$较高，在天然水体中SO_4^{2-}又极易与Ca^{2+}发生反应形成沉淀，故$\rho(SO_4^{2-})$也会受到$\rho(Ca^{2+})$的影响而变小[23]；同时，农药化肥的使用也可导致研究区内$\rho(SO_4^{2-})$增加。地下水中NO_3^-在自然条件下的主要来源是固氮菌固氮形成，或是大气中的氮氧化物溶于雨水形成硝酸，在土壤中与矿物反应形成NO_3^-。吉兰泰盐湖盆地地下水整体处于弱碱性环境，还原性相对较强，NO_3^-在还原菌的作用下，可被还原为NO_2^-。受人类活动影响，研究区农业生产施用的化肥随灌溉排水下渗进入地下水形成面状污染，也是NO_3^-的重要来源之一。因此，F_2反映了地质背景与农业生产活动的双重影响，故命名为农业活动因子。

F_3（公因子 3）的方差贡献率为 9.2%，以$\rho(NH_4^+)$、$\rho(Cl^-)$为主要代表变量，其中$\rho(NH_4^+)$旋转载荷较高，反映出地下水中营养化元素的富集特征。结合研究区的农业发展情况，$\rho(NH_4^+)$较高的原因可能是农药、含氮化肥的大量使用，农灌水下渗造成污染[24]。同时，生活污水、工业废水不合理排放也是导致NH_4^+富集的原因之一。Cl^-广泛分布在天然地下水中，研究区内$\rho(Cl^-)$较高，主要由于盐岩、钾盐矿床等溶滤作用使得Cl^-进入地下水系统，以及含氯农药、化肥的使用也可使Cl^-通过灌溉方式下渗到地下水系统中。综上，F_3代表的污染源为原生地质-农业生产、生活污染因子。

F_4（公因子 4）中包括$\rho(COD_{Mn})$、$\rho(As)$，方差贡献率为 8.36%．$\rho(COD_{Mn})$可以近似反映地下水体中有机物总量。地下水中有机物污染源主要来源于生活污水和工业废水的随意排放以及工业废渣渗滤液的不规范处理[25]，16 项监测指标中以$\rho(COD_{Mn})$的变异系数为最大，且其超标率仅为 15.5%，表明研究区内有机物存在局部富集现象。结合区内水文地质条件，在盐湖西南区域的台地岩土存在含 As 化学物质，在大气降水的淋滤作用、地下水的溶滤作用以及离子交换作用进入地下水系统，此外，排放未经处理或未达标的工业“三废”，也会使砷化物进入地下水系统。可见，F_4可作为工业生产污染因子。

F_5（公因子 5）的方差贡献率为 7.58%，$\rho(Cr^{6+})$与F_5表现出强-中等负相关性，pH 与F_5表现出强-中等正相关关系。研究区内地下水和土壤中普遍检出了$\rho(Cr^{6+})$的存在，局部采样点出现超标现象，结合研究区水文地质条件，吉兰泰盐湖盆地西南沟谷存在含铬矿物，土壤包气带呈弱碱性氧化环境，且地处乌兰布和沙漠西南边缘，夏季最高气温在 40℃以上，高温可使Cr^{3+}转化为Cr^{6+}的反应速度加快，为研究区Cr^{6+}的产生提供天然条件。当大气降水或地表水补给地下水时，上层土壤中的Cr^{6+}溶解并逐渐聚集到地下水含水层中，地下水又存在大量的Cl^-、HCO_3^-和SO_4^{2-}等，可与Cr^{6+}形成配位化合物，提高了Cr^{6+}在水中的溶解和迁移能力。研究区 pH 的变异系数较小、平均值较大，符合旱区盆地物理化学天然形成的规律。可以看出，F_5属于地质环境背景因子。

F_6（公因子 6）的方差贡献率与F_5接近，为 7.07%，主要旋转载荷变量为$\rho(HCO_3^-)$、$\rho(F^-)$。研究区靠近贺兰山附近存在小区域的碳酸盐岩，地下水中的HCO_3^-主要来源于碳酸盐(方解石、白云石)的溶解,反映了水岩交互作用。吉兰泰盐湖盆地 $\rho(F^-)$ 总体较高,造成地下水中 F^- 富集与水化学环境和岩石土壤因素有着密切关系。中性、偏碱性水中 Ca^{2+} 活度降低,抑制 CaF_2 生成,研究区地下水整体处于偏碱性环境,OH^- 易于置换含氟矿物中的 F^-,也使得研究区内呈现高氟特征[26]。研究区内第四系上更新统湖积层中 F^- 富集程度较高,乌兰布和沙漠中也存在含氟矿物,经地下水淋溶作用即可进入含水层系统。此外,区内低洼的地形条件、蒸发浓缩作用较强等因素也是高氟水产生的原因。因此,F_6 可作为原生地质因子。

7.3.1.3　地下水污染源空间分布特征

利用 SPSS 降维功能的因子分析计算得到 71 个采样点的因子得分,结合监测井位置,绘制各污染源在研究区的空间分布特征图(图 7-1),因子得分越高,代表该区域污染越严重。

F_1 得分较高区域主要集中在盐湖盆地西北部的巴音乌拉山一带,原生地质对地下水的影响十分明显。在巴音乌拉山山前的哈腾乌苏沟、尚德高勒、空德山沟一带,高值区域呈现块状分布特征;在乌拉郭勒附近高值区则以点状、块状分布特征出现。巴音乌拉山基岩裂隙水作为良好溶剂,携带易溶的 Na^+、Ca^{2+}、Mg^{2+} 等从山区地带向盐湖盆地迁移,同时切割地形过程中易溶盐类也可通过溶滤作用进入地下水系统,地下水径流至吉兰泰盐湖和乌拉郭勒沟谷附近时,随着水力坡度变缓,水岩交互作用减弱,水文地球化学作用逐渐由溶滤-迁移转化为迁移-富集。在盐湖西南出现条带状高值区是由于盐湖上游图格力高勒沟谷地下水径流携带易溶组分向吉兰泰盐湖运动,下游地下水埋深浅,蒸发强烈,致使下游地下水靠近盐湖附近出现富集现象。

F_2 污染区域主要集中在图格力高勒沟谷上游,乌尔塔、哈额和河以及磨古子高勒一带以及研究区东南部的乌兰布和沙漠小部分区域。可以看出,F_2 得分较高的区域恰好处在 F_1 得分的相对低值区,在天然水体中 SO_4^- 极易与 Ca^{2+} 发生反应形成沉淀,故因子 F_1、F_2 得分的高值区域会呈现出相间分布的特征,结合盐湖盆地土地利用类型,该区域并无农业生产活动,可以确定为原生地质条件所致的高值分布特征。吉兰泰盐湖盆地南部区为农业种植区,因此,锡林高勒镇东北部出现的高值区域推测为农业灌溉排水所致。F_2 代表农业生产活动造成的影响,其空间分布规律与实际土地利用类型基本一致。

F_3 得分高值区出现在吉兰泰盐湖东北部的哈腾乌苏沟、尚德高勒、空德山沟一带,在靠近盐湖区域呈现出富集的特征。由于该高值区域内无农业生产活动,不存在农药、化肥的施用所导致的营养化元素富集现象,故可以排除 $\rho(NH_4^+)$ 是该区域污染程度较高的原因,而盐湖东北部至巴音乌拉山区域的地层主要是盐岩沉积层、被 NaCl 盐化的岩层、钾盐矿床,Cl^- 通过溶滤作用进入地下水,使得该区域污染程度偏高。在盐湖盆地的东南大部分区域存在污染趋势,考虑到吉兰泰盐湖南部为农业种植区,存在大面积旱田,农药、含氮化肥会随灌溉用水渗入地下,出现面源污染的现象。此外,生活污水的不合理排放是出现点状高值区的重要原因之一。

F_4 的污染分布范围虽然不大,但因子得分高于 5,说明污染程度较高。在盐湖盆地西南区域的台地污染比较严重,台地岩土存在含 As 的化学物质,由大气降水淋滤作用、地下水溶滤作用或离子交换作用进入含水层中,导致整个台地较大范围地下水出现污染高值区;盐湖东北部出现点状高值区,鉴于该区域没有与 $\rho(As)$ 直接相关的工矿企业,可能存在与 $\rho(As)$ 间接相关的工矿企业,通过工业废水、废渣、废气间接排放砷化物和有机物,经过大气沉降、淋滤作用进入地下水,致使地下水中的 $\rho(As)$ 和有机物含量出现点状污染。

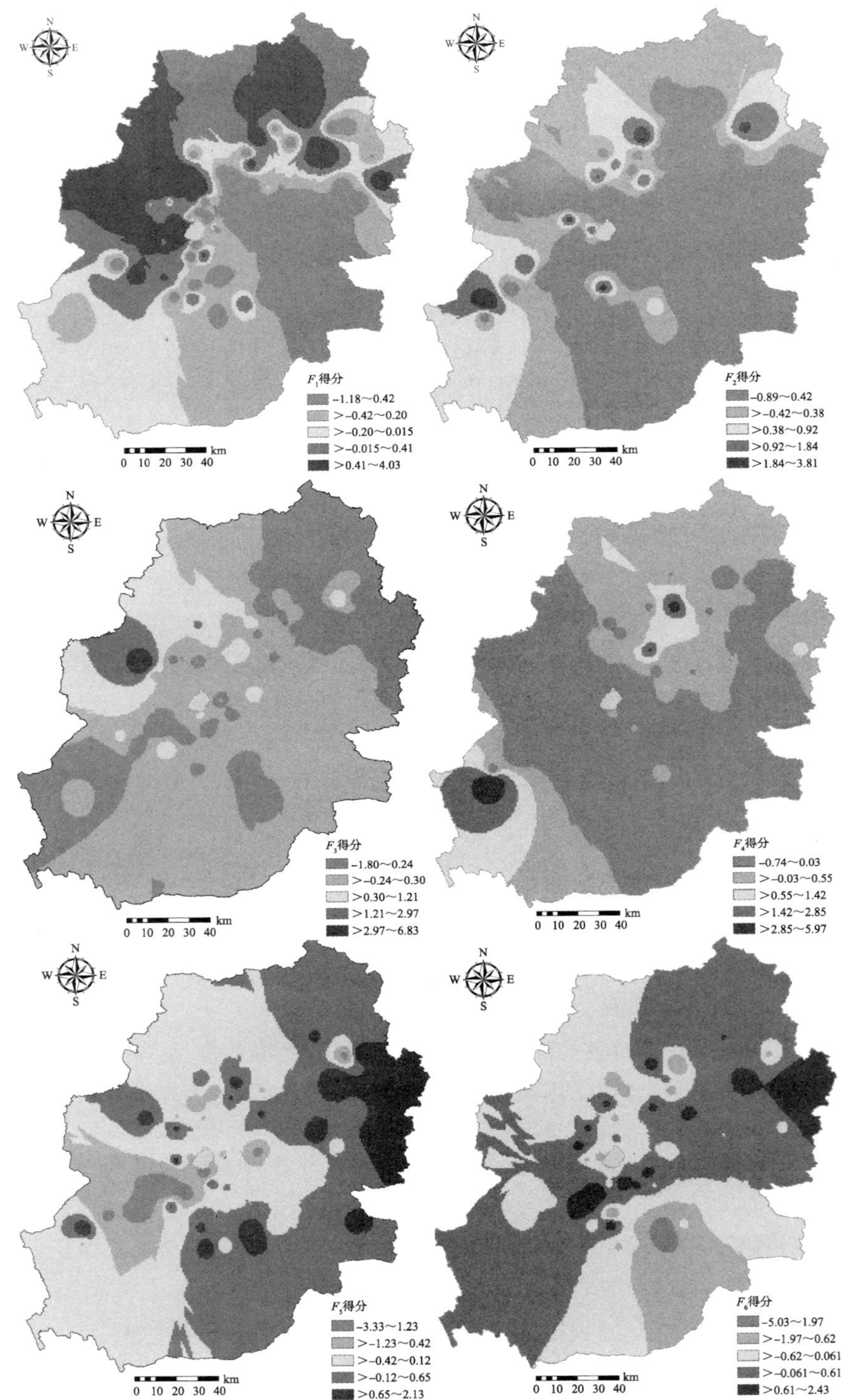

图 7-1 公因子得分空间分布特征

Fig. 7-1 Spatial distribution characteristics of common factor scores

F_5得分高值区主要出现在乌兰布和沙漠，呈斑块状特征分布；盐湖盆地东南的贺兰山及

山前冲洪积平原的 F_5 得分也相对较高。pH 与 F_5 呈正相关，$\rho(Cr^{6+})$ 与 F_5 呈负相关，且盐湖盆地内 pH 的高值区即为 $\rho(Cr^{6+})$ 的低值区，因此，F_5 的空间分布特征与 pH 的空间分布特征基本一致，而与 Cr^{6+} 的空间分布特征相反。吉兰泰盐湖盆地地下水中普遍含有 $\rho(Cr^{6+})$，在盐湖上游图格力高勒沟谷及盐湖东北部 $\rho(Cr^{6+})$ 较高，其他局部区域呈现斑状高值区，笔者对西南部上游图格力高勒沟谷岩土的表层、地表以下 50 cm 及 100 cm 深度共采样 120 个，化验分析显现其中均含有 $\rho(Cr^{6+})$，岩土中的 Cr^{6+} 经大气降水淋滤作用和地下水溶滤作用随地下水向下游运动扩散，并且下游地下水埋深为 2～3 m，流域夏季最高温度 40℃以上，因此蒸发作用强烈，致使地下水中 $\rho(Cr^{6+})$ 不断升高甚至超标；该区域内无工矿企业存在，排除人类活动为 Cr^{6+} 的主要成因。研究区 F_5 得分高值区很大程度上反映了 pH 高值区的分布特征，这种高值分布特征由补给区的差异性以及径流过程的复杂性决定，而由工业、农业、生活所产生的污废水对此影响并不明显。

F_6 得分较高区域主要分布在盐湖盆地东北－西南走向一带，在吉兰泰盐湖附近污染程度相对较小。贺兰山西北出现的 F_6 得分低值区，是由于该区域存在碳酸盐岩，溶滤作用使得地下水中 $\rho(HCO_3^-)$ 偏高，而 $\rho(HCO_3^-)$ 与 F_6 呈负相关，较高的 $\rho(HCO_3^-)$ 会导致 F_6 得分偏低。吉兰泰盐湖盆地 $\rho(F^-)$ 总体较高，在乌兰布和沙漠的 F_6 得分高值区域是由于沙漠堆积了大量的风成沙，其主要成分为石英，其余为含氟矿物和云母，经地下水溶滤作用进入水中。盐湖西南部地下水埋藏较浅，蒸发浓缩作用使 F^- 富集，导致该区域污染程度较大。因此，F_6 代表原生地质造成的点源、面源相结合的污染，其空间分布规律与研究区地质条件相符合。

7.3.1.4　地下水综合污染源空间分布特征

吉兰泰盐湖盆地地下水综合污染得分通过式(7-6)计算，其中，$F_{综}=0.396F_1+0.208F_2+0.113F_3+0.103F_4+0.093F_5+0.081F_6$，将 71 个采样点各因子得分带入上式，得出综合污染得分 $F_{综}$（图 7-2）。结果显示，巴音乌拉山一带综合污染因子得分较高，乌兰布和沙漠也存在点状高值区，盐湖盆地西南的图格力高勒沟谷上游附近也存在一定程度的污染，而盐湖东南大片区域地下水水质相对较好。为实现污染防控，建议在吉兰泰盐湖盆地南部农业种植区严格控制农药化肥的使用，严格管理区域内工矿企业，提高企业污、废水处理能力，杜绝排放未经处理的污、废水。为实现水资源合理开发利用，建议在巴音乌拉山一带设置禁采区，在图格力高勒沟谷上游、乌兰布和沙漠局部设置非饮用水区，吉兰泰盐湖盆地东南大部分区域水质良好，可作为饮用水区。

综上所述，盐湖盆地地下水中污染因子空间分布既呈现出明显的带状或块状区域高值的分布特征，也出现了点状高值的分布特征，表明盐湖盆地地下水污染因子分布与变化既受到原生地质环境的影响，又受到人类活动（如工业、农业、生活污染）的多重因素影响，使得盐湖盆地的地下水污染因子空间分布变得较为复杂。

7.3.2　地下水污染风险物贡献率分析

7.3.2.1　绝对主成分得分多元线性回归模型

在因子分析中，参评的 16 项地下水化学指标都进行了数据标准化，进而计算得到 6 个公因子的因子得分，但这些因子得分是建立在数据标准化前提下的因子得分，并不具备定量

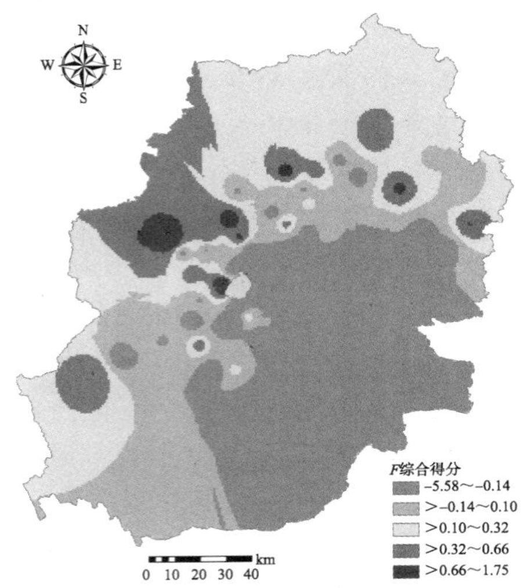

图 7-2 综合污染因子得分空间分布

Fig. 7-2 Spatial distribution of comprehensive pollution factor scores

计算污染源贡献率的条件，因此，需要进一步处理标准化因子得分，使其去标准化，达到定量计算污染源贡献率的要求。去标准化后的因子得分称为绝对主成分得分，将绝对主成分得分作为自变量，地下水化学指标数值作为因变量进行多元线性回归，这种定量表征各公因子对各地下水化学指标贡献率的方法称为绝对主成分得分—多元线性回归。

绝对主成分得分—多元线性回归的具体计算步骤如下。

① 引入 0 浓度人为样本，计算得到 0 浓度样本标准化数据：

$$(X_0)_i=\frac{0-\mu_i}{\sigma_i} \tag{7-7}$$

式中，$(X_0)_i$ 为 0 浓度样本的化学指标 i 标准化后的值；μ_i 为化学指标 i 的平均值；σ_i 为化学指标 i 的标准差。

② 将 0 浓度样本进行因子分析得到对应的因子得分，并计算绝对零值主成分得分。绝对零值主成分得分具体公式为

$$(APCS_0)_k=\sum_{i=1}^{k}S_{ki}\ (X_0)_i \tag{7-8}$$

式中，$(APCS_0)_k$ 为第 k 个公因子的绝对零值主成分得分；S_{ki} 为 0 浓度样本中化学指标 i 在第 k 个公因子上的因子得分。

③ 计算绝对主成分得分。公式如下：

$$(APCS)_k=(APCS_z)_k-(APCS_0)_k \tag{7-9}$$

式中，$(APCS)_k$ 为第 k 个公因子的绝对主成分得分；$(APCS_z)_k$ 为第 k 个公因子的标准化因子得分。

④ 把公因子的绝对主成分得分作自变量，地下水化学指标实测数值作因变量进行多元线性回归可得

$$C_i=b_i+\sum_{i=1}^{k}Q_{ki}\times(APCS)_i \tag{7-10}$$

式中，C_i 为地下水化学指标 i 的实测值；b_i 为地下水指标 i 的多元线性回归常数项；Q_{ki} 为公因子 k 对地下水化学指标 i 的回归系数；$Q_{ki}\times(APCS)_i$ 为公因子 k 对地下水化学指标 i 的

贡献率。

7.3.2.2 污染源贡献率分析

通过因子分析确定了各污染源的组成和空间分布特征，进一步利用 APCS-MLR 计算污染源贡献率(表 7-4)。

表 7-4 地下水水质指标对各污染源贡献率

Tab. 7-4 Contribution rate of pollution source in groundwater water quality index

水质指标	贡献率/%							实测值	预测值	预测值与实测值之比	R^2
	F_1	F_2	F_3	F_4	F_5	F_6	US①				
ρ(TDS)	67.24	6.44	11.98	3.30	3.84	6.61	0.59	2 019.986	2 009.585	0.995	0.97
EC	66.73	6.79	13.70	4.15	2.28	6.05	0.30	4 005.704	4 027.217	1.005	0.96
$\rho(Na^+)$	65.27	4.31	13.51	2.52	7.26	4.20	2.93	879.341	885.125	1.007	0.95
$\rho(Mg^{2+})$	73.00	0.12	14.74	1.77	8.32	1.24	0.80	70.210	72.867	1.038	0.88
$\rho(Ca^{2+})$	47.70	4.75	29.66	4.97	2.68	8.40	1.83	109.845	106.846	0.973	0.86
$\rho(SO_4^{-})$	5.36	80.45	5.13	0.70	0.32	0.43	7.60	3.158	3.228	1.022	0.93
$\rho(NO_2^-)$	1.53	76.40	0.50	1.91	4.03	11.19	4.44	0.288	0.281	0.977	0.86
$\rho(NO_3^-)$	4.49	72.93	5.95	1.34	0.85	8.43	6.02	0.672	0.675	1.004	0.77
$\rho(NH_4^+)$	2.18	15.50	14.58	1.03	16.52	42.93	7.25	5.267	4.324	0.821	0.88
$\rho(Cl^-)$	18.57	14.78	27.45	5.28	11.02	6.47	16.43	1 086.092	1 083.375	0.997	0.87
$\rho(COD_{Mn})$	10.79	5.06	6.89	52.68	2.63	7.24	14.70	4.175	3.706	0.888	0.8
ρ(As)	12.39	4.50	5.56	51.10	2.46	11.72	12.27	0.005	0.005	0.975	0.72
$\rho(Cr^{6+})$	0.84	8.48	9.92	10.28	35.28	3.92	31.28	0.019	0.017	0.879	0.74
pH	8.41	7.09	6.34	10.60	28.92	2.78	35.87	8.110	8.094	0.998	0.7
$\rho(HCO_3^-)$	8.33	9.97	11.74	4.16	10.71	44.27	10.81	3.091	2.994	0.969	0.81
$\rho(F^-)$	0.84	8.48	9.92	10.28	35.28	3.92	31.28	2.905	2.432	0.837	0.72

注：①为未知源。

研究区各水质指标预测值与实测值的 R^2(线性拟合优度)均大于 0.7，说明二者具有很好的一致性，各公因子污染贡献率计算结果较为准确。各水质指标预测值与实测值的比值(E/O)主要集中在 1 左右，表明回归结果准确性很高[27]。因此，APCS-MLR 模型对于地下水污染源整体的拟合效果比较理想，对污染源贡献率的计算分配具有很好的适用性。溶滤-富集作用(F_1)对 ρ(TDS)、EC、$\rho(Na^+)$、$\rho(Mg^{2+})$、$\rho(Ca^{2+})$的贡献率分别为 67.24%、66.73%、65.27%、73.00%、47.70%，对其他水质指标的贡献率介于 0.84%～18.57%之间。农业活动因子(F_2)对地下水的影响主要体现在营养元素上，对 $\rho(SO_4^{-})$、$\rho(NO_2^-)$、$\rho(NO_3^-)$的贡献率分别为 80.45%、76.40%、72.93%。原生地质-农业生产、生活污染因子(F_3)对研究区地下水水质指标的贡献率均为 30%以下，其中对 $\rho(NH_4^+)$、$\rho(Cl^-)$的贡献率分别为 14.58%、27.45%，此外对 $\rho(Ca^{2+})$贡献率接近 30%，可见 F_3 对水质的硬度也有一定影响。工业生产污染因子(F_4)对 ρ(As)、$\rho(COD_{Mn})$的贡献率分别为 51.10%、52.68%，对其余指标的贡献率为 0.70%～10.60%，影响相对较小。地质环境背景因子(F_5)属于研究区特有的环境地球化学特征，对地下水水质的影响主要体现在 $\rho(Cr^{6+})$、$\rho(F^-)$、pH 的变化上，贡献率分别为35.28%、35.28%、28.92%。原生地质因子（F_6）主要影响研究区的$\rho(HCO_3^-)$、$\rho(NH_4^+)$，其影响贡献率分别为44.27%、42.93%。

综上所述，6类污染源对地下水质的影响贡献率分别为24.61%、20.38%、11.72%、10.38%、10.78%、10.61%，可见基于溶滤-富集作用、农业活动作用对吉兰泰盐湖盆地的影响较为显著。

7.4 讨论与结论

7.4.1 讨论

利用因子分析和APCS-MLR模型对吉兰泰盐湖盆地流域进行地下水化学组分源解析，结果显示，研究区地下水水质受原生地质环境-农业生产活动影响显著。该方法虽然可以最大限度地避免信息损失，提高结果准确性，快速识别影响研究区域的主要因子，但它同时也是一种经验识别[28]，必须人为地判别各公因子属于哪种源，由于不同研究者对源的了解程度不同，可能会产生偏差[29]。Jia等[30]关于我国地源性污染的研究表明，研究区附近的河套盆地、银川盆地地下水中均存在原生高含量的$\rho(As)$、$\rho(F^-)$、$\rho(NH_4^+)$，这两大盆地与笔者选择的吉兰泰盐湖盆地相比既有相似性也有不同，$\rho(F^-)$在内蒙古自治区的本底值偏高，属于自然来源；$\rho(As)$在研究区有超标，但超标率仅为2.82%，没有呈现出相似的高值特征，$\rho(As)$在研究区出现的点状高值区，并不能排除直接或间接工业生产活动的影响；3个盆地均存在大面积的农业用地，且地下水埋深有很大差别，如何确定$\rho(NH_4^+)$是自然源而非含氮农药、化肥经灌溉进入地下水系统，还需进一步验证。一般情况下，$\rho(Cr^{6+})$工业污染的可能性更大，但未在超标区域发现工矿企业，且研究区具备Cr^{6+}天然形成的条件，这与高瑞忠等研究结果相一致。为实现污染防控，建议在吉兰泰盐湖盆地南部农业种植区严格控制农药化肥的使用，严格管理区域内工矿企业，提高企业“三废”处理能力，杜绝排放未经处理的“三废”，尤其要重视对Cr^{6+}、As等重金属的处理。为实现水资源的合理开发利用，建议在巴音乌拉山一带设置部分禁采区，在图格力高勒沟谷上游、乌兰布和沙漠局部设置非饮用水区，吉兰泰盐湖盆地东南大部区域水质良好，可作为饮用水区，并应针对Cr^{6+}、As等重金属进行净化预处理，以降低通过饮用水途径产生的健康风险。此外，污染源贡献率存在不确定来源，这与有限的水质参数和模型本身的限制有关，因此更多相关水质参数的参与是更好地判别地下水污染源和计算污染源贡献率的关键。今后的研究中可以针对所研究的特定污染源来测定特征性污染物质，采用不同模型加以对比验证，在不同时域下分析可能来源，用以辅助盐湖盆地地下水污染源解析。

7.4.2 结论

本章主要利用因子分析和绝对主成分得分多元线性回归从定性和定量两方面对研究区地下水进行污染来源分析，并刻画了因子得分在空间上的分布规律，主要结论如下。

吉兰泰盐湖盆地6类主要地下水污染源分别为F_1溶滤-富集作用，污染区域主要集中在巴音乌拉山一带；F_2农业活动因子，污染区域主要集中在图格力高勒沟谷上游，乌尔塔、哈额和河以及磨古子高勒一带；F_3地下水溶滤-农业生产、生活污染因子，污染区域集中在哈腾乌苏沟、尚德高勒、空德山沟一带；F_4工业生产污染，在西南区域的台地污染较为严重；F_5地质环境背景因子，污染区主要集中在乌兰布和沙漠；F_6原生地质因子，污染区域出现在盐湖盆地东北—西南走向一带。

盐湖盆地地下水中污染因子空间分布既呈现出明显的带状或块状高值分布区域，又出现点状高值分布特征，表明其分布与变化既受到原生地质环境影响，又受到人类活动影响。

APCS-MLR模型得到6类污染源对地下水质的影响贡献率分别为24.61%、20.38%、11.72%、10.38%、10.78%、10.61%，基于溶滤-富集作用、地质环境-农业活动作用对吉兰泰盐湖盆地的影响较为显著。

参考文献

[1] 瞿明凯，李卫东，张传荣，等. 基于受体模型和地统计学相结合的土壤镉污染源解析[J]. 中国环境科学，2013，33(5)：854-860.

[2] 马岚，滕彦国，林学钰，等. 晋江流域水体污染源解析研究[J]. 北京师范大学学报(自然科学版)，2012，48(5)：471-475.

[3] 陈秀端，卢新卫. 基于受体模型与地统计的城市居民区土壤重金属污染源解析[J]. 环境科学，2017，38(6)：2513-2521.

[4] 郭田田. 流域尺度水质时空变异特征及污染源解析研究[D]. 杭州：浙江大学，2017.

[5] 戴树桂，朱坦，白志鹏. 受体模型在大气颗粒物源解析中的应用和进展[J]. 中国环境科学，1995，15(4)：252-257.

[6] Henry R C，Lewis C W，Hopke P K，et al. Review of receptor model fundamentals[J]. Atmospheric Environment，1984，18(8)：1507-1515.

[7] 朱坦，吴琳，毕晓辉，等. 大气颗粒物源解析受体模型优化技术研究[J]. 中国环境科学，2010，30(7)：865-870.

[8] Budiansky S. Dispersion Modeling[J]. Environmental Science & Technology，1980，14(4)：370-374.

[9] 苏丹，唐大元，刘兰岚，等. 水环境污染源解析研究进展[J]. 生态环境学报，2009，18(2)：749-755.

[10] Haji G M，Melesse A M，Reddi L. Water quality assessment and apportionment of pollution sources using APCS-MLR and PMF receptor modeling techniques in three major rivers of South Florida. [J]. Science of the Total Environment，2016，566-567：1552-1567.

[11] 陈海洋，滕彦国，王金生，等. 基于NMF与CMB耦合应用的水体污染源解析方法[J]. 环境科学学报，2011，31(2)：316-321.

[12] Yuan Z W，Wang L，Lan T，et al. Water quality assessment and source identification of water pollution in the Banchengzi reservoir，Beijing，China[J]. Desalination and water treatment，2016，57(60)：1-14.

[13] Thurston G D，Spengler J D. A quantitative assessment of source contributions to inhalable particulate matter pollution in metropolitan Boston[J]. Atmospheric

Environment,1985,19(1):9-25.

[14] 孟利,左锐,王金生,等. 基于PCA-APCS-MLR的地下水污染源定量解析研究[J]. 中国环境科学,2017,37(10):3773-3786.

[15] 刘博,肖长来,梁秀娟,等. 吉林市城区浅层地下水污染源识别及空间分布[J]. 中国环境科学,2015,35(2):457-464.

[16] 赵洁,徐宗学,刘星才,等. 辽河河流水体污染源解析[J]. 中国环境科学,2013,33(5):838-842.

[17] Gholizadeh M H,Melesse A M,Reddi L. Water quality assessment and apportionment of pollution sources using APCS-MLR and PMF receptor modeling techniques in three major rivers of South Florida[J]. Science of the Total Environment,2016,566-567:1552-1567.

[18] Nosrati K. Assessment of groundwater quality using multivariate statistical techniques in Hashtgerd Plain,Iran[J]. Environmental Earth Sciences,2012,65(1):331-344.

[19] 谷天雪,卞建民,杨广森,等. 大庆市浅层地下水化学特征及污染源解析[J]. 人民黄河,2016,38(7):68-72.

[20] 任岩,张飞,王娟,等. 新疆艾比湖流域地表水丰水期和枯水期水质分异特征及污染源解析[J]. 湖泊科学,2017,29(5):1143-1157.

[21] Davis J C. Statistics,Data Analysis in Geology[J]. Biometrics,1988,44(3):526-527.

[22] Akter S,D'Ambra J,Ray P. Development and validation of an instrument to measure user perceived service quality of mHealth[J]. Information & Management,2013,50(4):181-195.

[23] Lv J,Liu Y,Zhang Z,et al. Factorial kriging and stepwise regression approach to identify environmental factors influencing spatial multi-scale variability of heavy metals in soils[J]. Journal of Hazardous Materials,2013,261C:387-397.

[24] Lalitha A,Lakshumanan C,Suvedha M,et al. The evaluation of ground water pollution in alluvial and crystalline aquifer by Principal Component Analysis[J]. International Journal of Geomatics & Geosciences,2012,3(1):285-298.

[25] Yang W,Guo Y,Wang Y,et al. Dynamic experiment research on ammonia nitrogen as the major nitrogen form polluting groundwater[J]. Journal of Shenyang Jianzhu University,2007(5):826-831.

[26] 王根绪,程国栋. 西北干旱区水中氟的分布规律及环境特征[J]. 地理科学,2000,20(2):153-159.

[27] Singh K P,Malik A,Sinha S. Water quality assessment and apportionment of pollution sources of Gomti river (India) using multivariate statistical techniques:a case study[J]. Analytica Chimica Acta,2005,538(1):355-374.

[28] Samsudin M S,Azid A,Khalit S I,et al. River water quality assessment using APCS-MLR and statistical process control in Johor River Basin,Malaysia[J]. International Journal of Advanced &Appliedences,2017,4(8):84-97.

[29] Yang P H,Yuan D X,Yuan W H,et al. Formations of groundwater hydrogeochemistry in

a karst system during storm events as revealed by PCA[J]. Science Bulletin, 2010, 55(14): 1412-1422.

[30] Jia Y F, Xi B D, Jiang Y H, et al. Distribution, formation and human-induced evolution of geogenic contaminated groundwater in China: A review [J]. Science of the Total Environment, 2018, 643: 967-993.

第 8 章　流域地下水重金属风险评价

8.1　概　述

地下水是饮用水和生活用水的重要淡水来源，尤其是在干旱半干旱生态脆弱、水资源匮乏的西北地区[1,2]。近年来，随着经济发展，生活水平的不断提高，地下水受重金属污染的问题也日益严重[3]。地下水中的重金属具有高毒性、持久性、富集性、隐蔽性和难降解性等特点[4,5]，易通过饮水途径在人体内富集，并结合体内其他毒素形成毒性更大的物质，对人体健康产生威胁[6]。因此，加强地下水尤其饮用水地下水中重金属的监测、评价和健康风险评估十分重要[7]。目前，任丽江等[8]、张清华[9]、Wu 等[10]、高宗军等[11]采用美国环保署(U. S. Environmental Protection Agency，US EPA)推荐的健康风险评价模型分别对东莞市电镀厂周边地表水、柳江流域饮用水源地、北运河流域、天津市海岸带等不同水体中重金属污染进行了初步健康风险评价，在健康风险评价模型的基础上，余葱葱等[12]、吴俊伟[13]、吴转璋等[14]、马海珍等[15]分别构建了随机模拟与三角模糊数耦合模型、云模型、区间数、梯形模糊数的健康风险综合评价模型对区域水环境进行了更深入的健康风险研究。吉兰泰盐湖是我国重要的盐化工业基地，近年来，盐湖盆地周边环境污染问题越来越受到重视，已有学者秦子元[16]、高瑞忠[17]、张阿龙[18]等对整个盐湖盆地地下水及土壤中 Cr^{6+}、Hg、As 的重金属含量、分布、生态风险及健康风险进行了研究。

综上所述，可以看出关于地下水重金属的研究多数集中于经济发达区或工业厂区范围，对于西北干旱地区研究较少，尽管已有了部分研究成果[16-18]，但其仅仅是对整个盐湖盆地进行分析，缺少对于重点风险区域的深入研究，并且研究重金属元素种类较少，因此，本章以吉兰泰盐湖盆地重金属风险区域图格力高勒流域为研究区，采用地下水中 Cr^{6+}、Cu、Zn、As、Cd 和 Pb 共 6 种重金属元素浓度数据，揭示流域地下水中多种重金属元素的含量特征与空间分布规律，解析区域地下水综合污染程度，评价重金属健康风险水平，以期为西北旱区区域用水安全和人类健康保障研究提供科学思路，为盐湖盆地的重金属污染风险防控及管理提供参考依据。

8.2　材料与方法

8.2.1　研究区概况

吉兰泰盐湖盆地位于内蒙古阿拉善高原东南部，其重金属风险区域主要分布在流域西南地区，因此，选取图格力高勒流域为研究区域，地理坐标 39°6′N～39°48′N，104°55′E～105°47′E，流域面积 1 894 km^2，地面高程为 1 010～1 459 m(图 8-1)。研究区属于典型的温带大陆性气候，多年平均降水量为 117. 1 mm，蒸发量为 3 006 mm[19]，区域植被稀疏，以琵琶柴、梭梭、蛇麻黄等为主要植被，生态环境敏感脆弱[18]，由于地壳运动和气候变化的成因，地貌存在侵蚀地形、剥蚀地形、堆积地形、风成地形、其他地形五大地貌单元[16]。地下水开发利用主要是牧区生活牲畜用水，人口密度低，用水量小。

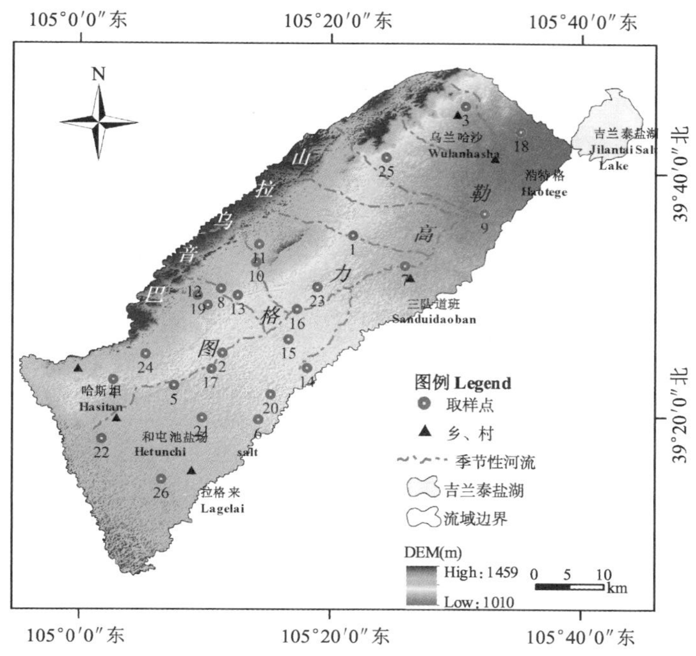

图 8-1　研究区地理位置及采样点示意

Fig. 8-1　Location of the study area and sampling sites

8.2.2　样品采集与分析

共采集 26 处地下水 78 个水样，采用 GPS 定位，样点分布见图 1。水样用 500 mL 聚乙烯瓶采集，每个采样点采集两组水样，包括一组原水样和一组加入浓硝酸使其 pH 小于 2 的水样，样品采集后立即用 0.45 μm 水系微孔滤膜过滤，密封保存，运回实验室 4℃冰箱冷藏保存直至化学检测。采用赛默飞离子色谱仪（ICS-5000）测定传统阴阳离子含量，电感耦合等离子体质谱仪（ICP-MS）测定重金属 Cu、Zn、As、Cd 和 Pb 的含量，Cr^{6+} 通过原子吸收分光光度计（AA-7020）测定。所有元素测试结果标准偏差均低于 5%，加标回收率均处于 90%左右。利用 Excel 处理数据，Origin 绘制金属浓度堆积图和箱线图，ArcGIS 制作空间分布图。

8.2.3　研究方法

（1）风险程度判别

采用单因子污染指数和内梅罗指数分别进行重金属污染评价，辨析并判别盐湖盆地重点流域地下水的重金属风险程度。内梅罗指数法是基于单因子评价法并兼顾极值的计权型多因子环境质量指数，可以综合反映评价水体中各风险元素的污染情况，因此被广泛应用于水质综合评价，计算公式为[20]

$$Pi = Ci/Si \tag{8-1}$$

$$P_N = \sqrt{\frac{(Ci/Si)_{\max}^2 + (Ci/Si)_{\text{ave}}^2}{2}} \tag{8-2}$$

$$\overline{P} = \frac{\sum_{i=1}^{n} w_i P_i}{\sum_{i=1}^{n} w_i} \tag{8-3}$$

式中，P_i 为第 i 类重金属的单因子污染指数，$P_i \leqslant 1$ 表示该种重金属对水质无影响，$P_i > 1$ 表示该种重金属对水体质量有一定影响，数值大小可以反映污染影响程度；C_i 为第 i 类重金属测定值；S_i 为第 i 类重金属水质标准，采用地下水Ⅲ类值[21]作为评价标准；$P_{i\,max}$ 为单因子污染指数的最大值；$\overline{P}$ 为单因子污染指数的加权平均值；w_1 为重金属的污染权重，Swaine[22]依据重金属对环境的影响程度进行了区分，其中 As、Pb、Cd 为一类，权重取 3，而 Cu、Zn、Cr^{6+} 为二类，权重取 2，求得的 P_N 根据内梅罗综合污染分级标准(表 8-1)进行评判。

表 8-1　内梅罗综合污染指数法分级标准

Tab. 8-1　Classification standard of Nemero comprehensive pollution index method

污染指数	污染程度
$P_N \leqslant 0.7$	安全
$0.7 < P_N \leqslant 1.0$	警戒线
$1.0 < P_N \leqslant 2.0$	轻度污染
$2.0 < P_N \leqslant 3.0$	中度污染
$P_N > 3.0$	重度污染

(2) 健康风险评价模型

健康风险评价模型将环境污染与人体健康联系起来，以风险度为评价指标定量描述污染物对人体健康产生危害的潜在风险[23]。采用 US EPA 推荐的健康风险评价模型进行研究区地下水中重金属对于成人和儿童(7 岁)经饮水途径进入体内所致的健康风险评价。US EPA 模型包括致癌物和非化学致癌物健康风险评价模型，见表 8-2。

表 8-2　健康风险评价模型[24]

Tab. 8-2　Health risk assessment model[24]

模型名称	计算公式	参数说明
致癌物健康风险评价模型	$R_c = \sum R_i^c$ $= \sum[-\exp(-D_i \cdot Q_i)]/74.44$ $D_i = IR \times C_i / BW$	R_c：经饮水途径引起的致癌总风险值，a^{-1} R_i^c：致癌物质 i 经饮水途径所致平均个人年健康风险，a^{-1} D_i：重金属 i 经饮水途径的单位体重日均暴露剂量，$mg \cdot (kg \cdot d)^{-1}$ Q_i：致癌物质经饮水途径摄入的致癌强度系数，$mg \cdot (kg \cdot d)^{-1}$ 74.44：内蒙古自治区人均预期寿命，a C_i：重金属 i 的质量浓度，$mg \cdot L^{-1}$ IR：日平均饮水量，$L \cdot d^{-1}$，成人为 2.2 $L \cdot d^{-1}$，儿童为 1.0 $L \cdot d^{-1}$[25,26] BW：人均体重，kg，成人为 64.3 kg，儿童为22.9 kg[25,26]
非致癌物健康风险评价模型	$R_n = \sum R_i^n$ $= \sum(D_i/RfD_i) \times 10^{-6}/74.44$ $D_i = IR \times C_i / BW$	R_n：经饮水途径引起的非致癌总风险值，a^{-1} R_i^n：非致癌物质 i 经饮水途径所致平均个人年健康风险，a^{-1} RfD_i：非致癌物质经饮水途径日均摄入的参考剂量，$mg \cdot (kg \cdot d)^{-1}$ D_i 和 74.44：同上

续表

模型名称	计算公式	参数说明
健康总风险评价模型	$R_{总}=R_c+R_n$	$R_{总}$：暴露人群经饮水途径的年健康总风险值

根据国际致癌研究机构(IARC)和世界卫生组织(WHO)编制的分类系统，对比分析盐湖盆地的水质监测数据可知，化学致癌物有 Cr^{6+} 、As 和 Cd，非致癌物有 Cu、Zn、和 Pb，其参考剂量见表 8-3。美国环保署、瑞典环保局、荷兰建设环保局、英国皇家协会和国际辐射防护委员会等国际机构给出了推荐的对暴露人群最大可接受风险、可忽略风险水平值(表 8-4)和风险评价等级(表 8-5)。

表 8-3 模型参数值[9]

Tab. 8-3 Model parameter value[9]

单位：mg·(kg·d)$^{-1}$

化学致癌物 Q_i			非致癌物 RfD_i		
Cr^{6+}	As	Cd	Cu	Zn	Pb
41	15	6.1	0.005	0.3	0.001 4

表 8-4 健康风险参考标准[27]

Tab. 8-4 Health risk reference standard

单位：a^{-1}

标准机构	美国环保署	瑞典环保局	荷兰建设环保局	英国皇家协会	国际辐射防护委员会
最大可接受风险	1×10^{-4}	1×10^{-6}	1×10^{-6}	1×10^{-6}	5×10^{-5}
可忽略水平	—	—	1×10^{-8}	1×10^{-7}	—

表 8-5 风险等级、风险程度及风险值范围评价标准[28]

Tab. 8-5 Risk level, risk degree and risk range evaluation criteria

单位：a^{-1}

风险等级	风险程度	风险值范围
Ⅰ	低	$R_n<1.0\times10^{-6}$
Ⅱ	较低	$1.0\times10^{-6}\leqslant R_n<1.0\times10^{-5}$
Ⅲ	中等	$1.0\times10^{-5}\leqslant R_n<5.0\times10^{-5}$
Ⅳ	较高	$5.0\times10^{-5}\leqslant R_n<1.0\times10^{-4}$
Ⅴ	高	$R_n\geqslant1.0\times10^{-4}$

8.3 结果与分析

8.3.1 地下水重金属浓度统计特征

地下水重金属元素平均浓度大小顺序为 Cr^{6+} >Zn>Cu>As>Pb>Cd(表 8-6)，依据《地下水质量标准》(GB/T 14848—2017)[21]规定的Ⅲ类标准限值，Zn、Cu、Pb、Cd 浓度平均值均满足Ⅲ类水质标准，无超标现象；Cr^{6+} 和 As 出现超标现象，超标率分别为 29.17%和 8.33%，平均值虽未超标，但最大值分别是标准限值的 2.7 倍和 1.9 倍。变异系数(Coefficient of Variation,CV)可以反映重金属元素数据的离散程度,一般认为 CV≤10%、10%<CV<100%和 CV≥100%分别表示数据弱变异水平、中等变异水平和强变异水平[29],各重金属含量的 CV 介于 46.39% ~147.75%之间,其中 Cr^{6+}、As 和 Pb 的 CV 大于 100%,Pb 的 CV 最大并达到 147.75%,表明区域重金属浓度存在显著的空间差异性。

表 8-6 地下水重金属浓度分析统计

Tab. 8-6 Analysis and statistics of heavy metal concentration in groundwater 单位:μg·L^{-1}

重金属成分	最小值	最大值	平均值	标准差	变异系数/%	《地下水质量标准》Ⅲ类	超标率/%
Cd	0.01	0.18	0.06	0.04	65.64%	5	0
Zn	9.60	70.55	23.80	13.90	58.41%	1 000	0
Pb	0.13	6.00	0.78	1.16	147.75%	10	0
Cu	1.62	25.04	12.34	5.73	46.39%	1 000	0
Cr^{6+}	1.00	135.00	33.08	35.84	108.33%	50	29.17
As	0.11	18.53	3.82	4.31	112.86%	10	8.33

从地下水重金属元素在采样点的堆积情况(图 8-2)可知,重金属元素浓度的变化范围为 23.82~182.46 μg/L,平均值为 73.89 μg/L,浓度最小的采样点是 19 号采样点,为 23.82 μg/L,最高的是 17 号采样点,为 182.46 μg/L。Cr^{6+}、Zn、Cu 浓度变化幅度较大,贡献率高于其他金属元素,贡献率最大的采样点分别是 17、4 和 19 号采样点,贡献率分别为 73.99%、71.47%和 51.73%,平均贡献率最大的金属元素是 Cr^{6+},为 36.18%,其次为 Zn、Cu,分别为 35.85%、20.58%。

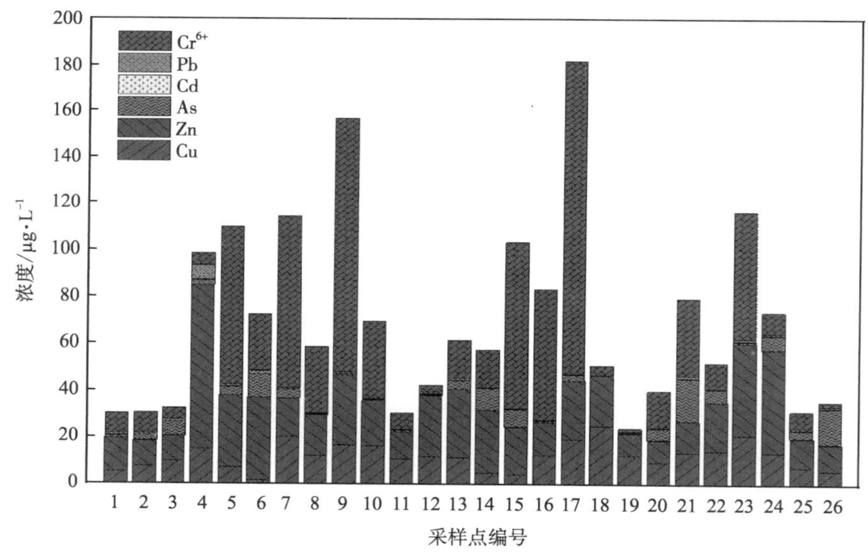

图 8-2 各采样点金属元素总浓度堆积

Fig. 8-2 Total concentration accumulation of metal elements at each sampling point

8.3.2 地下水重金属含量空间分布特征

地下水中重金属含量的空间分布差异明显(图 8-3),Cu、Zn、Cd 和 Pb 的含量在图格力高勒沟西侧台地较高，且均没有出现超标样点。地下水中普遍含有 Cr^{6+}[17]，西北侧地下水中六价铬含量较低，从西南向东南方向地下水中六价铬含量逐渐升高，沟谷带是两侧地下水的汇集带，地下水埋深较浅，在岩土毛细管作用下蒸发强烈，当含六价铬的地下水由地表蒸发，六价铬在地表土壤中不断富积，而沟谷中的季节性积水又将土壤中浓缩富积的六价铬溶滤到地下水中，致使该沟谷中浅层地下水中六价铬浓度升高甚至超标，并且由于该区域内无工矿企业存在，排除人类活动为 Cr^{6+} 的主要成因。与区域 Cr^{6+} 的成因相似，As 在图格力高勒沟西南侧台地含量较高，仅 2 个样点的 As 存在超标，其余重金属元素均处于地下水质量标准Ⅲ类标准限值之内。总体上，盐湖盆地地下水中 Cr^{6+} 和 As 的含量既呈现出明显的斑块状区域高值分布特征，也出现了点状高值分布特征，表明盐湖盆地地下水重金属元素的分布与变化主要受到岩土矿物、气象和水文因素等天然因素的影响。

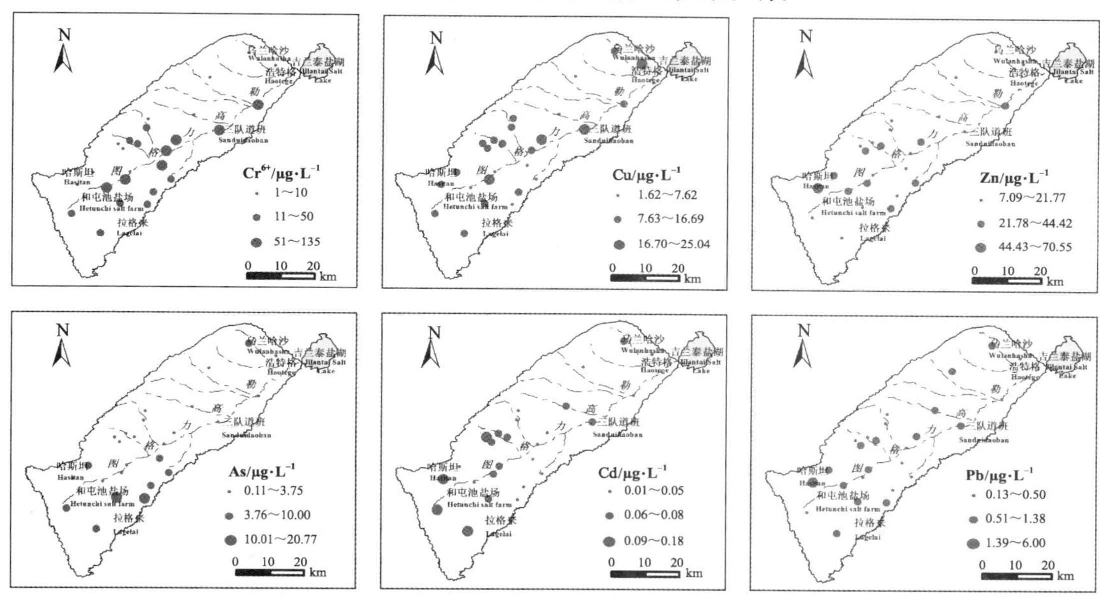

图 8-3　流域地下水重金属浓度空间分布

Fig. 8-3　Spatial distribution of heavy metal concentration in groundwater of the river basin

8.3.3　地下水重金属污染风险判别

利用单因子指数法对地下水中单项重金属元素进行污染评价(图 8-4)，6 种重金属污染程度从大到小为 Cr^{6+} > As > Pb > Zn > Cd > Cu，Pb、Zn、Cd、Cu 始终处于安全水平，为无污染风险。但 Cr^{6+} 和 As 的污染程度较高，Cr^{6+} 污染指数的范围为 0.02～2.70，最大值达标准值的 2.70 倍，变异系数为 1.14，As 污染指数的范围为 0.01～1.85，最大值达标准值的 1.85 倍，变异系数为 1.11，说明地下水 Cr^{6+} 污染呈面状分布，而地下水 As 主要表现为点状污染。利用内梅罗指数法进行地下水重金属污染综合评价，统计不同污染等级在空间上所占的比例(图 8-5 和表 8-7)，研究区 66.67%的地区处于安全清洁的状态，主要分布在图格力高勒沟北半部分区域；有 16.67%的地区达到了警戒线的范围，存在污染趋势，属于尚清洁的状态，25%的地区发生了轻度污染，均分布在图格力高勒沟南半部分区域，其主要原因为该区域地势较高的上游低山台地岩土中的元素成分，由降水淋滤作用、地下水溶滤作用或离子交换作用进入地下水埋深浅，蒸发剧烈的下游沟谷区域，使得多种重金属富集。总之，对比地下水质量Ⅲ类标准，盐湖盆地地下水 Cr^{6+}、As 出现超标，Cu、Zn、Cd、Pb 未发现超标，研究区地下水总体处于安全清洁的状态，仅在图格力高勒沟南半部分区域出现轻度污染区域，不存在中度和重度污染。

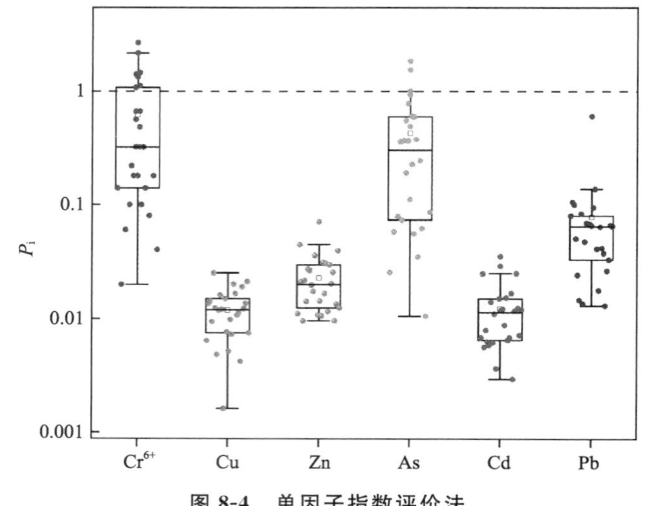

图 8-4　单因子指数评价法

Fig. 8-4　Single factor evaluation method

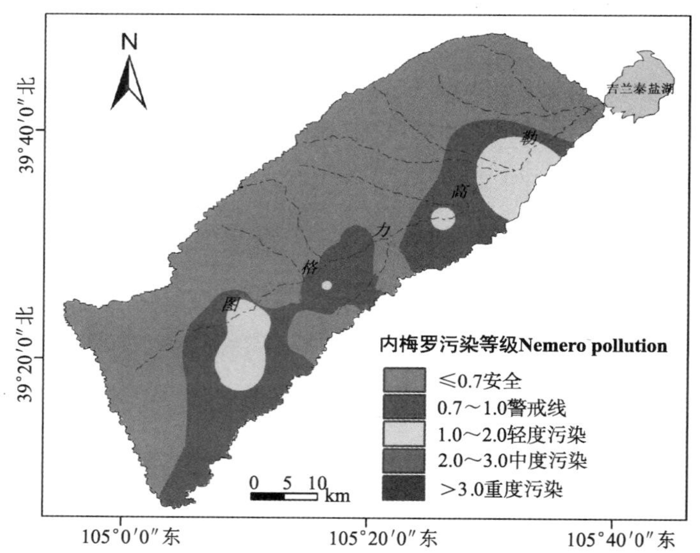

图 8-5　内梅罗指数评价法

Fig. 8-5　Nemerow pollution index method

表 8-7　地下水内梅罗指数等级统计

Tab. 8-7　Statistics of Nemerow index grade of groundwater

等级	污染等级	样本数/个	百分比重/%
Ⅰ	安全	16	66.67
Ⅱ	警戒线	4	16.67

续表

等级	污染等级	样本数/个	百分比重/%
Ⅲ	轻度污染	6	25.00
合计		26	100

8.3.4　地下水离子成分同源性特征

通过离子间的相关分析可以判定不同离子的污染来源和途径等特征，若离子间存在显著或极显著相关性，表明这些离子可能具有同源关系或复合污染，相关系数越大且接近 1，各离子组分的同源性越好[30]。重金属 Cr^{6+}、Zn、Cu、As、Pb、Cd 与主要化学成分进行统计相关分析(图 8-6)，As 和 Na^+ 之间存在显著负相关关系($P<0.05$)，表明 As 和 Na^+ 的来源不同或者两类间相互抑制；Cr^{6+} 与 Cr、Mg^{2+} 呈现极显著正相关($P<0.01$)，与 Na^+ 呈现显著正相关($P<0.05$)，而与其他化学组分的相关性不显著，其中 Cr^{6+} 和 Cr 相关系数最高(0.73)，说明 Cr^{6+} 和 Cr 关系最为密切，含量受彼此影响较大，Cu 与 Na^+ 和 Mg^{2+} 呈现极显著正相关关系($P<0.01$)，说明 Cr^{6+}、Cr 和 Cu 具有一定的同源性；Pb 和 Zn 呈显著正相关关系($P<0.01$)，Cd 和 Pb 存在显著正相关关系($P<0.01$)，指示 Zn、Cd 和 Pb 来源相似或迁移转化过程相近。

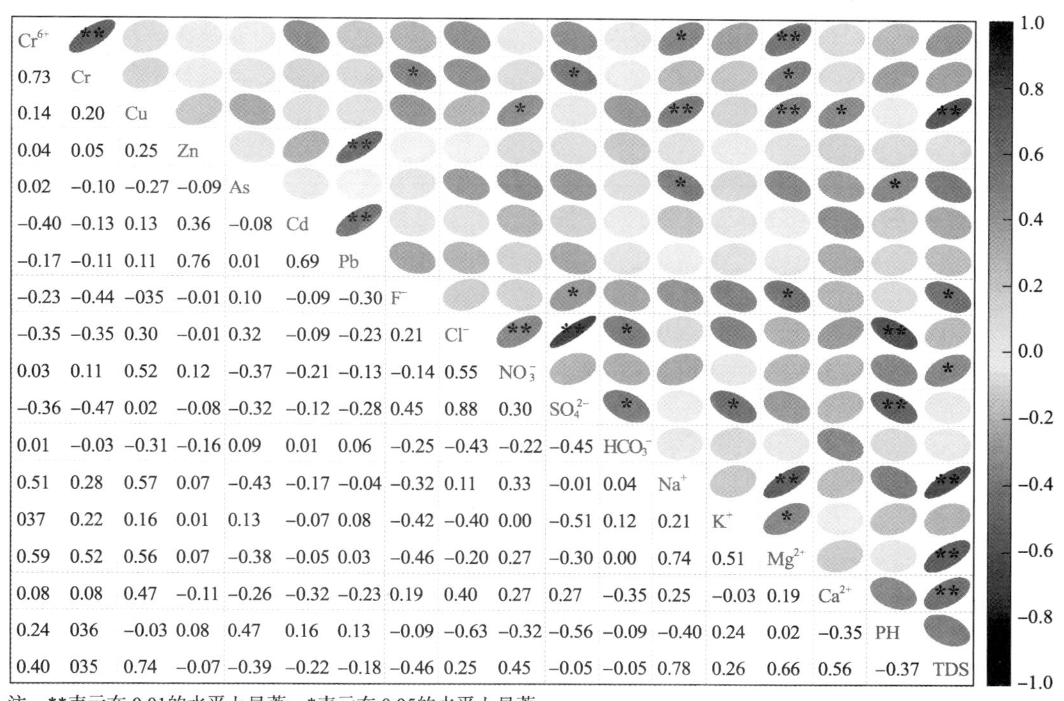

注：**表示在 0.01的水平上显著；*表示在 0.05的水平上显著。

图 8-6　地下水中金属元素与主要化学成分或指标相关关系

Fig. 8-6　Correlation between metal elements and main chemical components or indexes in groundwater

8.3.5 地下水重金属健康风险评价

根据流域地下水中重金属元素浓度数据，按照健康风险评价模型和参数选择计算出地下水中重金属经饮水途径所致的平均个人年健康风险(表 8-8)。由致癌重金属经饮水途径引起的健康风险数量级介于 10^{-9}～10^{-4} 之间，其中以 Cr^{6+} 的风险值最大，As 次之，Cd 最小。Cr^{6+} 引起的成人和儿童健康风险最大值呈现高于 US EPA 和 ICRP 所推荐的最大可接受风险值 1×10^{-4} a^{-1}、5×10^{-5} a^{-1}，但区域健康风险平均值低于 US EPA 推荐的风险临界值；As 引起的成人和儿童健康风险最大值未超过 US EPA 和 ICRP 推荐的风险临界值，但均高于瑞典环保局、荷兰建设环保局以及英国皇家协会推荐的可接受临界值；Cd 引起的平均个人年健康风险值远低于 US EPA 和 ICRP 所推荐的最大可接受风险值，健康危害风险度极低，可以忽略其对盐湖盆地地下水的影响。Cr^{6+} 引起的成人、儿童健康风险为总致癌健康风险贡献率的 92%，远远高出 As 的健康危害风险贡献率，因此，Cr^{6+} 是盐湖流域产生健康风险的主要成分元素，应作为风险监测及决策管理的优先对象。非致癌重金属 Cu、Pb 和 Zn 的健康风险数量级介于 10^{-12}～10^{-10} 之间，健康风险值大小顺序为 Cu＞Pb＞Zn，每千万人口中因饮用水中非致癌重金属进入体内而受到健康危害(或死亡)的人数不到 1 人，并且健康风险值均远低于所有健康风险参考标准的最大可接受临界值，处于可忽略风险水平[31]，因此表明非致癌重金属所引起的健康风险十分小，不会对接触人群产生身体健康危害[32]。

表 8-8 流域地下水重金属经饮用水途径暴露产生的健康风险

Tab. 8-8 Average annual health risk of individuals exposed to heavy metals in groundwater through drinking water

单位：a^{-1}

类型		成人		儿童	
		范围	平均值	范围	平均值
致癌物	Cr^{6+}	7.88×10^{-6}～2.25×10^{-4}	6.20×10^{-5}	8.4×10^{-6}～2.98×10^{-4}	7.91×10^{-5}
	As	7.31×10^{-8}～1.28×10^{-5}	2.63×10^{-6}	9.33×10^{-8}～1.63×10^{-5}	3.36×10^{-6}
	Cd	4.09×10^{-9}～4.92×10^{-8}	1.64×10^{-8}	5.23×10^{-9}～6.28×10^{-8}	2.09×10^{-8}
	R_c	1.96×10^{-6}～2.65×10^{-4}	6.47×10^{-5}	2.50×10^{-6}～3.37×10^{-4}	8.25×10^{-5}
非致癌物	Cu	1.49×10^{-11}～2.3×10^{-10}	1.13×10^{-10}	1.90×10^{-11}～2.94×10^{-10}	1.45×10^{-10}
	Zn	1.47×10^{-12}～1.08×10^{-11}	3.65×10^{-12}	1.88×10^{-12}～1.38×10^{-11}	4.65×10^{-12}
	Pb	4.29×10^{-12}～1.97×10^{-10}	2.57×10^{-11}	5.48×10^{-12}～2.51×10^{-10}	3.28×10^{-11}
	R_n	2.07×10^{-11}～4.38×10^{-10}	1.43×10^{-10}	2.64×10^{-11}～5.59×10^{-10}	1.82×10^{-10}

与前人相关研究对比，毛雨廷等[33]发现，化学致癌物 Cr^{6+} 和 As 所致的健康总风险值介于 1.522×10^{-4}～3.636×10^{-4} a^{-1} 之间，风险排序为 Cr^{6+}＞As，Cr^{6+} 所产生的健康风险是 ICRP 推荐最大可接受水平的 6.2 倍，高于本研究区地下水中化学致癌污染物的健康风险值，而非化学致癌物质所产生的健康风险的数量级为 10^{-11}～10^{-9}，这与本研究结果在数量级上大体相当，与化学致癌物质相比可以忽略其风险值；温海威等[34]研究表明，化学致癌物质 Cr^{6+}、As 和 Cd 经饮水途径所致健康风险值介于 10^{-8}～10^{-4} a^{-1} 之间，表现为 Cr^{6+}＞As＞Cd，与本研究相同的是 Cr^{6+} 污染贡献较大，而非致癌物经饮水途径的健康风险远小于化

学致癌物，属于可接受水平；不同学者的研究成果差异主要源于研究流域的气候、水文、地质、生物和人类活动对地下水补-径-排和重金属迁移转化的影响不同。

由流域地下水重金属污染物总健康风险数据（表 8-9）可知，成人和儿童的健康风险都处于较高风险等级，儿童健康更易于受到重金属污染的威胁[35]。流域致癌重金属对人体健康危害的健康风险平均值远远超过非致癌重金属，健康风险值相差 3～6 个数量级，非致癌物的健康风险基本可以忽略，又由于健康总风险为致癌物和非致癌物所产生的健康风险之和，因此流域地下水重金属健康风险主要来自致癌重金属，尤以 Cr^{6+} 风险突出，所以在以后的监测和治理工作中应以 Cr^{6+} 作为首要的环境健康风险控制指标，儿童对比成人是更加敏感的受体，重金属健康风险和危害高于成人，因此应对流域内儿童的饮用水安全进行更严格的控制和管理。

表 8-9 流域地下水重金属污染物总健康风险

Tab. 8-9 Total individual annual health risk of heavy metal pollutants in groundwater of River Basin

单位：a^{-1}

人群	R_c	R_n	$R_{总}$	风险等级
成人	6.47×10^{-5}	1.43×10^{-10}	6.47×10^{-5}	较高
儿童	8.25×10^{-5}	1.82×10^{-10}	8.25×10^{-5}	较高

结合上述，重金属健康风险分析结果揭示地下水中致癌重金属 Cr^{6+} 及 $R_{总}$ 健康风险值的空间分布特征（图 8-7），Cr^{6+} 和 $R_{总}$ 对儿童产生的健康风险都略高于成人，二者相差不大，产生健康风险的空间分布基本一致，在盐湖西南侧区域的健康风险高于 US EPA 临界值，图格力高勒沟北部局部区域的健康风险大于 ICRP 临界值，其余区域健康风险值较低。

重金属可以通过皮肤接触、吸入、食入和饮入等途径进入人体而影响身体健康，本文以美国 US EPA 推荐的健康风险评价模型对研究区地下水重金属潜在健康风险水平进行分析的过程中，仅考虑了饮水途径，实际上低估了地下水重金属暴露接触的风险[31,36]；健康风险评价模型涉及较多参数，部分参数参照了 US EPA 的给定值，忽略了研究区的实际特征，致使研究结果存在一定程度的不确定性[37,38]；由于监测点设置和野外条件限制及样本数量有限，使研究成果会受到一定程度的影响[39]，因此，对于流域地下水重金属潜在健康风险评价的研究还存在不足，在未来的工作中需要开展重金属风险的多途径监测，在多源数据的基础上实现对重金属健康危害风险的多方法、多维度识别与评价，更好地指导区域资源开发和生态环境保护。

8.4 结 论

吉兰泰盐湖盆地风险区域地下水重金属元素平均浓度顺序为 $Cr^{6+}>Zn>Cu>As>Pb>Cd$，其中 Zn、Cu、Pb、Cd 均未超标，而 Cr^{6+} 和 As 出现局部超标现象，地下水中 Cr^{6+}、Zn 和 Cu 浓度变化较大，贡献率高于其他重金属，平均贡献率大小顺序为 $Cr^{6+}>Zn>Cu$。

流域地下水中 Cd、Zn 和 Pb 的含量空间分布规律比较相似，呈现东北向西北方向增加的趋势，Cu 在西南侧含量较高，Cr^{6+} 和 As 的含量既呈现出明显的斑块状区域高值分布特征，又出现点状高值分布特征，主要受到岩土矿物、水利特征和气候变化等天然因素的综合

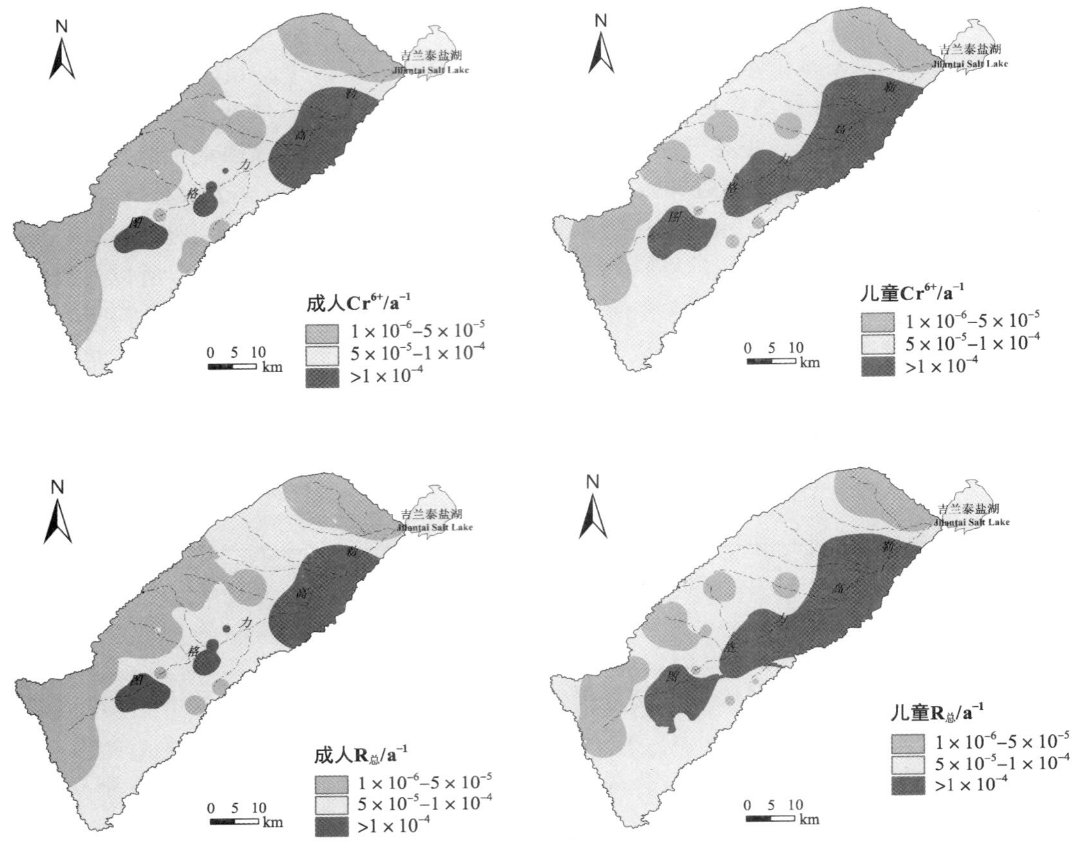

图 8-7　Cr^{6+} 及 $R_{总}$ 成人和儿童健康风险分布图

Fig. 8-7　Distribution of health risks for adults and children in Cr^{6+} and R_{total}

作用影响；地下水离子成分 Cr^{6+} 与 Cr、Mg^{2+} 和 Na^{+}，Cu 与 Na^{+} 和 Mg^{2+} 之间存在极显著正相关关系，表明 Cr^{6+}，Cr 和 Cu 具有一定的同源性；Zn、Cd 和 Pb 这 3 种元素相关性显著，推测其不仅具有伴生关系，并且在含水层中的迁移转化规律相近，主要受到天然因素的影响。

流域地下水总体处于安全清洁的状态，仅在南半部分区域出现轻度污染区域，不存在中度和重度污染；化学致癌物对人体健康危害风险远远超过非致癌物，Cr^{6+} 是盐湖流域健康风险的主要影响因素，应当作为社会经济发展和生态环境保护风险决策管理的优先监控指标；儿童受到重金属危害的潜在风险较成人更大，需加强对儿童饮用水安全的关注。

参考文献

[1] Liu Y, Ma R. Human health risk assessment of heavy metals in groundwater in the Luan River Catchment within the North China plain[J]. Geofluids, 2020, 2020: 8391793.

[2] Wu J H, Zhang Y X, Zhou H. Groundwater chemistry and groundwater quality index incorporating health risk weighting in Dingbian County, Ordos Basin of northwest China[J]. Geochemistry, 2020, 80(4): 125607.

[3] 刘子奇,仇付国,李红岩,等.华北平原某区农村供水水质与健康风险评估[J].环境化学,2021,40(7):2054-2063.

[4] He S, Wu J H. Hydrogeochemical characteristics, groundwater quality, and health risks from hexavalent chromium and nitrate in groundwater of huanhe formation in Wuqi County, northwest China[J]. Exposure and Health, 2019, 11(2): 125-137.

[5] 师环环,潘羽杰,曾敏,等.雷州半岛地下水重金属来源解析及健康风险评价[J].环境科学,2021,42(9):4246-4256.

[6] Khan Y K, Toqeer M, Shah M H. Spatial distribution, pollution characterization and health risk assessment of selected metals in groundwater of Lahore, Pakistan [J]. Geochemistry, 2021, 81(1): 125692.

[7] Long X T, Liu F, Zhou X, et al. Estimation of spatial distribution and health risk by arsenic and heavy metals in shallow groundwater around Dongting Lake plain using GIS mapping[J]. Chemosphere, 2021, 269: 128698.

[8] 任丽江,张妍,张鑫,等.渭河流域关中段地表水重金属的污染特征与健康风险评价[J].生态环境学报,2022,31(1):131-141.

[9] 张清华,韦永著,曹建华,等.柳江流域饮用水源地重金属污染与健康风险评价[J].环境科学,2018,39(4):1598-1607.

[10] Wu H H, Xu C B, Wang J H, et al. Health risk assessment based on source identification of heavy metals: A case study of Beiyun River, China [J]. Ecotoxicology and Environmental Safety, 2021, 213: 112046.

[11] 高宗军,王贞岩,王姝,等.天津市海岸带地下水重金属特征与健康风险评价[J].海洋环境科学,2021,40(3):384-391.

[12] 余葱葱,姚鹏.基于随机模拟与三角模糊数耦合的电镀厂周边地表水重金属健康风险评价[J].中国煤炭地质,2019,31(S1):77-84.

[13] 吴俊伟.基于云模型的水体重金属污染评价模型与实例研究[D].福州:福州大学,2014.

[14] 吴转璋,耿天召.淮河流域安徽段水环境健康风险模糊综合评价[J].安徽农业科学,2018,46(27):68-72.

[15] 马海珍,段磊,朱世峰,等.基于梯形模糊数的地下水源地环境健康风险评价[J].西北地质,2021,54(2):248-258.

[16] 秦子元.内蒙古吉兰泰盐湖盆地地下水化学特征及控制因素[D].呼和浩特:内蒙古农业大学,2019.

[17] 高瑞忠,秦子元,张生,等.吉兰泰盐湖盆地地下水 Cr^{6+}、As、Hg 健康风险评价[J].中国环境科学,2018,38(6):2353-2362.

[18] 张阿龙,高瑞忠,张生,等.吉兰泰盐湖盆地土壤铬、汞、砷污染的负荷特征与健康风险评价[J].干旱区研究,2018,35(5):1057-1067.

[19] 于志同,刘兴起,王永,等.13.8ka 以来内蒙古吉兰泰盐湖的演化过程[J].湖泊科学,2012,24(4):629-636.

[20] 王锐,邓海,严明书,等.重庆市酉阳县南部农田土壤重金属污染评估及来源解析[J].

环境科学,2020,41(10):4749-4756.

[21] 国家质量监督检验检疫总局,中国国家标准化管理委员会. 地下水质量标准:GB/T 14848—2017[S]. 北京:中国标准出版社,2017.

[22] SWAINE D J. Why trace elements are important[J]. Fuel Processing Technology, 2000,65/66:21-33.

[23] 高文琪,丁文广,吴守霞,等. 天水市2013—2017年饮用水源水质分析及健康风险评价[J]. 环境化学,2020,39(7):1821-1831.

[24] 刘昭,周宏,曹文佳,等. 清江流域地表水重金属季节性分布特征及健康风险评价[J]. 环境科学,2021,42(1):175-183.

[25] 环境保护部. 中国人群暴露参数手册成人卷[M]. 北京:中国环境科学出版社,2013.

[26] 环境保护部. 中国人(儿童卷)[M]. 北京:中国环境科学出版社,2016.

[27] US EPA. 1986. Guidelines for Carcinogen Risk Assessment [R]. EPA/630 /R-00-004. Washington DC: Risk Assessment Forum U. S. Environmental Protection Agency. 33992-34003.

[28] 黄宏伟,肖河,王敦球,等. 漓江流域水体中重金属污染特征及健康风险评价[J]. 环境科学,2021,42(4):1714-1723.

[29] 谢龙涛,潘剑君,白浩然,等. 基于GIS的农田土壤重金属空间分布及污染评价:以南京市江宁区某乡镇为例[J]. 土壤学报,2020,57(2):316-325.

[30] 刘德玉,贾贵义,张伟,等. 甘肃敦煌地区疏勒河尾闾区地下水化学特征及成因分析[J]. 地质论评,2022,68(1):181-194.

[31] 张莉,祁士华,瞿程凯,等. 福建九龙江流域重金属分布来源及健康风险评价[J]. 中国环境科学,2014,34(8):2133-2139.

[32] 陆凤娟. 以嘉定区为例对上海市郊区饮用水源水重金属进行健康风险评价[J]. 中国环境监测,2013,29(2):5-8.

[33] 毛雨廷,員海燕,王钰,等. 汾河太原段水环境健康风险评价[J]. 科技情报开发与经济,2012,22(1):125-127.

[34] 温海威,吕聪,王天野,等. 沈阳地区农村地下饮用水中重金属健康风险评价[J]. 中国农学通报,2012,28(23):242-247.

[35] 卢俊平,崔志谋,刘廷玺,等. 内蒙古大河口水库水体重金属污染程度及健康风险评价[J]. 安全与环境学报,2021,21(2):858-866.

[36] 曾光明,钟政林,曾北危. 环境风险评价中的不确定性问题[J]. 中国环境科学,1998,18(3):252-255.

[37] 王若师,许秋瑾,张娴,等. 东江流域典型乡镇饮用水源地重金属污染健康风险评价[J]. 环境科学,2012,33(9):3083-3088.

[38] 林曼利,桂和荣,彭位华,等. 典型矿区深层地下水重金属含量特征及健康风险评价:以皖北矿区为例[J]. 地球学报,2014,35(5):589-598.

[39] 张光贵. 岳阳市地下水污染健康风险评价[J]. 水资源与水工程学报,2013,24(6):206-210.

第9章　流域地下水环境风险驱动因素解析

9.1　概　述

植物生长以及植被生长分布过程中气候作为不可或缺的作用，为植物生命活动提供所需热量以及适宜的水分[1]，气候的变化会直接或间接地影响植被的生长周期、组成成分、生理结构变化甚至空间分布[2]。由当前成果来看，植被覆盖度与气温和降雨这两种要素之间的响应关系最为强烈，它们通过影响有效积温和土壤水分来间接地对植被生长产生影响。Yang 等[3]通过对美国内布拉斯加州植被指数与温度进行相关性分析，发现植物生长天数和 NDVI 的相关程度与 NDVI 及土壤温度的相关程度较高，同时具有一定规律性；Wang 等[4]分别研究了美国草原地区植被覆盖度与当地气温、降雨之间的关系，结果发现 NDVI 与气温呈正相关关系时期为植被生长季的开始与结束期，在生长季中期，NDVI 与气温呈现负相关关系。

这种影响及其影响程度会随研究区的不同因素而改变，如气候类型、植被种类、区域地形特征等，通过这些差异而导致不同的空间异质性。随着有关植被覆盖度研究的不断积累，近年来不少学者发现北半球的植被覆盖长期变化与气温变化走势不一致，在干旱、半干旱地区二者的变化甚至呈现出相反趋势。Barbosa 等[5]对巴西东北部植被覆盖进行了研究，发现在纬度方向上空间分异性较明显，植被覆盖度受水热条件的作用较大；Schmidt 等[6]利用 NOAA/AVHRR NDVI 数据，通过对以色列地区的一条南北样带进行研究，分析不同植被带的植被类型与降水之间的关系，研究表明处于过渡带的植被与气温降雨之间的响应更为敏感；李晓兵等[7]研究了中国植被 NDVI 与气候要素的联系，表明相关系数自北向南逐渐降低，但从东南到西北方向上，NDVI 与气候要素的相关性表现为逐渐增加的规律变化；Ackerly等[8]以气候和地形作为变量，针对旧金山港湾区 22 种植被类型进行了建模分析，研究发现海岸附近、植被覆盖度对降雨量大的地区响应更为显著；王旭洋等[9]研究 1998—2018 年 SPOT-VEGETATION 的 NDVI 数据，结合相应气候资料数据分析发现四大沙地 NDVI 年际波动较大，呼伦贝尔沙地 NDVI 与持续湿润指数的正相关系数最高，而浑善达克沙地 NDVI 与持续干旱指数的负相关系数最大，表明呼伦贝尔沙地和浑善达克沙地植被分别对持续湿润和持续干旱事件响应最为敏感；刘绿柳等[10]对黄河流域 NDVI 与气象要素进行时空变化规律分析，发现黄河流域以草地、灌木为主的 NDVI 与气象因子相关性较为显著，但是随着时间尺度的推进，空间位置变化也会相对改变。

除了自然因素外，随着城市建设、农业活动和生态建设的不断推进，人为因素对植被覆盖度的影响也越来越显著。一方面人类可以通过生态恢复工程建设，退耕还林还草、封山育林、植树造林等措施来增加植被覆盖度，另一方面城市扩张、林木砍伐、过度放牧、不合理的荒地开垦等活动会破坏生态环境，从而导致植被覆盖度显著降低。因此，国内外不少学者进行了人类活动对植被覆盖度的影响分析。Evans 等[11]通过分区手段研究了叙利亚草原人类活动因素与气候变化导致的植被退化情况，采用残差分析法提取人类活动导致草原退化的区域，经研究发现残差分析具有一定的可行性；Morawitz 等[12]以美国华盛顿西部的普吉特海湾中部地区作为研究区域，研究发现 NDVI 和人口密度具有较为显著的相关性，这表明人类活动对 NDVI 具有一定的影响；Boschetti 等[13]研究非洲萨赫勒地区植被覆盖的影响因素，结果表明，整个研究区植被覆盖与降水呈正相关关系，但局部地区植被覆盖存在异常，与当地人类活动密切相关；周洪建等[14]对陕西省 1988 年以来 NDVI 与降水的相关性展开研究，表明在不考虑降水对 NDVI 的影响下，人类活动对陕西省植被覆盖有一定的积极影响，北部地区较为显著；李登科等[15]以陕北黄土区域为例进行了研究，发现该地区植被变化与退耕还林、封山育林等人为因素有很大的关系，其对植被覆盖变化起着非常积极的作用；刘宪锋等[16]研究了 2000—2014 年秦巴山区的植被覆盖变化及其影响因素，发现降水是植被覆盖变化的主导因素，人类活动变化在具有一定程度的影响，植树造林和城市扩张分别对植被覆盖产生正面和负面的影响；李辉霞等[17]通过剥离气候要素和人类活动对植被的影响，对近十年三江源地区植被变化趋势进行研究，表明气候因素对植被生长的贡献为 79.32%，而人类活动的贡献为 20.68%，即在时间尺度上来说，该地区的气候变化是影响植被变化的关键因素，人类活动也在短时间内对植被生长变化速度同样具有促进作用。

植被是陆地生物圈的重要组成部分，其时空分布格局必然在很大程度上受到自然及人类活动等诸多因素影响，而以往针对植被覆盖度时空变化影响因素的研究方法主要是探寻植被覆盖度与驱动要素之间存在的相关性，采取相关系数计算等方法来进一步验证植被覆盖度与各类要素间的响应关系，当研究驱动因子数量增加时，该方法因其烦琐的计算过程，且未考虑到驱动要素对植被覆盖度的交互作用，便难以满足研究者的需要。基于此，21 世纪以来，国内外学者对植被覆盖度影响因素的相关研究不再局限于传统方法，大批学者开始将视野转向探究植被覆盖度时空变化的综合驱动力，剖析影响植被覆盖度的综合驱动方法。地理探测器模型的发明满足了地学研究者对于植被覆盖空间异质性的综合驱动机制探究需求，该模型是由王劲峰、徐成东等[18]学者研究开发的一种新的空间统计模型，用于探测要素的空间分异，并揭示其背后的驱动力。地理探测器问世初期，一些学者开始利用该模型来进行地理要素空间异质性及其影响因素的相关探究，Luo 等[19]将地理探测器模型应用于美国大陆八个地理分区，以此来确定控制每个分区土地分割密度的主导因素，结果发现各地形区的因子解释力随着地质年龄和分布特征的不同而发生变化；Li[20]使用地理探测器来研究中国北方某县域种植基地驱动要素对土壤残留抗生素空间分异的影响；喻静[21]探究了地震发生后促使地质灾害产生的影响因子。随着地理探测器应用范围的不断拓展，基于地理探测器进行空间分异及综合驱动机制的研究趋于成熟，地理探测器在植被领域的研究也逐渐发展起来。

近年来，国内大批学者开始利用地理探测器模型探测植被覆盖度的驱动力因素，进行植被覆盖度空间异质性的综合驱动机制研究。肖建勇等[22]利用地理探测器分析中国南方喀斯特关键带植被 NDVI 时空分布的驱动因素，结果发现喀斯特地区的 NDVI 受气候变化和人类活动影响相对较大，而地形因素则在很大程度上控制了非喀斯特区域植被 NDVI 的时空分布。祝聪等[23]运用地理探测器对岷江上游地区植被覆盖度的影响因素及驱动要素的解释力进行了深入研究，结果表明，岷江上游地区植被覆盖度的时空分布主要受气温、降水量、土壤类型及地形这四类因素的影响。阎世杰[24]、同英杰等[25]使用地理探测器分别对京津冀地区、陕西省进行植被时空变化的归因分析，研究结论均表明降水是植被时空变化的主导因素。王治国等[26]利用地理探测器模型定量研究了关中平原城市群植被覆盖度空间分异的主导因素，研究发现自然因子是影响区域植被覆盖空间分异的主导因子，其中降水量和气温的作用最为突出，人为因素对植被覆盖度的影响相对较弱。以上研究均运用地理探测器从研究区实际情况出发选取了多个自然及社会经济类因子进行了植被覆盖驱动力研究，并取得丰富的研究成果。

综上所述，不难发现植被覆盖变化是多种因素共同作用的结果，其中地形、气候等自然因素以及农业发展、城镇化建设等人类活动构成了区域植被覆盖时空分布格局的两大主要驱动力。上述研究指出在某些较小区域尺度或特定时间段内，单因子对区域植被覆盖变化的影响较大，而复杂的生态环境同时也包含着气候、地形要素等多方面，各地区的植被覆盖度受地形地貌、气候变化、人类活动强度的不同展现出不同的空间分异，因此综合运用3S等技术手段进行区域范围内植被覆盖度的估算及驱动力分析有助于研究不同区域尺度的植被覆盖时空特征，并深入探究植被与自然环境和人类活动的交互关系，对于了解陆地生态系统的发展规律具有重要意义，为生态恢复建设及环境保护等提供相应参考。

9.2　材料与方法

9.2.1　数据来源

9.2.1.1　地形、土地利用、土壤及气象

高程数据选取美国航空航天局(NASA)提供的ASTER DEM数据，垂直分辨率为20 m，水平分辨率为30 m，数据来源地理空间数据云(http://www.gscloud.cn/)。

土地利用分类数据选取中国科学院资源环境科学与数据中心(https://www.resdc.cn)提供的中国土地利用遥感监测数据。全国土地利用类型遥感监测空间分布数据基于美国陆地卫星Landsat，通过人工目视解译生成，空间分辨率为30 m。分别选取1990年及2020年吉兰泰盆地流域土地利用数据，制作土地转移矩阵，分析地类变化。

土壤类型数据源自中国科学院资源环境科学与数据中心(https://www.resdc.cn)提供的中国土壤类型空间分布数据。据根据全国土壤普查办公室1995年编制并出版的《1∶100万中华人民共和国土壤图》数字化生成，采用传统的"土壤发生分类"系统，基本制图单元为亚类，共分出12土纲，61个土类，227个亚类。土壤属性数据库记录数达2647条，属性数据项16个，基本覆盖了全国各种类型土壤及其主要属性特征。

降雨与气温选择全国1 km分辨率逐月降雨数据集与全国1 km逐月气温数据集，由国家青藏高原科学数据中心研制。此类数据集依据英国东英格利亚大学气候研究所(CRU)以及World Clim发布的高分辨率数据集通过降尺度的方式对中国地区气象数据进行整理生成，该数据集已与全国496个独立气候观测站进行精度验证，数据精度较高。该数据集时间年限是由1901年至2017年。由于缺少2018年、2019年、2020年的数据，因此采用空间插值(克里金插值)方法，对磴口、石嘴山、海力素、吉兰泰、乌海等气象站逐月数据进行插值，并对插值结果进行裁剪和空间重采样方法处理。

相对湿度数据来自国家地球系统科学数据中心共享服务平台(www.geodata.cn)提供的中国1 km分辨率月相对湿度数据集。该数据集基于全国824个基准站和基准气象台1～12月数据利用ANUSPLIN软件进行空间插值方法生成1985年至2020年1～12月格点数

据，单位为 1%。

9.2.1.2　土壤含水率与地下水水位

（1）土壤湿度数据获取及处理

利用网格工具，将研究区分割成大小一致的单元，每个单元面积相同。根据布点原则，研究区内均匀分布土壤采样点（图 9-1）。利用环刀等工具，以控制点为圆心，半径 2 m 范围内向下取表层 20 cm 土样，过滤石子、腐败植物、草根等杂质后装入铝盒密封包装（图 9-2）。

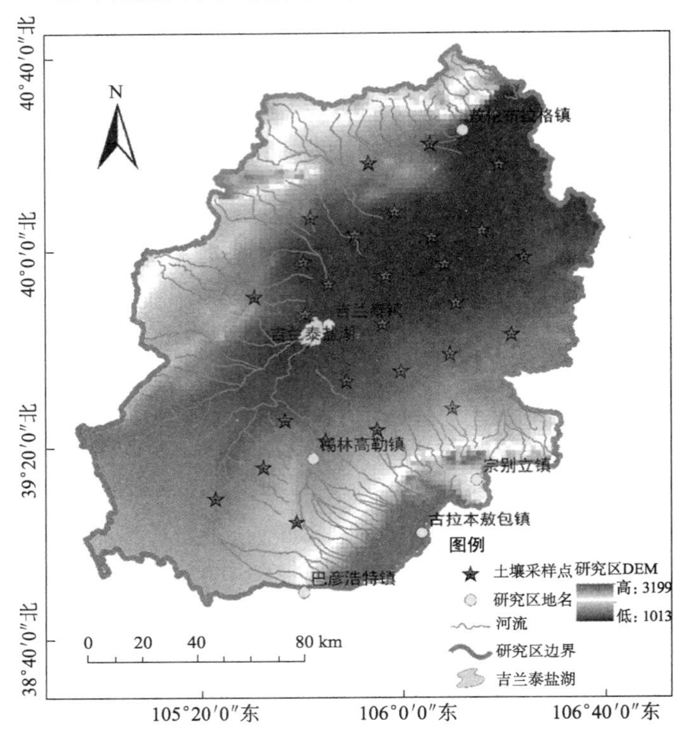

图 9-1　土壤采集试验点位

Fig. 9-1　Soil collection test point

本次土壤采样点共 37 个，剔除 3 个数据异常点，共计 34 个，选取 10 个实测土壤水分点作为验证。利用比值法测得土壤水分，将取回的土壤样品均匀分散放在烘箱中，将温度调至 105℃±2℃烘至 12 个小时。12 小时后取出，称取土壤重量，利用公式 9-1 计算土壤含水率，结果如表 9-1 所列。

$$SWC=\frac{m_{鲜}-m_{干}}{m_{鲜}-m_{盒}}\times 100\% \tag{9-1}$$

图 9-2　野外土壤采集与室内处理

Fig. 9-2　Soil collection in the wild and soil moisture content acquisition

表 9-1　土壤含水率测试数据

Tab. 9-1　Moisture content of surface soil

点号	经度(°)	纬度(°)	土样 1	土样 2	土样 3	平均
XS15	105.593 83	39.827 44	0.024	0.011	0.005	0.013
BS2	105.547 56	39.860 50	0.022	0.011	0.031	0.021
XW1	105.609 38	39.915 71	0.012	0.010	0.008	0.010
XS24	105.808 05	39.690 27	0.032	0.023	0.027	0.027
XW45	105.764 47	39.615 23	0.014	0.010	0.005	0.010
B5	105.237 97	39.329 36	0.057	0.030	0.068	0.052
B2	105.277 25	39.440 96	0.018	0.017	0.013	0.016
B4	105.313 77	39.386 38	0.026	0.024	0.021	0.024
A11	105.156 41	39.499 00	0.004	0.018	0.008	0.010
AS1	105.965 57	40.209 68	0.009	0.013	0.009	0.010
A4	105.087 57	39.419 22	0.008	0.004	0.008	0.007
A3	105.121 41	39.218 37	0.007	0.016	0.009	0.011
DW5	105.178 91	39.494 54	0.005	0.005	—	0.005
B3	105.127 68	39.327 88	0.007	0.006	0.005	0.006
XW3	105.703 22	39.909 94	0.031	0.078	0.025	0.045
AS6	105.736 51	40.209 68	0.049	0.024	0.034	0.036
DW1	105.481 49	39.537 12	0.014	0.005	0.008	0.009
XW4	105.753 33	39.898 39	0.035	0.075	0.026	0.045
A5	105.121 22	39.437 23	0.005	0.005	0.007	0.006
HW1	106.191 41	40.338 89	0.009	0.052	0.004	0.022
HW5	106.264 33	40.081 09	0.080	0.065	0.080	0.075
DW3	105.367 18	39.582 58	0.006	0.009	0.008	0.008
DW2	105.431 72	39.539 63	0.045	0.051	0.051	0.049
DW7	105.443 63	39.460 41	0.055	0.046	0.053	0.051
HW7	106.145 42	39.991 28	0.005	0.014	—	0.010
HW9	106.047 44	39.928 55	0.003	0.031	0.001	0.012
WG2	106.178 98	39.856 07	0.012	0.011	0.010	0.011
WG2	106.178 98	39.856 07	0.012	0.011	0.010	0.011
FS10	106.163 49	39.474 34	0.002	0.002	0.002	0.002
EW7	105.698 89	39.413 84	0.016	0.020	0.014	0.017
DW8	105.364 01	39.499 73	0.026	0.025	0.027	0.026
XS2	105.932 85	39.761 76	0.005	0.005	0.004	0.005
XW17	105.669 91	39.799 21	0.005	0.012	0.012	0.010
AW8	105.651 86	39.985 91	0.010	0.008	0.011	0.010

(2) 物探电导率测定试验与地下水水位统测

本次选用 KT-400SZ 物探找水仪进行物探试验数据的获取，该套设备是由电厂探测器、电场探测 10 m 专用电缆、探针、USB 专用数据线、主机软件组成。工作原理为插入地表的探针接收大地电磁场在地表的电分量(图 9-3)，包含天然电场的动态信息、静态信息，主机与探针之间采用专用电缆相连接，仪器每次采集数据为两探针间中心点数据，点距宽度为 0.5～2.0 m，同条测线所测量的点距需保持一致。由天然电场探测装置对探针所接收信号进行放大并转换提取特征信息(地下水特征信息、岩土类型信息等)，采集到探针所接收的信息，经主机自带的软件对数据进行处理与分析，并显示结果。

分别在 2021 年 8 月和 10 月对吉兰泰盐湖盆地流域进行地下水水位统测，共计 40 个点位(图 9-4)。

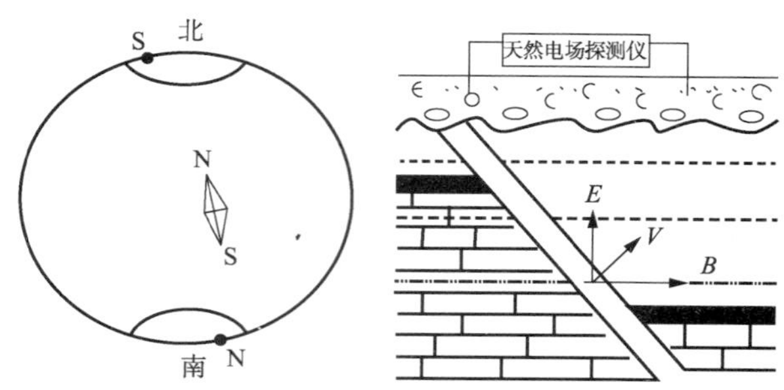

图 9-3 天然电场探测原理

Fig. 9-3 Principle of natural electric field detection

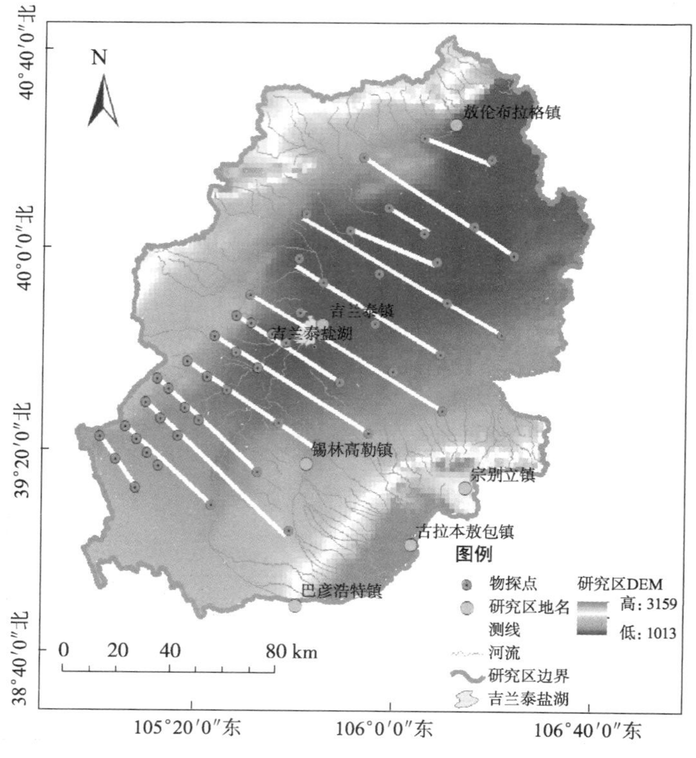

图 9-4 野外物探点位

Fig. 9-4 Geophysical prospecting points in the wild

9.2.2 分析方法

9.2.2.1 相关性分析

Pearson 相关系数法[81]是用于分析两个变量 X 和 Y 之间的相关程度，在研究植被覆盖度随时间变化时，其他外界变化的因素对植被覆盖度变化也直接或间接地产生影响。相关性分析通过定性定量的方式分析植被覆盖度与驱动因子之间的响应关系，具体公式如下：

$$R_{xy}=\frac{\sum_{i=1}^{n}(X_i-\overline{X})(Y_i-\overline{Y})}{\sqrt{(X_i-\overline{X})^2\sum_{i=1}^{n}(Y_i-\overline{Y})^2}} \tag{9-2}$$

式中，X_i 为第 i 年植被覆盖度；$\overline{X}$ 为植被覆盖度均值；Y_i 为第 i 年际的驱动因子(降雨、气温)；$\overline{Y}$ 为驱动因子均值；n 为总年数。线性相关的取值范围为[－1,1]，当 $R_{xy}=0$ 时，表示植被覆盖度与驱动因子无相关关系；$0<R_{xy}\leqslant 0.4$ 时，表示植被覆盖度与驱动因子为低度正相关；$0.4<R_{xy}\leqslant 0.7$ 时，表示植被覆盖度与驱动因子中度相关；$0.7<R_{xy}\leqslant 1$ 时，表示植被覆盖度与驱动因子为高度正相关；$R_{xy}<0$ 时，表示为负相关。

9.2.2.2 相偏关分析

偏相关分析[82]指的是在研究两个变量之间的相关关系时，这两个变量与第三个变量存在一定的相互关系，剔除第三个变量所造成的影响进而分析另外两个变量的相关性。同理，在研究植被覆盖度与气温和降雨之间的相关关系时，气温与降雨同时也存在着相互影响的关系。因此，采用偏相关性分析计算相关系数，计算公式为

$$R=\frac{r_{xy}-r_{xz}r_{yz}}{\sqrt{(1-r_{xz}^2)(1-r_{yz}^2)}} \tag{9-3}$$

式中，R 为剔除降雨因素植被覆盖度与气温之间的相关系数或剔除气温因素植被与降雨之间的相关系数；r_{xy} 为植被覆盖度与降雨的相关系数；r_{xz} 为植被覆盖度与气温的相关系数；r_{yz} 为降雨与气温的相关系数。

9.2.2.3 回归残差分析

残差分析指的是根据所提供的数据信息分析数据的周期性以及其他某种因素对数据的干扰[83]。根据偏高相关分析可得知，降雨与气温这两种驱动因素存在直接和间接的相关关系。因此，可定量地估算植被覆盖度与平均气温和平均降雨的关系。基于像元尺度建立二元回归分析模型，以 30 年降雨数据与气温数据为自变量，植被覆盖度 FVC 为因变量，计算回归方程各个参数。依据所计算的参数，预测植被覆盖度在生长季(5～9 月)的预测值。最后，计算植被覆盖度 FVC 的实际观测值与预测值之间的差值即可得到植被覆盖度 FVC 近 30 年的残差时间序列值。具体计算公式如下：

$$FVC_{预}=\alpha T+\beta P+\gamma \tag{9-4}$$

$$\delta=FVC_{观}-FVC_{预} \tag{9-5}$$

式中，$FVC_{预}$ 为植被覆盖度预测值；$FVC_{观}$ 为植被覆盖度实际观测值；α、β、γ 分别为二元线性回归参数；T 为生长季 30 年年平均气温；P 为生长季 30 年年平均降雨；δ 为所求得时间序列残差值。当 $\delta>0$ 时，表明气温与降雨因素对植被覆盖度具有正向驱动作用；当 $\delta<0$ 时，

表明气温与降雨因素对植被覆盖度具有抑制作用；当 $\delta=0$ 时，表明气温与降雨因素对植被覆盖度不起作用。人类活动对气温降雨具有直接或间接的影响，因此残差分析也可表示人类活动对植被覆盖度的贡献率。

9.2.2.4　驱动要素处理

（1）坡度与坡向

坡度与坡向是两个在分析空间地形因素时的重要指标，这两要素可以清晰地反映固定区域内地形走向和地势的起伏。坡向指的是斜坡方向上的度量，规定以正北方向为0°，顺时针转动360°回到正北方向。在进行坡向分析时，设置8个方向取坡向的正弦值为[－1,1]。坡度是描述地表位置上高度变化率的度量，定义为以水平面为基准，地表垂直距离与水平距离的比值。基本公式如下。

坡向：

$$\text{aspect}=57.29578\times \text{atan2}\left(\frac{\mathrm{d}z}{\mathrm{d}y},-\frac{\mathrm{d}z}{\mathrm{d}x}\right) \tag{9-6}$$

$$\text{atan2}(x,y)=\begin{cases}\arctan\dfrac{y}{x}, x>0\\ \arctan\dfrac{y}{x}+\pi, y\geqslant 0, x<0\\ \arctan\dfrac{y}{x}-\pi, y<0, x<0\\ +\dfrac{\pi}{2}, y>0, x<0\\ -\dfrac{\pi}{2}, y<0, x<0\\ \text{无方向}, y=0, x=0\end{cases} \tag{9-7}$$

坡度：

$$\text{Slope}_{\text{radians}}=\tan\left(\sqrt{\left(\frac{\mathrm{d}z}{\mathrm{d}x}\right)^2+\left(\frac{\mathrm{d}z}{\mathrm{d}y}\right)^2}\right) \tag{9-8}$$

将研究区DEM高程数据导入ArcGIS 10.4中，利用3D Analyst工具提取并分析坡度与坡向数据，将坡向数据按照8个方向进行划分，坡度数据以10°为度量进行划分整理。

（2）土地转移矩阵

土地利用转移矩阵是在马尔科夫模型[84]的基础上建立的，通过土地利用转移矩阵(A)，可以定量地分析固定区域土地利用类型在固定时间段内的面积转化情况以及转换速率，同时，通过各地类之间的转化数量大小也可大致预测未来土地利用类型的转化趋势。

$$A=\begin{bmatrix}P_{11} & P_{12} & \cdots & P_{1m}\\ P_{21} & P_{22} & \cdots & P_{2m}\\ \vdots & \vdots & \ddots & \vdots\\ P_{m1} & P_{m2} & \cdots & P_{mm}\end{bmatrix} \tag{9-9}$$

式中，A 为土地转移矩阵；P 为所研究时间段内的土地变化面积数值；i 和 j 代表研究始末阶段土地类型。

9.2.2.5　地理探测器

随着 3S 技术的发展与普及，对于空间上的数据研究分析过程，王劲峰等[67]提出了空间分层异质性(Spatial Stratified Heterogeneity)这一问题概念。空间分层异质性指的是内方差小于层间方差的地理现象。地理探测器这一技术是为了探测空间分异性，揭示图层对图层间驱动力的一种数理统计方法。因此，地理探测器这一方法在研究自然科学、社会科学、人类健康以及环境科学等领域提供了较直观的科学依据。

地理探测器主要包含四种不同探测器：因子探测器、交互作用探测、风险探测器和生态探测器。

(1) 因子探测器

探测因变量 Y 的空间分异性，分析变量因子 X_n 在空间尺度上对因变量 Y 的诠释程度，引用 q 值表示：

$$q = 1 - \frac{\sum_{h=1}^{L} N_h \delta_h^2}{N\delta^2} = 1 - \frac{SSW}{SST} \tag{9-10}$$

$$SSW = \sum_{h=1}^{L} N_h \delta_h^2 SST = N\delta^2 \tag{9-11}$$

式中，${\delta_h}^2$ 与 δ^2 为图层 h 和 Y 值的方差；h 表示变量因子 Y 或 X_n 的分区数量，取值范围为 $h \in N_{>0}$；SSW 与 SST 分别为层内方差之和全区域总方差。q 的取值范围为[0,1]，当 q 值越大，表明自变量 Y 空间分异性越明显，反之则越弱；当 $q=1$ 时，表明变量 X 对因变量 Y 完全掌控 Y 的空间分布情况，相反 $q=1$ 时，表明变量 X 与自变量 Y 无任何关系。

(2) 生态检测

比较两种不同因子 X_1 和 X_2 对因变量 Y 的空间分布是否具有显著性差异，以 F 统计量进行分析：

$$F = N_{X1}(N_{X2}-1)SSW_{X1}/N_{X2}(N_{X1}-1)SSW_{X2} \tag{9-12}$$

$$SSW_{X1} = \sum_{h=1}^{L1} N_h \delta_h^2 \; SSW_{X2} = \sum_{h=1}^{L2} N_h \delta_h^2 \tag{9-13}$$

式中，N_{X1} 与 N_{X2} 分别表示两种驱动因子 X_1 和 X_2 的训练样本数量；SSW_{X1} 与 SSW_{X2} 表示分层后层内方差之和。假设 H_0 为 0 时，$SSW_{X1} = SSW_{X2}$。若 α 显著性水平拒绝 H_0，则表示两种因子 X_1 与 X_2 在 Y 的空间分布范围内存在显著性差异。

(3) 交互作用探测

探究两种不同 X_n 因子在相互协同发展变化下对自变量 Y 变化趋势的影响。首先，通过因子探测分析出各因变量 X_1 与 X_2 所对应的 q 值，通过相交计算，比较 $q(X)_{\max}$ 或 $q(X)_{\min}$、$q(X_1+X_2)$ 和 $q(X_1 \cap X_2)$ 三者之间的数量关系。关系如表 9-2 所列。

表 9-2　双因子交互类型

Tab. 9-2　Types of two-factor interaction

判断依据	交互作用	判据	交互作用
$q(X_1 \cap X_2) < \mathrm{MIN}(q(X1), q(X2))$	非线性减弱	$q(X_1 \cap X_2) = q(X_1) + q(X_2)$	独立
$\mathrm{MIN}(q(X1), q(X2)) < q(X_1 \cap X_2) < \mathrm{MAX}(q(X_1), q(X_2))$	单因子非线性减弱	$q(X_1 \cap X_2) > q(X_1) + q(X_2)$	非线性增强
$q(X_1 \cap X_2) > \mathrm{MAX}(q(X_1), q(X_2))$	双因子增强		

（4）风险探测器

风险探测器主要判断两种驱动因子子区域之间属性均值是否存在显著性差异。

$$t_{yh=1-yh=2}=\frac{\overline{Y}_{h=1}-\overline{Y}_{h=2}}{\left[\frac{Var(\overline{Y}_{h=1})}{n_{h=1}}+\frac{Var(\overline{Y}_{h=2})}{n_{h=2}}\right]^{\frac{1}{2}}} \tag{9-14}$$

式中，$\overline{Y}$ 为子区域 h 植被覆盖度 FVC 线性回归系数均值；n_h 为子区域样本个数；Var 为方差。

9.3 结果与分析

9.3.1 地下水演化影响因素相互关系

9.3.1.1 气象要素变化及与植被的响应关系

在研究植被覆盖度与驱动因子之间的响应关系时，多元的气象要素作为驱动因子对环境具有很深的影响。

本次研究主要选取四个主要气候因素：降雨、气温、相对湿度、蒸散发。吉兰泰盐湖盆地流域气候分布具有一定特点，降雨与相对湿度数据分布表现为由贺兰山一带向西北方向递减式分布，数值区间分别为 17.8～55.8 mm 和 21% ～57%；气温与蒸发量数据表现为由西北方向巴音乌拉山和东南部贺兰山山脉向中间盆地气温逐渐增高，数值区间分别为 7.0℃～22.5℃和 713～1 162 mm，逐月蒸发量与气温数据由 5 月逐渐上升至 6 月或 7 月达到最大值后降低至 9 月，可能是当地地形因素所导致。整体分析来看，多年降雨与多年相对湿度分布特征基本相似，多年气温与多年蒸发量数据分布特征基本相似，二者具有很强的规律性。

对多年降雨数据进行趋势性分析，以年份作为自变量，多年降雨数据作为因变量，绘制图 9-5，根据分析结果提取回归方程制表 9-3。结果显示，吉兰泰盐湖盆地流域降雨受气候影响，多年来降雨平均数据变化幅度较大，回归结果显示决定系数较小。从数据斜率分析，5 月、7 月和 8 月多年降雨回归方程斜率均为负值，下降速率较缓慢，6 月、9 月以及年降雨回归方程斜率显示为正值，但数值较小，降雨上升速率同样缓慢。

表 9-3 生长期降雨回归方程

Tab. 9-3 Rainfall regression equations for each growth period

降雨	拟合方程	决定系数(R^2)
5 月	$y=-0.084\,3x+183.82$	0.006 7
6 月	$y=0.1573x-298.75$	0.024 8
7 月	$y=-0.159\,2x+349.81$	0.011 2
8 月	$y=-0.047\,2x+126.5$	0.000 6
9 月	$y=0.348\,8x-678.31$	0.090 5
年际	$y=0.202\,3x-385.35$	0.129 4

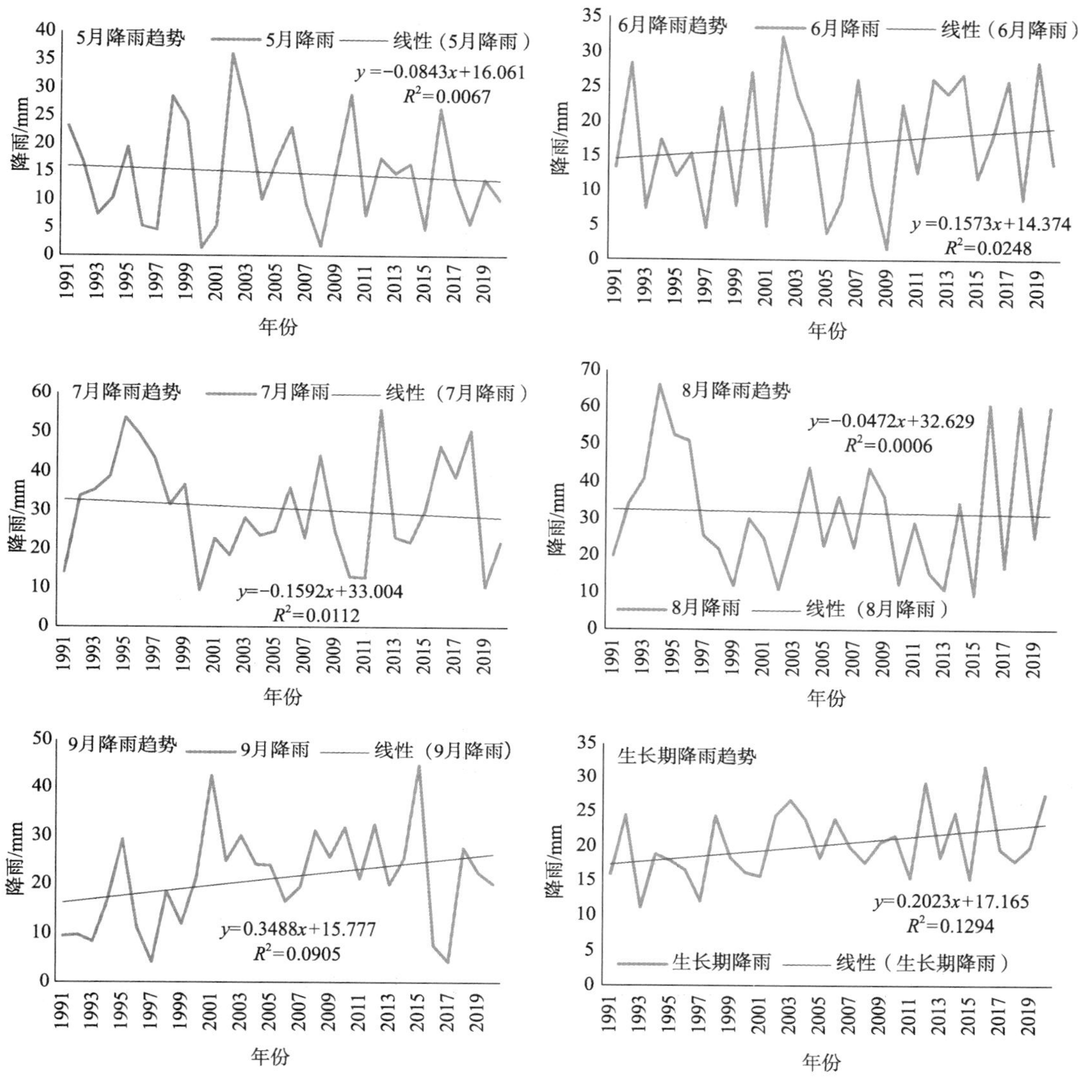

图 9-5　生长期多年降雨趋势

Fig. 9-5　The rainfall trend during the growing season

表 9-4　生长期气温回归方程

Tab. 9-4　Temperature regression equations for each growth period

气温	拟合方程	决定系数(R^2)
5 月	$y=0.0213x-25.503$	0.041 6
6 月	$y=0.028x-33.281$	0.110 2
7 月	$y=0.0334x-41.97$	0.121 6
8 月	$y=0.0406x-58.4$	0.168 1
9 月	$y=0.0258x-34.532$	0.087 1
生长期	$y=0.0304x-39.854$	0.248 6

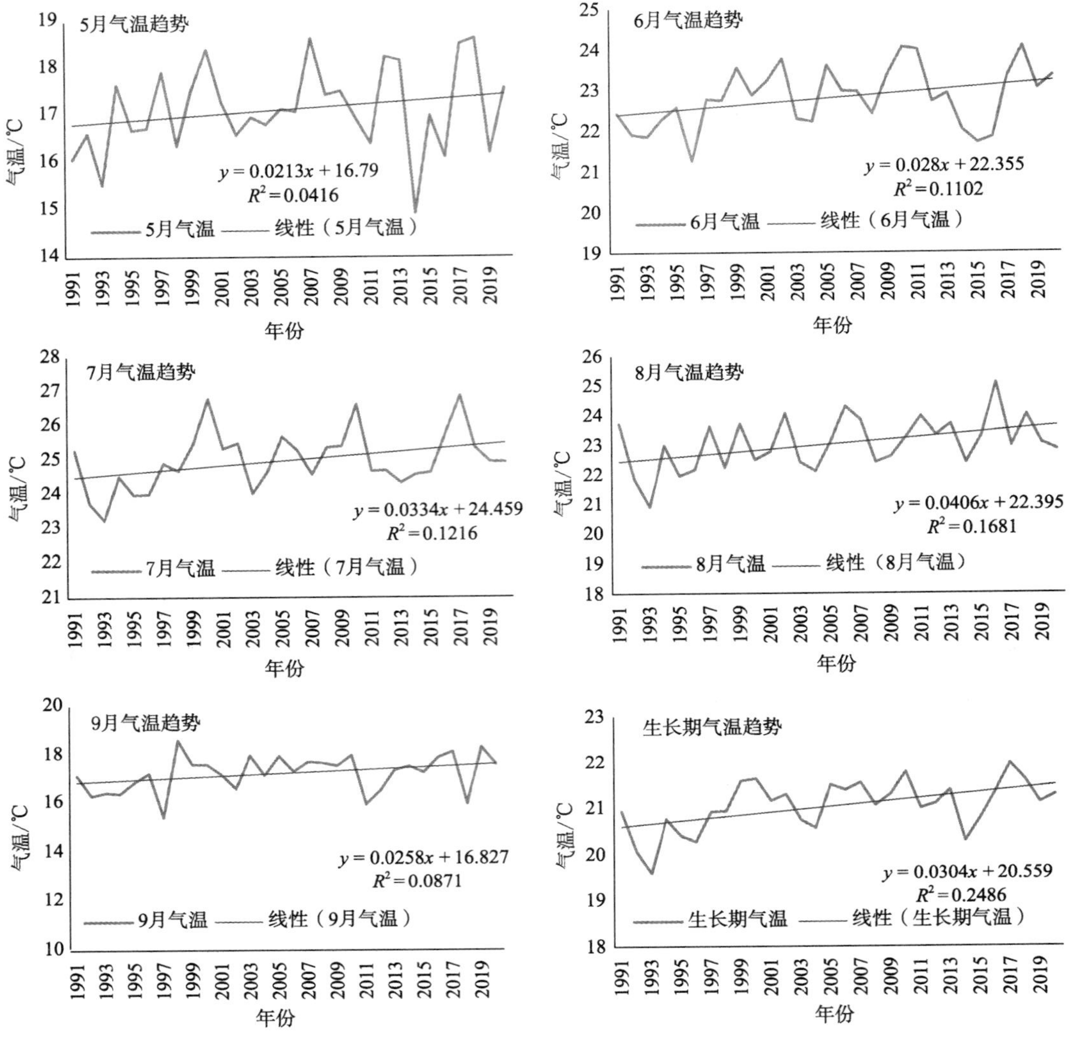

图 9-6　生长期气温趋势

Fig. 9-6　Temperature trends during each growing season

生长期平均气温趋势如图 9-6 所示，生长期气温空间分布趋势如图 9-7 所示，1991 年至 2020 年吉兰泰盐湖盆地平均气温整体呈现明显上升趋势，贺兰山脉以及敖伦布拉格镇北部上升趋势幅度较大。根据回归方程来看(表 9-4)，5 月气温上升速率最慢，为 0.021 3 ℃/年，8 月气温上升速率最快，可达 0.040 6 ℃/年。

表 9-5　各生长期蒸散发量回归方程

Tab. 9-5　Regression equation of evapotranspiration during each growth period

蒸散发	拟合方程	决定系数(R^2)
5 月	$y=1.9118x-2321.2$	0.058 1
6 月	$y=0.302\ 6x+1178.9$	0.001 8
7 月	$y=1.168\ 7x-566.96$	0.026 6

续表

蒸散发	拟合方程	决定系数(R^2)
8 月	$y=0.3602x+808.63$	0.002 4
9 月	$y=-0.7476x+2520.8$	0.015 5
生长期	$y=0.6001x+321.18$	0.040 9

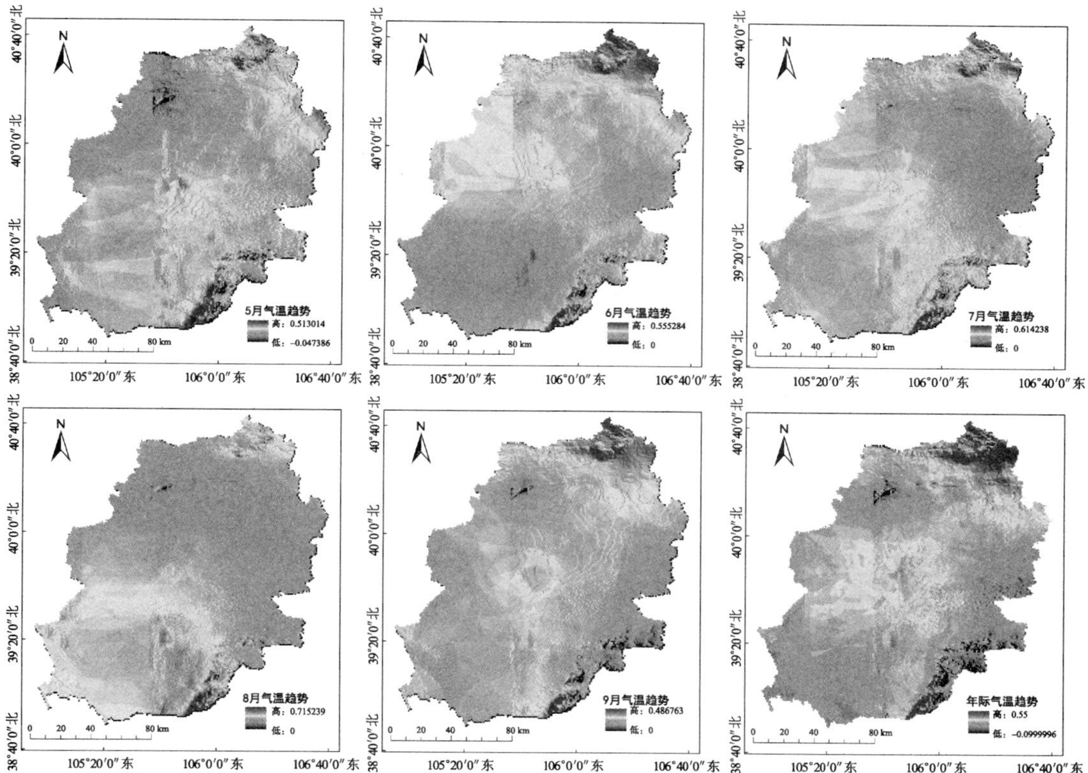

图 9-7　生长期气温空间分布趋势

Fig. 9-7　Temperature trends during each growing season

根据生长期逐月蒸散发数据，与年份进行趋势分析(图 9-8)。通过表 9-5 得知，吉兰泰盐湖盆地流域气温呈逐年上升趋势，整体蒸散发量随气温变化也呈现逐年上升现象。5 月与 7 月上升速率最大，分别达到 1.911 8 mm/a 和 1.168 7 mm/a，9 月呈现下降趋势，下降速率为 0.747 6 mm/a。

表 9-6　1991—2020 年相对湿度数据

Tab. 9-6　Relative humidity data from 1991 to 2020

年份	相对湿度/%	年份	相对湿度/%	年份	相对湿度/%
1991	42.55	2001	61.38	2011	49.02
1992	51.07	2002	49.89	2012	50.13
1993	53.32	2003	50.07	2013	43.98
1994	58.48	2004	57.37	2014	48.76

续表

年份	相对湿度/%	年份	相对湿度/%	年份	相对湿度/%
1995	58.56	2005	48.59	2015	53.52
1996	64.22	2006	50.71	2016	33.66
1997	48.33	2007	52.75	2017	23.06
1998	48.51	2008	56.00	2018	28.82
1999	49.75	2009	49.41	2019	28.46
2000	49.84	2010	61.27	2020	27.78

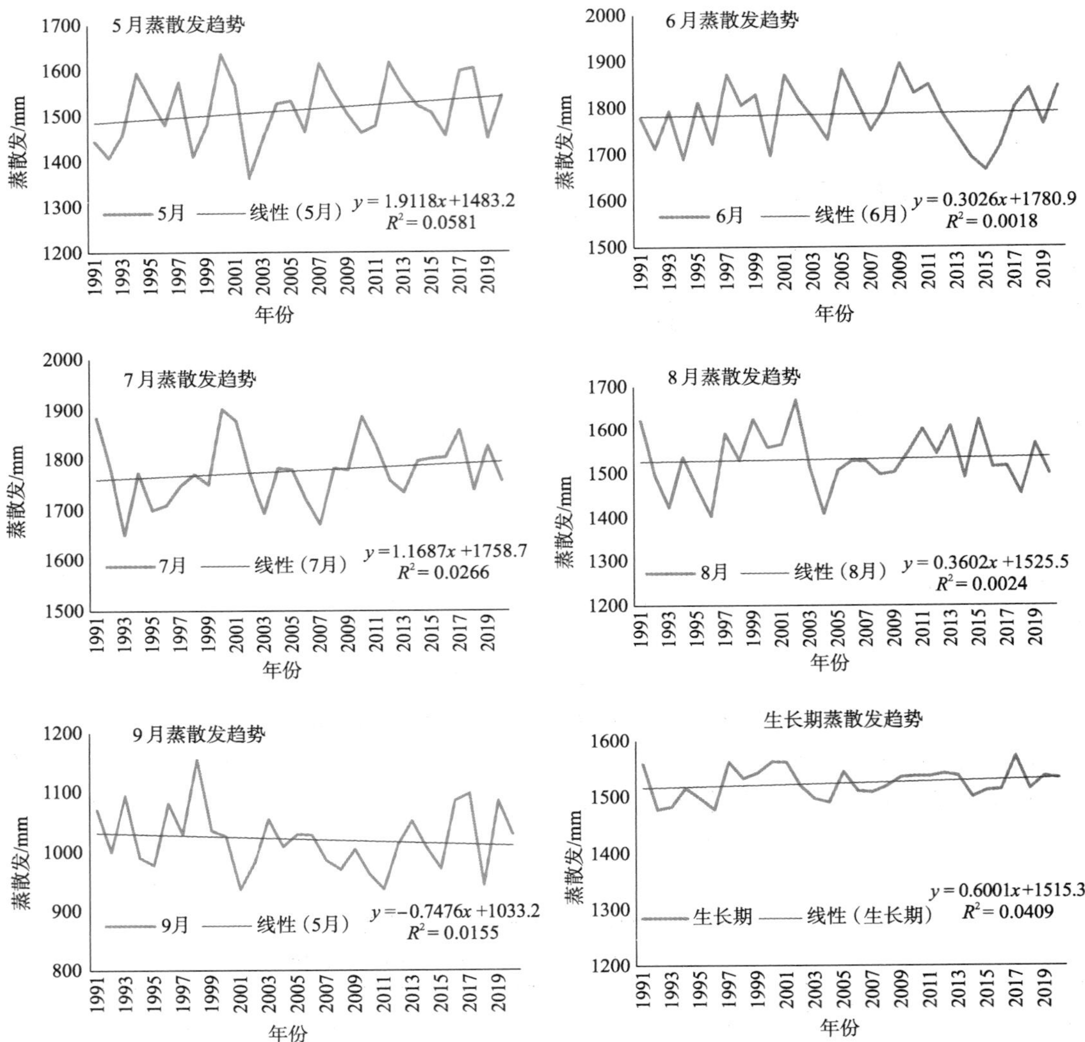

图 9-8　生长期蒸散发趋势

Fig. 9-8　Evapotranspiration trends during each growth period

对 1991 年至 2020 年的相对湿度数据每隔 10 年进行趋势分析(表 9-6)，1991—2000 年相对湿度回归方程为 $y=0.0456x-38.604$，总体表现为上升趋势；2001—2010 回归方程为

$y=0.0822x-111.07$，趋势依旧上升且上升速率比第一阶段大 0.036 6；第三阶段 2011—2020 年，回归方程显示为 $y=-3.1249x+6337$，年相对湿度呈断崖式下跌。从图 9-9 来看，年相对湿度趋势值介于−0.667～0.286 之间，植被与相对湿度表现为正相关关系，相对湿度越大，对植物正作用越大。

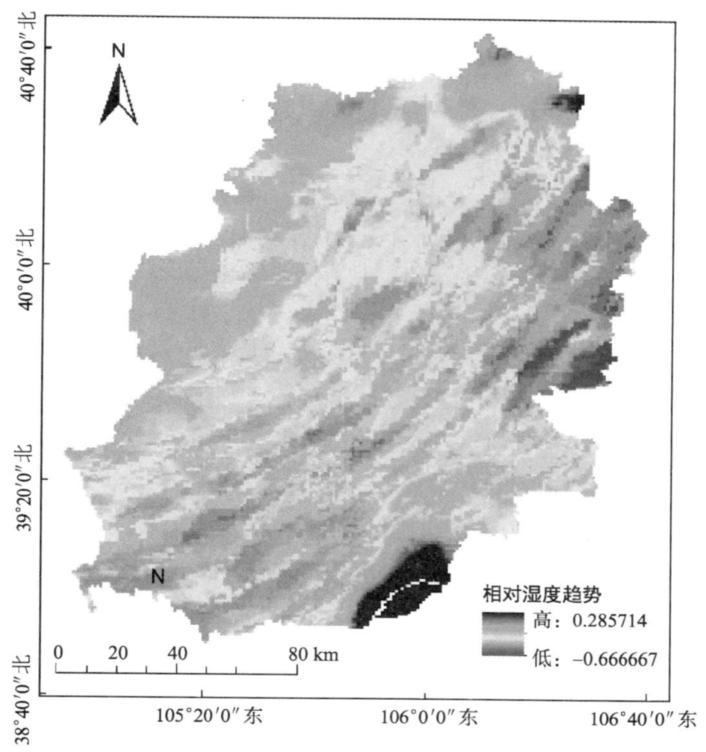

图 9-9　年际相对湿度趋势

Fig. 9-9　Interannual relative humidity trend

图 9-10 为吉兰泰盐湖盆地流域生长期植被降雨相关系数空间分布图，不同生长期（5 月、6 月、7 月、8 月、9 月）植被覆盖度与降雨的平均相关系数由高到低为 9 月（0.073 4）、7 月（0.029 3）、8 月（−0.074 1）、6 月（−0.081 1）、5 月（−0.093 8），从平均数值来看，9 月与 7 月降雨与植被呈现正相关关系，5 月、6 月和 8 月降雨与植被呈现负相关关系。由于吉兰泰盐湖盆地流域属于中温带大陆性气候干旱区，降水量年内分配不均，降水少、蒸发量大是导致植被与降雨呈现负相关关系的主要原因。5 月植被与降雨的相关系数值域为（−0.708，0.592），其中，植被与降雨呈现负相关的面积约占总面积的 69.61%，主要分布在罕乌拉苏木、吉兰泰镇、锡林高勒苏木以及豪斯布尔杜苏木，正相关面积约占 30.39%，主要分布在吉兰泰东部地区乌斯太镇、古拉本敖包镇以及巴彦木仁苏木东部地区；6 月植被与降雨的相关系数介于（−0.735，0.745）之间，负相关比例占全研究区的 66.01%，具体分布与 5 月基本一致，而正相关比例为 32.99%，与 5 月相关性对比，正相关比例明显上升（罕乌拉苏木部分地区明显增加）；7 月降雨与植被整体上来看呈现正相关，正相关比例为 54.43%，主要分布于吉兰泰盐湖盆地西部罕乌拉苏木、吉兰泰镇西部、锡林高勒苏木以及豪斯布尔杜苏木，负相关面积占全研究区的 45.57%；8 月植被与降雨的相关系数值域为（−0.712～0.643），负相

关面积占总面积的 65.13%，与 7 月相比有所下降，负相关与 6 月分布相同，正相关面积占总面积的 34.87%，主要分布在乌斯太镇东南部、古拉本敖包镇以及布古图苏木北部地区；9 月植被与降雨相关性空间分布大致与 7 月相同，正相关面积占全研究区面积的 63.70%，负相关面积占 36.60%。

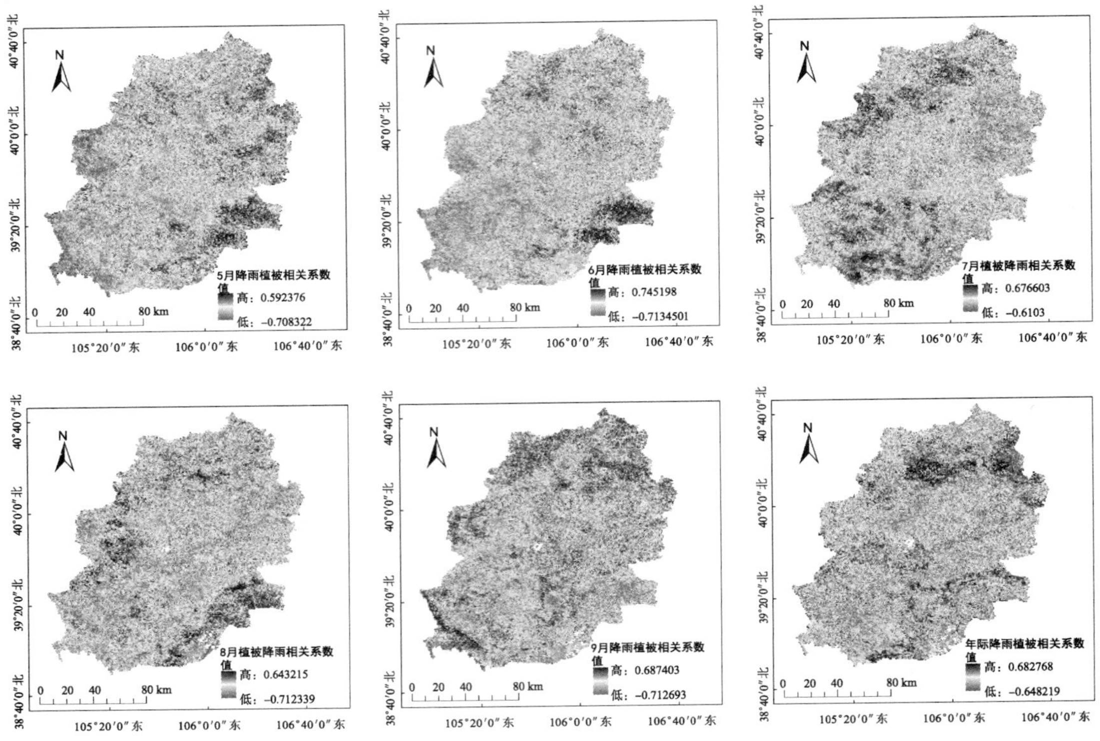

图 9-10　各生长期植被覆盖度降雨相关系数分布

Fig. 9-10　Distribution of rainfall correlation coefficients of fractional vegetation cover in each growth period

年际植被与降雨相关系数空间分布情况表现为相关系数整体值域为(−0.648,0.682)，平均相关系数为−0.002 2，正相关与负相关所占面积分别占研究区的 49.84%和 50.16%，正负相关面积所占比例大致相同。

图 9-11 为各生长期与年际植被与气温相关系数空间分布图，由不同生长期(5 月、6 月、7 月、8 月、9 月)植被覆盖度与气温的平均相关系数由高到低为 9 月(0.068 6)>6 月(0.024 6)>8 月(0.020 5)>7 月(−0.028 2)>5 月(−0.031 4)，从数值来看(表 9-7)，9 月、6 月和 8 月整体显现为正相关，7 月与 5 月显示为负相关。5 月负相关面积占整个研究区的 58.55%，主要分布在罕乌拉苏木、吉兰泰镇和敖伦布拉格苏木地区，正相关面积占整个研究区的 41.45%；6 月整体表现为正相关，负相关面积占比为 45.72%，与 5 月相比面积减少了 12.83%，正相关面积占比为 54.28%；7 月降雨与气温相关系数分布与 5 月大致相同，正相关面积占总面积的 44.08%，主要分布于敖伦布拉格苏木以及巴彦木仁苏木一带；8 月与 9 月植被与气温相关系数平均值均大于 0，总体上表现为正相关，正相关面积占比分别为 53.29%和 62.50%，两者负相关面积相差 9.21%，表明由 8 月至 9 月植被与气温的关系逐步增强。

表 9-7　植被植被覆盖度与气温相关性面积占比

Tab. 9-7　Proportion of fractional vegetation cover and temperature-dependent area

生长期	负相关面积占比/%	正相关面积占比/%
5 月	58.55%	41.45%
6 月	45.72%	54.28%
7 月	55.92%	44.08%
8 月	46.71%	53.29%
9 月	37.50%	62.50%
年际	36.18%	63.82%

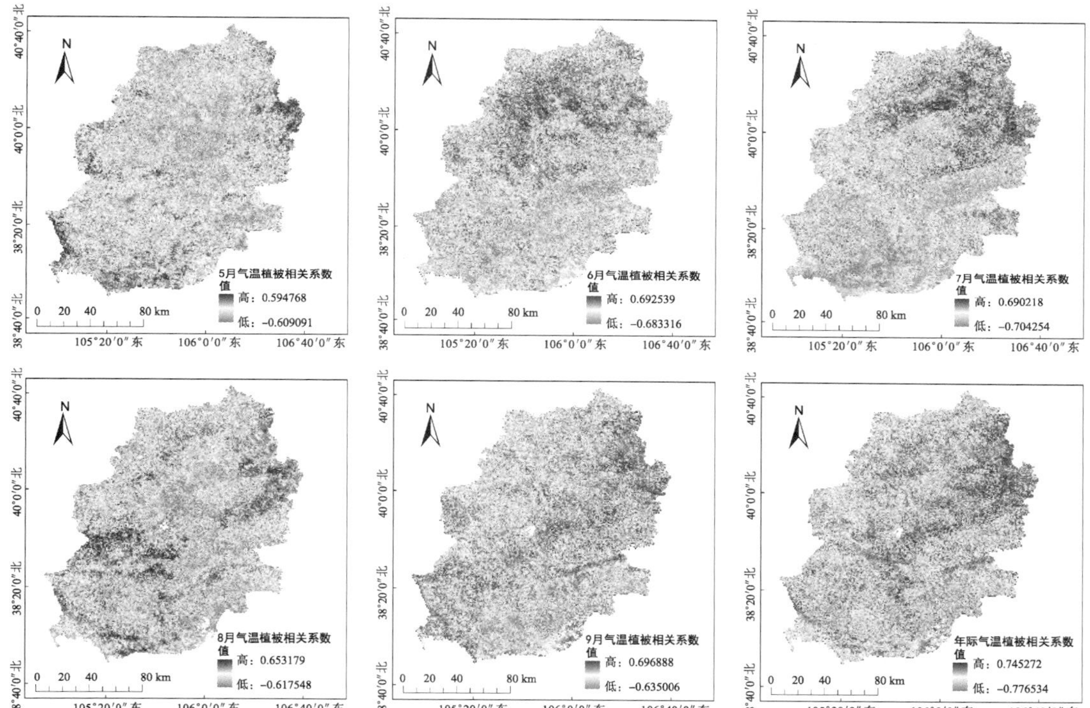

图 9-11　植被覆盖度气温相关系数分布

Fig. 9-11　Distribution of temperature correlation coefficients of fractional vegetation cover

图 9-12 为生长期植被与蒸散发数据相关系数分布图，9 月平均相关系数的值为 −0.303，其他月份均为正值，整体相关系数值区间为(−0.666 4，0.709 2)。9 月正相关区域主要分布于吉兰泰镇西南部分地区以及锡林高勒苏木西部地区，负相关占比较大。5 月正相关面积占全面积的 50.82%，负相关面积占 49.18%，两者区域所占比值大致相同；6 月正相关面积，占整个研究区的 53.62%，负相关面积占比为 46.38%；7 月正相关面积占全面积的 66.12%，负相关面积占 33.88%；8 月正相关面积占全面积的 59.40%，负相关面积占 40.60%；9 月正相关占比较小，为 58.22%，负相关面积为 41.78%。5 月植被与蒸散发呈现正相关区域大多集中在研究区南部，5 月至 7 月研究区植被与蒸散发呈正相关分布面积由南至北逐渐增加，7 月至 8 月正相关面积略有减少，但面积占比依旧大于负相关面积占比。

生长期年际植被与蒸散发相关系数平均值为 0.083 4，整体表现为正相关趋势，相关系数范围介于−0.645 6 到 0.709 2 之间，进而表明 1991—2020 年近 30 年植被与蒸散发整体呈现正相关趋势，当地经济主要以农-工-商协同发展，农业主要以玉米、葵花、小麦等经济作物为主，当地得天独厚的气候条件对以上农作物具有一定的生长优势，这也是植被与蒸散发呈现正相关关系的主要原因。

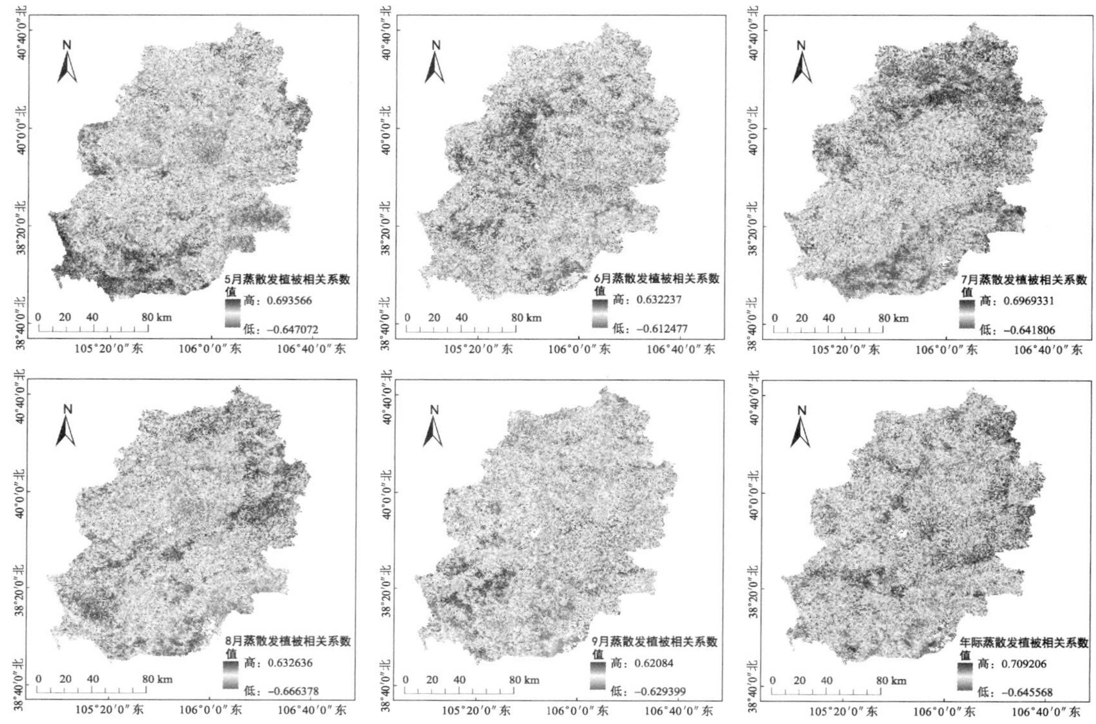

图 9-12　植被覆盖度蒸散发相关系数分布

Fig. 9-12　Distribution of evapotranspiration correlation coefficients of fractional vegetation cover

图 9-13 为吉兰泰盐湖盆地流域植被与相对湿度相关系数分布图，由图所示，相关系数范围为−0.880～0.770，平均值为 0.076。按行政区域对植被与相对湿度相关系数分布情况进行统计，相关系数最大的地区为洪格日鄂楞苏木（0.272），最小的为布古图苏木（−0.038），其他行政区由大到小依次为罕乌拉苏木（0.143）＞敖伦布拉格苏木（0.132）＞滨河街道（0.092）＞锡林高勒苏木（0.078）＞豪斯布尔都苏木（0.071）＞古拉本敖包镇（0.054）＞乌斯太镇（0.046）＞吉兰泰镇（0.045）＞巴彦木仁苏木（0.019）＞通古勒格淖尔苏木（0.004），年际植被与相对湿度表现为正相关关系，相对湿度越大，对植物的正作用越大。

9.3.1.2　植被与降雨、气温偏相关分析

在分别探究植被与降雨和植被与气温两者的相关性时，植被-降雨-气温三者之间存在着相互影响相互制约的关系。在进行相关分析时，为排除第三变量对相关系数的影响，进行偏相关分析，深入探究植被与气温和植被与降雨的相关关系。

年际植被与降雨平均偏相关系数为−0.073 9，与相关系数相比，二者数值上相差0.071 7，负偏相关面积占比为 65.13%，正偏相关面积占比为 44.87%，从数值来看，负偏相关面积占比较大，与负相关面积占比相差 14.97%。正偏相关主要分布在乌斯太镇、布古图苏木以及吉兰

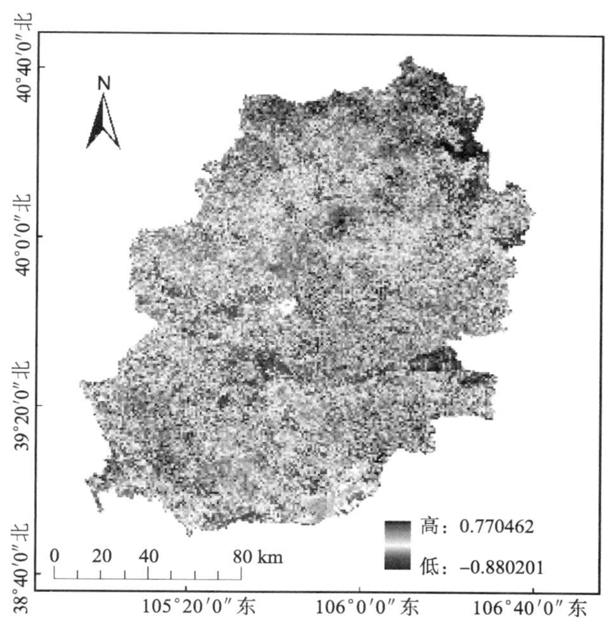

图 9-13　年际植被覆盖度相对湿度相关系数分布

Fig. 9-13　Relative humidity correlation coefficient of interannual vegetation cover

泰镇部分地区；5 月植被与降雨平均偏相关系数为－0.108 3，负偏相关面积占比为 72.04%，正偏相关面积占 27.96%，正偏相关主要分布于研究区东部区域乌斯太镇、敖伦布拉格苏木东部部分地区以及巴彦木仁苏木东部；6 月植被与降雨平均偏相关整体表现为负相关趋势，负偏相关面积占比为 66.45%，正偏相关面积占 33.55%，分布情况与 5 月基本相似，正偏相关面积占比有所提升；7 月植被与降雨平均偏相关整体表现为正相关趋势，平均偏相关系数为 0.028 6，负偏相关面积占比 46.38%，正偏相关面积比 53.62%；8 月植被与降雨平均偏相关整体表现为负相关趋势，平均偏相关系数为－0.074 0，负偏相关面积占比 65.79%，正偏相关面积占比 34.21%，正偏相关主要分布在乌斯太镇、罕乌拉苏木部分地区以及布古图苏木地区；9 月植被与降雨平均偏相关整体又表现为正相关趋势，平均偏相关系数为 0.067 7，负偏相关面积占比 37.17%，正偏相关面积占比 62.83%。从数值来看，各时期平均偏相关系数略小于平均相关系数，剔除气温数据对相关性分析的干扰，效果显著明显。

根据图 9-15 可知各生长期植被与气温偏相关相关系数分布，通过偏相关平均相关系数可得知 5 月与 7 月整体依旧显示为负相关趋势，6 月、8 月、9 月及年际整体趋势显示为正相关趋势。6 月、8 月、9 月及年际负相关主要分布于罕乌拉苏木、吉兰泰镇以及敖伦布拉格部分地区。植被覆盖度与气温相关性面积占比如表 9-8 所列。

表 9-8　植被覆盖度与气温偏相关性面积占比

Tab. 9-8　Proportion of fractional vegetation cover and temperature-dependent area

时间	偏负相关面积占比/%	偏正相关面积占比/%
5 月	65.79	44.21
6 月	45.72	54.28
7 月	55.59	44.41

续表

时间	偏负相关面积占比/%	偏正相关面积占比/%
8月	48.78	51.32
9月	38.82	61.18
生长期	28.29	71.71

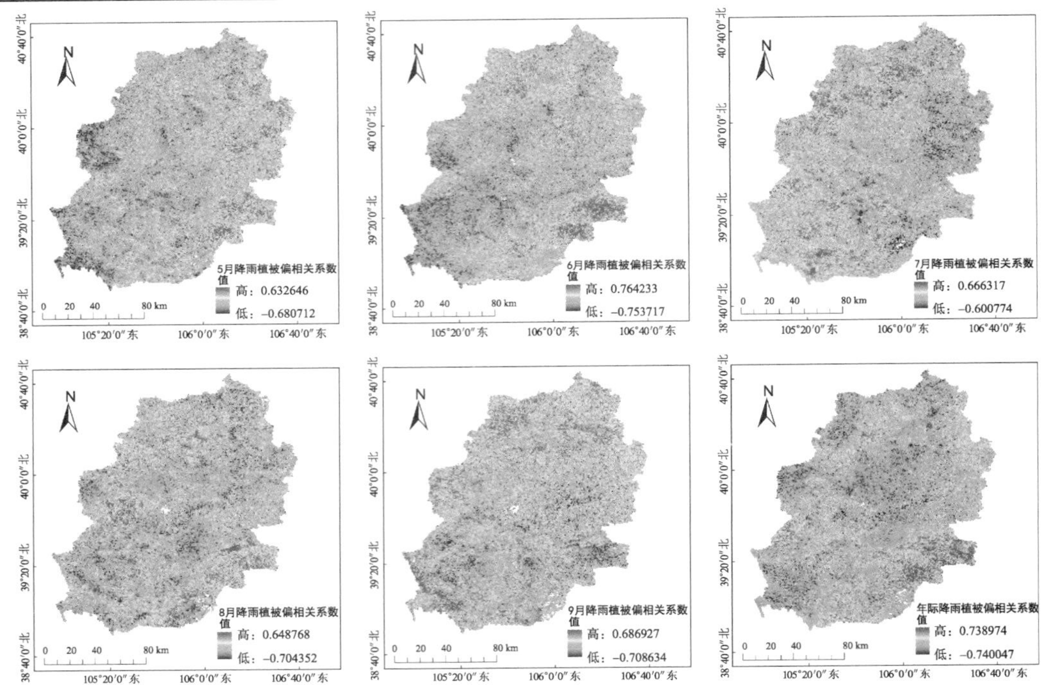

图 9-14　植被覆盖度降雨偏相关系数分布

Fig. 9-14　Distribution of rainfall bias correlation coefficients of fractional vegetation cover

9.3.1.3　基于人类活动与气候影响的植被覆盖残差分析

人类活动不仅影响着人类周边居住环境生态变化，还会潜在地影响当地气候的变化。当人类对周边环境进行政策性保护，修复生态环境使得植被覆盖度上升，表明人类活动对植被覆盖度呈现正向作用；相反的，人类大肆砍伐树木，破坏生态平衡则表明人类活动对植被覆盖度呈现负向作用。图 9-16 为 1991 年和 2020 年植被覆盖度残差分析空间分布图。从图上来看，人类活动的正向作用与负向作用分布较为均匀。1991 年植被覆盖度残差值介于－0.645 1～0.724 4 之间，均值为 0.009 3，人类活动的正向作用面积占总面积的 52.48%，负向作用占 47.52%。2020 年植被覆盖度残差值介于－0.609 9～0.997 6 之间，均值为－0.017 5，人类正作用面积占总面积的 40.79%，负作用占 59.21%。从 30 年数据来看，人类活动的负向作用对区域植被覆盖度影响较大，生态整体质量呈下降趋势。

对近 30 年残差值序列进行趋势分析，得到吉兰泰盐湖盆地流域植被残差趋势分布图(图 9-17)，数据范围介于－0.025 9～0.027 4 之间，研究区植被残差趋势为正值的区域面积占总面积的 26.79%，主要分布在研究区布古图苏木、古拉本敖包镇以及敖伦布拉格苏木东北部分区域，残差趋势为负值区域面积占总面积的 73.21%。就目前来看，负向作用区域大于正向作用区域面积，说明人类活动对改变当地生态环境作用较小，造成这一现象的直接原因可能是化工产业发展使得周边生态环境变差。

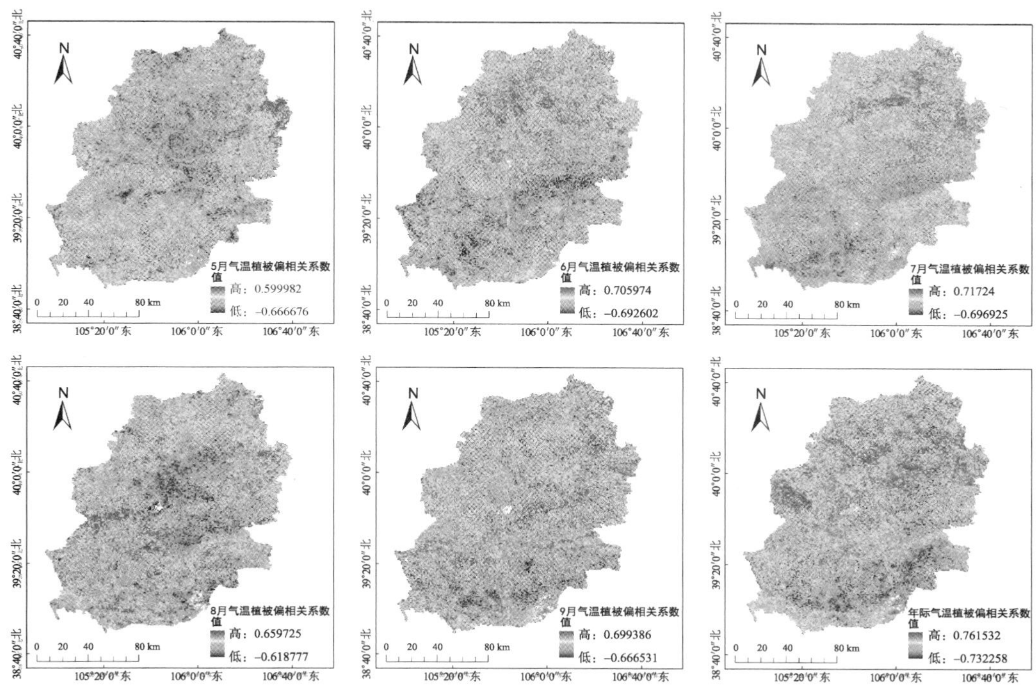

图 9-15　各生长期植被覆盖度与气温偏相关系数分布

Fig. 9-15　Distribution of fractional vegetation cover and temperature bias correlation coefficients in each growth period

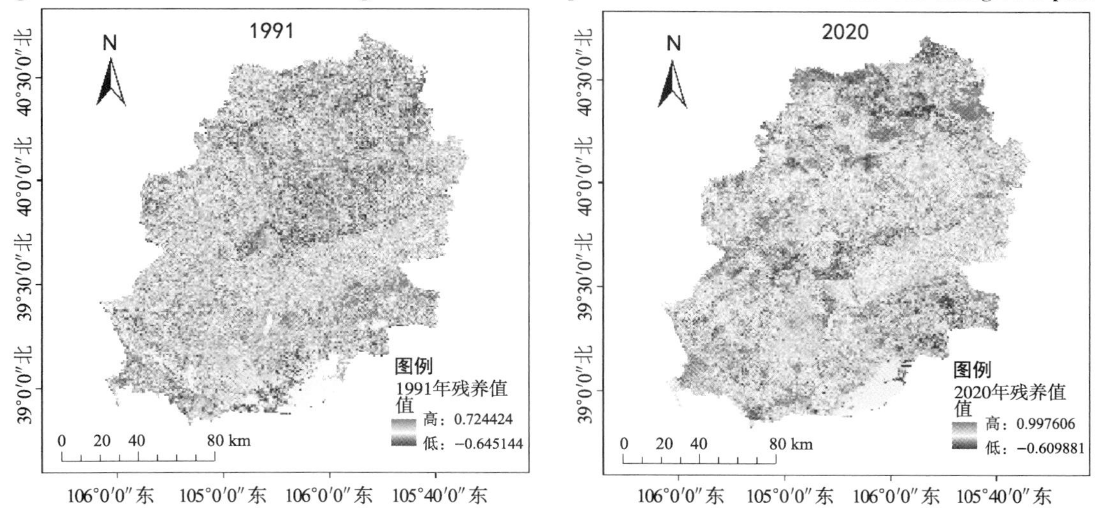

图 9-16　1991 与 2020 残差系数空间分布

Fig. 9-16　Residual coefficient distribution in 1991 and 2020

9.3.1.4　地形特征要素及植被分布关系

在进行植被覆盖度时空变化分析时，水文地形要素不只是反映区域地势走向的一个重要依据，同时也潜移默化地影响着植被的生长趋势和植被的生长走向。因此，探讨水文地形

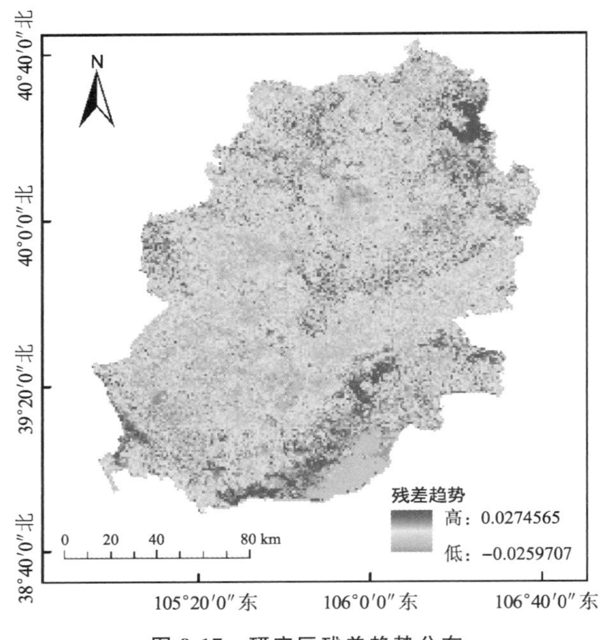

图 9-17　研究区残差趋势分布

Fig. 9-17　Residual trend distribution in the study area

要素对植被生长的影响，定性、定量的分析不同地质要素与植被之间的响应关系具有重要意义。

DEM 数字高程数据作为基础数据，在测绘、水文、地质、通信等领域发挥着举足轻重的作用。将 DEM 高程数据作为植被覆盖度变化的影响因素，探讨两者之间的关系。图9-18为吉兰泰盐湖盆地流域高程分布情况，研究区高程为 1 013～3 159 m，总体呈现盆地状，由吉兰泰镇向四周扩散，逐渐递增。将 DEM 高程数据进行重分类操作，分成 10 个等级，定量分析植被生长分布情况。

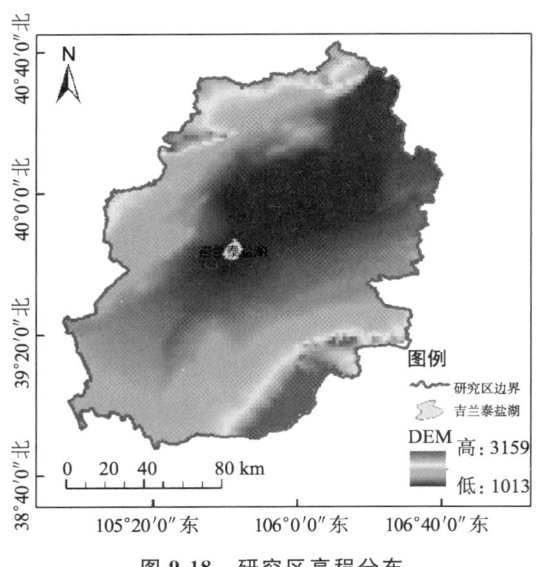

图 9-18　研究区高程分布

Fig. 9-18　Elevation distribution in the study area

图 9-19 为吉兰泰盐湖盆地流域植被覆盖度随高程变化图，图上表现为吉兰泰盐湖盆地流域植被覆盖度随高程增高而增高。高程较低处植被覆盖量较少，主要是当地盐湖产业的需求以及荒漠草原的过度开垦放牧所导致，高程较高区域主要位于贺兰山西北部和巴音乌拉山东南部分区域，由于地势险拔，人类活动影响较小，生态环境较好。

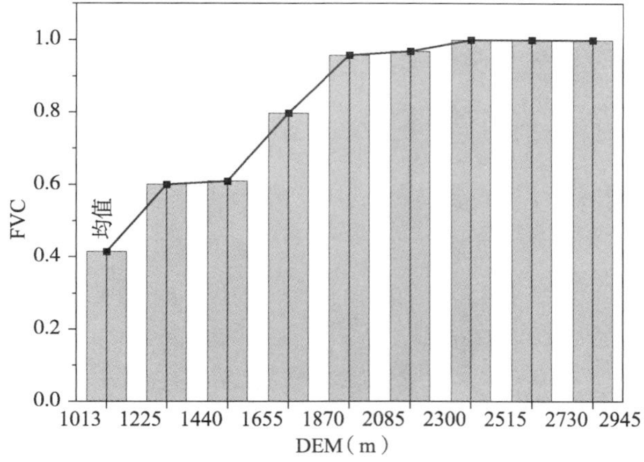

图 9-19　高程等级下植被覆盖度分布情况

Fig. 9-19　Distribution of vegetation cover at elevation levels

图 9-20 为吉兰泰盐湖盆地流域坡向分布图，由图可知，西北方向面积占比较高，占全研究区面积的 18.70%（表 9-9），主要分布在乌斯太镇、古拉本敖包镇、滨河街道以及锡林高勒苏木东部区域。平面所占面积最小，占整个研究区的 1.50%，主要存在于罕乌拉苏木部分地区。面积占比由小到大依次为平面＜西南方向＜正南方向＜东北方向＜东南方向＜正东方向＜正西方向＜正北方向＜西北方向。以 DEM 高程数据作为基准反演吉兰泰盐湖盆地流域坡向数据，坡向数据分为 9 个等级对研究区 FVC 分布进行统计，制作表 9-9、图 9-21 进行分析。结果表明，平面坡向下的植被覆盖度平均值为 0.397 4，东南坡向下植被覆盖度均值为 0.396 9，正南坡向下植被覆盖度均值为 0.417 3，正东坡向下植被覆盖度均值为 0.460 3，正北、东北、正西和西北上的植被覆盖度均值介于(0.50，0.60)之间。9 个坡向方向下植被覆盖度均值范围为(0.39，0.60)，各方向上的植被差值范围为[0.008 4，0.193 7]，植被覆盖差异略大，因此，半阳坡(215°～315°)坡向方向下的正西(247.5°～292.5°)和西北(292.5°～337.5°)方向以及正北、东北坡度方向植被覆盖度略高。

表 9-9　各坡向方向植被覆盖度占比

Tab. 9-9　Proportion of fractional vegetation cover by slope direction

方位分类	面积占比/%	植被覆盖度均值
平面	1.50	0.397 4
北	15.80	0.526 3
东北	11.10	0.5901
东	13.70	0.460 3
东南	13.60	0.396 9
南	7.70	0.417 3

续表

方位分类	面积占比/%	植被覆盖度均值
西南	4.00	0.434 0
西	13.90	0.542 0
西北	18.70	0.581 7

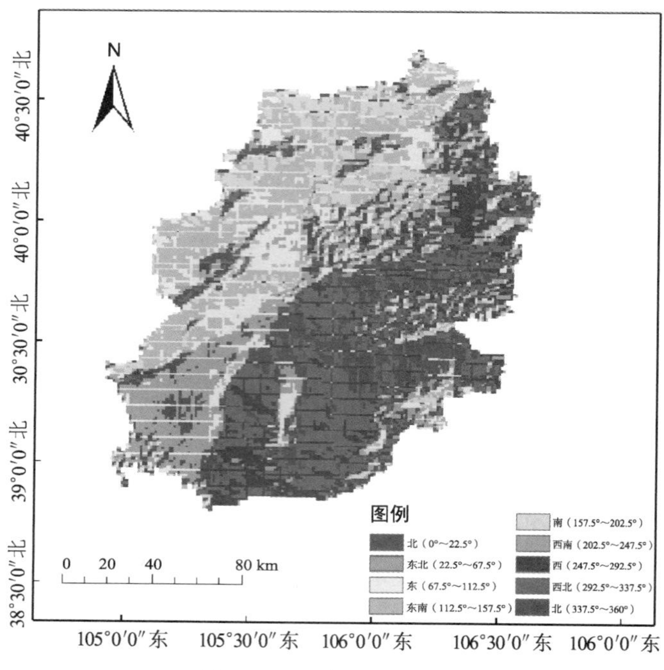

图 9-20 研究区坡向分布

Fig. 9-20 Aspect distribution in the study area

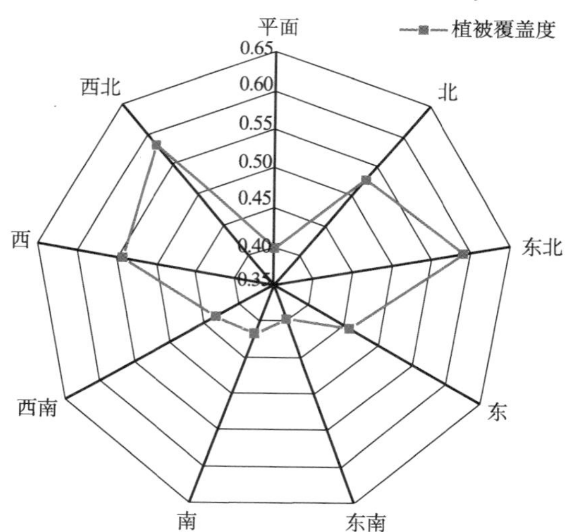

图 9-21 坡度方向下植被覆盖度分布情况

Fig. 9-21 Distribution of vegetation cover in the downhill direction

以 DEM 数字高程数据作为基础，利用 ArcGIS 10.4 对高程数据进行坡度计算。图 9-22 为吉兰泰盐湖盆地流域坡度走势，坡度跟随着高程变化而变化，吉兰泰镇及吉兰泰镇周边延伸至巴音乌拉山及贺兰山脉边缘坡度介于 0°～3.3°之间，巴音乌拉山附近部分区域坡度为 3.3°～13.0°，贺兰山西北部由于高程数值较高，因此坡度较大。

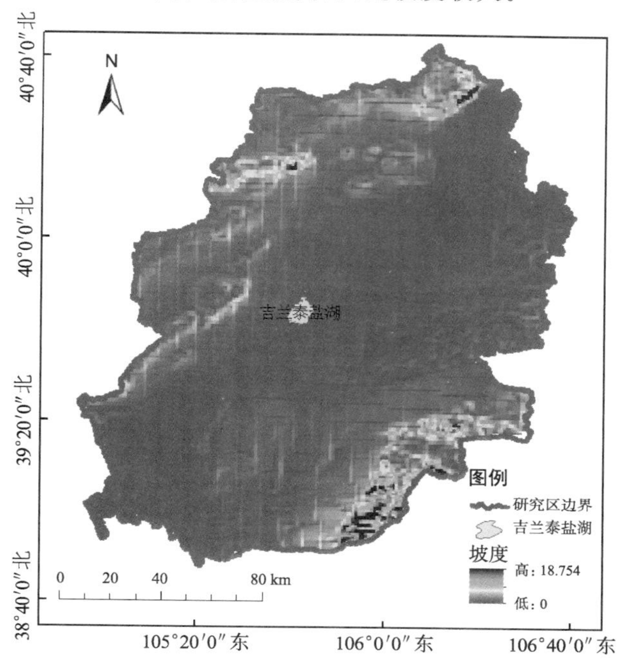

图 9-22　研究区坡度分布

Fig. 9-22　Aspect distribution in the study area

表 9-10　各坡度方向植被覆盖度

Tab. 9-10　Vegetation coverage in each slope direction

等级划分	1	2	3	4	5
坡度区间	0～3°	3～6°	6～9°	9～12°	>12°
植被覆盖度	0.494 6	0.675 6	0.847 7	0.848 4	0.961 8

将吉兰泰盐湖盆地流域坡度划分为 5 个等级对植被覆盖度进行分析（表 9-10）。在 0°～3°区间植被覆盖度为 0.494 6；3°～6°区间植被覆盖度为 0.675 6；6°～9°区间植被覆盖度为 0.847 7；9°～12°区间植被覆盖度显示为 0.848 4；>12°区间植被覆盖度为 0.961 8。由此可见，吉兰泰盐湖盆地流域植被覆盖度随着坡度增加逐渐增强。

9.3.1.5　土壤类型对植被分布影响

图 9-23 为吉兰泰盐湖盆地流域土壤类型分布示意图，研究区内共有 7 种不同种类的土壤，分别是半淋溶土、干旱土、漠土、初育土、盐碱土、人为土和高山土，其中初育土所占面积最大，为 8 042 km²。

以土壤类型数据为定量，对植被覆盖度进行提取分析，分析植被长势，结果显示：半淋溶土所在地区植被覆盖度较高，为 0.916 7，盐场水域附近植被覆盖度最低，为 0.141 9，土壤类型提取植被覆盖度由小到大依次为盐场水域＜初育土＜漠土＜盐碱土＜干旱土＜人为土＜

半淋溶土。

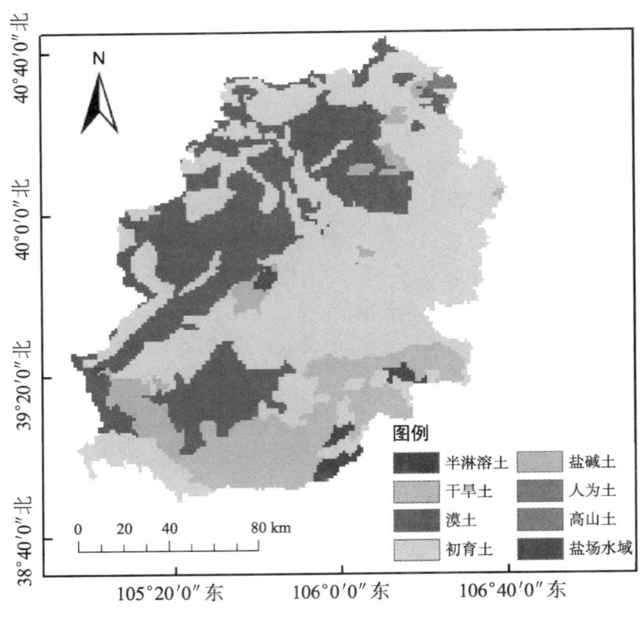

图 9-23 研究区土壤类型分布

Fig. 9-23 Distribution of soil types in the study area

9.3.1.6 地下水分布对植被的影响

地下水作为我国的一项重要自然资源，在水循环和水文模拟中起到了关键的作用。通过物探技术与实测相结合，利用克里金插值方法分析研究区丰水、枯水期地下水分布情况(图 9-24)。枯水期水位介于 1 016.5～1 377.05 m 之间，丰水期水位范围为 1 000.20～1 380.45 m，研究区地下水总体走势为自贺兰山一带以及巴音乌拉山一带向吉兰泰盐湖盆地自高向低聚拢。

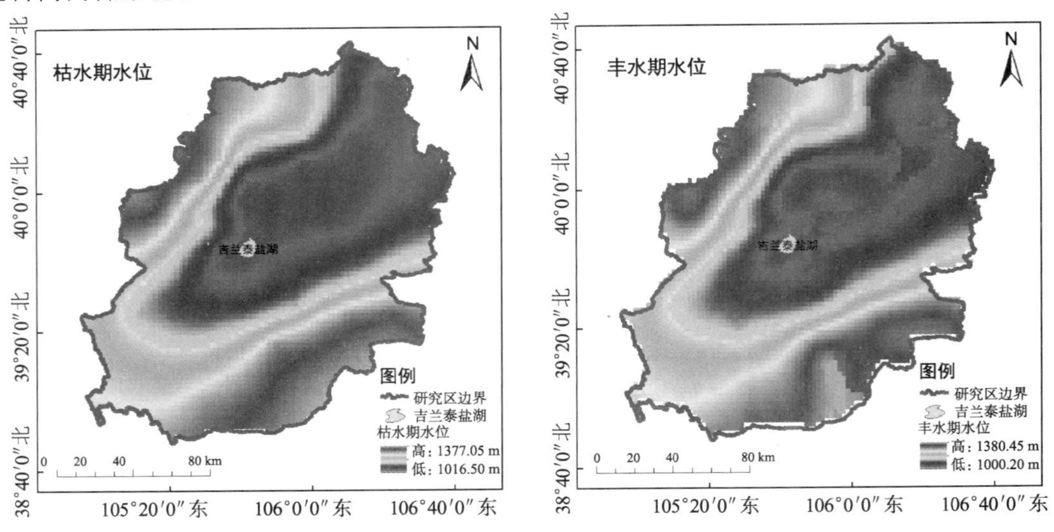

图 9-24 研究区丰水、枯水期水位分布

Fig. 9-24 Distribution of abundant and dry water levels in the study area

表 9-12 为丰水、枯水期各行政区水位均值表，由此看出，各行政区丰水、枯水期水位均值差异较小，敖伦布拉格苏木、巴彦木仁苏木、古拉本敖包镇、罕乌拉苏木、锡林高勒苏木丰水期水位比枯水期水位略高一些，豪斯布尔杜苏木丰水期水位与枯水期水位相差 60.23 m，有明显差异。洪格日鄂楞苏木、吉兰泰镇、通古勒格淖尔、乌斯太镇枯水期水位比丰水期水位略高一些，两者差值区间均为(0.41，7.66)(除豪斯布尔杜苏木外)。通过查阅资料可知，吉兰泰盐湖盆地主要以化工产业为主，农、商、工经济协同发展，研究区地下水资源减少的主要原因为农业灌溉需开采大量地下水，而降雨是地下水资源主要的补给源，人工开采地下水是地下水最主要的排泄项。因此，改变灌溉方式，采取节水灌溉方法与技术是目前保护水资源最有效的方式，调整地下水开采整体布局实现地下水采补平衡。同时，贺兰山脉以及周边丘陵区域是研究区重要地下水资源的主要补给区，划定自然生态保护区和保护山区地下水资源是目前维护水资源主要保护手段。

表 9-11　各地下水位等级植被覆盖度分布情况

Tab. 9-11　Distribution of vegetation coverage by groundwater level

等级划分	一	二	三	四	五	六
坡度区间	1 011～1 071 m	1 071～1 131 m	1 131～1 191 m	1 191～1 251 m	1 251～1 311 m	1 311～1 371 m
植被覆盖度	0.376 0	0.375 9	0.433 7	0.890 1	0.626 9	0.779 7

表 9-12　丰枯水期各行政区水位均值

Tab. 9-12　Average water level of various administrative regions during the period of abundant and dry water

枯水期		丰水期	
行政区	水位均值(m)	行政区	水位均值(m)
敖伦布拉格苏木	1 096.65	敖伦布拉格苏木	1 097.06
巴彦木仁苏木	1 068.27	巴彦木仁苏木	1 069.49
滨河街道	1 095.73	滨河街道	1 097.06
布古图苏木	1 335.66	布古图苏木	1 328.00
古拉本敖包镇	1 305.89	古拉本敖包镇	1 308.30
罕乌拉苏木	1 159.49	罕乌拉苏木	1 161.20
豪斯布尔杜苏木	1 217.52	豪斯布尔杜苏木	1 277.75
洪格日鄂楞苏木	1 318.52	洪格日鄂楞苏木	1 317.87
吉兰泰镇	1 123.31	吉兰泰镇	1 121.33
通古勒格淖尔	1 277.57	通古勒格淖尔	1 276.20
乌斯太镇	1 281.31	乌斯太镇	1 277.74
锡林高勒苏木	1 197.45	锡林高勒苏木	1 198.08

对研究区模拟水位数据进行重分类，分为 6 个等级对研究区植被分布进行定量分析(表 9-11)。第一等级(1 011～1 071 m)，植被覆盖度为 0.376 0；第二等级(1 071～1 131 m)，植被覆盖度为 0.375 9；第三等级(1 131～1 191 m)，植被覆盖度为 0.433 7；第四等级(1 191～1 251 m)，植被覆盖度为 0.590 1；第五等级(1 251～1 311 m)，植被覆盖度为 0.626 9；第六等级(1 311～1 371 m)，植被覆盖度为 0.779 7。由此可见，随着地下水位的增高，吉兰泰盐湖盆地流域植被覆盖度随之增大。但由于受高程数据影响，目前仍未知是高程分布对植被分布影响较大还是水位分布对植被分布影响较大，因此，为探究驱动要素对植被的影响程度，引用地理探测器模型进行下一步分析。

9.3.1.7 土壤水分变化及植被影响

许多学者发现地表温度(LST)与归一化植被指数(NDVI)特征空间关系近似呈现三角形,因而提出植被干旱指数(TVDI)这一概念。选取 2021 年 8 月 7 日遥感影像,反演地表温度(LST)与归一化植被指数(NDVI),提取数据拟合干、湿边方程。

利用 LST-NDVI 干、湿边特征空间趋势拟合方程,得到干边方程为 $Dy=-19.1\times x+56.1$,斜率为 $-19.1<0$,$R^2=0.86$;湿边方程为 $Wy=24.8\times x+2.61$,斜率为 $24.8>0$,$R^2=0.30$。从图 9-25 可以看出,干边方程拟合效果比湿边方程拟合效果好。

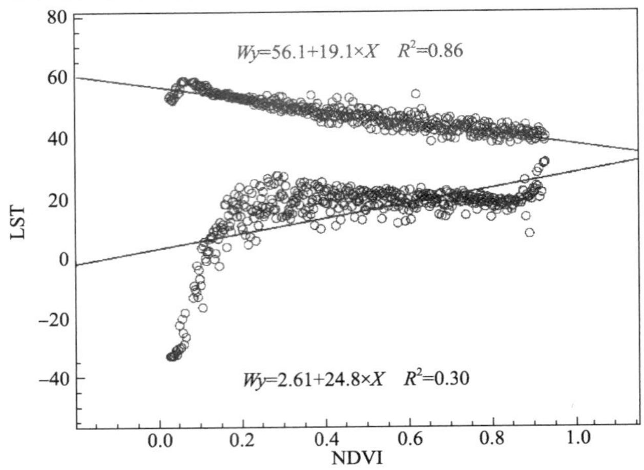

图 9-25 LST-NDVI 干、湿边特征空间趋势拟合

Fig. 9-25 LST-NDVI dry and wet edge feature spatial trend fitting

本次试验土壤实测点 34 个,其中,选取 24 个土壤实测点与 TVDI 模型进行线性拟合,计算研究区整体实时土壤水分数据。通过提取工具,提取遥感解译土壤水分数据与剩余 10 个土壤水分数据进行拟合。拟合结果如图 9-26 所示,根据野外试验实测与 TVDI 模型反演结果,关系系数 $R^2=0.6894$,结果较为一般。由于研究区气候情况为温带干旱性气候,植被覆盖度较差,降雨少蒸发大,导致实测值偏低,再加上地形地貌、土壤属性等要素细微的影响,导致 TVDI 模型相关性较差,反演结果精度较低。

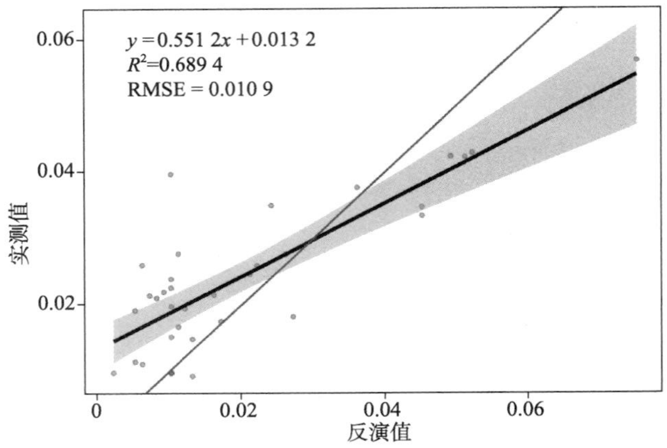

图 9-26 实测值与模拟值 RMSE

Fig. 9-26 Measured and inverted values RMSE

土壤水分作为植被生长不可缺少的基本条件,同时也是大气与地面之间水文循环不可缺少的重要环节，因此，选取主要影响因子，剖析土壤水分与其他因子之间的相关关系。选取2021年8月降雨因子、蒸散发因子、植被覆盖度和地下水分布数据进行相关性分析。

表9-13为土壤水分与各相关要素协方差矩阵，其中蒸散发 X_5 与其他各要素协方差系数为负值，表明蒸散发要素与其他要素呈现负相关关系，土壤水分 X_2 与植被覆盖度 X_1 协方差系数为0.000 26，表现为正相关关系。

表9-13 土壤水分与各相关要素协方差矩阵

Tab. 9-13 Covariance matrix of soil moisture and related elements

指标	植被覆盖度 X_1	土壤水分 X_2	地下水分布 X_3	降雨 X_4	蒸散发 X_5
植被覆盖度 X_1	0.008 72	0.000 26	1.600 95	−0.139 84	−2.758 69
土壤水分 X_2	0.000 26	0.002 59	0.086 05	0.004 48	−0.150 03
地下水分布 X_3	1.600 95	0.086 05	7 847.248 85	203.781 24	−4 853.743 42
降雨 X_4	−0.139 84	0.004 48	203.781 24	11.784 19	−173.956 59
蒸散发 X_5	−2.758 69	−0.150 03	−4 853.743 42	−173.956 59	6 329.349 21

表9-14 土壤水分与各要素相关系数矩阵

Tab. 9-14 Soil moisture correlation coefficient matrix for each element

指标	植被覆盖度 X_1	土壤水分 X_2	地下水分布 X_3	降雨 X_4	蒸散发 X_5
植被覆盖度 X_1	1.000 00	0.154 67	0.193 49	−0.436 15	−0.371 25
土壤水分 X_2	0.154 67	1.000 00	0.119 09	0.125 62	−0.137 06
地下水分布 X_3	0.193 49	0.119 09	1.000 00	0.670 12	−0.688 71
降雨 X_4	−0.436 15	0.125 62	0.670 12	1.000 00	−0.636 96
蒸散发 X_5	−0.371 25	−0.137 06	−0.688 71	−0.636 96	1.000 00

表9-14为土壤水分与各要素相关系数矩阵，从分析来看土壤水分数据与其他要素呈现正相关，但相关系数均在0.2以下；蒸散发 X_5 与其他要素相关系数均显示为负值，可能原因为当地气候对各要素影响较大，不利于各要素指标增长，所以显示负相关；地下水分布 X_3 与植被覆盖度 X_1、土壤水分 X_2、降雨 X_4 呈现正相关关系，其中与降雨 X_4 显现为强相关，相关系数为0.670 12。

9.3.1.8 土地利用变化及转移矩阵分析

吉兰泰盐湖盆地流域1990—2020年土地利用类型转化主要发生在草地与未利用土地之间(图9-27、图9-28)。1990—2020年，研究区转入面积大于转出面积的地类分别是建筑用地、水域以及未利用土地。其中，草地转出面积为1 426.57 km^2，转入面积为642.91 km^2，主要是向未利用土地转移，转移面积为1 345.60 km^2，转化率为37.76%；未利用土地转入面积为1 491.81 km^2，转出面积为792.83 km^2，主要向草地转移，面积为591.59 km^2，转化率为39.66%；水域转入与转出面积相差不大，分别为39.44 km^{2}和30.68 km^2；耕地转出面积为23.96 km^2，转入面积为50.20 km^2；建筑用地变化较大，1990年转出面积为41.27 km^2，截至2020年转入面积为124.27 km^2，二者相差83 km^2，表明当地为满足经济的发展对建筑用地需求增多；林地在这30年的变化过程中，与草地、耕地一样，为转入面积小于转出面积，二者相差13.59 km^2。在近30年变化期间，草地、耕地以及林地转出面积大于转入面积，也就表明在此30年的时间段里这三类地物的面积呈现减小状态，而未利用土地、水域以及建筑用地呈增长状态。30年间，祖国经济呈飞跃式上升状态，全国各地的经济发展也成了首要任务，随着思想的不断进步，人们意识到周边的环境也在逐渐恶化，因此，环境保护问题逐渐替代经济发展成为主要任务。吉兰泰盐湖盆地流域受气候影响，环境治理较为困难，治理难度大，当地政府运用科学手段来治理风沙，为迎合当地气候，提倡大面积种植梭梭树，在防风固沙治理生态的同时也带来了一定程度上的经济效益。

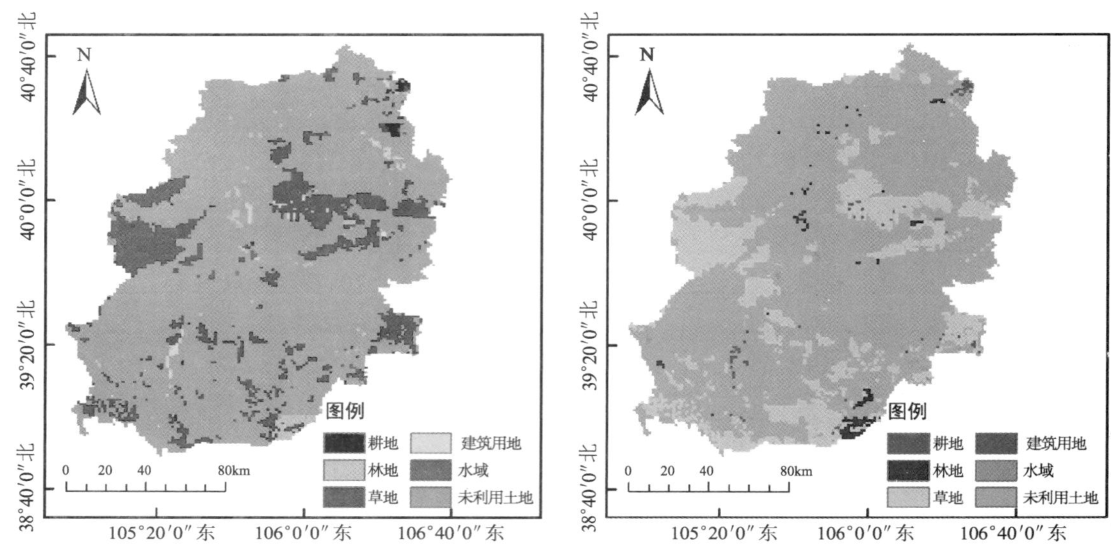

图 9-27 1990 年与 2020 年土地利用分类

Fig. 9-27 Land use classification in 1990 and 2020

9.3.2 流域生态水文演化的驱动因素解析

选用地理探测器这一模型能够客观揭示各个要素对植被生长空间分异性的驱动解释力，确定各驱动要素对促进植被生长的最优特征，为减缓吉兰泰荒漠化和促进生态保护提供有力的科学依据。

表 9-15 影响要素类型

Tab. 9-15 Affects feature types

要素类别	驱动要素	要素类别	驱动要素
气象要素	气温(X_1)	土地利用类型要素	土地利用分类(X_7)
	降水(X_2)	地形要素	高程数据(X_5)
	蒸散发(X_3)		坡向(X_9)
	相对湿度(X_4)		坡度(X_8)
土壤类型	土壤类型数据(X_6)	水文要素	地下水分布(X_{10})

本次研究共选取了10个驱动要素(表9-15)。其中，4个气象要素为气温(X_1)、降水(X_2)、蒸散发(X_3)、相对湿度(X_4)，水文要素为地下水分布(X_{10})，土地利用类型要素为土地利用分类数据(X_7)，3个地形要素为高程数据(X_5)、坡向(X_9)、坡度(X_8)，还包括土壤类

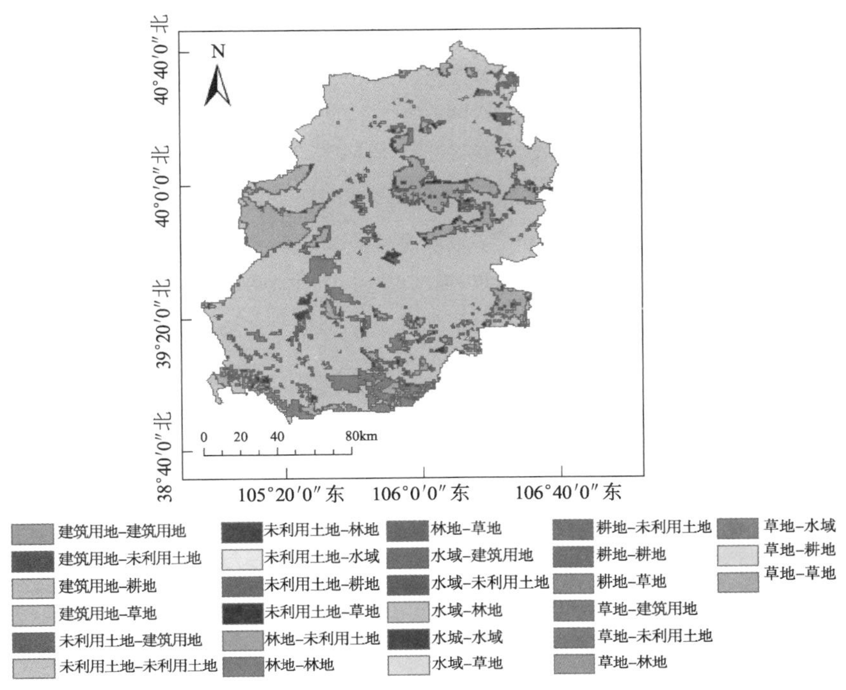

图 9-28　1990—2020 年地类转化分布情况

Fig. 9-28　Land class transformation distribution from 1990 to 2020

型数据(X_6)。运用 ArcGIS 10.4 软件通过自然间断点方法对数据进行重分类，提取分类数据输入模型得到 4 种分析结果。

9.3.2.1　空间分异性驱动力分析

表 9-16 为植被变量 Y 的因子探测结果，各要素对吉兰泰盐湖盆地流域植被覆盖度空间分布解释程度(q 值)由大到小依次为降水(0.316)>地下水(0.313)>土壤类型(0.294)>高程(0.203)>蒸散发(0.196)>相对湿度(0.182)>气温(0.081)>坡度(0.026)>坡向(0.024)>土地利用类型(0.019)。降雨与地下水具有较高的 q 值，分别为 0.316 和 0.313，数值上较为接近，即降雨与地下水分别能解释 31.6%与 31.3%的植被覆盖度空间分异性。内蒙古阿拉善盟气候属于中温带大陆性干旱气候，为迎合当地气候，当地政府鼓励大面积种植梭梭树。梭梭树作为防风固沙的重要植物，其根部一般为 5～8 m。因此，这也成为地下水与降水对吉兰泰地区植被解释程度较大的原因。土壤类型、高程、蒸散发、相对湿度这 4 类数据的 q 值均介于 0.180～0.300 之间，说明土壤类型、高程、蒸散发、相对湿度这些驱动要素可以解释 18%～30%的植被覆盖度空间分异性。光合作用作为植被生长的重要环节起到了至关重要的作用，适宜的蒸散发对植被的蒸腾作用具有良好效果。气温、坡度、坡向、土地利用类型这 4 类数据 q 值在 10%以下，表明气温、坡度、坡向、土地利用类型可以解释 2.0%～8.0%的植被覆盖度空间分异性。气温对植被生长起到了关键的作用，适宜的温度会促进植被光合、呼吸、蒸腾等代谢过程，进而促进生长。梭梭树作为干旱地区的主要植物，它的生理特性也高度契合炎热干旱的环境，因此，气温这一气象要素对吉兰泰地区植被变化驱动力不解释程度较低。地理探测器中每个 q 值所对应的 p 值所表示的是要素的显著性，当 p 值小于 0.05 时表示要素对于植被覆盖度存在显著差异，当 p 值小于 0.01 时表示要素

对于植被覆盖度存在极显著差异：p 值越小，表明各类要素对植被覆盖度解释程度可靠性越高。从结果来看，降水、蒸散发、相对湿度、土壤类型和地下水分布这 6 类要素所对应的 p 值均为 0，表明这些要素对植被覆盖度的解释能力具有绝对可靠性；气温与坡向所对应的 p 值分别为 0.015 和 0.037，对植被覆盖度的解释能力较差，具有显著性；土地利用类型与坡度所对应 p 值为 0.998 和 0.913，从数值来看结果不显著。

表 9-16　各驱动要素的决定值 q

Tab. 9-16　Decision value q of each driving factor

要素	X_1	X_2	X_3	X_4	X_5	X_6	X_7	X_8	X_9	X_{10}
q 值	0.081	0.316	0.196	0.182	0.203	0.294	0.019	0.026	0.024	0.313
p 值	0.015	0.000	0.000	0.000	0.000	0.000	0.998	0.913	0.037	0.000

9.3.2.2　交互作用驱动分析

交互探测器主要探测的是不同要素之间交互作用对植被覆盖度解释力是增加还是减少，或两要素对植被覆盖度的影响相对独立。表 9-17 为各要素间交互作用探测结果，根据结果来看，两两要素之间相互作用诠释植被覆盖度要素驱动能力要远大于单个要素诠释植被覆盖度要素驱动能力。通过提取数据计算对比（表 9-18），研究区各要素之间交互作用主要分为两种：双因子增强和非线性增强，不存在两种要素之间相互独立的结果。降雨、土壤类型分布和地下水分布这 3 类数据在与其他类型要素进行交互作用时效果最强，交互后 q 值所表现的解释程度均超过 30%。降雨和土壤类型数据与其他要素进行交互作用后所表示的协同效果均为双因子增强；地下水分布数据与土地利用类型（$X_7 \cap X_{10}=0.339$），坡向数据（$X_9 \cap X_{10}=0.359$）进行交互作用时表现为非线性增强，与其他要素均显示为双因子加强；气温与降雨、土壤类型和地下水分布数据进行交互作用时，q 值均大于 0.3，与蒸散发、相对湿度、高程、土地利用类型和坡向数据进行交互作用时，q 值介于 0.1～0.3 之间，与坡度（$X_1 \cap X_8=0.085$）进行交互作用时，q 值低于 0.1；蒸散发、相对湿度和高程数据在进行交互作用时，q 值显示范围均大于 0.19；土地利用数据、坡向和坡度这 3 类要素两两进行交互作用时，q 值均低于 0.1。

表 9-17　各因子之间交互作用探测

Tab. 9-17　Interaction detection between various factors

要素	X_1	X_2	X_3	X_4	X_5	X_6	X_7	X_8	X_9	X_{10}
X_1	0.081									
X_2	0.324	0.316								
X_3	0.202	0.358	0.196							
X_4	0.193	0.318	0.348	0.182						
X_5	0.208	0.344	0.238	0.305	0.203					
X_6	0.319	0.380	0.357	0.343	0.354	0.294				
X_7	0.102	0.331	0.219	0.197	0.218	0.305	0.019			
X_8	0.085	0.324	0.208	0.188	0.217	0.306	0.048	0.026		
X_9	0.115	0.340	0.241	0.224	0.251	0.317	0.070	0.064	0.024	

续表

要素	X_1	X_2	X_3	X_4	X_5	X_6	X_7	X_8	X_9	X_{10}
X_{10}	0.334	0.429	0.377	0.442	0.341	0.433	0.339	0.329	0.360	0.313

表 9-18　影响 FVC 变化驱动要素交互作用

Tab. 9-18　Interaction between the driving factors affecting FVC changes

两因子交互	两因子相加	结果	解释	两因子交互	两因子相加	结果	解释
$X_1 \cap X_2$ =0.324	X_1+X_2 =0.398	$C<A+B$	双因子增强	$X_3 \cap X_{10}$ =0.377	X_3+X_{10} =0.509	$C<A+B$	双因子增强
$X_1 \cap X_3$ =0.202	X_1+X_3 =0.278	$C<A+B$	双因子增强	$X_4 \cap X_5$ =0.305	X_4+X_5 =0.384	$C<A+B$	双因子增强
$X_1 \cap X_4$ =0.193	X_1+X_4 =0.263	$C<A+B$	双因子增强	$X_4 \cap X_6$ =0.343	X_4+X_6 =0.475	$C<A+B$	双因子增强
$X_1 \cap X_5$ =0.208	X_1+X_5 =0.285	$C<A+B$	双因子增强	$X_4 \cap X_7$ =0.197	X_4+X_7 =0.200	$C<A+B$	双因子增强
$X_1 \cap X_6$ =0.319	X_1+X_6 =0.375	$C<A+B$	双因子增强	$X_4 \cap X_8$ =0.188	X_4+X_8 =0.207	$C<A+B$	双因子增强
$X_1 \cap X_7$ =0.101	X_1+X_7 =0.101	$C<A+B$	双因子增强	$X_4 \cap X_9$ =0.224	X_4+X_9 =0.205	$C>A+B$	非线性增强
$X_1 \cap X_8$ =0.085	X_1+X_8 =0.108	$C<A+B$	双因子增强	$X_4 \cap X_{10}$ =0.442	X_4+X_{10} =0.495	$C<A+B$	双因子增强
$X_1 \cap X_9$ =0.115	X_1+X_9 =0.105	$C>A+B$	非线性增强	$X_5 \cap X_6$ =0.354	X_5+X_6 =0.496	$C<A+B$	双因子增强
$X_1 \cap X_{10}$ =0.334	X_1+X_{10} =0.395	$C<A+B$	双因子增强	$X_5 \cap X_7$ =0.218	X_5+X_7 =0.221	$C<A+B$	双因子增强
$X_2 \cap X_3$ =0.358	X_2+X_3 =0.512	$C<A+B$	双因子增强	$X_5 \cap X_8$ =0.217	X_5+X_8 =0.228	$C<A+B$	双因子增强
$X_2 \cap X_4$ =0.318	X_2+X_4 =0.498	$C<A+B$	双因子增强	$X_5 \cap X_9$ =0.251	X_5+X_9 =0.226	$C>A+B$	非线性增强
$X_2 \cap X_5$ =0.344	X_2+X_5 =0.519	$C<A+B$	双因子增强	$X_5 \cap X_{10}$ =0.341	X_5+X_{10} =0.516	$C<A+B$	双因子增强
$X_2 \cap X_6$ =0.380	X_2+X_6 =0.610	$C<A+B$	双因子增强	$X_6 \cap X_7$ =0.305	X_6+X_7 =0.312	$C<A+B$	双因子增强
$X_2 \cap X_7$ =0.331	X_2+X_7 =0.335	$C<A+B$	双因子增强	$X_6 \cap X_8$ =0.305	X_6+X_8 =0.319	$C<A+B$	双因子增强
$X_2 \cap X_8$ =0.324	X_2+X_8 =0.342	$C<A+B$	双因子增强	$X_6 \cap X_9$ =0.316	X_6+X_9 =0.317	$C<A+B$	双因子增强
$X_2 \cap X_9$ =0.340	X_2+X_9 =0.340	$C<A+B$	双因子增强	$X_6 \cap X_{10}$ =0.433	X_6+X_{10} =0.607	$C<A+B$	双因子增强

续表

两因子交互	两因子相加	结果	解释	两因子交互	两因子相加	结果	解释
$X_2 \cap X_{10}$ =0.429	X_2+X_{10} =0.630	$C<A+B$	双因子增强	$X_7 \cap X_8$ =0.048	X_7+X_8 =0.044	$C>A+B$	非线性增强
$X_3 \cap X_4$ =0.347	X_3+X_4 =0.377	$C<A+B$	双因子增强	$X_7 \cap X_9$ =0.071	X_7+X_9 =0.042	$C>A+B$	非线性增强
$X_3 \cap X_5$ =0.238	X_3+X_5 =0.399	$C<A+B$	双因子增强	$X_7 \cap X_{10}$ =0.339	X_7+X_{10} =0.339	$C>A+B$	非线性增强
$X_3 \cap X_6$ =0.357	X_3+X_6 =0.490	$C<A+B$	双因子增强	$X_8 \cap X_9$ =0.063	X_8+X_9 =0.049	$C>A+B$	非线性增强
$X_3 \cap X_7$ =0.219	X_3+X_7 =0.215	$C>A+B$	非线性增强	$X_8 \cap X_{10}$ =0.328	X_8+X_{10} =0.339	$C<A+B$	双因子增强
$X_3 \cap X_8$ =0.207	X_3+X_8 =0.222	$C<A+B$	双因子增强	$X_9 \cap X_{10}$ =0.359	X_9+X_{10} =0.0.337	$C>A+B$	非线性增强
$X_3 \cap X_9$ =0.241	X_3+X_9 =0.219	$C>A+B$	非线性增强				

9.3.2.3 驱动要素指示作用分析

基于地理探测器的风险探测，其主要作用是判断两子区域之间均值是否具有显著性差异，在95%置信区间进行数理统计，揭示各驱动要素对植被生长的最优生长区间，以植被覆盖度均值最大值为各区间植被生长的最优范围。不同要素植被覆盖度均值之间数据略有差异(表9-19)，植被覆盖度随着年均降雨量、高程、坡度、地下水分布数据的增大而呈现上涨趋势，分别在47.9～55.8 mm、2 890.75～3 159 m、>12°和1 361.54～1 371.65 m时，植被覆盖度FVC达到最大值0.989、1.000、0.962和0.744；植被覆盖度随着年均气温、年均蒸散发和年均相对湿度数据这3类要素数值的增大而减小，最适宜植被覆盖度生长区间分别为7℃～10℃、703～807.9 mm和21%～27%，各区间所对应的植被覆盖度均值为0.992、0.996和0.987；土地利用与土壤类型由于所描述的地物性质不同，所出现的植被覆盖度分布也各不相同，经分析得出，适宜植被生长的土壤类型为半淋溶土，适宜植被生长的地物类型为耕地；坡向对植被覆盖度的影响变化不大，由正北方向(0.526)顺时针方向坡向逐渐增加，最大值为0.590(东北方向)，再由正北方向顺时针减小到最低值0.369(东南方向)，由东南方向逐渐递增至正北方向，整体呈波动式变化。

表9-19 因子适宜区间(置信水平95%)

Tab. 9-19 Suitable interval of factors (95% confidence level)

各类要素	植被覆盖度适宜类型或范围	FVC均值
气温(X_1)	7℃～10℃	0.992
降水(X_2)	47.9～55.8 mm	0.989
蒸散发(X_3)	703～807.9 mm	0.996
相对湿度(X_4)	21%～27%	0.987

续表

各类要素	植被覆盖度适宜类型或范围	FVC 均值
高程数据(X_5)	2 890.75～3 159 m	1.000
土壤类型(X_6)	半淋溶土	0.917
土地分类(X_7)	耕地	0.763
坡度(X_8)	>12°	0.962
坡向(X_9)	东北(22.5～67.5)	0.590
地下水分布(X_{10})	1 361.54～1 371.65 m	0.744

9.3.2.4　驱动要素显著性检验

利用生态探测器，比较每两个驱动要素对植被覆盖度空间分异性是否具有显著性差异。

由表 9-20 可得知，气温与土地利用、坡度和坡向对植被覆盖度空间分异性不具有显著性差异；除气温外，降水与蒸散发、相对湿度、高程、土壤类型、土地利用、坡度、坡向和地下水分布不具有显著性差异；蒸散发与气温、土壤类型和地下水分布两两之间对植被覆盖度空间分布存在显著性差异，与其他要素不具有显著性差异；相对湿度与气温、土壤类型、地下水分布对于植被的空间分异性具有显著性差异，与其他不具有显著性；高程数据与气温、土壤类型以及地下水分布对于植被分布具有显著性差异，与其他不存在显著性差异；土壤类型数据与降水数据、土地类型数据、坡度、坡向和地下水分布对于植被分布均不存在显著性差异；土地类型数据、坡度、坡向三类数据均一致，只与地下水分布数据存在显著性差异，与其他类型数据不存在显著性差异；对于地下水分布数据来说，与之对植被覆盖度分布不存在显著性差异的类型数据是降水与土壤类型数据，与其他类型存在显著性差异。

表 9-20　驱动要素统计显著性

Tab. 9-20　The statistical significance of the detection factor

要素	X_1	X_2	X_3	X_4	X_5	X_6	X_7	X_8	X_9	X_{10}
X_1										
X_2	Y									
X_3	Y	N								
X_4	Y	N	N							
X_5	Y	N	N	N						
X_6	Y	N	Y	Y	Y					
X_7	N	N	N	N	N	N				
X_8	N	N	N	N	N	N	N			
X_9	N	N	N	N	N	N	N	N		
X_{10}	Y	N	Y	Y	Y	N	Y	Y	Y	

9.4　讨论与结论

本章主要研究了植被覆盖度与气象要素之间的相关程度，定量分析地形要素、水文要素和土壤要素对植被覆盖度空间分布影响情况。通过地理探测器4种不同分析因子探测、交互作用探测、风险探测、生态探测,揭示泰盐湖流域植被覆盖度驱动机制,分析各不同类型要素之间的相互关系。

降雨、气温、蒸散发、相对湿度数据进行趋势分析的主要结果表明,6月、9月、年际降雨量呈现上升趋势,年均增长速率分别为0.157 3 mm、0.348 8 mm和0.202 3 mm,5月、7月和8月降雨趋势整体呈现下降趋势,年均下降速率分别为0.084 3 mm、0.159 2 mm和0.047 2 mm;气温数据未来趋势表现为上升趋势,各生长期年均气温上升速率为0.02℃~0.034℃;5月、6月、7月、8月以及年际蒸散发呈现上升趋势,9月呈现下降趋势,年均下降速率为−0.747 6 mm;年相对湿度趋势值介于−0.667~0.286之间,贺兰山脉部分区域相对湿度上升,整体表现为下降趋势。

植被与降雨相关系数来看,各生长期平均相关系数由大到小排列为9月(0.073 4)>7月(0.029 3)>年际(−0.002 2)>8月(−0.074 1)>6月(−0.081 1)>5月(−0.093 8);植被覆盖度与气温的平均相关系数由高到低为9月(0.068 6)>6月(0.024 6)>8月(0.020 5)>7月(−0.028 2)>5月(−0.031 4);植被与蒸散发数据除9月外,其他生长期均显现正相关;年际植被与相对湿度数据平均值为0.076,按行政区域比较相关系数由大到小依次是洪格日鄂楞苏木(0.272)>罕乌拉苏木(0.143)>敖伦布拉格苏木(0.132)>滨河街道(0.092)>锡林高勒苏木(0.078)>豪斯布尔都苏木(0.071)>古拉本敖包镇(0.054)>乌斯太镇(0.046)>吉兰泰镇(0.045)>巴彦木仁苏木(0.019)>通古勒格淖尔苏木(0.004)>布古图苏木(−0.038)。

水文地形要素对植被分布的影响由定量提取分析可得知,植被覆盖度随高程增高而增高;以DEM为基准,提取研究区坡向与坡度数据定量分析可知,坡度定量下各方向等级植被覆盖度分布情况由大到小依次为东北方向(0.590 1)>西北方向(0.581 7)>正西方向(0.542 0)>正北方向(0.526 3)>正东方向(0.460 3)>西南方向(0.434 0)>正南方向(0.417 3)>平面(0.397 4)>东南方向(0.396 9);将坡度数据划分为5个等级,各等级下植被覆盖度数值分别是0°~3°区间植被覆盖度为0.494 6,3°~6°植被覆盖度为0.675 6,6°~9°植被覆盖度为0.847 7,9°~12°植被覆盖度显示为0.848 4,>12°植被覆盖度为0.961 8,因此植被覆盖度随坡度升高而增加;根据实测水位数据模拟研究区地下水分布情况,地下水走势与高程基本一致,由高到低由贺兰山与巴音乌拉山向吉兰泰盐湖盆地聚拢,植被覆盖度随地下水位升高而增加;选取1990与2020年土地利用数据,制作土地转移矩阵,分析显示草地转出面积为1 426.57 km^2,转入面积为642.91 km^2。

影响植被生长的要素不仅仅有气象要素和水文地形要素,不同土壤类型对植被的生长也有着直接的影响,对土壤类型数据进行重分类,提取植被覆盖度由小到大依次为盐场水域<初育土<漠土<盐碱土<干旱土<人为土<半淋溶土;选取2021年8月7日遥感影像,利用TVDI模型反演研究区土壤水分进行相关性分析,结果表明,土壤水分与植被相关性为0.154 67,表现为正相关关系。

通过因子探测器,分析各要素对植被覆盖度解释程度强弱,大小关系为降水(0.316)>地下水(0.313)>土壤类型(0.294)>高程(0.203)>蒸散发(0.196)>相对湿度(0.182)>气温(0.081)>坡度(0.026)>坡向(0.024)>土地利用类型(0.019)。

通过交互作用探测分析,各要素之间呈现两种交互方式:双因子增强和非线性增强,交互作用大部分显示为双因子增强。交互作用最强的前 5 类要素分别是相对湿度∩地下水分布($X_4 \cap X_{10}=0.442$)、土壤类型∩地下水分布($X_6 \cap X_{10}=0.433$)、降水∩地下水分布($X_2 \cap X_{10}=0.429$)、降水∩土壤类型($X_2 \cap X_6=0.380$)、降水∩蒸散发($X_2 \cap X_3=0.358$)。

通过风险探测,探求最适宜植被生长的各要素子区域:气温(7℃~10℃)、降水(47.9~55.8 mm)、蒸散发(703~807.9 mm)、相对湿度(21%~27%)、高程数据(2 890.75~3 159 m)、土壤类型(半淋溶土)、土地分类(耕地)、坡度(>12°)、坡向(东北方向)、地下水分布(1 361.54~1 371.65 m)。

生态探测器分析得出:土地利用类型、坡度和坡向数据与其他要素无显著性差异,地下水分布数据与大部分要素存在显著性差异。

参考文献

[1] 郭敏杰. 基于 NDVI 的黄土高原地区植被覆盖度对气候变化响应及定量分析[D]. 北京:中国科学院研究生院(教育部水土保持与生态环境研究中心),2014.

[2] 吴昌广. 气候变化背景下三峡库区植被覆盖动态及其土壤侵蚀风险研究[D]. 武汉:华中农业大学,2011.

[3] Yang W, Yang L, Merchant J W. An assessment of AVHRR/NDVI-ecoclimatological relations in Nebraska, USA. [J]. International Journal of Remote Sensing, 1997, 18(10).

[4] Wang J, Rich P M, Price K P. Temporal responses of NDVI to precipitation and temperature in the central Great Plains, USA[J]. International Journal of Remote Sensing, 2003, 24(11).

[5] Barbosa H A, Huete A R, Baethgen W E. A 20-year study of NDVI variability over the Northeast Region of Brazil[J]. Journal of Arid Environments, 2006, 67(2).

[6] Schmidt H, Gitelson A. Temporal and vegetation cover changes in Israeli transition zone: AVHRR-based assessment of rainfall impact[J]. International Journal of Remote Sensing, 2000, 21(5): 997-1010.

[7] 李晓兵,史培军. 中国典型植被类型 NDVI 动态变化与气温、降水变化的敏感性分析[J]. 植物生态学报,2000(3):379-382.

[8] Ackerly David D, Cornwell William K, Weiss Stuart B, et al. A geographic mosaic of climate change impacts on terrestrial vegetation: which areas are most at risk? [J]. Plos One, 2015, 10(6).

[9] 王旭洋,李玉霖,连杰,等. 半干旱典型风沙区植被覆盖度演变与气候变化的关系及其对生态建设的意义[J]. 中国沙漠,2021,41(1):183-194.

[10] 刘绿柳,肖风劲. 黄河流域植被 NDVI 与温度、降水关系的时空变化[J]. 生态学杂志,2006(5):477-481,502.

[11] Jason Evans, Roland Geerken. Discrimination between climate and human-induced dryland degradation[J]. Journal of Arid Environments, 2004, 57(4).

[12] Morawitz Dana F, Blewett Tina M, Cohen Alex, et al. Using NDVI to assess vegetative

land cover change in central Puget Sound. [J]. Environmental Monitoring and Assessment,2006,114(1).
[13] Mirco Boschetti, FrancescoNutini, Pietro Alessandro Brivio, et al. Identification of environmental anomaly hot spots in West Africa from time series of NDVI and rainfall[J]. Isprs Journal of Photogrammetry and Remote Sensing,2013,78.
[14] 周洪建,王静爱,岳耀杰,等. 人类活动对植被退化/恢复影响的空间格局——以陕西省为例[J]. 生态学报,2009,29(9):4847-4856.
[15] 李登科. 陕北黄土高原丘陵沟壑区植被覆盖变化及其对气候的响应[J]. 西北植物学报,2009,29(5):1007-1015.
[16] 刘宪锋,朱秀芳,潘耀忠,等. 2000—2014 年秦巴山区植被覆盖时空变化特征及其归因(英文)[J]. Journal of Geographical Sciences,2016,26(1):45-58.
[17] 李辉霞,刘国华,傅伯杰. 基于 NDVI 的三江源地区植被生长对气候变化和人类活动的响应研究[J]. 生态学报,2011,31(19):5495-5504.
[18] 王劲峰,徐成东. 地理探测器:原理与展望[J]. 地理学报,2017,72(1):116-134.
[19] Wei Luo,Jaroslaw Jasiewicz,Tomasz Stepinski,et al. Spatial association between dissection density and environmental factors over the entire conterminous United States[J]. Geophysical Research Letters,2016,43(2).
[20] Li Xuewen, Xie Yunfeng,Wang Jinfeng,et al. Influence of planting patterns on fluoroquinolone residues in the soil of an intensive vegetable cultivation area in northern China[J]. Science of the Total Environment,2013,458-460.
[21] 喻静. 汶川地震诱发龙门山地质灾害分析[D]. 北京:中国地质大学,2013.
[22] 肖建勇,王世杰,白晓永,等. 喀斯特关键带植被时空变化及其驱动因素[J]. 生态学报,2018,38(24):8799-8812.
[23] 祝聪,彭文甫,张丽芳,等. 2006—2016 年岷江上游植被覆盖度时空变化及驱动力[J]. 生态学报,2019,39(5):1583-1594.
[24] 阎世杰,王欢,焦珂伟. 京津冀地区植被时空动态及定量归因[J]. 地球信息科学学报,2019,21(5):767-780.
[25] 同英杰,文彦君,张翀. 2003—2017 年陕西省 NDVI 时空变化及其影响因素[J]. 水土保持通报,2020,40(3):155-162,169,325.
[26] 王治国,白永平,车磊,等. 关中平原城市群植被覆盖的时空特征与影响因素[J]. 干旱区地理,2020,43(4):1041-1050.

第 10 章　流域六价铬成因及环境风险性分析

10.1　铬环境化学行为及地病分析

10.1.1　铬的化学行为

10.1.1.1　铬的物化特性

铬是一种银白色金属，质极硬而脆，耐腐蚀；属不活泼金属，常温下对氧和湿气都很稳定。铬的熔点为 1 857℃±20℃，沸点为 2 672℃，室温下的密度为 7.2 g/m^3，常见化合价为 +3、+6 和 +2[1]。铬有三种同素异形体，即 α-铬，β-铬和 γ-铬，其中 α-铬最稳定，在常温下，β-铬经过 40 天可转变为 α-铬，γ-铬经过 230 天可以转变为 α-铬。铬的摩氏硬度高达 9，是第四周期过渡元素中硬度最大的元素。铬不溶于水，能溶于稀盐酸和硫酸，易反应生成氯化物和硫酸盐，但不溶于浓硝酸。铬与氧化合生成多种氧化物，最常见的铬化合物是三价和六价，如氟化铬(CrF_3)、氧化铬(Cr_2O_3)、氢氧化铬 $Cr(OH)_3$ 等都是三价化合物，三氧化铬(CrO_3)、铬酸(H_2CrO_4)、铬酸钾(K_2CrO_4)、铬酸钠(Na_2CrO_4)等都是六价化合物。

10.1.1.2　铬的化合物及应用

自从 1978 年铬元素被发现后，铬及其化合物首先在化学工业上得到应用。例如，氧化铬用作耐热涂料和磨料，也用作玻璃和陶瓷的着色剂以及化学合成的催化剂；铬矾和重铬酸盐用作皮革的鞣料和颜料等。由于铬能增强钢的耐磨性、耐热性和耐腐蚀性，提高钢的硬度、弹性和抗磁性，并具有良好的导电性和耐高温的能力，因此，铬铁被用来冶炼各种合金钢，广泛应用于汽车、火车、飞机制造业和军事工业等，是制造火箭、导弹、枪炮、舰艇等不可缺少的材料。此外，铬还可以用来冶炼各种非铁合金，如 Cr-W 合金、Cr-Mo 合金、Cr-Co 合金等，这些合金由于硬度大，可用作机械制造业的工具钢。

10.1.1.3　铬的存在及不同价态的相互转化

铬一般以两种价态存在，即 Cr^{3+} 和 Cr^{6+}，并且与 pH 和 pEh 有密切关系[2]。还原性环境中多以 Cr^{3+} 为主要存在形态，氧化性地下水环境中多以 Cr^{6+} 为主要存在形态。通常在地下水中，还有其他物质存在，通过氧化-还原作用可改变铬的氧化态。例如，Fe^{2+}、有机物和各种硫化物能还原 Cr^{6+}，而 MnO_2(含水层基本物质之一)存在时，特别容易使 Cr^{3+} 氧化成为 Cr^{6+}。在地下水 pH 范围为 6～10 的条件下，Cr^{3+} 溶解性很低，易形成 $Cr(OH)_3$ 或 $Cr_xFe_{1-x}(OH)_3$ 沉淀[3]，而 Cr^{6+} 的溶解性较大，在水中主要以重铬酸盐($HCrO_4^-$)和铬酸盐(CrO_4^{2-})形态存在，所以相较于 Cr^{3+}，Cr^{6+} 拥有更大的潜在毒性。

另外，Cr^{6+} 在结构上与硫酸盐和磷酸盐的阴离子相似，所以比 Cr^{3+} 更容易进入生物体细胞内，其毒性大约是 Cr^{3+} 的 100 倍。

未污染水中铬的浓度非常低，在河流、湖泊中的浓度一般为 1～10 μg/L，在雨水中的浓度一般为 0.2～1 μg/L，在海水中的平均浓度为 0.3 μg/L。WHO 饮用水水质准则和欧盟饮用水水质指令(9883EC-20130923)中规定总铬的浓度限值为 0.05 mg/L(50 ppb),EPA 饮用水标准(EPA822-R-04-005)规定总铬的浓度限值为 0.1 mg/L(100 ppb),我国《生活饮用水水质卫生规范》中规定 Cr^{6+} 的浓度限值为 0.05 mg/L(50 ppb)。

因为有些氧化反应速度非常快,所以在氧化性地表环境中,水处理厂的出水中很有可能会出现 Cr^{3+} 向 Cr^{6+} 的转化,即使水处理厂已经将 Cr^{6+} 去除,但在输水管道中,只要 pH 和温度合适,同样会发生 Cr^{3+} 向 Cr^{6+} 的转化。同理,在取样分析测定过程中也存在这样的问题。水处理与分配中 Cr^{3+} 向 Cr^{6+} 的氧化如表 10-1 所列。

表 10-1　在水处理与分配中 Cr^{3+} 向 Cr^{6+} 的氧化

Tab.10-1　Oxidation of Cr^{3+} to Cr^{6+} in water treatment and distribution

描述	反应式	发生反应的位置
反应最迅速 (分钟到小时)	MnO_2固体 $2Cr^{3+}+3MnO_2+2H_2O=2CrO_4^{2-}+3Mn^{2+}+4H^+$	水处理与配水系统
	Chlorine,H_2O_2,$KMnO_4$ $5Cr^{3+}+3MnO_4^-+8H_2O=5CrO_4^{2-}+3Mn^{2+}+16H^+$	
反应速度较慢 (小时到天)	氯胺 $2Cr^{3+}+3NH_2Cl+8H_2O=2CrO_4^{2-}+3NH_3+3Cl^-+13H^+$	配水系统
反应速度最慢 (天到年)	溶解氧 $4Cr^{3+}+3O_2+10H_2O=4CrO_4^{2-}+20H^+$	地下水,配水系统

铬在地壳中的丰度位于第 21 位,一般自然来源的 Cr^{3+} 都是来自铬铁矿($FeO \cdot Cr_2O_3$)和其他自然铬矿石,虽然高浓度的 Cr^{6+} 经常来源于人为污染源,但是世界上也存在一些关于地下水 Cr^{6+} 自然来源的研究。因为天然铬矿石一般都是以 Cr^{3+} 存在,所以地下水中高浓度的 Cr^{6+} 被认为是 Cr^{3+} 被氧化剂氧化所得,其中最重要的氧化剂是 MnO_2,地下水环境中 pH 不同,MnO_2 的表面特性不同,这一氧化反应的动力学特征也不同。例如,有研究发现,pH 位于弱酸性至碱性范围内时,因为 $Cr(OH)_3$ 沉淀于 MnO_2 矿物的表面,造成氧化反应速度变慢。而 Johnson 和 Xyla 研究推测 MnO_2 的表面存在一个"临界吸附密度",高于此值时氧化反应被抑制。虽然饮用水中的铬多来自人为污染,但也有关于地下水被自然铬污染的相关报道,一般人为铬矿石的风化等产生 Cr^{3+},在氧化剂如 MnO_2 等的作用下氧化成为 Cr^{6+}。

另外一种氧化剂是 O_2,当环境中出现可检测的 O_2 时,Cr^{3+} 向 Cr^{6+} 的氧化在动力学上是允许的,而且温度升高可以使反应速度加快。室温范围为 22～26℃,pH=4.0、5.9、8.6 及 9.9 时,经过 50 天,只有 3%的 Cr^{3+} 转化成了 Cr^{6+},而 45℃条件下其反应速率是室温条件下的三倍。

10.1.2　铬的环境行为

10.1.2.1　铬的地球丰度

元素在地球各组成部分中的丰度和分布量,是反映铬地球化学性质的一项重要标志。

据许多研究者多年的计算值,可建立铬的地球丰度系列,从铬的地球丰度研究成果可知,地幔具有较高的铬丰度,地壳的铬丰度是相当贫化的;海洋地壳比陆地地壳(或大洋地壳比大陆地壳)的铬丰度高一倍多。中国陆壳的铬丰度与岩石圈的沉积层铬丰度相当。无论从陆地地壳或大陆地壳的铬丰度背景来看,中国陆壳的铬丰度是贫化的[4]。

10.1.2.2 含铬矿物

自然界中的含铬矿物,主要有氧化物、铬酸盐类和硅酸盐类。

氧化物类矿物:主要有铬铁矿、绿铬矿、铬磁铁矿、铜铬矿等。铬铁矿理论上是 $FeCr_2O_4$,三价阳离子以 Cr^{3+} 为主。绿铬矿和铬磁铁矿的成分为 Cr_2O_3。铜铬矿的成分为 $CuCrO_2$。

铬酸盐类:本类含矿物包括铬酸盐和重铬酸盐,以及一些与 $[PO_4]$$[AsO_4]$$[SiO_4]$$[CO_3]$ 构成的复酸盐,多见于超基性岩体的地表氧化带,因此这类矿物中铬基本为六价铬。

硅酸盐类:铬元素广泛分散在许多硅酸盐造岩矿物和蚀变矿物中,Cr_2O_3 含量可达百分之几,成为这些矿物的变种,例如以下种类。

铬白云母 (Fuchsite) $K(Al,Cr)_2[AlSi_{13}O_{10}](OH)_2$

铬金云母 (Chrome-phlogopite)

铬透辉石 (Chrome-diopside)

铬绿帘石 (Chromepidote) $Ca(Al,Fe,Cr)_3[Si_3O_{12}](OH)$

铬绿泥石 (Kammererite) $MgCr[AlSi_3O_{10}](OH)_8$

铬斜绿泥石 (Kotschubeite)

铬符山石 (Chromevesuvian) $Ca_3(Al,Cr)_2[Si_2O_8](OH)$

铬电气石 (Chrome-tourmaline) $Na(Fe,Mg)_3(Al,Cr)_6[Si_6O_{18}](BO_3)_3(OH)_4$

铬蓝晶石 (Chrome-kyanite) $(Al,Cr)_2[SiO_4]$

铬硬玉 (Chrome-jadeite) $Na(Al,Cr)[Si_2O_6]$

铬高岭石 (Chrome-kaolinite) $(Cr,Fe,Al)_4[Si_4O_{10}](OH)_8$

铬多水高岭土 (Chromhalloysite) $(Al,Cr)_4(H_2O)_4[Si_4O_{10}](OH)_8$

铬蒙脱石 (Volchonskoite) $(Mg,Ca)_{1-X}(H_2O)_4(Cr,Fe)_2[Al_XSi_{4-X}O_{10}](OH)_2$

由此可知,铬元素一方面高度富集在氧化物类的矿物中;另一方面还以少量或微量呈类质同像方式置换矿物中的 Al^{3+} 和 Fe^{3+},分散在许多矿物中,尤其是硅酸盐类矿物中,成为这些矿物的变种。

10.1.2.3 铬的工业矿物

有工业价值的铬矿物,其 Cr_2O_3 含量一般都在 30%以上,常见的铬的工业矿物有如下几种。

铬铁矿:化学组成中,三价阳离子以 Cr^{3+} 为主,二价阳离子 Mg^{2+} 和 Fe^{2+} 之间,为完全类质同像代替;按 Mg^{2+} 含量的增加和 Fe^{2+} 含量的减少分为四个亚种,即镁铬铁矿、铁镁铬铁矿、镁铁铬铁矿和铁铬铁矿。

铝铬铁矿:铝铬铁矿不同于铬铁矿的重要特征,就是铬铁矿中的 Cr^{3+} 被 Al^{3+} 代替的数量超过 1/3,而小于 1/2。

高铁铬铁矿:高铁铬铁矿中,Fe^{3+} 代替 Cr^{3+} 的数量明显增加,一般介于 1/3～1/2 之间,因而 Fe^{3+} 含量较高;但在三价阳离子中,仍以 Cr^{3+} 为主;二价阳离子中,则以 Fe^{2+} 为主,

Mg^{2+}代替的数量不超过1/4。

富铬尖晶石：较多的Cr^{3+}代替尖晶石中的Al^{3+}，使Cr_2O_3含量达到工业要求；同时，在二价阳离子中，有较多的Fe^{2+}代替Mg^{2+}，甚至超过3/4。

除上述铬的工业矿物外，还有铝高铁铬铁矿(Mg,Fe)、$(Cr,Fe,Al)_2O_4$、镁高铁铝铬铁矿$Mg(Cr,Al,Fe)_2O_4$等。总之，铬的工业矿物都是尖晶石亚族矿物。Mg^{2+}和Fe^{2+}，以及Cr^{3+}、Al^{3+}和Fe^{3+}共5种成分类质同象十分发育，其可能出现的矿物亚种或变种至少有20种，但目前在自然界中已发现的仅有12种，因此发现新的铬工业矿物的潜力还很大。

10.1.3 六价铬毒理学及地病特征

Cr^{3+}对人体几乎不产生任何危害，Cr^{6+}毒性约为Cr^{3+}的100倍，且易透过细胞膜。在人及实验动物中，Cr^{6+}可以通过口、鼻吸入以及经皮肤吸收。一旦摄食，Cr^{6+}类物质可与胃肠道中内源性液体或者其他有机物质反应[5]。

关于铬的毒理学研究多集中于动物试验研究，1968年有研究报道老鼠口服暴露于饮用水中的Cr^{6+}导致胃癌发病率升高，并与对照实验鼠之间存在明显的统计学差异。2008年NTP发起了针对啮齿动物的研究，分别暴露于0.5 mg/L、20 mg/L、60 mg/L和180 mg/L的Cr^{6+}，结果显示大鼠和小鼠都会产生致癌毒性。暴露于180 mg/L的Cr^{6+}的大鼠发生口腔癌变，暴露于60 mg/L和180 mg/L的Cr^{6+}的小鼠发生小肠(十二指肠和空肠)内的肿瘤病变，另外还有几例组织细胞浸润、红细胞贫血和上皮细胞增生发生，这些都说明Cr^{6+}是致癌物。Davidson等利用裸鼠实验，分别用含0.5 ppm、2.5 ppm和5 ppm的$K_2Cr_2O_7$的饮用水进行口服暴露，6个月的实验周期中发现，单独短期暴露于Cr^{6+}，不会引起皮肤癌变，但是在紫外线的协同作用下，即使短期暴露也会造成身体组织产生癌变。这一研究说明，Cr^{6+}入侵老鼠胃部组织并在皮肤、脾、肝脏和骨头等组织分布的能力非常强。另外，还有动物实验研究显示，单独或联合暴露于Cr^{6+}和砷污染的饮用水中20周，可诱导肿瘤发生。

目前，只有少数的研究针对铬经口暴露与人体健康之间的关系。人群暴露于Cr^{6+}六价铬污染的饮用水下会对人体健康产生一定影响。中国曾有报道，在辽宁省锦州地区的地下水、地表水和耕地受到Cr^{6+}六价铬污染，饮用水中含有高浓度的Cr^{6+}(>0.5 mg/L)。与该省平均数据比较，1970—1978年该地区居民具有较高的胃癌死亡率。后来有其他学者以附近无Cr^{6+}污染地下水居民为对照人群，利用相同数据进行分析，因为对照人群数量较少，Cr^{6+}暴露于癌症死亡率之间的关系没有得到很好的验证。

2011年，Linos等人研究发现，希腊Oinofita地区饮用水中Cr^{6+}高达41～156 μg/L，数据分析显示，高Cr^{6+}浓度与肝癌($p<0.001$)、肺癌($p=0.047$)、女性肾癌和泌尿生殖器官癌症($p=0.025$)之间有重要的相关性。2014年，Sazakli等研究报道了饮用水中铬暴露于血液学和生物化学参数之间有关联[6]。来自印度的一项研究发现，经口服暴露于高浓度地下水中的Cr^{6+}会引起肠胃、皮肤的轻微病变。

目前，关于这类的研究虽然很有限，但所有的结论都表明口服暴露Cr^{6+}会对人身体健康产生有害影响。

10.1.4 研究区六价铬地病调查

研究区在图格力高勒流域出现Cr^{6+}超标现象，因此，课题组针对该区域进行了有关

Cr^{6+}地病的入户查访。在重点调查区域内原有住户 25 户，共计 100 余人。放牧是当地牧区的主要生活方式及收入来源。为保护当地的生态环境，牧区放牧活动受到了一定限制，在实施相应禁牧措施后，有 10 户人家选择进城生活，其余住户有牲畜共计 2 000 余头。由于当地地下水资源短缺并且作为饮用水口感欠佳。因此，有 4 户住户选择去周边地区水源井采水作为饮用水及生活用水，当地地下水主要用于牲畜饮用水，其余住户选择当地地下水作为人畜生活饮用水源。该地区常住人口的居住有近百年历史，世代生活于此的居民长期饮用当地地下水，牲畜用水也来源于地下水，但多年以来均未发现由于饮水引发相关疾病的病例发生。

10.2　研究区土壤及地下水六价铬成因及环境风险性

通过对研究区地下水和土壤中以六价铬为主的化学成分普查和重点区域详查，结果显示，吉兰泰盆地全区域浅层地下水和土壤中普遍有六价铬检出。

尽管吉兰泰镇是阿拉善左旗以盐业和石材加工业为主的重点工业区，在西北部的巴音乌拉山中也有零星分布的采矿业，人口也有 2 万余人，但工业、企业和人口主要集中在吉兰泰镇所在地，在广阔的吉兰泰盆地平原区荒漠草原中，人烟稀少，人类活动主要以放牧业为主，不具备六价铬污染源条件，即使在偶见小型工业企业中，从原料、产品到废弃物整个生产链中，也均未发现有六价铬源，且影响范围十分有限，与整个吉兰泰盆地全区域地下水中六价铬的检出没有因果关系。综合分析表明，吉兰泰地区地下水中六价铬含量的时空分布变化符合旱区盆地物理化学特征天然形成规律。

根据《土壤环境监测技术规范》(HJ/T 166—2004)和《土壤环境质量标准》(GB 15618—1995)，采用单因子污染指数评价，结果表明研究区土壤“未受重金属污染”。根据《地下水质量标准》(GB/T 14848-93)和《生活饮用水卫生标准》(GB 5749—2006)，对研究区进行地下水水质评价，结果表明吉兰泰西南部的图格力高勒沟谷上游和西南部台地的浅层地下水中六价铬含量偏高，但在地下水采样点中绝大多数超标点的六价铬含量均略高于标准值 0.05 mg/L。

研究区地下水中六价铬含量超标的主要原因可归结如下。

1) 吉兰泰地区地下水中六价铬普遍存在，且西南台地部分区域浅层地下水中六价铬含量偏高。

2) 在地下水汇聚的图格力高勒沟谷中，地下水埋深较浅(2～3 m)，蒸发作用强烈，致使六价铬在地表土壤中浓缩富积。

3) 沟谷中季节性积水将地表土壤中富积的部分六价铬淋滤到地下水中，致使地下水中六价铬浓度升高甚至超标。

以下从水文地质、水化学、气温、溶质运移、蒸发浓缩等方面对研究区土壤和地下水中六价铬普遍存在及局部超标的成因进行分析。

10.2.1　流域地下水六价铬成因辨析

10.2.1.1　六价铬成因的水化学分析

从铬的不同价态与 pH 和氧化还原势的关系可以看出，区域地下水中高 pH 有利于六价铬的形成，但不是唯一条件，还需要较高的氧化还原势数值，两者同时满足，对三价铬转化为六价铬具有积极的促进作用[7]。另外，从图 10-1 中还可以看出，区域地下水氧化还原势数值增高有利于六价铬的形成。吉兰泰盆地属于蒸发型冲洪积盆地，地下水 pH 范围介于 7.20～8.82 之间，平均值为 8.03，是有利于六价铬形成的 pH 条件之一。

在吉兰泰地区 135 眼监测井的地下水水质样本中，地下水高锰酸钾指数超标样本点为 110 个，超标率达 81.5%，可见在氧化还原势数值较高的条件下，高 pH 对三价铬转化为六价铬具有积极的促进作用，这很可能是导致研究区域六价铬普遍存在的一个原因(图 10-1)。

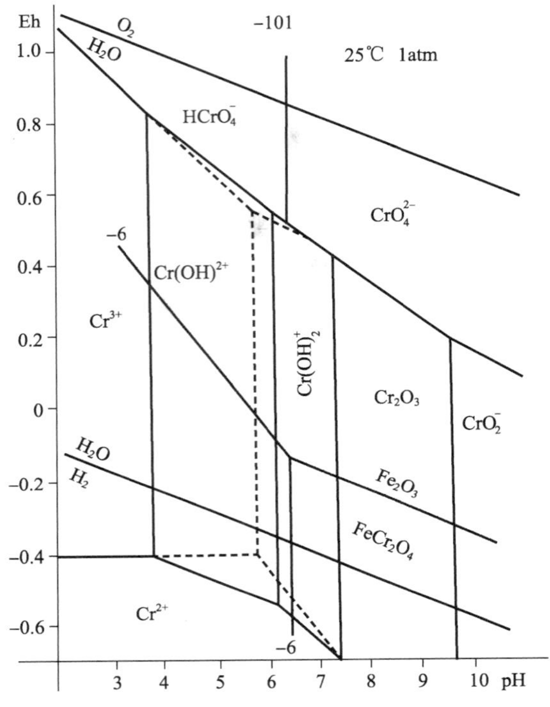

图 10-1 铬的不同价态与 pH 和氧化还原势的关系

Fig.10-1 Relationship between different valence states of chromium, pH and redox potential

高锰酸盐指数偏高和碳酸氢根的存在促使 Cr^{3+} 容易氧化成为 Cr^{6+}。吉兰泰地区地下水高锰酸钾指数范围为 0.60～125.4 mg/L，平均值为 9.68 mg/L，大部分地区地下水高锰酸钾指数值的整体变化不明显，西南侧的图格力高勒沟谷上、中、下游均出现局部高锰酸盐指数高值区，北侧的哈腾乌苏沟和尚德高勒之间的区域出现局部高锰酸盐指数高值区，东北侧的乌拉郭勒附近出现局部高锰酸盐指数高值区。通过对地下水碳酸根和碳酸氢根的检测化验，发现各个调查点位地下水中碳酸盐均以碳酸氢根为主，含有少量的碳酸根，表明水解速率大于电离速率，水体中二氧化碳含量低，使得水体呈现碱性，为不溶于水的三价铬转化为溶于水的六价铬提供了有利环境。高锰酸盐指数与六价铬高值区分布基本趋同。

地下水氧化还原电位高也会促使 Cr^{3+} 容易氧化成为 Cr^{6+}。在典型环境条件下，铬主要以 Cr^{3+} 和 Cr^{6+} 形式存在，Cr^{3+} 和 Cr^{6+} 的分布受氧化还原反应调节。在氧化条件下，Cr^{6+} 以铬酸根(CrO_4^{2-})形式优先吸附在表面键合的氧化物基团上，避免与其他配位体络合，此时铬的存在方式主要是 Cr^{6+}；在还原条件下，Cr^{3+} 与羟基-OH、硫酸盐(SO_4^{2-})、磷酸盐(PO_4^{3-})、铵(NH_4^+)、氰化物(CN^-)和表面键以及水中的有机配位体形成络合物,此时铬的存在方式主要是 Cr^{3+}。

在天然水系中,有机物、亚铁离子和还原性硫化合物具有潜在的还原六价铬的能力,而在氧、二氧化锰等氧化剂的条件下,地下水中高浓度的六价铬被认为是三价铬被氧化剂氧化所产生的。还原性环境中多以三价铬为主要存在形态,氧化性地下水环境中多以六价铬为主要存在形态(图 10-1)。

总之,研究区地下水的 pH、高锰酸盐指数、碳酸氢根、氧化还原电位等水化学环境条件有利于六价铬的形成。这符合干旱区盆地物理化学特征的天然形成规律,六价铬超标是水文地球化学过程所致。

10.2.1.2　六价铬成因的气温条件分析

温度升高可以使三价铬转化为六价铬的反应速度加快。研究结果表明,当室温为 22～26℃,pH 为 4.0、5.9、8.6 及 9.9 时,经过 50 天,只有 3%的三价铬转化成了六价铬,而 45℃条件下其反应速率是室温条件下的三倍。吉兰泰地区地处乌兰布和沙漠西南边缘,夏季气温有时高达 40℃左右,高气温导致地表土壤温度增高,上、下层土壤因存在温度梯度,表层土壤的高温向深层低温土壤传递,温度传递导致土壤水和浅层地下水温度升高,加快了其中三价铬转化为六价铬的速率,为研究区富积六价铬提供了天然条件。

10.2.1.3　六价铬成因的蒸发浓缩过程分析

吉兰泰地区多年平均降水量为 108.08 mm,研究区降水由西北向东南方向递增。由于地形及气象条件等因素影响,研究区降水量在年内分配极不均匀,多年平均蒸发量为 3 005.2 mm,常年干旱少雨,蒸发强烈。

从地下水六价铬浓度与土壤不同层位的六价铬浓度分布图中可以看出,土壤不同层位的六价铬浓度分布区域与地下水六价铬浓度分布区域基本相似,在土壤表层、－20 cm、－40 cm处尤为突出。在地下水埋深较浅区域,地下水通过毛细作用不断向地表运移,在地表高温蒸发条件下,六价铬开始富积在土壤中,地表发生积水后,通过水化学交换和溶滤等作用,六价铬又进入地下水,周而复始,导致该区域地下水和土壤中的六价铬浓度增加。

地下水六价铬的超标点主要分布在图格力高勒沟谷中、上游。六价铬超标点所在的图格力高勒地处东南部重点区域台地与西北部冲洪积扇交汇的沟谷中,呈西南－东北走向,一直延伸至吉兰泰第四纪盆地中心。在图格力高勒沟谷中、上游,地下水水力坡度小,径流较弱,地下水埋深在 2 m 左右,蒸发强烈,属以垂向交替为主的弱径流型,致使地下水的溶解性总固体含量高、六价铬浓度较高甚至超标。

10.2.1.4　六价铬成因的包气带水分运移模拟分析

利用包气带土壤水分运移规律的 HYDRUS—1D 模型,模拟包气带土壤水分蒸发和入渗过程,揭示吉兰泰地区地下水中六价铬的形成过程。

在探明包气带土壤质地、结构、水分分布特征等因素的基础上,对重点研究区域土壤水分垂向运移过程进行了模拟。以当地典型水文气候为例,建立土壤水分垂向运移模型,以瞬间形成地表积水 20 cm 作为垂向边界,模拟不同深度土壤水分 30 天内的运移过程和不同时间段内(1 小时、5 小时和 24 小时)土壤含水率纵向变化过程(图 10-2 和图 10-3)。

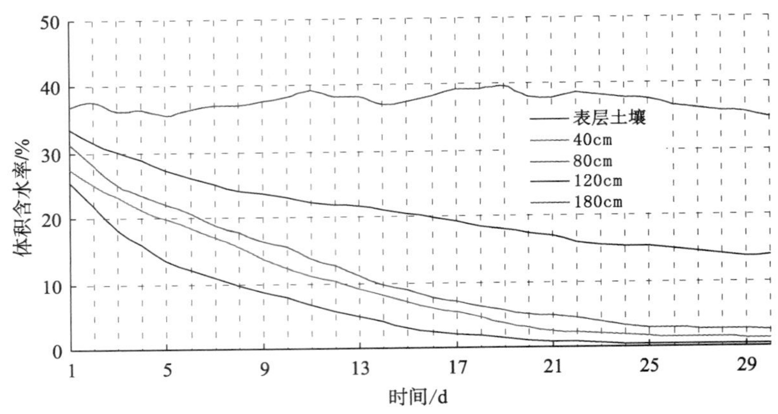

图 10-2 不同土层含水率随时间消减过程

Fig. 10-2 The process of water content reduction in different soil layers over time

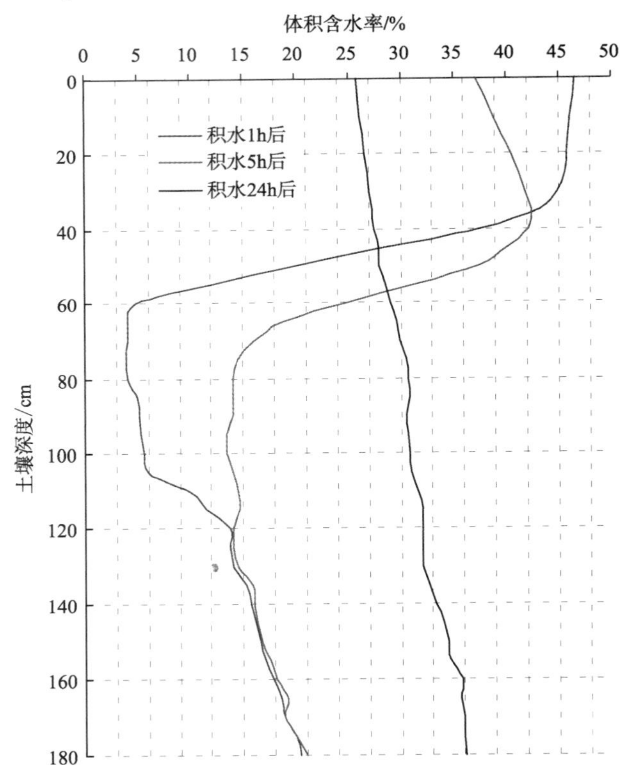

图 10-3 地表积水 20 cm 后土壤不同剖面不同时间含水率过程

Fig. 10-3 Process of water content in different sections of soil at different times after 20 cm of surface water

由图 10-2 可知，土壤表层含水率随时间变化剧烈，经过 8 天，土壤体积含水率由 1 天后的 25.9%迅速降低到 10%以内，21 天后迅速降低到 1%，表明土壤表层蒸发强烈，水分流失迅速。40 cm 附近土壤含水率在 12 天内变化较剧烈，接近于 10%，20 天后含水率达到 3%左右，趋于平缓。80 cm 附近土壤含水率 13 天内降低了 20%左右，120 cm 附近土壤含水率变化不大，30 天后能保持在 14%左右。180 cm 深度土层的土壤含水率在 35%左右波动，变化不大，主要原因是由于潜水不断通过毛细作用进行补给。

由图 10-3 可知，180 cm 土壤剖面瞬间积水 20 cm 水量后，1 小时、5 小时、24 小时不同土层土壤含水率变化过程。1 小时后土壤水分开始影响到 40 cm 土层，而 5 小时后土壤水分已经运移到地表下 120 cm 处，120 cm 下为壤土，水分运移较慢，24 小时后地表积水开始影响到整个包气带水分的重分布，此处地下水埋深在 2 m 左右波动。因此，随着土壤表层含水率不断降低，潜水在毛管作用下不断通过上、下土层负压梯度上移，形成潜水蒸发。高强度的蒸发导致土层间势能梯度增大，使得地下水通过毛细作用不断向地表运移，水分在地表蒸发后，六价铬不断富集到土壤表层中，遇到沟谷季节性积水后，土壤中部分六价铬将被溶滤到地下水中。因此，吉兰泰地区六价铬超标主要是由特殊水文气候条件下的包气带水分运移规律所决定的。

为了进一步证实年内不同时段该区域潜水蒸发强度，采用目前常用的潜水蒸发公式——阿维里扬诺夫公式进行计算。选择了 4 月至 10 月的多年平均气象数据逐日进行计算，计算结果如图 10-4 所示，在非冻期 4 月至 10 月期间内，该区域的潜日均蒸发约 2 mm，4 月至 8 月潜水蒸发较高，超过了 2 mm，部分时段接近 4 mm。由此可见，潜水蒸发既受到当地潜水埋深的制约，也受地形、气象、土壤等因素的影响，呈现出与水面蒸发具有十分相似的变化趋势。因此，在潜水埋深较小的图格力高勒沟谷地区，蒸发成为潜水的主要排泄途径。这也进一步证实了该区域六价铬浓度超标是由于区域蒸发浓缩效应造成的。

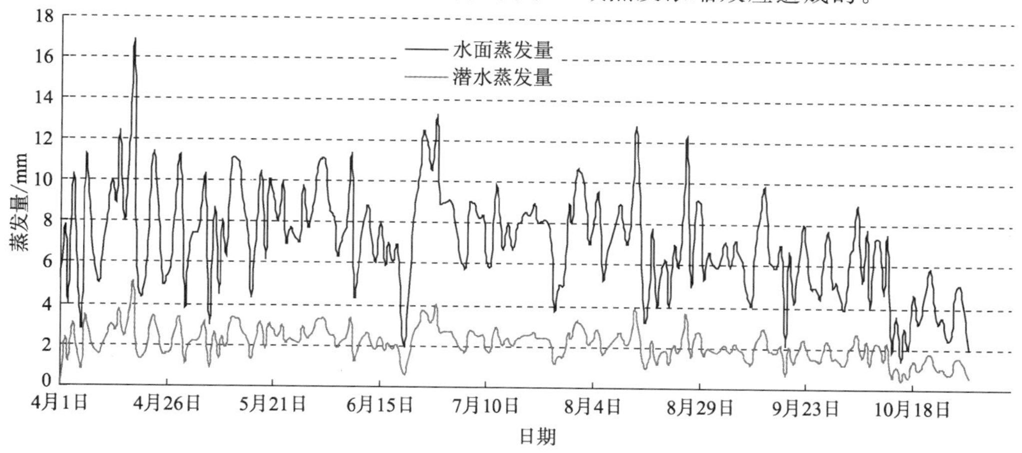

图 10-4　六价铬超标区域 4～10 月水面蒸发和潜水蒸发过程

Fig. 10-4　Water surface evaporation and submerged evaporation process in areas where hexavalent chromium exceeding the standard

10.2.1.5　六价铬成因的吉兰泰盐湖古气候特征分析

末次冰盛期（LGM）吉兰泰湖泊沉积矿物主要以石英、长石等碎屑沉积岩为主。校正后的年代区间为 24 000～18 000cal a BP，属于末次冰盛期，该时期湖水淡化，盐度较低，岩性主要为粉细砂和砂质黏土。校正后的年代区间为 18 000～15 400 cal a BP，属于冰消期，湖水处于微咸水湖阶段，盐度有所增加，对应岩性为深灰色细砂和黑色淤泥。相比较 LGM 时期，碎屑矿物含量有所下降，其次是盐类蒸发矿物，含量在 25%左右，与 LGM 时期相比较，盐度上升，矿物主要是石盐和石膏。冰消期之后，校正后的年代区间为 13～10.2 cal ka BP 时期，吉兰泰盐湖处于微咸水湖向咸水湖转化阶段，与冰消期矿物成分相似，仍以碎屑岩矿物占主导，但含量呈逐渐下降趋势。盐类蒸发矿物继续增加，主要是石盐和石膏成分。此阶段吉兰泰盐湖开始萎缩，盐度升高，湖泊在后期处于咸水湖阶段。10.2 cal ka BP之后，湖泊处于盐湖沉积阶段：在10.2～5.5 cal ka BP时期，盐湖为硫酸盐沉积阶段，5.5 cal ka BP后开始进入氯化物沉积阶段，盐度进一步升高[8]。这一结果与目前实验测试结果相吻合，吉兰泰地区以Cl-Na型水为主。盐度的不断富集过程与吉兰泰六价铬含量的富集过程十分相似，也就是说吉兰泰地区六价铬形成、普遍存在、富集的过程是由该区域古气候特征条件决定的。

10.2.1.6　六价铬成因的土壤和地下水铬迁移机理分析

由于吉兰泰地区土壤包气带呈弱碱性氧化环境，当降水或地表水在含铬土壤中渗透时有利于铬的迁移，上层土壤中的铬离子溶解并逐渐聚集到含水层中，说明铬化合物易在水土共存相中富积[9]。六价铬通常以含氧酸的形式存在，主要形态有CrO_4^{2-}和$Cr_2O_7^{2-}$。通过对吉兰泰地区水体的检测数据可知，水体中存在大量的氯离子、碳酸氢根离子和硫酸根离子，这些离子恰好是铬的配位体，可与铬结合成铬离子进入水体，由于这些离子配位体的作用进一步增加了水体中铬的含量，同时提高了铬在水中的溶解能力，六价铬在水体中较为稳定，并以溶解状态存在，由于这种络合作用，使铬在水中富积。弱碱性氧化环境有利于铬的迁移，也就是说六价铬在水体中的浓度不仅受到氧化还原条件限制，也会受到水体中氯离子、碳酸氢根离子和硫酸根离子的制约。而吉兰泰地区地下水存在这两种有利于六价铬迁移的条件，也验证了吉兰泰地区六价铬普遍存在的原因。

10.2.1.7　六价铬成因的水文地质条件分析

流域内地下水主要以第四系松散层孔隙潜水、承压水和新第三系孔隙承压水为主，含水层与隔水层的结构比较复杂。图格力高勒沟谷是东南侧台地和西北侧山前冲洪积扇的地貌分界线，西北侧巴音乌拉山山前冲洪积平原径流区，地形高差较大，地下水的水力梯度也较大，地下水流向呈西北至东南方向，汇入图格力高勒沿线沟谷地带，以侧向径流为主，垂向交替极弱，补排条件良好。东南冲洪积台地上，地形变化较小，地表零星分布有相对高度在2～5 m左右的沙丘，地下水埋深在3～4 m左右，台地分布有松散岩类潜水和承压水含水层，潜水含水层地下水中六价铬含量较高(0.03～0.07 mg/L)，地下水流向呈西南至东北方向，汇入图格力高勒沿线沟谷地带。沟谷中地下水循环以垂向交替为主，侧向径流较弱，地下水渗透速度约为25.6 m/yr，潜水蒸发强烈、富水性较差、水质差、六价铬含量偏高甚至超标。

图格力高勒沟谷西北侧为第三系、第四系松散洪积层，岩性由上缘的砂砾石逐渐过渡为沟谷中的黏质沙土夹中细砂、细沙，以潜水含水层为主，底板埋深较浅，下更新统洪积层之上多覆盖有全新统风成沙，并多以平盖沙为主，岩性为细、中、粗砂，分选较好。其主要补给来源于山前侧向径流和降水入渗补给，主要排泄于东南部的图格力高勒沟谷，根据研究区潜水富水性分区图可知(图4-4)，富水性较差(小于100 m^3/d)，由西北山前向东南的补给和径流区潜水含水层地下水中六价铬含量较低(平均约为0.003 mg/L)。

图格力高勒沟谷东南侧台地为第三系、第四系冲洪积层，下伏新第三系上新统红色砂岩、泥质砂岩、砂质泥岩及少量的砂砾岩，覆盖层为下更新统洪积层，厚度为7～15 m，含水层岩性由下至上为砂、混粒砂和黏质砂土夹碎石，性质较为松散，颗粒由西南往东北逐渐由粗变细，地下水主要接受大气降水的补给，其次接受巴音乌拉山山前沟谷潜流及南部较远的潜水侧向补给，主要排泄于西南部的图格力高勒沟谷。下更新统冲洪积层之上多覆盖有全新统风成沙，并多以平盖沙为主，其中有互不连续的沙丘分布，厚度为2～5 m，岩性为细、中、粗砂，分选较好。通过在台地边缘抽水试验，证明出水量小于 350 m^3/d，浅层 5 m 以上地下水中六价铬含量较高(0.08 mg/L)，水质口感差；下覆 9～12 m 弱承压水含水层地下水中六价铬含量较高(0.13 mg/L)，水质口感差；下覆 18～21 m 弱承压水含水层地下水中六价铬含量较高(0.06 mg/L)，水质口感好。

综上所述，图格力高勒沟谷为西北侧洪积含水层和东南侧台地冲洪积含水层的排泄带，沟谷中局部有潜水和承压含水层分布，潜水蒸发强烈、富水性较差、水质差、六价铬含量偏高甚至超标。

10.2.1.8　水文地球化学特征天然成因分析

重点区域水文地球化学特征形成的作用有溶滤作用、浓缩作用、脱碳酸作用、脱硫酸作用、阳离子交换吸附作用和混合作用等，地下水化学成分的基本成因类型以溶滤水为主，由于地下水水循环交替条件的差异在不同地段显现出不同的地下水水质特征。

为了便于阐述重点区含水层中地下水的水文地球化学特征和地下水化学成因，将图格力高勒中、上游流域潜水含水层按照水文地质条件划分成 3 个分区(图 10-5)，各分区地下水特征如表 10-2 所列。

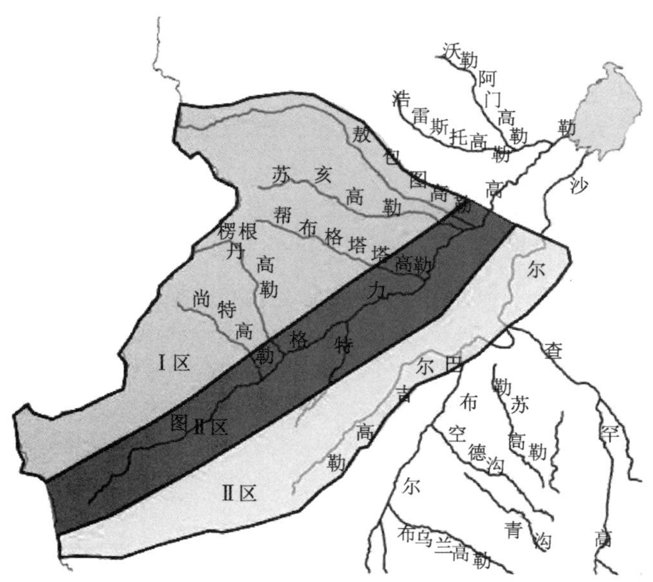

图 10-5　重点流域地下水化学成因分析分区

Fig. 10-5　Analysis on the chemical origin of groundwater in key watersheds

表 10-2　图格力高勒流域地下水化学成因分析分区特征

Tab.10-2　Regional characteristics of groundwater chemical genesis analysis in Tugligaole Basin

序号	地下水特征类型	图格力高勒流域		
		①区	②区	③区
1	水化学特征形成的主要作用	溶滤作用	浓缩作用	溶滤作用
2	水化学成分成因类型	溶滤水	溶滤水	溶滤水
3	水交替类型	侧向交替为主的混合交替	垂向交替为主的混合交替	混合交替
4	地下水径流类型	畅流型	缓流型	缓流型
5	地下水动态	径流型	蒸发型	弱径流型

① 区：属于山前冲洪积扇的径流区，地形高差较大，地面高程为1 220～1 078 m，地下水水位埋深较大，从几米到几十米，地下水的水力梯度较大，地下水流向呈西北至东南方向，汇入图格力高勒沿线沟谷地带，以侧向径流为主，垂向交替极弱，补排条件良好，地下水径流相对通畅，水循环交替作用较强，形成水质较好、矿化度较低、六价铬浓度较低的淡水含水层。

② 区：沿图格力高勒至吉兰泰盆地的沟谷带，地下水水力梯度小，地下水径流较弱，地下水埋深在2m左右，接受两侧来自①分区和③分区的地下水侧向径流补给和沟谷中季节性地表水入渗补给，蒸发较强，属垂向交替和径流混合型，地下水的矿化度较高，六价铬浓度较高直至超标。

③ 区：地处西南冲洪积台地上，地形变化较小，底面高程为1 190～1 183 m，地表零星分布有相对高度为1～2 m的沙丘，地下水埋深为3～4 m，地下水流向呈西南至东北方向，汇入图格力高勒沿线沟谷地带，水循环交替作用较弱，径流和垂向交替共存，水质较好、六价铬含量普遍偏高。

从水文地球化学特征形成的主要作用、地下水化学成分成因类型、地下水交替类型、地下水径流类型和地下水动态等可以看出，图格力高勒流域在天然状态下形成高矿化度的地下水，进而也出现了六价铬浓度较高的地下水。

综上所述，吉兰泰地区地下水水质指标中六价铬普遍存在，但浓度大多没有超过规范标准，除了吉兰泰镇西北方个别地下水采样点六价铬检测出超标外，地下水六价铬超标采样点集中在吉兰泰镇西南角的图格力高勒沟谷上、中游。基于调查勘查结果和研究区的区域地质、水文地质和水文地球化学等条件，从土壤地下水中六价铬的水化学特征、气候条件、蒸发浓缩过程、吉兰泰盐湖古气候特征、土壤和地下水中六价铬迁移机理等不同角度综合分析了土壤地下水中六价铬的成因，并对包气带土壤水分运移规律建立了包气带水分运移模拟模型，利用该模型模拟结果揭示吉兰泰地区地下水中六价铬的形成过程。结果表明，六价铬在吉兰泰地区地下水中普遍存在，局部含量偏高甚至超标，是该区域天然环境条件（如岩石矿物、水文地质条件、水文地球化学条件和气候条件）综合作用的结果，非人类活动所致。

10.2.2 环境风险性分析及控制

吉兰泰盆地地下水和土壤中普遍检出了六价铬的存在，势必会对人畜饮用水源和工业企业活动造成一定的影响。

在地下水六价铬超过生活饮用水标准的区域和个别水井，人畜直接饮用地下水可能会威胁到人畜健康，需要通过水处理方法去除或降低饮用水中六价铬的含量，至符合生活饮用水标准后饮用，同时在六价铬超标区寻找符合生活饮用水标准的地下水水源。

由于区域内地下水普遍含有六价铬，在采用地下水作为非人畜饮用水时，可能会通过蒸发浓缩等途径，致使六价铬在用水过程中浓度升高直至超标。因此，需加强水质监测，必要时需进行针对性处理。

虽然图格力高勒沟谷上、中游浅层地下水六价铬超标水体总体迁移趋势指向盆地中心，但根据现有水环境调查结果，浅层地下水水力坡度较小，含水层渗透性较弱，迁移速率极慢，并在下游与其他方向汇集的地下水混合，表现出浅层地下水超标水体的分布范围相对稳定。

10.3　流域地下水六价铬控制措施及建议

10.3.1　地下水六价铬控制措施

通过项目组的多次野外钻井勘探、取样测试、化验分析，可知因气候水文、地形地貌和地球化学等自然原因导致六价铬在吉兰泰盆地普遍存在，局部因长期积累富集而导致六价铬超标。

六价铬是重金属污染中最为典型的一个因子，针对吉兰泰地区地下水六价铬超标问题，在必要时可以针对不同的用水户（人、畜、作物、工业等）、用水量、用水质量等要求参考以下方法进行控制。

（1）电动修复技术

根据吉兰泰地区六价铬超标的实际情况，因其土壤和地下水中的 pH 较高，不能使用电动修复技术，因为电动修复技术是在土壤处于酸性条件下对土壤通直流电，清除土壤和地下水中的六价铬[10]。

（2）植物修复法

利用植物对重金属的耐受性和积累性，将土壤环境中的重金属离子吸收并贮存在植物的特定部位，待植物成熟后将其收割就可以将土壤中的重金属去除[11]。例如，李氏禾和蒲公英对铬积累作用非常明显；小蓬草表现出较高的铬富集能力，根部铬富集系数达到 0.584 8～0.831 5，地上部铬富集系数为 0.260 4～0.451 4；蟋蟀草和地黄对重金属铬有较强的从根部向地上部迁移的能力，地上部铬迁移系数范围分别达到 1.618 5～2.712 0 和 1.355 6～1.899 1。

（3）抽出处理法

通过被污染地下水下游的抽水机，把已经污染的地下水抽出，通过地面处理设施和方法，将废污染地下水水中的污染物去除掉，达到处理地下水三级的标准，然后再排入自然界或者直接利用[12]。

目前，国内外对受铬污染地下水的抽出处理法主要有吸附法、药剂还原沉淀法和生物法。

（4）吸附法

吸附法是指利用具有吸附性能的材料（即吸附剂）对水中的铬进行吸附，从而达到去除铬的目的。除铬效果好的吸附剂应该具有比表面积大、吸附容量大、吸附速度快、去除率高以及经济实用的特点。目前应用较广的吸附剂有活性炭、粉煤灰等。由于活性炭具有多孔、比表面积大的特点，因此它是目前研究最广的吸附剂。活性炭处理含铬废水的机理包括吸附和还原两方面，较低的 pH 条件有利于铬的去除[13]。

（5）药剂还原沉淀法

将地下水和土壤中的六价铬用地球化学固定还原为热力学稳定的三价铬，也就是改变铬离子的价态，将可交换态和碳酸盐结合态转化为相对稳定其他形态，以此降低六价铬的含量。或者，利用六价铬的氧化能力，使用管沟、井和注入孔等方式引入地下，在一定条件下使其发生氧化还原反应，将六价铬还原成三价铬，再经调节 pH 后，形成氢氧化铬，沉淀去除，其余重金属离子则形成氢氧化物沉淀。使用该方法治理修复铬需要注意两个关键问题，一个是根据治理区域的地球化学条件选择适宜的还原剂；第二个是根据治理区域的水文地质条件选择适当的输送系统。吉兰泰地区地下水环境处于碱性条件下，可选用硫酸亚铁作为还原剂，六价铬在溶液中以阴离子酸式铬酸根、铬酸根、重铬酸根形式存在[14]，并能以二价铬酸盐矿物(铬酸钙、铬酸钡)存在于土壤中，或者以水溶六价铬形式存在于土壤中。在碱性条件下，铬酸根与亚铁离子反应生成氢氧根，氢氧根与三价铁和三价铬形成沉淀，脱离水体。

(6) 生物法

微生物修复技术治理水污染的主要作用原理是利用微生物的生化反应能够除去水中的重金属元素。微生物中的功能菌具有催化转化、共沉淀、络合和静电吸附等作用，由于功能菌的作用，六价铬在胞外经过络合与沉淀，在胞内经过积累储存在胞内不同部位或者是结合在细胞外基质上，然后经过微生物自身的代谢功能将六价铬生成沉淀物或者生物多聚物，从而达到将铬污染从水中排除的效果[15]。

(7) 原位处理法即可渗透反应格栅法

在适度恒定的地下水流方向使污染的地下水移动到处置区域，就是在地下水污染源的下游，在隔水层和地面之间的含水层中间，修筑一定厚度的可渗透格栅，在中间填满生物或者化学介质，当受到污染的地下水渗透流过格栅时，其中的介质和水中的六价铬反应，生成无害的或者沉淀物质。这样就解决了污染地下水的水质处理问题[16]。这种方法适于含水层在 12 m 左右的浅含水层结构，使用这种方法的关键在于充分了解区域的垂直及横向股流、地下水梯度和流向、水地球化学、区域地质构造、不同岩层矿物成分以及污染浓度衰减时间和距离。在实际设计反应格栅时，为了保持地下水流向处置带，用金属或塑料等不透水材料支柱制成漏斗，其作用是将污染的地下水引至处置系统。深层土壤混合也可以用大型螺旋钻机以装入处理介质。

10.3.2 地下水六价铬控制建议

通过对研究区地下水中六价铬的时空分布和主要控制措施的分析，在地下水开采利用过程中提出以下控制建议。

1) 针对用水要求(不同用水户、用水量和用水质量)选择适宜的六价铬去除水净化方法。铁还原沉淀法，适用于人畜饮水和工业用水处理；原理是将六价铬还原成三价铬并使之沉淀，再通过絮凝方法去除沉淀物，从而达到净化水质、去除六价铬的作用。铁盐去除六价铬的化学原理如下：

$$CrO_4{}^{2-} + 3Fe^{2+} + 4H_2O \rightarrow Cr^{3+} + 3Fe^{3+} + 8\ OH^- \tag{10-1}$$

$$Cr^{3+} + 3OH^- \rightarrow Cr(OH)_3 \downarrow \tag{10-2}$$

$$Fe^{3+} + 3OH^- \rightarrow Fe\ (OH)_3 \downarrow \tag{10-3}$$

在实际处理过程中，为了保证去除铬的效果，可选用或定制去除六价铬水净化器，适当增加铁盐的用量，提高反应速度，保证除铬的效果。

2) 在牧民点勘探地下水六价铬含量较低且其他化学指标符合饮用水标准的地下水含水层。本次钻探、抽水试验结果表明，在图格力高勒沟谷东南侧台地边缘，发现有水质好且六价铬含量较低的含水层存在，但该含水层与水质差的上覆含水层有一定的联系，不易规模化开采，适当处理后可用于人畜饮水。

3) 由于吉兰泰地区地下水中六价铬原本底值偏高，在开发利用地下水时，按照用水对象对水质的要求和排放标准，对给水和排水进行针对性处理。

4) 在综合考虑水处理成本和社会效益时，也可以进行异地供水、居民搬迁等安全用水方式。

5）为进一步明确六价铬来源，应对乌拉山北部的金属矿进行地质矿产调查，化验分析其组分，确定岩石矿物中含铬矿脉的位置，以确定六价铬的来源。

参考文献

[1] 陈素红. 玉米秸秆的改性及其对六价铬离子吸附性能的研究[D]. 济南：山东大学，2012.

[2] 赵少婷，李建敏，杜宇. 土壤中重金属铬的形态、价态评价综述[J]. 农学学报，2022，12(4)：24-28.

[3] 胡珊琼，钱傲，袁松虎. 过氧化氢氧化Cr(Ⅲ)_xFe(Ⅲ)_(1-x)(OH)_3产生六价铬的规律与机制[J]. 安全与环境工程，2022，29(5)：164-174.

[4] 赵宏军，陈玉明，陈秀法，张潮，何学洲，张福祥，于永善. 全球铬铁矿床成因类型、地质特征及时空分布规律初探[J]. 矿床地质，2021，40(6)：1312-1337.

[5] 张欣怡，李洪兴. 饮用水六价铬暴露健康效应的研究进展[J]. 环境与健康杂志，2020，37(4)：369-372.

[6] Eleni Sazakli，Cristina M. Villanueva，Manolis Kogevinas，Kyriakos Maltezis，Athanasia Mouzaki，Michalis Leotsinidis. Chromium in drinking water：association with biomarkers of exposure and effect[J]. International Journal of Environmental Research and Public Health，2014，11(10).

[7] 尹茜艳，文嘉，薛壮壮，杨翠莲，李杨芳，袁利. 不同pH和O_2条件下硝酸改性生物炭去除六价铬机理[J]. 环境科学学报，2022，42(10)：274-283.

[8] 魏国孝. 现代吉兰泰盆地地下水演化规律及古大湖补给水源研究[D]. 兰州：兰州大学，2011.

[9] 张聪慧，申向东，邹欲晓. 土壤中六价铬离子在低温环境中的迁移规律研究[J]. 农业环境科学学报，2019，38(9)：2138-2145.

[10] 吴丛杨慧，孙加山，高连东. 电动修复技术在六价铬污染土壤治理中的应用探讨[J]. 世界有色金属，2019(23)：231-232.

[11] 王静，刘如. 植物修复重金属污染土壤的研究进展[J]. 安徽农学通报，2019，25(16)：110-112.

[12] 宫志强，陈坚，杨鑫鑫，康阳，刘伟江，李书焱，刘明柱. 某铬污染场地地下水抽水方案优化[J]. 环境工程，2019，37(5)：1-3+75.

[13] 钟福隆，范国荣，贺璐，王宗德，陈尚钘，王鹏. 活性炭吸附六价铬的研究进展[J]. 广州化工，2022，50(5)：11-16.

[14] 郭峰. 含铬(Ⅵ)废水无害化处理技术研究进展[J]. 中国资源综合利用，2017，35(8)：62-65.

[15] 闫潇，王建雷，张明江，朱学哲，刘兴宇. 微生物修复返溶铬污染场地的研究进展[J]. 生物工程学报，2021，37(10)：3591-3603.

[16] 韩奕彤，刘畅，秘昭旭，王先稳，罗育池. 我国地下水污染修复技术的专利计量分析[J/OL]. 环境保护科学：1-10[2022-11-17].

第11章 流域地下水量质风险评价与生态风险预警预测

11.1 流域地下水脆弱性及污染风险分区

11.1.1 概述

地下水是地球水资源的重要组成部分，是地球上一切生物生存及人类生产活动中不可或缺的自然资源，是支撑经济可持续发展的重要战略资源，也是构成并影响生态环境的重要因素[1-4]。根据中国水利统计年鉴数据，从2013年至2020年我国地下水资源占总供水量的比例逐年减少，北方城市地下水供水量较南方高。在2020年，全国地下水资源占总供水量的15.35%，而内蒙古占41.98%。随着经济的不断发展和工业化、现代化程度的不断提高，我国地下水开采量日益上升，同时由于人类的不当活动导致环境中的污染物入渗，使地下水遭受污染[5,6]。由于地下水污染具有隐蔽性、滞后性及较弱的自净能力，地下水一旦发生污染就很难恢复，同时对居民饮水安全和社会经济可持续发展构成了严重威胁[7,8]。因此，进行地下水环境风险评估，对于防治地下水污染、科学规划和可持续利用具有一定的参考价值。目前，对盐湖盆地蒸发特征、植被生长特征、土壤污染特征有较多的研究，杨宇娜等[9]揭示了吉兰泰及周边地区蒸散发的时空变化规律；迟旭等[10]探明吉兰泰盐湖绿洲防护林带同一建植年限柽柳灌丛形态大小与阻沙能力之间存在一定的关系；张阿龙等[11]运用不同的评价方法对吉兰泰盐湖盆地土壤重金属中铬、汞、砷污染展开评价工作。目前，对盐湖盆地地下水的风险评价较少，高瑞忠等[12]采用单因子指数法、内梅罗指数法和USEPA健康风险评价模型，对吉兰泰盐湖盆地地下水中Cr、As、Hg重金属污染开展了健康风险评价工作。评价方法常以单项指标评价法、综合评价法、污染指数法、模糊综合评价法和集对分析法等为主[13-22]。然而这些方法都有各自的缺点，例如，单项指标评价法不能给出水体整体的质量状况，综合评价法只突出某单项评价指标对水体质量的影响，模糊数学法、集对分析法存在评价指标权重不唯一等问题[23]。在实际的地下水质量评价工作中，需要根据研究区实际情况，选择恰当的评价方法并加以改进，方可得到切合实际的评价结果。由于人类活动的干扰，导致盐湖盆地地区人地关系具有极端脆弱性和风险性。盐湖盆地有着极端恶劣的气候条件，水资源呈现严重短缺态势，浅层地下水作为该区域的主要水资源，对维护该区域人地关系稳定、生物多样性、生态安全及当地农牧民生活饮用水安全具有重要的意义。在地下水资源的保护措施上必须实现从“先污染，后治理”向“预防为主，防治结合”的转变。对地下水污染进行预警，在地下水环境恶化之前及时给出可靠的警报信息，可为地下水资源管理部门提供有力的技术支撑，同时确保水质安全，通过预警措施降低水源地受到危害的可能性或通过提前制定可能对水源地造成危害的事故应对方案以实现对水源地水质安全的管控，是保障水源地安全供水的重要举措。

本研究针对地处西北旱区荒漠边缘的盐湖盆地，结合当地生态环境脆弱、降水量少、水质恶化、污染物种类与来源复杂等诸多问题，运用李小牛等[24]提出的地下水风险评价概念模型，以盐湖盆地土壤作为风险源，以地下水系统作为风险受体展开风险评价，将地下水脆弱性、地下水毒性污染物容量及土壤毒性污染物潜在生态危害有机结合起来[25-32]，并借助 ArcGIS 技术进行污染分区表征[33-35]，分析盐湖盆地地下水污染状况，以期为吉兰泰盐湖盆地地下水资源合理开发利用、地下水污染防控以及保障农牧民生活饮水安全、社会经济和自然环境相协调发展提供科学依据。本章分析盐湖盆地地下水污染状况，同时采用预测模型对地下水进行预警，以期为吉兰泰盐湖盆地地下水资源合理开发利用、地下水污染控制以及保障居民生活饮水安全、社会经济和自然环境相协调发展提供科学依据。

11.1.2　采样与测定

由于土壤与浅层地下水之间重金属会发生迁移，在地表高温蒸发条件下，地下水通过毛细作用不断向地表运移，重金属向土壤富集，当地表发生积水后，土壤与水发生离子交换吸附和溶滤等作用，故土壤采样点与地下水采样点布设尽量吻合。根据《土壤环境监测技术规范》(HJ/T 166—2004)及结合盆地的地貌特征和土壤类型，确定以吉兰泰盐湖为中心向四周呈放射状均匀布设土壤采样点，采集土壤表层(0～10 cm)样品，研究区共 56 个采样点(图 11-1)。

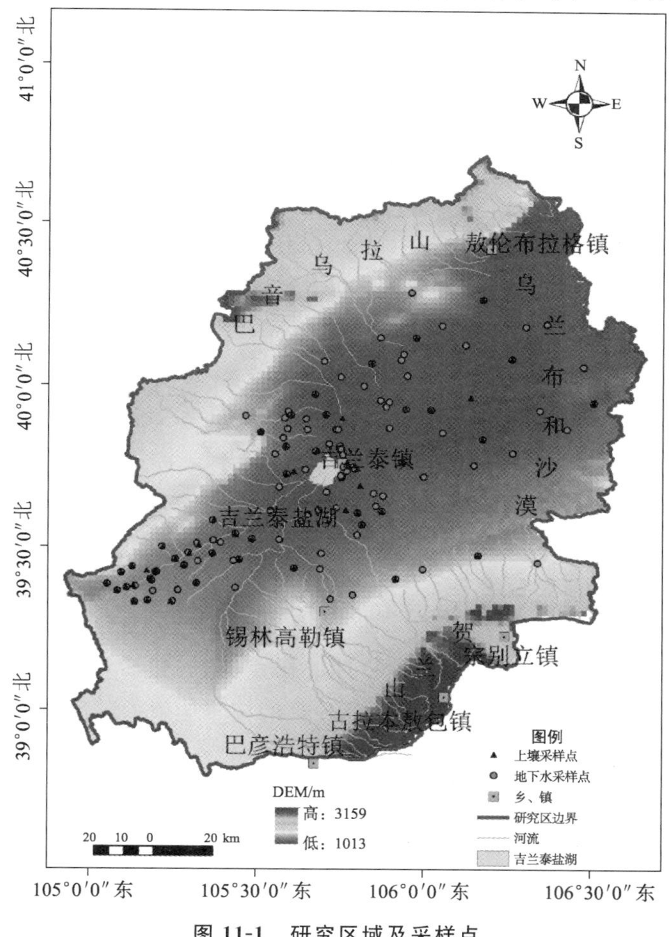

图 11-1　研究区域及采样点

Fig. 11-1　Study area and sampling points

在采样过程中，每个采样点取土样 1 kg 左右，装入铝盒中，防止交叉污染。水样点的布设中充分考虑盐湖盆地地形特点和地下水汇流方向，在吉兰泰盐湖周边分散分布，共选取了 127 口取样井(图 11-1)。取样井选取浅层饮用水井和灌溉井。将采集的水样装于洁净的规格为 1 L 的聚乙烯塑料取样瓶中，加入 3 mL 65% HNO_3，将水样 pH 调至 2 以下，封口后于 4℃的便携式冷藏箱保存，送至内蒙古自治区水资源保护与利用重点实验室测定。

测试前土壤样品采用王水-高氯酸(HNO_3-HCl-$HClO_4$)开放式消煮法，空白和标准样品同时消解，以确保消解及分析测定的准确性。水样使用 0.45 μm 的微孔过滤膜对水样进行过滤预处理。样品中重金属测试参考《地下水污染地质调查评价规范》(DD 2008—01)，使用电感耦合等离子体质谱仪(ICP-MS)分析测定，F^-、NO_3^-、NO_2^- 采用离子色谱仪进行测定。为保证分析的准确性，标准曲线的绘制采用国家标准中心提供的标准物质，分析过程中的试剂均为优级纯，样品测定全程做空白样，每个样品设 3 组平行实验，取平均值作为样品测定的最终值。保证待测物质的相对标注偏差(RSD)均低于 15%，符合美国国家环境保护局(USEPA)的要求(RSD<30%)。

11.1.3 评价方法

本文以盐湖盆地土壤作为风险源，以地下水系统作为风险受体，首先结合当地自然条件采用地下水脆弱性评价方法来分析地下水环境变化，从而判断地下水水质易受到污染的可能性和地下水水量衰减的可能性。通过采用地下水特征污染物容量指数分析地下水污染物容量和允许污染的程度，进而应用潜在生态危害指数评价研究区域土壤重金属的潜在生态危害程度，最后将三者结合对地下水污染风险展开评价。

(1) 地下水脆弱性评价

目前国内外使用最广泛的地下水脆弱性评价方法是美国环境保护署于 1987 年提出的 $DRASTIC$ 方法[36-39]。地下水脆弱性 $DRASTIC$ 指标体系，包含 6 个指标，其中，D——地下水位埋深，权重为 5；R——降雨补给量，权重为 4；A——含水层介质，权重为 3；S——土壤类型，权重为 2；T——地形坡度，权重为 1；I——包气带介质，权重为 5；C——地下水开采系数，权重为 3。

$$DRASTIC = \sum_{i=1}^{n} \omega_i \times R_i \tag{11-1}$$

式中，$DRASTIC$ 为脆弱性指数；ω_i 为评价指标的权重(归一化后，D 的权重为 0.22；R 的权重为 0.17；A 的权重为 0.13；S 的权重为 0.09；T 的权重为 0.04；I 的权重为 0.22；C 的权重为 0.13)；R_i 为评价指标的评分等级；n 为评价参数个数。$DRASTIC$ 指标体系评分根据当地的地质环境与评价标准相结合得到。$DRASTIC<2$，脆弱性低，属难污染；$2\leqslant DRASTIC<4$，脆弱性较低，属较难污染；$4\leqslant DRASTIC<7$，脆弱性中等，属中等污染；$7\leqslant DRASTIC<9$，脆弱性较高，属较易污染；$9\leqslant DRASTIC$，脆弱性高，属易污染[36](表 11-1)。

表 11-1　*DRASTIC* 指标体系评分标准

Tab. 11-1　*DRASTIC* index system scoring criteria

埋深/m	净补给量/mmI	含水层介质(A)	土壤(S)	包气带类型(I)	地形坡度/%(T)	渗透系数/m·d⁻¹(C)	评分 Score
>30.5	≤51	黏土	卵砾石	黏土为主(50%)	>18	≤4.1	1
26.7～30.5	51～72	亚黏土	砂砾石	亚黏土为主	17～18	4.1～12.2	2
22.9～26.7	72～92	亚砂土	泥炭	亚砂土为主	15～17	12.2～20.3	3
15.2～22.9	92～117	粉砂	胀缩或凝聚性黏土	粉砂为主	13～15	20.3～28.5	4
12.1～15.2	117～148	粉细砂	砾质亚黏土	粉细砂为主	11～13	28.5～34.6	5
9.1～12.1	148～178	细砂	亚黏土	细砂为主	9～11	34.6～40.7	6
6.8～9.1	178～216	中砂	粉砾质亚黏土	中砂为主	7～9	40.7～61.5	7
4.6～6.8	216～235	粗砂	黏土质亚黏土	粗砂为主	4～7	61.5～71.6	8
1.5～4.6	235～255	砂砾石	垃圾	砂砾石为主	2～4	71.6～81.5	9
<1.5	>255	卵砾石	非胀缩和非凝聚性黏土	卵砾石为主	<2	>81.5	10

(2) 地下水污染物容量指数

地下水中含有大量的可溶性物质，但同时也含有一定量对人体危害较大的污染物质，各类污染物质的容量有不同程度的差别[29]。为了有效描述地下水中各组分所处的容量状态，提出了综合容量指数 TCD。TCD_i 被定义为在地下水环境条件下，被测组分 i 的标准值与实测值的差值与其标准值的比值。容量评价指数 TCD_i 的物理意义是表示在不对当地地下水造成不良影响的前提下，允许地下水中 i 组分的容量值大小，容量指数的数值越大，表明在不对地下水造成不良影响的情况下可接受的污染物的量越多。计算公式见(11-2)—(11-4)所示。

$$TCD_i = \frac{(C_{is} - C_i)}{C_{is}} \tag{11-2}$$

$$\overline{TCD_i} = \frac{1}{n}\sum_{i=1}^{n} TCD_i \tag{11-3}$$

$$TCD = \sqrt{\frac{(\overline{TCD_i^2} + TCD_g^2 + TCD_m^2)}{3}} \tag{11-4}$$

式中，TCD_i 表示 i 组分的容量评价指数；C_{is} 表示 i 组分的标准值；C_i 表示 i 组分的实测值；TCD 表示综合容量评价指数；$\overline{TCD_i}$ 表示各组分对应 TCD 的算术平均值，TCD_m 表示 TCD_i 中的最大值，TCD_g 表示各组分 TCD_i 中的次大值。将综合容量评价指数 TCD 计算结果划分为 5 个评价等级，每个评价等级都对应一种水环境状态和分值(表 11-2)。

表 11-2 容量指数评分标准

Tab. 11-2 Scoring criteria for capacity index

TCD	等级	水环境状态	分值
0～0.2	Ⅰ	极易恶化	5
0.2～0.4	Ⅱ	极易污染	4
0.4～0.6	Ⅲ	易污染	3
0.6～0.8	Ⅳ	较易污染	2
>0.8	Ⅴ	不易污染	1

(3) 潜在生态危害指数法

瑞典学者 Hakanson 提出了潜在生态危害指数法，该方法用于评价重金属污染及其生态危害[40,41]。将重金属的生态效应、环境效应与毒理学有机结合在一起，用来综合反映重金属对生态环境的潜在危害程度。公式如下：

$$E_i = T_r^i \times (C_i / C_{0i}) \tag{11-5}$$

式中，C_i 和 C_{0i} 分别为重金属 i 的实测值和参比值；T_r^i 为第 i 种重金属的毒性系数，重金属 Cr、Hg、As 的毒性响应系数分别取 2、40、10。

综合潜在生态危害指数公式如下：

$$RI = \sum_{i=1}^{n} Ei \tag{11-6}$$

式中，RI 为研究区域多种重金属的综合潜在生态危害指数；E_i 为某种待测重金属 i 的潜在生态危害指数。

表 11-3 潜在生态危害系数与综合潜在生态危害指数等级划分

Tab. 11-3 Classification of potential ecological hazard index and comprehensive potential ecological hazard index

等级	潜在生态危害指数	综合潜在生态危害指数	潜在生态危害程度
1	$E_i \leqslant 40$	$RI \leqslant 150$	轻微生态危害
2	$40 < E_i \leqslant 80$	$150 < RI \leqslant 300$	中等生态危害
3	$80 < E_i \leqslant 160$	$300 < RI \leqslant 600$	强生态危害
4	$160 < E_i \leqslant 320$	$RI > 600$	很强生态危害
5	$E_i \geqslant 320$	—	极强生态危害

(4) 地下水污染风险评价指数

将地下水脆弱性指数 $DRASTIC$、地下水污染物容量指数 TCD 和综合潜在生态危害指数 RI 相结合，通过整合处理得出研究区地下水污染风险指数 R[24]，然后采用自然分级法对地下水污染风险指数进行统计分析。将地下水污染风险划分为低风险、较低风险、中等风险、较高风险和高风险 5 个等级，并依此绘制和划定研究区地下水污染风险分区图。公式如下：

$$R = DRASTIC \times TCD \times RI \tag{11-7}$$

11.1.4 结果与讨论

(1) 研究区地下水脆弱性评价及分区

根据采样过程中的实际测试，结合对研究区地质环境综合分析，依照地下水脆弱性评价表赋予地下水脆弱性各指标相应的值。运用 *DRASTIC* 公式求得盐湖盆地地下水脆弱性指数范围为 4.80～5.30。指数越大，防污性能越低，地下水越容易受到污染；指数越小，防污性能越高。根据地下水脆弱性和受污染程度分类标准，可判定盐湖盆地整体为中等脆弱性，属于中等受污染程度。运用 ArcGIS 软件进行相应数据处理，绘制出研究区地下水脆弱性分区图(图 11-2a)。

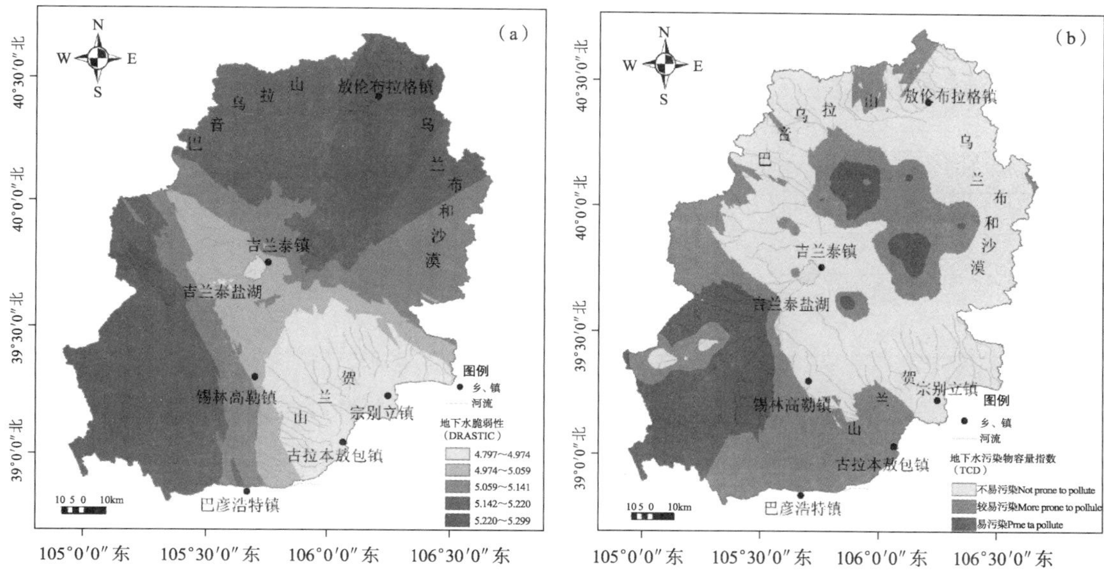

图 11-2　地下水脆弱性(a)和特征污染物容量指数(b)分区

Fig. 11-2　Groundwater vulnerability (a) and characteristic pollutant capacity index partition (b)

研究区降水量时空分布极不均匀，夏季的降水量占全年的 60%以上，多呈暴雨形式，冬季各月的降水量仅约占全年的 1%，冬季呈现干旱少雨的特征。由于贺兰山和巴乌拉山高原的地形作用，降水从东到西逐渐减少，贺兰山地区的降水超过 400 mm，而西边的荒漠地区低于 150 mm。蒸发量从东边到西边呈上升趋势，是年降水量的 4～12 倍。盐湖盆地的深度蒸发使得地下水出现盐渍化现象，地下水 ρ(TDS) 范围为 156～12 140 mg/L，$Cl^-/(Cl^- + HCO_3^-)$ 质量浓度比值全部 >0.90，$Na^+/(Na^+ + Ca^{2+})$ 质量浓度比值范围介于 0.34～0.98 之间，仅 4 个水样点 $Na^+/(Na^+ + Ca^{2+})$ 比值 <0.50。这说明蒸发浓缩作用是决定吉兰泰盐湖盆地地下水主要离子含量的重要机制，而岩石风化、降水控制作用对研究区内地下水主要离子的含量影响十分微弱。

采用自然分级法对地下水脆弱性指数进行统计分析，将中等脆弱性细化为 5 个类型。由图 11-2a 可见，在中等脆弱性的区域内吉兰泰盐湖西南部和吉兰泰镇东北部的地下水脆弱性最高，该区域土壤以沙土和细砂为主，含水层介质粒径大于细砂，地表污染物较易下渗到含水层对地下水造成影响。吉兰泰盐湖附近地下水脆弱性相对较高，该地区地下水位较高，又由于蒸发量大的特点，浅层地下水通过蒸发浓缩后污染物易富集，致使该地区地下水脆弱性相对较高。贺兰山、宗别立镇、古拉本敖包镇的地下水脆弱性处于相对较低的水平，其具有较高的防污能力，是由于该地区位于山区，地形坡度较大，含水层较深，地表污染物不易下渗到含水层对地下水造成污染。

(2) 盐湖盆地浅层地下水污染物容量指数

对研究区采集的127个浅层地下水样品中部分重金属元素和毒性离子检测结果进行统计和汇总，详见表11-4。

表11-4　盐湖盆地浅层地下水特征毒性元素含量统计分析

Tab. 11-4　Statistical analysis of characteristic toxic elements in shallow groundwater in the Salt Lake Basin

元素	含量范围 /mg·L^{-1}	平均值 /mg·L^{-1}	标准差	变异系数 /%	地下水质量标准 (GBT 14848—2017)	超标率 /%
Cr	0.0012～0.27	0.038	0.048	125.40	0.050	22.05
Hg	0.000 002 0～0.001 0	0.000 20	0.000 20	98.70	0.001 0	0
As	0.000 11～0.066	0.004 7	0.008 6	183.50	0.010	11.02
F^-	0～46.18	2.77	4.95	178.70	1.00	62.20
NO_2^-	0～11.06	0.64	1.59	248.70	1.00	14.17
NO_3^-	0～48.47	3.12	8.76	280.70	20.00	4.72

由表11-4可见，研究区被测浅层地下水样品中Cr、Hg、As、F^-、NO_2^-、NO_3^-共6种元素的平均含量分别为0.038 mg/L、0.000 20 mg/L、0.004 7 mg/L、2.77 mg/L、0.64 mg/L、3.12 mg/L。与《地下水质量标准》(GBT 14848—2017)中Ⅲ类水水质指标相比较，被测的127个地下水采样点，除重金属Hg的含量在标准范围内以外，其他元素均有个别点位超出标准限值。其中，样品中F^-超标率最高，超标率为62.20%。变异系数可反映采样总体中各样点之间的平均差异程度，被测采样点浅层地下水中Cr、Hg、As、F^-、NO_2^-、NO_3^-变异程度分别为125.40%、98.70%、183.50%、178.70%、248.70%、280.70%，Cr、As、F^-、NO_2^-、NO_3^-为强变异性，Hg为中等变异性，表明这6种元素含量值波动幅度大，连续性变化较差，受外界因素干扰较为明显。通过公式计算出127个采样点浅层地下水特征污染物单组分容量评价指数和多组分容量评价指数。以表11-2容量评价指数划分标准为依据，运用ArcGIS软件克里格插值法计算和划定研究区的容量评价等级范围，见图11-2b所示。

由图11-2b可见，研究区浅层地下水特征污染物容量评价指标值均大于0.60，即对应水环境风险等级为良好以上。其中，锡林高勒镇西北部、吉兰泰镇东北部地下水易污染，巴音乌拉山、乌兰布和沙漠、贺兰山、吉兰泰湖为山脉和湖泊，受人为因素干扰较小，地下水呈现不易被污染状态。

(3) 土壤重金属潜在生态危害评价

研究区域干旱少雨，土壤类型属于其他，表层土壤样品pH大于7.5，重金属含量的描述性统计分析见表11-5。由表11-5可知，土壤中重金属Cr、Hg、As的平均含量分别为26.32 mg/kg、0.17 mg/kg、11.77 mg/kg，与内蒙古当地土壤背景值相比较，Cr的平均含量在背景值范围内，Hg、As的平均含量分别超出背景值的4.25、1.57倍。在56个采样点中，重金属Cr、Hg、As的超标率分别为5.36%、73.21%、73.21%。Cr、Hg、As含量的最大值高于背景值，而最小值低于背景值，表明研究区域土壤存在局部超标点或超标区域，与国家土壤标准值相比较，3种重金属元素含量均未超过《土壤环境质量农用地土壤污染风险管控标准》(GB 15618—2018)风险筛选值的限值范围。Cr、Hg、As元素的变异系数分别为

37.46%、94.12%、50.81%，3 种重金属变异系数均在中等变异性范围内。因此，可推断该区域重金属的累积不排除是受人为因素干扰所致。注：CV<10%为弱变异性，10%≤CV≤100%为中等变异性，CV>100%为强变异性。

表 11-5　盐湖盆地土壤特征毒性元素含量统计分析

Tab. 11-5　Statistical analysis of soil characteristic toxic elements in the Salt Lake Basin

单位：mg・kg⁻¹

毒性元素	最小值	最大值	均值	标准差	变异系数/%	内蒙古自治区背景值		国家标准（GB 15618—2018）	
						背景值	超标率	标准值	超标率
Cr	2.90	55.21	26.32	9.86	37.46	41.40	5.36%	250.00	0
Hg	0.00	0.60	0.17	0.16	94.12	0.04	73.21%	3.40	0
As	0.00	21.74	11.77	5.98	50.81	7.50	73.21%	25.00	0

以内蒙古土壤环境背景值为评价标准，3 种重金属潜在生态危害系数E_i值如表 11-6 所列。由表 11-6 可见，Cr、Hg、As 的潜在生态危害系数平均值由大到小依次为 Hg>As>Cr，土壤中 Hg 的平均潜在生态危害系数为 171.36，呈中等、强、很强、极强危害程度样品数占总数的 73.21%，潜在危害性较大，这与 Hg 毒性系数较大和污染程度严重相关，Cr、As 的潜在生态危害系数均小于 40，对土壤生态环境的危害属于轻微。Cr、Hg、As 平均综合潜在生态危害系数为 188.32，属于中等潜在生态危害程度，在盐湖盆地中有 41.07%的样品点属于中等、强、很强潜在生态危害。因此，应当注重土壤重金属污染源的控制以及土壤重金属的污染监测。

表 11-6　潜在生态危害指数评价结果

Tab. 11-6　Evaluation results of potential ecological hazard index

元素	E_i	$\overline{E_i}$	样品比例				
			轻微危害	中等危害	强危害	很强危害	极强危害
Cr	0.14～2.67	1.27	100%	0	0	0	0
Hg	1.59～601.48	171.36	26.79%	14.29%	19.64%	14.29%	25%
As	0～28.98	15.69	100%	0	0	0	0
元素	RI	$\overline{RI}$	样品比例				
			轻微危害	中等危害	强危害	很强危害	—
RI	21.89～609.47	188.32	58.93%	14.29%	25%	1.79%	—

运用 ArcGIS 及克里格插值法绘制单种重金属潜在生态危害指数和综合潜在生态危害指数分布图（图 11-3），进行研究区潜在生态危害的空间变化特征分析。由图 11-4 可知，盐湖盆地 Cr 的生态危害系数由吉兰泰湖西南部向东北部呈梯度递增，巴音乌拉山周围和敖伦布拉格镇强度相对较高，其最大值为 2.67，属于轻微生态危害，这可能与巴音乌拉山岩石风化与水土流失有关。吉兰泰盐湖盆地东南方向的锡林高勒镇和巴彦浩特镇附近 Hg 的生态危害系数较高，达到中等潜在生态危害，与张阿龙等对吉兰泰盐湖盆地土壤重金属的研究结果相一致[11]。As 生态风险系数整体处于轻微生态危害，强度较高的区域主要分布在锡林高

勒镇、宗别立镇、吉兰泰镇、敖伦布拉格镇。因此，可初步推断出 As 的潜在生态危害可能与当地居民人为活动因素的影响较为密切。综合潜在生态危害程度由东北向西南部呈扇形递增，吉兰泰盐湖东南方向指数较大，这与 Hg 的生态危害系数空间分布相似，且与 Hg 潜在危害指数较大以及在综合潜在生态危害中贡献率大有关。

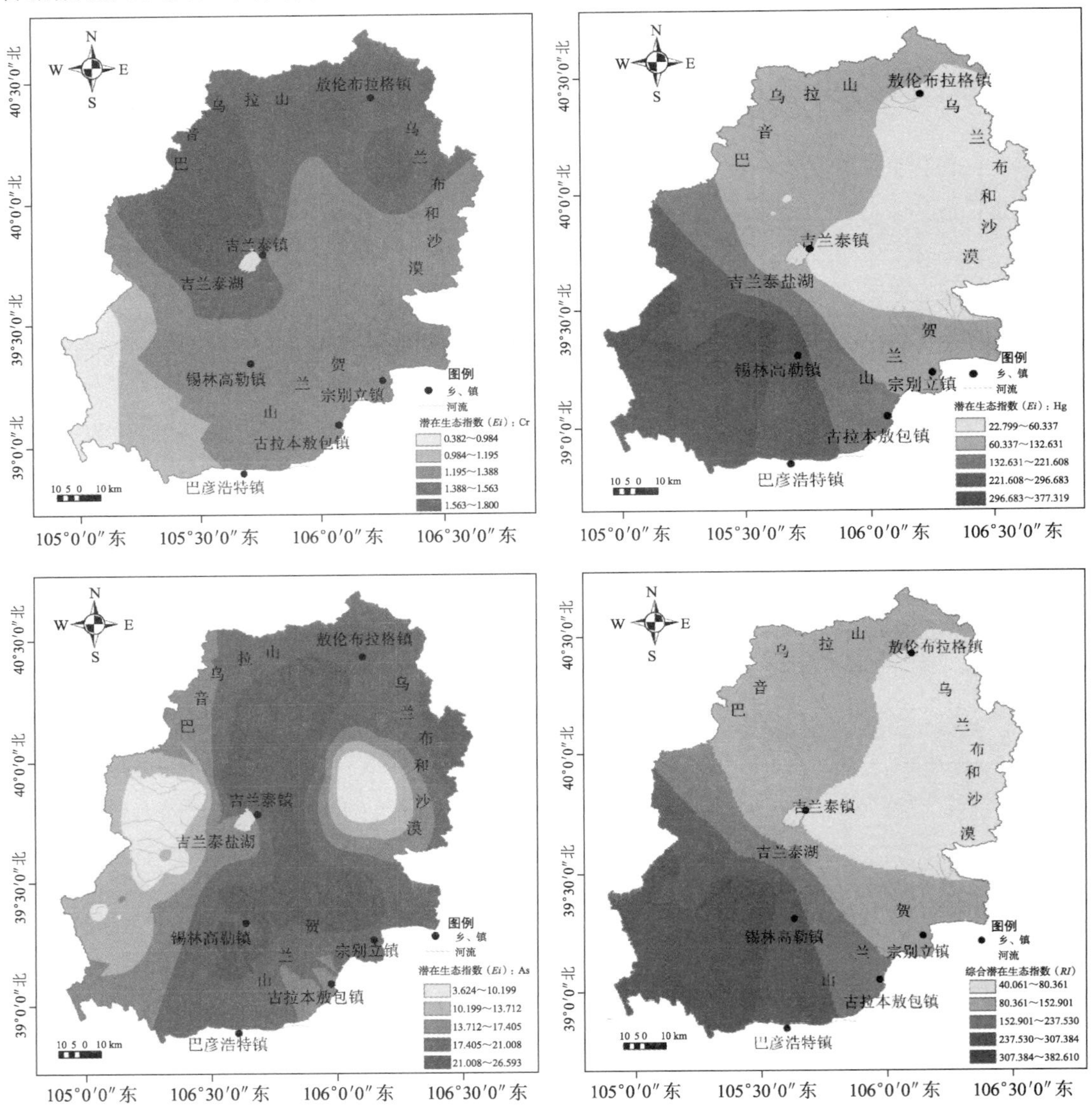

图 11-3　土壤特征污染物潜在生态危害指数图

Fig. 11-3　Potential ecological hazard index of soil characteristic pollutants

（4）盐湖盆地浅层地下水污染风险分区。

运用 ArcGIS 空间分析功能，将图 11-2、图 11-3 以概念模型（式 11-6）作为运算规则，进行整合处理得到各个区域的地下水污染危险指数 R；运用自然分级方法对盐湖盆地地下水环境质量进行统计分析，并将其污染风险划分为低风险、较低风险、中等风险、较高风险和高风险 5 个级别，并绘制盐湖盆地地下水污染风险分区图（图 11-4）。

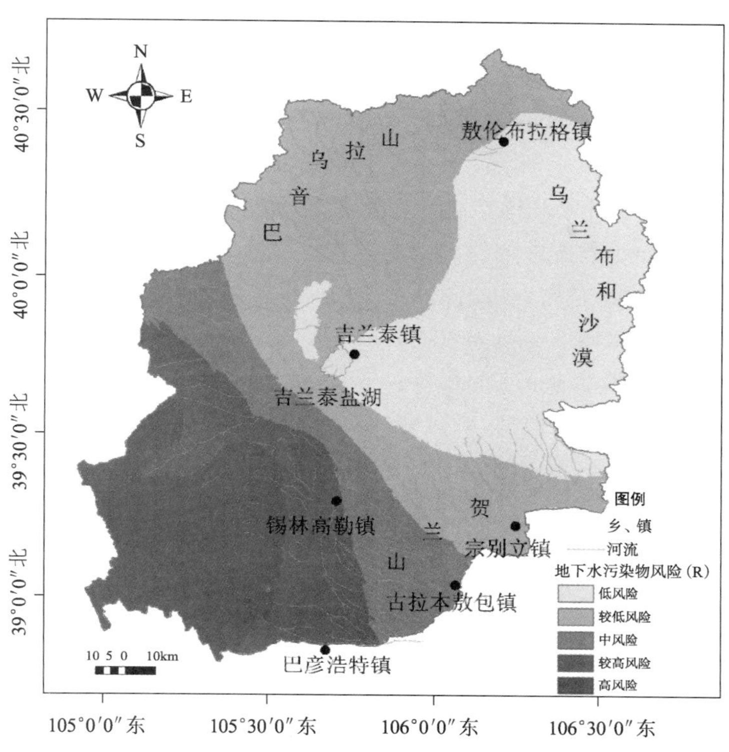

图 11-4　地下水污染风险分区

Fig. 11-4　Groundwater pollution risk zoning

由图 11-4 可知，研究区域内吉兰泰盐湖西南部地下水风险等级呈梯度逐渐递增，锡林高勒镇西部处于高风险区域，较高风险区位于贺兰山西部和锡林高勒镇附近，贺兰山区域降水主要在该区域形成地表径流，在地表径流过程中累积了大量物质，由于该地区蒸发量大，径流污染物通过蒸发浓缩后入渗地下导致该区域地下水处于较高风险，其中较高风险及以上的面积占研究区总面积的 25.77%，该区域内地下水脆弱性、地下水污染物容量指数、土壤毒性污染物风险指数均相对较高。贺兰山的西南部、古拉本敖包镇、巴音乌拉山西南部处于中风险地段，面积占比为 11.49%。巴音乌拉山和贺兰山西南部附近地下水属于较低风险，面积占比为 33.06%。低风险区域主要分布在乌兰布和沙漠和吉兰泰镇，面积占比为 29.68%，此区域主要处于沙漠地带，受人为干预较弱，同时此区域地下水容量指数和土壤毒性污染物潜在危害性处于相对较低的水平。盐湖盆地处于西北寒旱区，面临严峻的水资源短缺问题。因此，需要进一步加强地下水水位、水质、开采量、气候条件等监测监管工作。在制定和实施地下水治理措施时，应当结合当前面临的地下水资源问题，充分考虑当地地理条件和当地的经济发展，设计直接且明确的可持续发展方案。

11.1.5　结　论

吉兰泰盐湖盆地下水脆弱性指数范围为 4.80～5.30，属于中等脆弱性，为中等受污染程度，盐湖西南部和东北部的地下水脆弱性相对较高，贺兰山、宗别立镇、古拉本敖包镇的脆弱性相对较低。

地下水样品中重金属 Hg 的含量在标准限值范围内，Cr、Hg、As、F^-、NO_2^-、NO_3^-元素均有超标现象，其中 F^-超标率最高，达 62.20%。地下水特征污染物容量评价指标值均大于 0.60，即对应水环境风险等级为良好以上。锡林高勒镇西北部，吉兰泰镇东北部地下水易污染。

盐湖盆地土壤中 Hg 的平均潜在生态危害系数为 171.36，达到中等生态危害程度，Hg 呈中等以上危害程度样品数占总数的 73.21%，潜在危害性较大。综合潜在生态危害系数为 188.32，属于中等潜在生态危害，在盐湖盆地中有 41.07%的样品点属于中等、强、很强潜在生态危害。土壤重金属对环境的影响具有一定的历史承载性和实际的连续性，未来应加强地表土壤重金属纵向迁移对地下水的影响。

应用地下水风险评价概念模型，对研究区域地下水进行污染风险评价，吉兰泰盐湖西南部地下水风险等级呈梯度逐渐递增，锡林高勒镇西部地下水整体处于较高风险及高风险。其中，中风险区域面积占研究区域总面积的 11.49%，较高风险以上的面积占研究区域总面积的 25.77%。建议加强对该区域地下水的监测并采取适当措施进行防治，必要时开展盐湖盆地地下水环境、地质环境、生态环境健康等方面研究，确保地下水可持续开发利用。

11.2　流域地下水潜在生态危害风险评价

11.2.1　潜在生态风险指数法

瑞典学者 Hakanson 提出了潜在生态风险指数法，该方法用于评价重金属污染及其生态危害(表 11-7)。将重金属的生态效应、环境效应与毒理学有机结合在一起，用来综合反映重金属对生态环境的危害程度[1-6]。公式如下：

$$E_i = T_i \times (C_i / C_{0i}) \tag{11-8}$$

式中，C_i，C_{0i}分别为重金属 i 的实测值和参比值；T_r^i 为第 i 种重金属的毒性系数，重金属 Cr、Hg、As 的毒性响应系数分别取 2、40、10。参比值选取《地下水质量标准》Ⅲ类水水质标准[7]。

综合潜在生态风险指数：

$$RI = \sum_{n=1}^{n} E_i \tag{11-9}$$

式中，RI 为研究区域多种重金属的综合潜在生态风险指数；E_i 为某种待测重金属 i 的潜在生态危害指数。

表 11-7　潜在生态风险系数与潜在生态风险指数等级划分

Tab. 11-7　Classification of potential ecological risk coefficient and potential ecological risk index

等级	潜在生态风险指数	综合潜在生态风险指数	潜在生态风险程度
1	$E_i \leqslant 40$	$RI \leqslant 150$	轻微生态危害
2	$40 < E_i \leqslant 80$	$150 < RI \leqslant 300$	中等生态危害
3	$80 < E_i \leqslant 160$	$300 < RI \leqslant 600$	强生态危害

续表

等级	潜在生态风险指数	综合潜在生态风险指数	潜在生态风险程度
4	$160<E_i\leqslant 320$	$RI>600$	很强生态危害
5	$E_i\geqslant 320$	—	极强生态危害

11.2.2　结果与讨论

以《地下水质量标准》Ⅲ类水为评价标准，3 种重金属潜在生态危害系数 Ei 值如表 11-8 所列。由表 11-8 可见，Cr、Hg、As 的潜在生态危害系数平均值由大到小依次为 Hg>As>Cr，其中 Hg 的平均潜在生态危害系数最大，为 7.263，地下水中 Cr、Hg 的潜在生态危害系数均小于 40，属于轻微危害。有 97.96%的 As 样品点属于轻微危害，2.04%的 As 样品点属于中等危害。整个研究区域综合潜在生态指数为 1.948～70.572，该区域属于轻微潜在生态危害。

表 11-8　潜在生态风险指数评价结果

Tab. 11-8　Potential ecological risk index evaluation results

元素	E_i	$\overline{E_i}$	样品比例				
			轻微危害	中等危害	强危害	很强危害	极强危害
Cr	0.082～7.50	1.109	100 %	0	0	0	0
Hg	0.080～1.520	7.263	100 %	0	0	0	0
As	0.106～65.572	4.263	97.96 %	2.04 %	0	0	0
元素	RI	$\overline{RI}$	样品比例				
			轻微危害	中等危害	强危害	很强危害	—
RI	1.948～70.572	4.263	100 %	0	0	0	—

运用 ArcGIS 进行克里格插值法绘制重金属综合潜在生态危害指数分布图[8-10]（图 11-5），进行潜在生态危害的空间变化特征分析。由图 11-5 可以看出，Cr 和 As 在吉兰泰盐湖盆地东南方向的锡林高勒镇和巴彦浩特镇附近生态危害系数较高。Hg 潜在危害指数在整个区域差异性较小。吉兰泰盐湖盆地锡林高勒镇东北方向的潜在生态危害系数相对于其他地区较高，因此，可初步推断出潜在生态风险可能与当地居民人为活动因素影响较为密切。因此，应当注重勒镇东南方向地下水重金属污染源的控制和地下水重金属的污染监测以及变化趋势分析。

根据上述分析结果，在吉兰泰盐湖盆地东南方向的锡林高勒镇和巴彦浩特镇附近进行密集布点，采取地下水进行分析测试。

以《地下水质量标准》Ⅲ类水为评价标准，3 种重金属潜在生态危害系数 Ei 值如表 11-9 所示。由表 11-9 可见，近 5 年地下水 Cr、Hg、As 的潜在生态危害系数平均值由大到小依次为 Hg>As>Cr，其中 Hg 的平均潜在生态危害系数最大值在 2020 年，为 4.97，地下水中 Cr、Hg 的潜在生态危害系数均小于 40，属于轻微危害。2017—2020 年，有 3.45%的 As 样品点属于中等危害，96.55%的 As 样品点属于轻微危害。根据图 11-6 可见，地下水风险区较大的点在 BW6、DW2 和 DW3 附近。Cr、Hg、As 的潜在生态危害指数在 BW6 处达到最大值，可见该点附近的地下水受到重金属的影响较为严重，但该区域仍然属于轻微潜在生态危害。

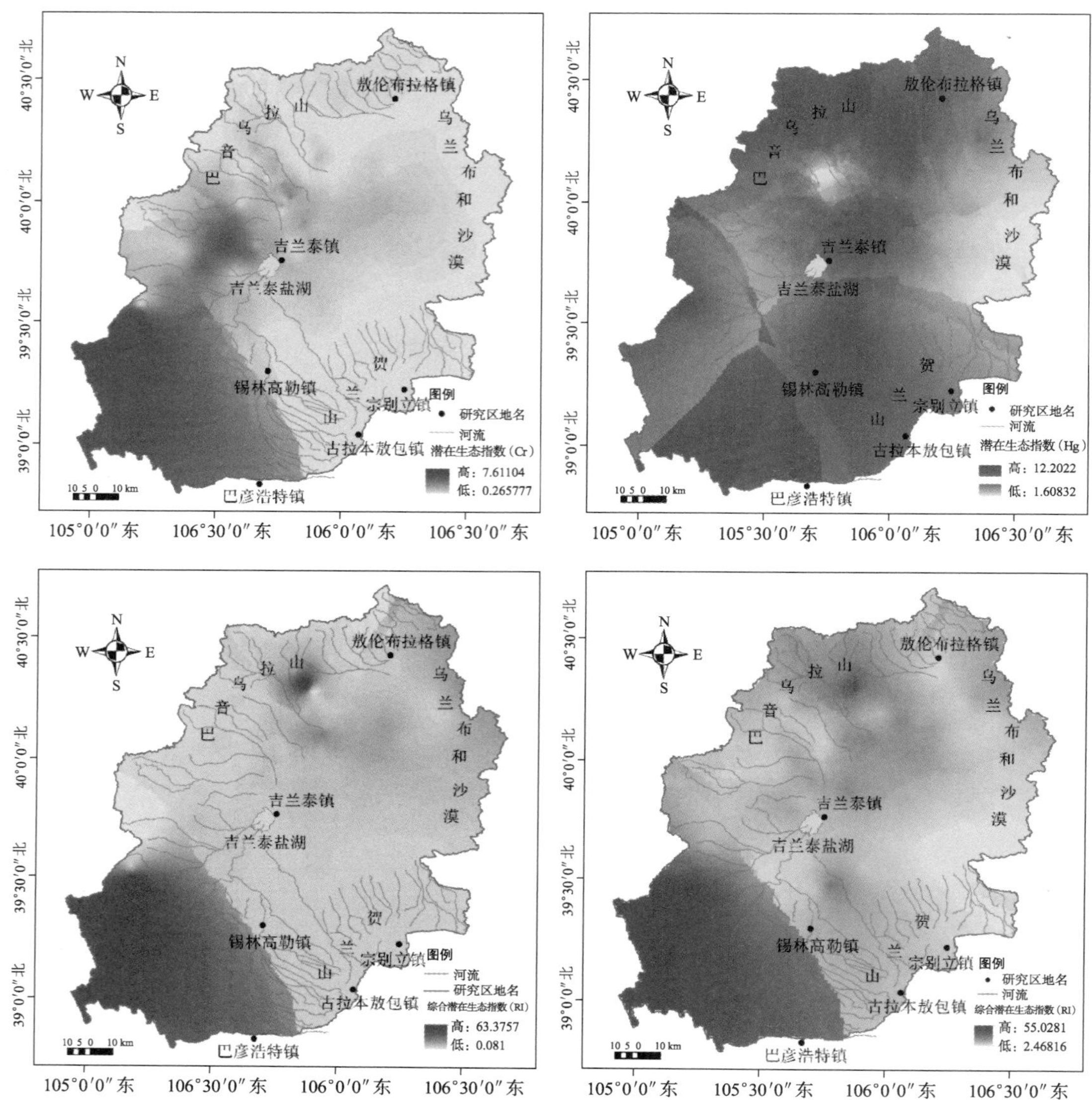

图 11-5　地下水潜在生态危害指数图

Fig. 11-5　Potential ecological hazard index of groundwater

表 11-9　潜在生态风险指数评价结果

Tab. 11-9　Potential ecological risk index evaluation results

元素	年份	E_i	$\overline{E_i}$	样品比例				
				轻微危害	中等危害	强危害	很强危害	极强危害
Cr	2016	0.0136～5.4	1.188	100%	0	0	0	0
	2017	0.011 6～7.45	1.346	100%	0	0	0	0
	2018	0.026～10.65	1.717	100%	0	0	0	0
	2019	0.015 6～8.252	1.660	100%	0	0	0	0
	2020	0.009 2～9.852	1.620	100%	0	0	0	0

续表

元素	年份	E_i	$\overline{E_i}$	样品比例				
				轻微危害	中等危害	强危害	很强危害	极强危害
Hg	2016	0.44～23.6	3.31	100%	0	0	0	0
	2017	0.52～23.0	3.66	100%	0	0	0	0
	2018	0.32～33.56	4.22	100%	0	0	0	0
	2019	1.28～31.0	4.62	100%	0	0	0	0
	2020	1.08～35.8	4.97	100%	0	0	0	0
As	2016	0.211～35.99	3.039	100%	0	0	0	0
	2017	0.255～46.084	3.473	96.55%	3.45%	0	0	0
	2018	0.297～40.597	3.727	96.55%	3.45%	0	0	0
	2019	0.355～42.084	3.704	96.55%	3.45%	0	0	0
	2020	0.315 5～44.084	4.043	96.55%	3.45%	0	0	0
元素	年份	RI	$\overline{RI}$	样品比例				
				轻微危害	中等危害	强危害	很强危害	—
RI	2016	1.028～42.790	7.539	100%	0	0	0	—
	2017	1.186～55.216	8.484	100%	0	0	0	—
	2018	2.554～46.121	9.668	100%	0	0	0	—
	2019	2.126～51.616	9.990	100%	0	0	0	—
	2020	2.410～55.584	10.630	100%	0	0	0	—

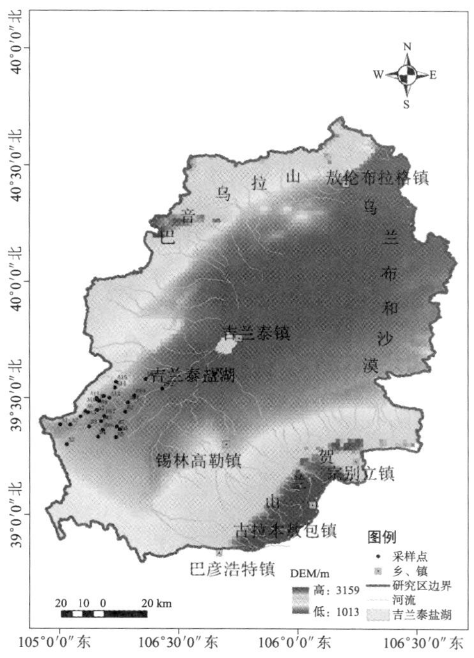

图 11-6　研究区域及采样点

Fig. 11-6　Research area and sampling points

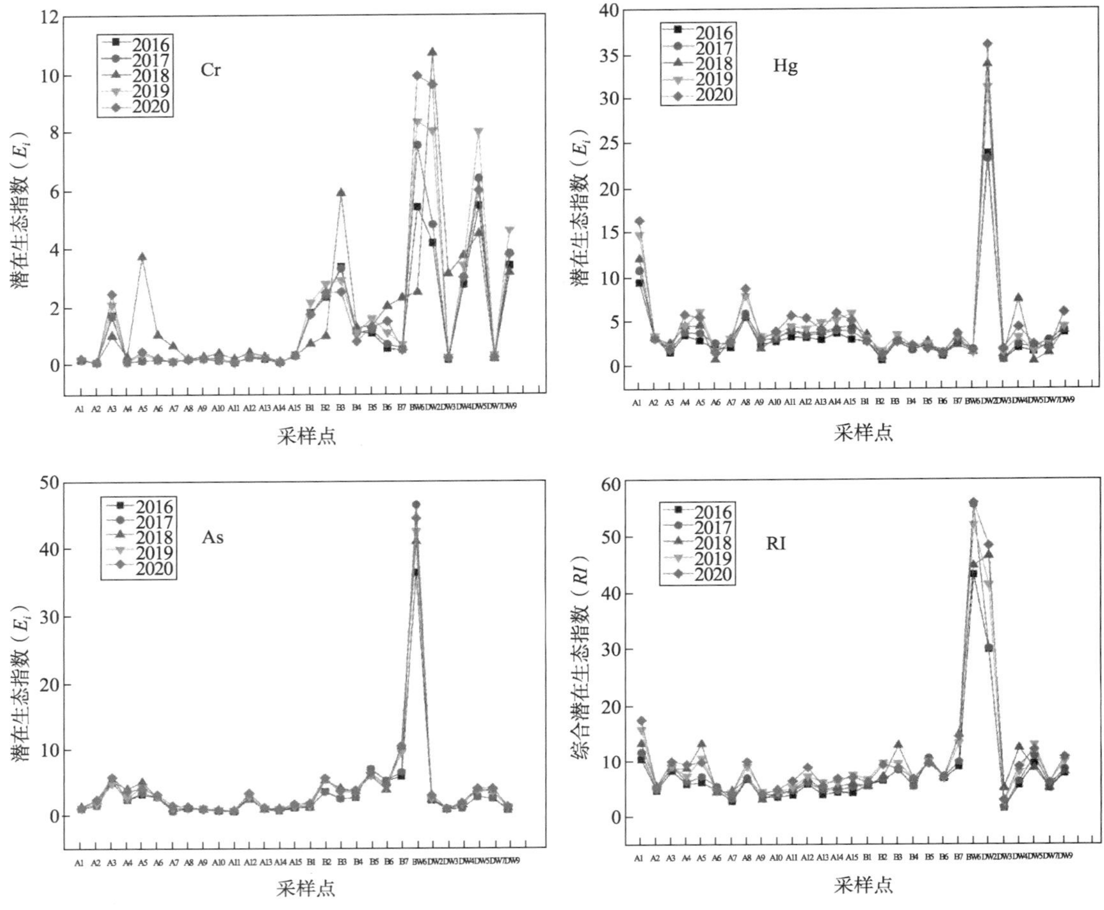

图 11-7　潜在生态指数风险预测

Fig. 11-7　Potential ecological risk index evaluation results

11.3　流域地下水生态风险预警与防范体系

地下水污染是一个非常复杂的地质-地球化学过程，具有长期性、复杂性、隐蔽性和污染治理难度大等特点，单纯地开展地下水风险评价已远不能满足对地下饮用水的安全防控[11,12]。20 世纪 70 年代，随着突发性水环境污染事故的增加，水质预警预报方法的研究得到了广泛的重视，并且发挥了巨大的社会、经济效益，如芝加哥河、泰晤士河、莱茵河、鲁尔河、俄亥俄河、密西西比河等利用水污染预警系统使水体有了根本性好转，因此，近年来区域水污染预警系统备受关注[11,13]。

预警应急系统可对突发性环境污染事故产生的环境污染、生态破坏进行识别，通过监测分析警源和警情变化利用定性、定量相结合的预警模型确定其变化趋势及速度，预先某种长期或者突发性环境警情进行警报以达到保证环境安全目的，具有巨大的社会、经济效益和现实意义[14-16]。为了更好地对地下水资源进行监督，制定合理有效的开采计划，对地下水水位建立有效的预警机制是必不可少的[17,18]。本文采用灰色预测模型 GM(1,1)[18-23] 和潜在风险评价模型对吉兰泰盐湖盆地风险区进行构建预警体系，可以达到关注地下水变化趋势，预测可能发生的恶化情况，全面提升预警的针对性和有效性，使地下水资源的保护具有预见性、针对性和主动性，能够减少由于地下水水质恶化而造成的灾害和重大损失，研究或指定有效的防控措施，以达到治理和修复地下水系统的目的。

11.3.1　灰色预测模型 GM(1,1)

灰色预测是通过建立 GM(1,1)模型群，研究和预测系统的动态变化，掌握其发展规律，并控制与调节变化的方向与速度，使之向着人们所期望的目标发展。

灰色预测建模基本步骤如下。

(1) 确定原始数列

将已测得的数据等间距分为 n 个点，将其作为原始数列，即 $x=(x(1),x(2),x(3),\cdots,x(k))$，$k=1,2,\cdots n$，$x(k)$是对应的实测数据值。

(2) 级比检验

在灰色预测理论中，只有当级比覆盖为$\left(\frac{-2}{e^{n+1}},\frac{2}{e^{n+1}}\right)$时，才可以运用灰色预测模型进行预测。所以，如果级比覆盖不在$\left(\frac{-2}{e^{n+1}},\frac{2}{e^{n+1}}\right)$范围内时，就需要原数列进行数列变换，从而使级比覆盖为$\left(\frac{-2}{e^{n+1}},\frac{2}{e^{n+1}}\right)$。

(3) 数列变换

数列变换有多种，分别是对数变换、方根变换、平移变换、初值变换、均值变换、区间变换等。数列变换就是使原数列 $x=(x(1),x(2),x(3),\cdots,x(k))$，$k=1,2,\cdots,n$，转换成新数列 $x^{(0)}=(x^{(0)}(1),x^{(0)}(2),x^{(0)}(3),\cdots,x^{(0)}(k))$，$k=1,2,3,\cdots,n$。进行数列变换的目的是使级比覆盖为$\left(\frac{-2}{e^{n+1}},\frac{2}{e^{n+1}}\right)$，从而可以应用灰色理论进行预测。

(4) 灰模型 GM(1,1)建模

对数列进行 $x^{(0)}$-AGO(累加)，使之构成数列

$$x^{(1)}=(x^{(1)}(1),x^{(1)}(2),x^{(1)}(3),\cdots,x^{(1)}(k)),k=1,2,3,\cdots,n \tag{11-10}$$

其中，$x^{(1)}(k)=\sum_{i=1}^{k}(x)^{(0)}(t)$。

数列 $x^{(1)}$ 与数列 $x^{(1)}$ 的均值数列 $z^{(1)}$ 就可以建立 GM(1,1)模型

$$x^{(0)}k+az^{(1)}(k)=b \tag{11-11}$$

其中，$z^{(1)}(k)=0.5(x^{(1)}(k)+x^{(1)}(k-1))$。

由式 11-11 可以得到数列 $x^{(0)}(k)$。

(5) 模型检验分析

令 $\Delta(k)$为残差值，$\Delta(k)=x^{(0)}-x^{(1)}$；令 $\varepsilon(k)$为残差相对值，$\varepsilon(k)=\frac{\Delta(k)}{x^{(0)}}\times 100\%$；令 p 为平均精度，$p=\left(1-\frac{1}{n-1}\sum_{k=2}^{n}|\varepsilon(k)|\right)\times 100\%$。

如果平均精度 $p\geqslant 90\%$，表示数列满足建模的要求，可以用模型进行预测；否则重新计

算 $x^{(0)}$，即重复步骤(3)～(5)。

(6) 应用模型预测

用所建立的数列来建立白化型 GM(1,1)模型：

$$x^{(1)}(k+1)=\left(x^{(0)}(1)-\frac{b}{a}\right)e^{-ak}+\frac{b}{a} \tag{11-12}$$

$$x^{(0)}(k+1)=x^{(0)}(k+1)-x^{(1)}(k) \tag{11-13}$$

将 k 值代入白化型 GM(1,1)，即可得到预测值。

11.3.2 预警结果讨论

为了能够使预警的结果更为合理且更具有代表性，该研究将潜在生态风险指数与预警程度相对应来分析吉兰泰盐湖盆地重污染区的预警情况。预测结果见表 11-10 和图 11-8，地下水 Cr、Hg、As 的潜在生态危害系数平均值由大到小依次为 Hg>Cr>As，Hg 的平均潜在生态危害系数最大值在 2023 年，为 7.027，和实测值变化趋势一样，随着时间在增长。地下水中 Cr、As 的潜在生态危害系数均小于 40，属于轻微危害。在预测年份中有 3.45%的 Hg 样品点属于中等危害，97.96%的 As 样品点属于轻微危害。综合潜在生态指数都小于 150，属于轻微危害，根据地下水预警分类标准，该区域属于无警。根据图 11-9 可知，地下水风险区较大的点在 BW6、DW2 及其附近；Cr、Hg、As 的潜在生态危害指数在 DW2 处达到最大值。根据实测值和预测值结果(图 11-9)，可以看出 BW6 和 DW2 点潜在生态风险值较大，可见该点附近地下水受到重金属的影响较为严重。

表 11-10 潜在生态风险指数等级划分及预警

Tab. 11-10 Potential ecological risk classification and early warning

等级	潜在生态风险	综合潜在生态风险数	潜在生态风险	预警程度
1	$E_i \leqslant 40$	$RI \leqslant 150$	轻微危害	无警
2	$40 < E_i \leqslant 40$	$150 < RI \leqslant 300$	中等危害	轻警
3	$80 < E_i \leqslant 160$	$300 < RI \leqslant 600$	强危害	中警
4	$160 < E_i \leqslant 320$	$RI > 600$	很强危害	重警
5	$E_i \geqslant 320$	—	极强危害	—

表 11-11 潜在生态风险指数评价结果

Tab. 11-11 Potential ecological risk index evaluation results

元素	年份	E_i	$\overline{E_i}$	样品比例				
				轻微	中等	强害	很强	极强危害
Cr	2021	0.0150～11.568	1.893	100%	0	0	0	0
	2022	0.0131～14.445	2.084	100%	0	0	0	0
	2023	0.0116～18.037	2.319	100%	0	0	0	0
Hg	2021	0.928～40.452	5.600	96.55%	3.45%	0	0	0
	2022	0.778～45.239	6.261	96.55%	3.45%	0	0	0
	2023	0.653～50.591	7.027	96.55%	3.45%	0	0	0

续表

元素	年份	E_i	$\overline{E_i}$	样品比例				
				轻微	中等	强害	很强	极强危害
As	2021	0.023～1.011	0.140	100%	0	0	0	0
	2022	0.019～1.131	0.16	100%	0	0	0	0
	2023	0.016～1.265	0.17	100%	0	0	0	0
元素	年份	RI	$\overline{RI}$	样品比例				
				轻微	中等	强	很强	—
RI	2021	1.213～52.688	7.633	100%	0	0	0	—
	2022	1.031～59.130	8.501	100%	0	0	0	—
	2023	0.877～66.362	9.521	100%	0	0	0	—

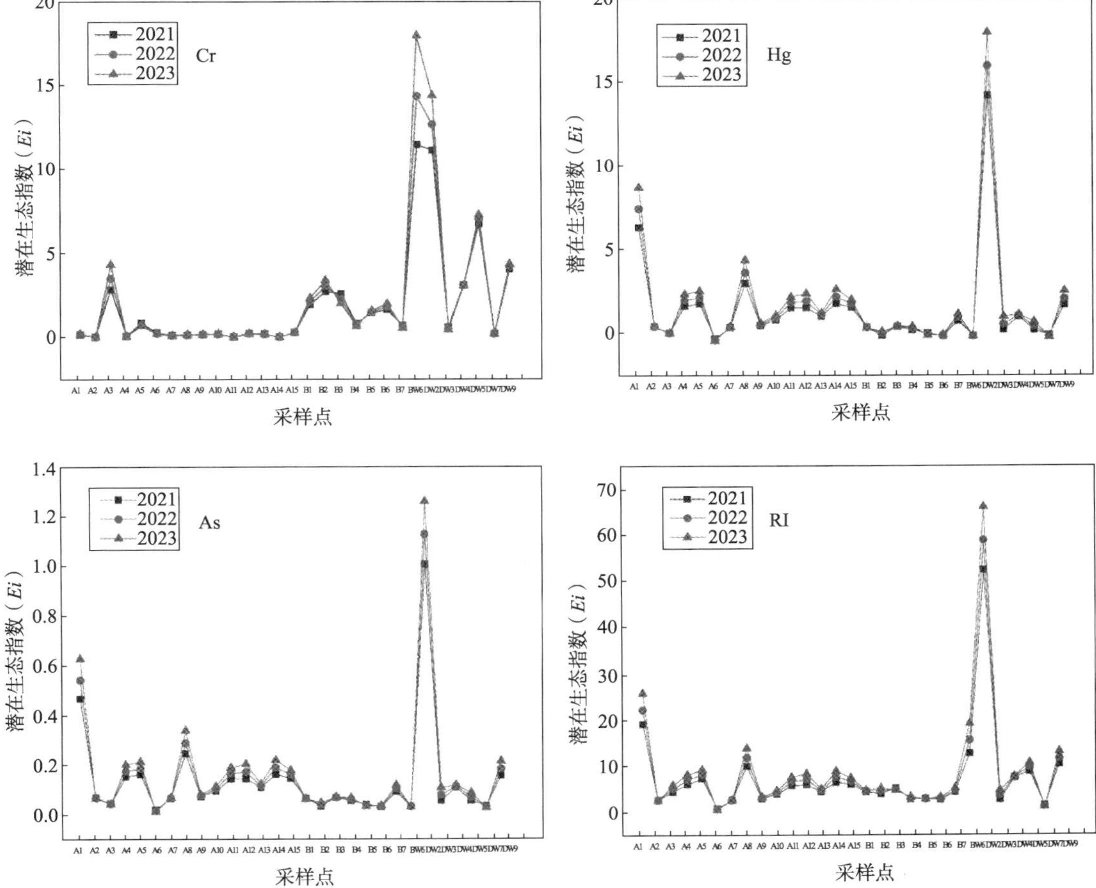

图 11-8　潜在生态指数图

Fig. 11-8　Potential ecological index diagram

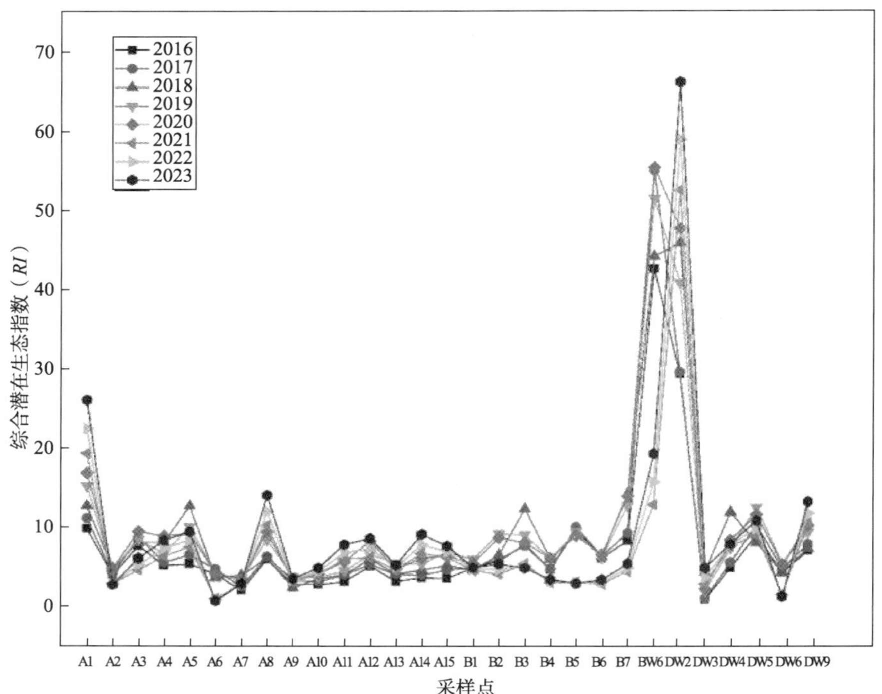

图 11-9　综合总体潜在生态指数预测图

Fig. 11-9　Prediction chart of comprehensive overall potential ecological index

11.3.3　结　论

Cr 和 As 在吉兰泰盐湖盆地东南方向的锡林高勒镇和巴彦浩特镇附近生态危害系数较高。Hg 潜在危害指数在整个区域差异性较小。吉兰泰盐湖盆地锡林高勒镇东北方向的潜在生态危害系数相对于其他地区较高，可初步推断出潜在生态风险可能与当地居民人为活动因素影响较为密切。地下水风险区较大的点在 BW6、DW2 和 DW3 附近。Cr、Hg、As 的潜在生态危害指数在 BW6 处达到最大值。

预测结果得出综合潜在生态指数都小于 150，属于轻微危害，根据地下水预警分类标准，该区域属于无警。地下水风险区较大的点在 BW6、DW2 及其附近。Cr、Hg、As 的潜在生态危害指数在 DW2 处达到最大值。可以看出 BW6 和 DW2 点附近地下水受到重金属的影响较为严重。建议加强对该区域地下水的监测并采取适当措施进行防治，必要时开展盐湖盆地地下水环境、地质环境、生态环境健康等方面的研究，确保地下水可持续开发利用。

参考文献

[1]　蒲生彦，马晋，杨庆，等. 地下水污染预警指标体系构建方法研究进展[J]. 环境科学与技术，2019，42(3)：191-197.

[2]　白利平，王业耀，郭永丽，等. 基于风险管理的区域(流域)地下水污染预警方法研究[J]. 环境科学，2014，35(8)：2903-2910.

[3]　白利平，王业耀，王金生，等. 基于数值模型的地下水污染预警方法研究[J]. 中国地质，

2011,38(6):1652-1659.

[4] 张毅博,赵剑斐,黄涛,等.基于地统计分析的老旧工业园农田区域地下水重金属空间分布及风险评价[J].江苏农业科学,2020,48(12):258-264.

[5] 王嘉瑜,蒲生彦,胡玥,等.地下水污染风险预警等级及阈值确定方法研究综述[J].水文地质工程地质,2020,47(2):43-50.

[6] 刘子金,徐存东,朱兴林,等.干旱荒漠区人工绿洲土壤盐碱化风险综合评估与演变分析[J].中国环境科学,2022,42(1):367-379.

[7] 姚丽利,高童,胡立堂.地下水水源地污染预警应用研究:以浑河冲洪积扇为例[J].南水北调与水利科技,2016,14(1):37-41.

[8] 王晓东,田伟,张雪艳.宁夏地区地下水金属元素分布特征及健康风险评价[J].环境科学,2022,43(1):329-338.

[9] 杨宇娜,汪季,张成福,等.吉兰泰及周边地区蒸散发的时空变化规律[J].灌溉排水学报,2019,38(S2):30-36.

[10] 迟旭,崔向新,党晓宏,等.吉兰泰盐湖绿洲柽柳灌丛生长与沙堆形态特征的关系[J].西北农林科技大学学报(自然科学版),2022,50(3):49-58.

[11] 张阿龙,高瑞忠,张生,等.吉兰泰盐湖盆地土壤重金属铬、汞、砷分布的多方法评价[J].土壤学报,2020,57(1):130-141.

[12] 高瑞忠,秦子元,张生,等.吉兰泰盐湖盆地地下水 Cr^{6+}、As、Hg 健康风险评价[J].中国环境科学,2018,38(6):2353-2362.

[13] 张林生.徐闻城南水源的水质单项评价与综合评价[J].西部资源,2018(3):92-93.

[14] 张翔.综合污染指数评价法在北洛河上的研究应用[J].水利技术监督,2021,29(3):8-10.

[15] 袁瑞强,钟钰翔,龙西亭.洞庭湖上游平原浅层地下水水质综合评价[J].水资源保护,2021,37(6):121-127.

[16] 刘婧.平凉和庆阳地区地下水水质综合评价及现状分析[J].地下水,2020,42(5):71-74.

[17] 许传坤,翟亚男.地下水环境质量评价方法研究[J].水利技术监督,2021,29(6):144-148.

[18] 时雯雯,周金龙,曾妍妍,等.新疆乌昌石城市群地下水多重水质评价[J].干旱区资源与环境,2021,35(2):109-116.

[19] 柳凤霞,史紫薇,钱会,等.银川地区地下水水化学特征演化规律及水质评价[J].环境化学,2019,38(9):2055-2066.

[20] 刚什婷,贾涛,邓英尔,等.基于熵权法的集对分析模型在蛤蟆通流域地下水水质评价中的应用[J].长江科学院院报,2018,35(9):23-27.

[21] 周宇哲,高茂庭.水质评价中模糊-集对分析法的改进[J].环境工程学报,2015,9(2):749-755.

[22] 陈南祥,苏荣,曹文庚.基于熵权的集对分析法在土默特左旗地下水水质评价中的应用[J].干旱区资源与环境,2013,27(6):30-34.

[23] 安永凯.鄂尔多斯盆地地下水污染风险评价及预警研究[D].长春:吉林大学,2016.

[24] 李小牛,周长松,周孝德,等.污灌区浅层地下水污染风险评价研究[J].水利学报,2014,45(3):326-334.

[25] 张翼龙，陈宗宇，曹文庚，等. DRASTIC 与同位素方法在内蒙古呼和浩特市地下水防污性评价中的应用[J]. 地球学报，2012，33(5)：819-825.

[26] 孙才志，奚旭，董璐. 基于 ArcGIS 的下辽河平原地下水脆弱性评价及空间结构分析[J]. 生态学报，2015，35(20)：6635-6646.

[27] 郭静，赵林，刘年磊. 基于 DRASTIC 的包气带阻滞污染物能力研究[J]. 环境污染与防治，2011，33(12)：52-55.

[28] 董贵明，刘仍阳，常大海，等. VCH 地下水污染风险评价模型构建及应用[J]. 环境科学与技术，2018，41(3)：198-204.

[29] 赵杰，罗志军，赵越，等. 环鄱阳湖区农田土壤重金属空间分布及污染评价[J]. 环境科学学报，2018，38(6)：2475-2485.

[30] 王海洋，韩玲，谢丹妮，等. 矿区周边农田土壤重金属分布特征及污染评价[J]. 环境科学，2022，43(4)：2104-2114.

[31] 张富贵，彭敏，王惠艳，等. 基于乡镇尺度的西南重金属高背景区土壤重金属生态风险评价[J]. 环境科学，2020，41(9)：4197-4209.

[32] 张阿龙，高瑞忠，张生，等. 吉兰泰盐湖盆地土壤铬、汞、砷污染的负荷特征与健康风险评价[J]. 干旱区研究. 2018. 35(5)：1057-1067.

[33] 唐学芳，吴勇，陈晶，等. 基于 DRASTIC-GIS 模型的成都典型区域地下水脆弱性评价[J]. 环境监测管理与技术，2020，32(6)：28-32.

[34] 付蓉洁，辛存林，于奭，等. 石期河西南子流域地下水重金属来源解析及健康风险评价[J/OL]. 环境科学：1-15.

[35] 王金哲，张光辉，严明疆，等. 干旱区地下水功能评价与区划体系指标权重解析[J]. 农业工程学报，2020，36(22)：133-143.

[36] 刘春华，张光辉，王威，等. 区域地下水系统防污性能评价方法探讨与验证：以鲁北平原为例[J]. 地球学报，2014，35(2)：217-222.

[37] 孟宪萌，束龙仓，卢耀如. 基于熵权的改进 DRASTIC 模型在地下水脆弱性评价中的应用[J]. 水利学报，2007，38(1)：94-99.

[38] 朱飞，熊丽，吴建强，等. 基于改进 DRASTIC 模型的平原河网地区地下水脆弱性评价[J]. 环境科学与技术，2020，43(2)：187-193.

[39] 杨宁，陶志斌，高松，等. 基于 AHP 的 DRASTIC 模型对莱州地区地下水脆弱性研究[J]. 地质学报，2019，93(S1)：133-137.

[40] 宋波，张云霞，庞瑞，等. 广西西江流域农田土壤重金属含量特征及来源解析[J]. 环境科学，2018，39(9)：4317-4326.

[41] 李娇，陈海洋，滕彦国，等. 拉林河流域土壤重金属污染特征及来源解析[J]. 农业工程学报，2016，32(19)：226-233.

[42] 张紫翔，马龙，刘廷玺，等. 内蒙古典型铅锌矿及其影响区地下水重金属污染生态环境风险评估[J]. 生态学杂志：2022：1-13.

[43] 李晓曼，李青青，杨洁，等. 上海市典型工业用地土壤和地下水重金属复合污染特征及生态风险评价[J]. 环境科学 2022：1-18.

[44] 郎笛，王宇琴，张芷梦，陶健桥. 云南省农用地土壤生态环境基准与质量标准建立的思考及建议[J]. 生态毒理学报，2021，16(1)：74-86.

[45] 张毅博，赵剑斐，黄涛，等. 基于地统计分析的老旧工业园农田区域地下水重金属空间

分布及风险评价[J]. 江苏农业科学,2020,48(12):258-264.
[46] 范礼东. 城乡交错区土壤—作物—地下水系统 As 积累迁移特征与健康风险评价[D]. 河南:河南大学,2016.
[47] 宝哲. 再生水灌溉土壤—地下水重金属污染特征与风险评价[D]. 北京:中国地质大学,2014.
[48] GB/T 14848-2017,地下水质量标准[S].
[49] 张士俊,李瑞丽,武鹏林. 基于 ArcGIS 的辛安泉地下水水质评价研究[J]. 长江科学院院报,2013,30(5):9-12.
[50] 纪轶群,辛宝东,郭高轩,等. 空间插值法在区域地下水质量评价中的应用改进研究[J]. 工程勘察,2012,40(6):42-47.
[51] 宋莹,张征,张会兴. 基于时空变异的地下水模拟参数插值研究[J]. 干旱区资源与环境,2013,27(8):120-124.
[52] 饶清华,曾雨,张江山,等. 突发性环境污染事故预警应急系统研究[J]. 环境污染与防治,2010,32(10):97-101.
[53] 彭祺,胡春华,郑金秀,等. 突发性水污染事故预警应急系统的建立[J]. 环境科学与技术,2006(11):58-61.
[54] 何进朝,李嘉. 突发性水污染事故预警应急系统构思[J]. 水利水电技术,2005(10):93-95.
[55] 庄巍,李维新,周静,赵爽. 长江下游水源地突发性水污染事故预警应急系统研究[J]. 生态与农村环境学报,2010,26(S1):34-40.
[56] 王红梅,董书宁,王鹏翔,等. 复杂地质条件下煤矿地下水监测预警技术[J]. 西安科技大学学报,2022,42(3):501-511.
[57] 王嘉瑜,蒲生彦,胡玥,李博文. 地下水污染风险预警等级及阈值确定方法研究综述[J]. 水文地质工程地质,2020,47(2):43-50.
[58] 马晋,何鹏,杨庆,等. 基于回归分析的地下水污染预警模型[J]. 环境工程,2019,37(10):211-215.
[59] 李久辉,卢文喜,常振波,等. 基于不确定性分析的地下水污染超标风险预警[J]. 中国环境科学,2017,37(6):2270-2277.
[60] 黄景锐,胡安焱,张焕楚,等. 基于非等间距序列 GM(1,1)模型的地下水温度预测[J]. 水文地质工程地质,2013,40(1):48-52.
[61] 郝健,刘俊民. GM(1,1)模型改进技术在咸阳市地下水动态预测中的应用[J]. 水土保持研究,2011,18(3):252-254.
[62] 于春霞,徐建新. 优化 GM(1,1)模型在地下水水位预测中的应用[J]. 安徽农业科学,2008(12):4810-4819.
[63] 周翠宁,任树梅,张广志,等. GM(1,1)模型在北京地下水动态变化预测中的应用[J]. 灌溉排水学报,2007,26(S1):32-33.
[64] 郭存芝,汤瑞凉,陈传美. 应用非等时空距 GM(1,1)模型拟合地下水计算参数[J]. 河海大学学报(自然科学版),1999(1):88-91.

后　记

本书研究了内蒙古吉兰泰盐湖盆地地下水化学特征，并做了地下水质量评价，结合定性与定量方法进行污染来源解析，对盐湖盆地地下水化学特征、演化规律和驱动因素有了更为明确的认识，基本掌握了盐湖盆地目前的地下水质量状况和存在的污染问题，但受时间、经费、技术方法等诸多因素限制，加之作者水平有限，本书也存在一些缺陷和不足，需进一步完善。

1）本次研究采集的地下水样品大多分布在吉兰泰盐湖盆地的中部区域，条件允许的情况下，应在巴音乌拉山一带、贺兰山一带、西南台地以及乌兰布和沙漠增加取样点数目、加大采样精度，还要保证取样点的均匀布设。更多更精确的数据可以让盐湖盆地地下水化学特征及控制因素研究更加细致。

2）在水质综合评价中，地下水化学指标评分值是按照不同水质指标等级来赋分，而水质等级由地下水质量标准限值确定，这样容易在标准值附近出现“小差异扩大化”的问题，即含量差异十分微小，最终的评价结果却相差较大。因此，引入模糊数学的概念来解决标准值附近的赋值问题是十分有意义的。

3）污染源贡献率存在不确定来源，这与有限的水质参数和模型本身的限制有关，因此更多相关水质参数的参与是更好地判别地下水污染源和计算污染源贡献率的关键。今后的研究中可以针对所研究的特定污染源来测定特征性污染物质，采用不同模型加以对比验证，在不同时域下分析可能来源，用以辅助盐湖盆地地下水污染源解析。

4）本次研究的野外土壤水分试验仅拥有一年土样数据，受数据量影响，遥感卫星过境数据反演土壤水分，数据结果可信度略低。

5）本次研究选用了相关系数法来判定植被与气候之间的相关关系。在分析过程中，相同要素与不同生长期植被之间整体相关性有些许不同，导致这一现象的原因是，要素与植被相关系数是根据 Pearson 相关系数计算公式来进行计算，阿拉善地区降雨情况极不稳定，数据波动幅度很大，对结果影响较大。

6）通过地下水位统测试验，分别反演丰水、枯水期研究区地下水分布图，由于数据量不足，只能假定地下水位不变，作为植被变化驱动要素之一，地下水对植被的解释力略小于降雨。若后续条件允许的情况下，应采用多年地下水位数据和因子分析，以获取更为准确的数据。

最后，作者希望本次研究结果对于治理吉兰泰盐湖盆地流域地下水环境、改善生态以及减轻土地荒漠化有所帮助，为相关科研工作者提供参考。